思科网络技术学院教程（第6版）
路由和交换基础

Routing and Switching Essentials v6
Companion Guide

[加] 鲍勃·瓦尚（Bob Vachon）
[美] 艾伦·约翰逊（Allan Johnson） 著

思科系统公司 译

人民邮电出版社

北京

图书在版编目（CIP）数据

思科网络技术学院教程：第6版．路由和交换基础 /（加）鲍勃·瓦尚（Bob Vachon），（美）艾伦·约翰逊（Allan Johnson）著；思科系统公司译．-- 北京：人民邮电出版社，2018.1（2024.1重印）
ISBN 978-7-115-47292-2

Ⅰ．①思… Ⅱ．①鲍… ②艾… ③思… Ⅲ．①计算机网络－路由选择－高等学校－教材②计算机网络－信息交换机－高等学校－教材 Ⅳ．①TP393

中国版本图书馆CIP数据核字(2017)第286208号

版权声明

Routing and Switching Essentials v6 Companion Guide (ISBN: 1587134284)

Copyright © 2017 Pearson Education, Inc.

Authorized translation from the English language edition published by Cisco Press.

All rights reserved.

本书中文简体字版由美国 **Pearson Education** 授权人民邮电出版社出版。未经出版者书面许可，对本书任何部分不得以任何方式复制或抄袭。

版权所有，侵权必究。

◆ 著　　[加]鲍勃·瓦尚（Bob Vachon）
　　　　[美]艾伦·约翰逊（Allan Johnson）
　译　　思科系统公司
　责任编辑　傅道坤
　责任印制　焦志炜

◆ 人民邮电出版社出版发行　北京市丰台区成寿寺路11号
　邮编　100164　电子邮件　315@ptpress.com.cn
　网址　http://www.ptpress.com.cn
　固安县铭成印刷有限公司印刷

◆ 开本：787×1092　1/16
　印张：20.5　　　　　　　　2018年1月第1版
　字数：602千字　　　　　　2024年1月河北第18次印刷
　著作权合同登记号　图字：01-2017-4816号

定价：50.00元
读者服务热线：(010)81055410　印装质量热线：(010)81055316
反盗版热线：(010)81055315
广告经营许可证：京东市监广登字20170147号

内容提要

思科网络技术学院项目是思科公司在全球范围内推出的一个主要面向初级网络工程技术人员的培训项目,旨在让更多的年轻人学习先进的网络技术知识,为互联网时代做好准备。

本书是思科网络技术学院全新版本的配套书面教材,主要内容包括:路由概念,静态路由,动态路由,交换网络,交换机配置,VLAN,访问控制列表(ACL),动态主机配置协议(DHCP),IPv4 NAT,设备发现、管理和维护。本书每章后还提供了复习题,并在附录中给出了答案和解释,以检验读者每章知识的掌握情况。

本书适合准备参加 CCNA 认证考试的读者以及各类网络技术初学人员参考阅读。

审校者序

思科网络技术学院项目（Cisco Networking Academy Program）是由思科公司携手全球范围内的教育机构、公司、政府和国际组织，以普及最新的网络技术为宗旨的非营利性教育项目。作为"全球最大课堂"，思科网络技术学院自 1997 年面向全球推出以来，已经在 170 个国家拥有 9600 所学院，至今已有超过 690 万学生参与该项目，通过知识为推动全球经济发展做出贡献。思科网络技术学院项目于 1998 年正式进入中国，在近 20 年的时间里，思科网络技术学院已经遍布中国的大江南北，几乎覆盖了所有省份，成立了 400 余所思科网络技术学院。

作为思科规模最大、持续时间最长的企业社会责任项目，思科网络技术学院将有效的课堂学习与创新的基于云技术的课程、教学工具相结合，致力于把学生培养成为与市场需求接轨的信息技术人才。

本书是思科网络技术学院"路由和交换基础"课程最新版的官方学习教材，本书为解释与在线课程完全相同的网络概念、技术、协议以及设备提供了现成的参考资料。本书紧扣 CCNA 的考试要求，理论与实践并重，提供了大量的配置示例，是备考 CCENT 和 CCNA 考试的绝佳图书。

我从 2003 年开始加入思科网络技术学院项目，先后使用过思科网络技术学院 2.0、3.0、4.0 和 5.0 版本的教材，本次有幸参与 6.0 新版教材的审校工作，深深地为书本内容的编排和设计所吸引。本书内容设计循序渐进，充分考虑到各种读者的需求。在编排结构上各部分内容相对独立，读者可以从头到尾按序学习，也可以根据需要有选择地跳跃式阅读。相信本书一定能够成为学生和相关技术人员的案头参考书。

在本书的审校过程中，得到了同事、家人和学生的大力支持和帮助，在此表示衷心的感谢。感谢人民邮电出版社给我们这样一个机会，全程参与到本书的审校过程。特别感谢我的学生隋萌萌和陈松，在本书的审校工作中，他们做了大量细致有效的工作。

本书内容涉及面广，由于时间仓促，加之自身水平有限，审校过程中难免有疏漏之处，敬请广大读者批评指正。

肖军弼　中国石油大学（华东）
xiaojb@upc.edu.cn
2017 年 10 月于青岛

关于特约作者

Bob Vachon 是加拿大安大略省萨德伯里市坎布里恩学院计算机系统技术项目的教授，教授网络基础设施课程。自 1984 年以来，他一直从事计算机网络和信息技术领域的教学工作。他曾以团队领导人、第一作者和主题专家的身份参与了思科网络技术学院的多个 CCNA、CCNA 安全、CCNP 以及 IoT 项目。他喜欢弹吉他和户外运动。

Allan Johnson 于 1999 年进入学术界，将所有的精力投入教学中。在此之前，他做了 10 年的企业主和运营人。他拥有 MBA 和职业培训与发展专业的教育硕士学位。他曾在高中教授过 7 年的 CCNA 课程，并且已经在德克萨斯州科帕斯市的 Del Mar 学院教授 CCNA 和 CCNP 课程。2003 年，Allan 开始将大量的时间和精力投入 CCNA 教学支持小组，为全球各地的网络技术学院教师提供服务以及开发培训材料。当前，他在思科网络技术学院担任全职的课程负责人。

前　　言

本书是思科网络技术学院"CCNA Routing and Switching Essential"（CCNA 路由和交换基础）课程的官方补充教材。思科网络技术学院是在全球范围内面向学生传授信息技术技能的综合性项目。本课程强调现实世界的实践性应用，同时为您在中小型企业、大型集团公司以及服务提供商环境中设计、安装、运行和维护网络提供所需技能和实践经验的机会。

作为教材，本书为解释与在线课程完全相同的网络概念、技术、协议以及设备提供了现成的参考资料。本书强调关键主题、术语和练习，而且与在线课程相比，本书还提供了一些可选的解释和示例。您可以在老师的指导下使用在线课程，然后使用本书来巩固对于所有主题的理解。

本书的读者

本书与在线课程一样，均是对数据网络技术的介绍，主要面向旨在成为网络专家的人，以及为职业提升而需要了解网络技术的人。本书简明地呈现主题，从最基本的概念开始，逐步进入对网络通信的全面理解。本书的内容是其他思科网络技术学院课程的基础，还可以作为备考 CCENT 和 CCNA 路由与交换认证的资料。

本书的特点

本书的教学特色是将重点放在支持主题范围、可读性和课程材料实践几个方面，以便于您充分理解课程材料。

主题范围

以下特点通过全面概述每章所介绍的主题帮助您科学分配学习时间。

- **目标**：在每章的开头列出，指明本章所包含的核心概念。该目标与在线课程中相应章节的目标相匹配；然而，本书中的问题形式是为了鼓励您在阅读本章时勤于思考发现答案。
- **注意**：这些简短的补充内容指出了有趣的事实、节约时间的方法以及重要的安全问题。
- **本章总结**：每章最后是对本章关键概念的总结，它提供了本章的概要，以帮助学习。

实践

实践铸就完美。本书为您提供了充足的机会将所学知识应用于实践。您将发现以下一些有价值且有效的方法帮助您有效巩固所掌握的内容。

- **"检查你的理解"问题和答案**：每章末尾都有复习题，可作为自我评估的工具。这些问题的风格与在线课程中您所看到的问题相同。附录"'检查你的理解'问题答案"提供了所有问题的答案及其解释。

本书组织结构

本书分为 10 章和一个附录。

- 第 1 章，"路由概念"：介绍基本的路由概念，包括如何完成初始路由器配置以及路由器如何做出决策。路由器使用路由表来确定数据包的下一跳。本章探讨如何使用直连的、静态获取的和动态获取的路由构建路由表。
- 第 2 章，"静态路由"：重点介绍 IPv4 和 IPv6 静态路由的配置、验证和故障排除，包括默认路由、浮动静态路由和静态主机路由。
- 第 3 章，"动态路由"：介绍所有重要的 IPv4 和 IPv6 动态路由协议。RIPv2 用于演示基本的路由协议配置。本章最后对 IPv4 和 IPv6 路由表以及路由查找过程进行了深入分析。
- 第 4 章，"交换网络"：介绍融合网络、分层网络设计的概念以及交换机在网络中的作用。本章还讨论了交换工作原理，包括帧转发、广播域和冲突域。
- 第 5 章，"交换机配置"：重点介绍基本交换机配置的实施、验证配置和排除配置故障。随后讨论了交换机的安全性，包括使用 SSH 配置安全的远程访问和保护交换机端口安全。
- 第 6 章，"VLAN"：介绍 VLAN 的概念，包括 VLAN 如何将广播域分段。随后介绍 VLAN 的实施，包括配置、验证和故障排除。本章最后介绍了配置单臂路由器 VLAN 间路由。
- 第 7 章，"访问控制列表（ACL）"：介绍使用 ACL 过滤流量的概念。本章讨论了标准 IPv4 ACL 的配置、验证和故障排除，还讨论了使用 ACL 保护远程访问的安全。
- 第 8 章，"DHCP"：介绍为主机动态分配 IP 编址，讨论 DHCPv4 和 DHCPv6 的工作原理，DHCPv4 和 DHCPv6 实施的配置、验证和故障排除。
- 第 9 章，"IPv4 NAT"：介绍使用 IPv4 NAT 将私有 IPv4 地址转换为另一个 IPv4 地址。讨论 IPv4 NAT 的配置、验证和故障排除。
- 第 10 章，"设备发现、管理和维护"：介绍使用 CDP 和 LLDP 的设备发现概念。设备管理主题包括 NTP 和系统日志。本章最后讨论了如何管理 IOS 和配置文件以及 IOS 许可证。
- 附录 A，"'检查你的理解'问题答案"：该附录列出了包含在每章末尾的"检查你的理解"问题的答案。

目　　录

第1章　路由概念 ································· 1
　　学习目标 ······································· 1
　　1.1　路由器初始配置 ····················· 2
　　　　1.1.1　路由器的功能 ············· 2
　　　　1.1.2　连接设备 ····················· 8
　　　　1.1.3　路由器基本设置 ········· 14
　　　　1.1.4　检验直连网络的连接 ·· 18
　　1.2　路由决策 ································· 23
　　　　1.2.1　在网络间交换数据包 ·· 23
　　　　1.2.2　确定路径 ····················· 27
　　1.3　路由器操作 ····························· 30
　　　　1.3.1　分析路由表 ·················· 30
　　　　1.3.2　直连路由 ····················· 32
　　　　1.3.3　静态获知的路由 ········· 36
　　　　1.3.4　动态路由协议 ············· 39
　　1.4　总结 ··· 42
　　检查你的理解 ··································· 43
第2章　静态路由 ································· 46
　　学习目标 ··· 46
　　2.1　实施静态路由 ························· 46
　　　　2.1.1　静态路由 ····················· 46
　　　　2.1.2　静态路由的类型 ········· 49
　　2.2　配置静态路由和默认路由 ······ 51
　　　　2.2.1　配置 IPv4 静态路由 ···· 51
　　　　2.2.2　配置 IPv4 默认路由 ···· 56
　　　　2.2.3　配置 IPv6 静态路由 ···· 57
　　　　2.2.4　配置 IPv6 默认路由 ···· 63
　　　　2.2.5　配置浮动静态路由 ····· 64
　　　　2.2.6　配置静态主机路由 ····· 67
　　2.3　静态路由和默认路由故障排除 ·· 70
　　　　2.3.1　使用静态路由处理数据包 ·· 70
　　　　2.3.2　排除 IPv4 静态和默认路由
　　　　　　　配置故障 ···················· 71
　　2.4　总结 ··· 74
　　检查你的理解 ································· 74
第3章　动态路由 ································· 76
　　学习目标 ··· 76

　　3.1　动态路由协议 ························· 76
　　　　3.1.1　动态路由协议概述 ····· 76
　　　　3.1.2　动态与静态路由 ········· 78
　　3.2　RIPv2 ·· 80
　　3.3　路由表 ····································· 87
　　　　3.3.1　IPv4 路由条目的组成部分 ·· 87
　　　　3.3.2　动态获取的 IPv4 路由 ·· 89
　　　　3.3.3　IPv4 路由查找过程 ······ 93
　　　　3.3.4　分析 IPv6 路由表 ········· 95
　　3.4　总结 ··· 98
　　检查你的理解 ································· 99
第4章　交换网络 ································· 101
　　学习目标 ··· 101
　　4.1　LAN 设计 ································· 101
　　　　4.1.1　融合网络 ····················· 101
　　　　4.1.2　交换网络 ····················· 106
　　4.2　交换环境 ································· 109
　　　　4.2.1　帧转发 ························· 109
　　　　4.2.2　交换域 ························· 113
　　4.3　总结 ··· 115
　　检查你的理解 ································· 116
第5章　交换机配置 ····························· 118
　　学习目标 ··· 118
　　5.1　基本交换机配置 ····················· 118
　　　　5.1.1　使用初始设置配置交换机 ·· 118
　　　　5.1.2　配置交换机端口 ········· 123
　　5.2　交换机的安全性 ····················· 129
　　　　5.2.1　安全远程访问 ············· 129
　　　　5.2.2　交换机端口安全 ········· 133
　　5.3　总结 ··· 138
　　检查你的理解 ································· 139
第6章　VLAN ······································· 141
　　学习目标 ··· 141
　　6.1　VLAN 分段 ······························ 141
　　　　6.1.1　VLAN 概述 ··················· 141
　　　　6.1.2　多交换环境中的 VLAN ·· 145
　　6.2　VLAN 实施情况 ······················· 149

		6.2.1	VLAN 分配	149
		6.2.2	VLAN 中继	155
		6.2.3	排除 VLAN 和中继故障	158
	6.3	使用路由器的 VLAN 间路由		165
		6.3.1	VLAN 间路由操作	165
		6.3.2	配置传统 VLAN 间路由	168
		6.3.3	配置 VLAN 间单臂路由	171
	6.4	总结		174
	检查你的理解			175
第 7 章	访问控制列表（ACL）			178
	学习目标			178
	7.1	ACL 工作原理		178
		7.1.1	ACL 的用途	178
		7.1.2	ACL 中的通配符掩码	181
		7.1.3	ACL 的创建原则	185
		7.1.4	ACL 的放置原则	186
	7.2	标准 IPv4 ACL		187
		7.2.1	配置标准 IPv4 ACL	188
		7.2.2	修改 IPv4 ACL	192
		7.2.3	使用标准 IPv4 ACL 保护 VTY 端口	195
	7.3	排除 ACL 故障		197
		7.3.1	使用 ACL 处理数据包	197
		7.3.2	常见 IPv4 标准 ACL 错误	201
	7.4	总结		203
	检查你的理解			204
第 8 章	DHCP			206
	学习目标			206
	8.1	DHCPv4		206
		8.1.1	DHCPv4 操作	207
		8.1.2	配置基本 DHCPv4 服务器	211
		8.1.3	配置 DHCPv4 客户端	217
		8.1.4	对 DHCPv4 进行故障排除	218
	8.2	DHCPv6		221
		8.2.1	SLAAC 和 DHCPv6	221
		8.2.2	无状态 DHCPv6	227
		8.2.3	有状态 DHCPv6 服务器	229
		8.2.4	对 DHCPv6 进行故障排除	232

	8.3	总结		235
	检查你的理解			235
第 9 章	IPv4 NAT			238
	学习目标			238
	9.1	NAT 操作		238
		9.1.1	NAT 的特性	239
		9.1.2	NAT 的类型	242
		9.1.3	NAT 优势	246
	9.2	配置 NAT		247
		9.2.1	配置静态 NAT	247
		9.2.2	配置动态 NAT	250
		9.2.3	配置 PAT	254
		9.2.4	配置端口转发	258
		9.2.5	NAT 和 IPv6	262
	9.3	排除 NAT 故障		264
	9.4	总结		268
	检查你的理解			268
第 10 章	设备发现、管理和维护			271
	学习目标			271
	10.1	设备发现		271
		10.1.1	使用 CDP 发现设备	271
		10.1.2	使用 LLDP 发现设备	275
	10.2	设备管理		277
		10.2.1	NTP	277
		10.2.2	系统日志操作	280
		10.2.3	系统日志配置	283
	10.3	设备维护		286
		10.3.1	路由器和交换机文件维护	287
		10.3.2	IOS 系统文件	293
		10.3.3	IOS 映像管理	295
		10.3.4	软件许可	298
		10.3.5	许可证验证和管理	302
	10.4	总结		305
	检查你的理解			306
附录 A	"检查你的理解"问题答案			309

第 1 章

路由概念

学习目标

通过完成本章的学习，您将能够回答下列问题：
- 路由器的主要功能和特性是什么？
- 在小型路由网络中，如何将设备连接起来？
- 如何使用 CLI 配置路由器上的基本设置，以实现两个直连网络之间的路由？
- 如何检验直连到路由器的两个网络之间的连接？
- 在接口之间交换数据包时，路由器使用的封装和解封装的过程是什么？
- 什么是路由器的路径决定功能？
- 直连网络的路由表条目是什么？
- 路由器如何创建直连网络的路由表？
- 路由器如何使用静态路由创建路由表？
- 路由器如何使用动态路由协议创建路由表？

网络使人们能够通过多种方式进行通信、协作和互动。网络可用于访问网页，拨打 IP 电话，参加视频会议，参与互动游戏比赛，通过互联网购物，完成在线作业等。

以太网交换机在数据链路层（第 2 层）运行，用于在同一网络中的设备之间转发以太网帧。但是，当源 IP 地址和目标 IP 地址位于不同网络时，必须将以太网帧发送到路由器。

路由器的作用就是将各个网络彼此连接起来。路由器负责不同网络之间的数据包传送。IP 数据包的目的地可能是另一国家/地区的 Web 服务器，也可能是局域网中的邮件服务器。

路由器使用路由表来确定用于转发数据包的最佳路径。这些数据包都是由路由器来负责及时传送的。在很大程度上，网际通信的效率取决于路由器的性能，即取决于路由器是否能以最有效的方式转发数据包。

当主机向不同 IP 网络中的设备发送数据包时，数据包将会转发到默认网关，因为主机设备不能直接与本地网络之外的设备通信。默认网关是将流量从本地网络路由到远程网络上的设备的中间设备。它通常用于将本地网络连接到互联网。

本章将回答"对于从一个网络传入，以另一个网络为目的地的数据包，路由器会进行哪些处理？"这一问题，还将介绍路由表的详细信息（包括已连接路由、静态路由和动态路由）。

由于路由器可以在网络之间路由数据包，因此位于不同网络中的设备能够实现通信。本章将介绍路由器、路由器在网络中扮演的角色、路由器的主要硬件和软件组件，以及路由过程，并提供练习以演示如何访问路由器、配置路由器基本设置和验证设置。

1.1 路由器初始配置

路由器必须使用特定的设置进行配置后才能部署。新的路由器尚未配置。必须使用控制台端口对它们进行初始配置。在本节中，您将学习如何在路由器上配置基本设置。

1.1.1 路由器的功能

现代路由器能够提供许多网络连接功能。本节的重点是研究路由器如何将数据包路由到目的地。

1. 网络的特征

网络已经对我们的生活产生了重大影响。我们的生活、工作和娱乐方式都随之一变。网络使我们能够以前所未有的方式进行通信、协作和互动。我们可以通过各种形式使用网络，其中包括 Web 应用程序、IP 电话、视频会议、互动游戏、电子商务、教育以及其他形式。

如图 1-1 所示，在讨论网络时会涉及许多关键结构和与性能相关的特征。

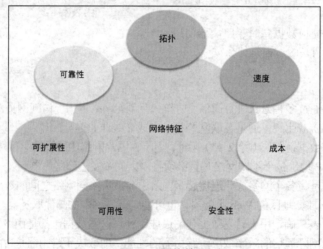

图 1-1 网络特征

- **拓扑**：存在物理拓扑和逻辑拓扑。物理拓扑是电缆、网络设备和终端系统的布局。它说明了网络设备实际上是如何使用导线和电缆实现互连的。逻辑拓扑是数据在网络中传输的路径。它说明了网络设备如何连接到网络用户。
- **速度**：速度是衡量网络中给定链路的数据传输速率的指标，以每秒位数（bit/s）表示。
- **成本**：成本表示购买网络组件及安装和维护网络的整体费用。
- **安全性**：安全性是指网络的安全程度，包括通过网络传输的信息的安全性。安全主题非常重要，而技术和实践也在不断发展。每当执行影响网络的操作时都需要考虑安全性。
- **可用性**：可用性是指在需要时网络可供使用的可能性。
- **可扩展性**：可扩展性表示网络容纳更多用户和满足更多数据传输要求的难易程度。如果对网络设计进行优化后只能满足当前需求，那么若要满足网络增长所产生的新需求，难度就会很大，且成本高昂。

- **可靠性**：可靠性表示构成网络的路由器、交换机、PC 和服务器等组件的可靠程度。可靠性通常用故障概率或平均无故障工作时间（MTBF）来衡量。

这些特征和属性提供了比较不同网络解决方案的方法。

> **注意：** 虽然在涉及网络带宽时经常使用"速度"这一术语，但从技术上来讲它并不精确。位传输的实际速度在通过同一介质时并不改变。产生带宽差异的原因在于每秒传输的位的数量，而不在于它们在有线或无线介质中传输的速度。

2. 为什么需要路由？

为什么点击 Web 浏览器中的链接可以在数秒内返回所需的信息？虽然需要许多设备和技术协同工作才能实现此功能，但主要设备是路由器。简而言之，路由器的作用就是将各个网络彼此连接起来。

如果没有路由器确定通往目的地的最佳路径并将流量转发到路径沿途的下一路由器，就不可能实现网络之间的通信。路由器负责网络间流量的路由。

在图 1-2 的拓扑中，路由器在不同站点与网络互连。

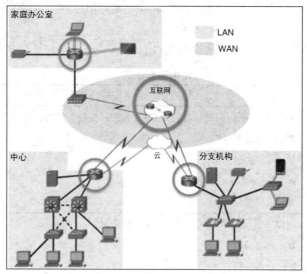

图 1-2　路由器连接

当数据包到达路由器接口时，路由器使用其路由表来确定如何到达目标网络。IP 数据包的目的地可能是另一国家/地区的 Web 服务器，也可能是局域网中的邮件服务器。路由器负责高效传输这些数据包。在很大程度上，网际通信的效率取决于路由器的性能，即取决于路由器是否能以最有效的方式转发数据包。

3. 路由器实质上是计算机

大多数支持网络的设备（如计算机、平板电脑和智能手机）需要使用以下组件才能正常运行，如图 1-3 所示。

- 中央处理器（CPU）。
- 操作系统（OS）。
- 内存和存储（RAM、ROM、NVRAM、闪存、硬盘）。

路由器实质上是一种特殊的计算机。它要求 CPU 与内存临时性和永久性地存储数据，以便执行操作系统指令，例如系统初始化、路由功能和交换功能。

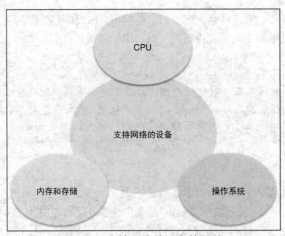

图 1-3 支持网络的设备的组件

思科设备还需要操作系统；思科设备通常使用思科互联网络操作系统（IOS）作为其系统软件。

路由器存储器分为易失性或非易失性两类存储器。易失性存储器在电源关闭时会丢失其内容，而非易失性存储器在电源关闭时不会丢失其内容。

表 1-1 总结了路由器存储器的类型、易失性以及每种存储器中所存储内容的示例。

表 1-1　　　　　　　　　　　　　　　路由器存储器

内　存	说　明
RAM	为各种应用程序和进程提供临时存储的易失性存储器，包括： ■ 运行的 IOS ■ 运行的配置文件 ■ IP 路由和 ARP 表 ■ 数据包缓冲区
ROM	为以下几项提供永久存储的非易失性存储器： ■ 启动指令 ■ 基本诊断软件 ■ 受限的 IOS，以防路由器无法加载全功能 IOS
NVRAM	为以下项目提供永久存储的非易失性存储器： ■ 启动配置文件（startup-config）
Flash	为以下几项提供永久存储的非易失性存储器： ■ IOS ■ 其他系统相关文件

与计算机不同的是，路由器没有视频适配器或声卡适配器。相反，路由器配有专用端口和网络接口卡，用于将设备互连到其他网络。图 1-4 标识了位于思科 1941 集成多业务路由器（ISR）上的其中一些端口和接口。

4. 路由器互联网络

大多数用户并不清楚自己的网络上或互联网上存在许多路由器。用户只希望能够访问网页、发送电子邮件和下载音乐，而不管访问的服务器是在自己的网络上还是在另一网络上。但网络专业人员知道，负责在网络间将数据包从初始源位置转发到最终目的地的设备，正是路由器。

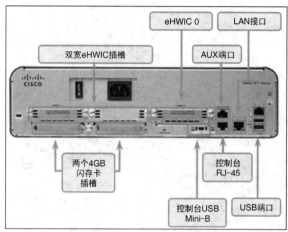

图 1-4 路由器后面板

一台路由器可以连接多个网络，也就是说，它具有多个接口，而每个接口属于不同的 IP 网络。当路由器从某个接口收到 IP 数据包时，它会确定使用哪个接口来将该数据包转发到目的地。路由器用于转发数据包的接口可能是最终目的地，也可能是与用于到达目标网络的另一路由器相连的网络。

在图 1-5 中，路由器 R1 和 R2 负责从一个网络接收数据包，并将数据包转发至另一个通往目标网络的网络。

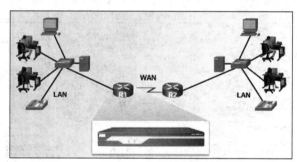

图 1-5 路由器连接

路由器连接的每个网络通常需要单独的接口。这些接口同时用于连接局域网（LAN）和广域网（WAN）。LAN 通常为以太网络，其中包含各种设备（如 PC、打印机和服务器）。WAN 用于连接分布在广阔地域中的网络。例如，WAN 连接通常用于将 LAN 连接到互联网服务提供商（ISP）网络。

注意，图 1-6 中的每个站点都要求使用路由器以互连到其他站点。即使是家庭办公室也要求使用路由器。在该拓扑中，位于家庭办公室中的路由器是一种专用设备，可以为家庭网络执行多种服务。

5. 路由器选择最佳路径

路由器的主要功能如下：
- 确定发送数据包的最佳路径；
- 将数据包转发到其目的地。

路由器使用路由表来确定用于转发数据包的最佳路径。当路由器收到数据包时，它会检查数据包的目标地址并使用路由表来查找通向该网络的最佳路径。路由表还包括用于转发每个已知网络的数据包的接口。当找到匹配条目时，路由器就会将数据包封装到传出接口或送出接口的数据链路帧中，并将数据包转发到其目的地。

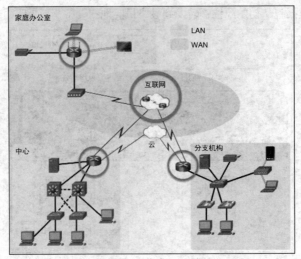

图 1-6　路由器连接

可以使路由器接收封装到一种类型的数据链路帧中的数据包,而从使用另一种类型数据链路帧的接口将数据包转发出去。例如,路由器可能会在以太网接口接收数据包,但必须从配置了点对点协议(PPP)的接口将数据包转发出去。数据链路封装取决于路由器接口的类型及其连接的介质类型。路由器可以连接的不同数据链路技术包括以太网、PPP、帧中继、DSL、电缆和无线(802.11、蓝牙等)。

在图 1-7 中,请注意,路由器的责任是在其路由表中查找目标网络,然后将数据包转发到目的地。

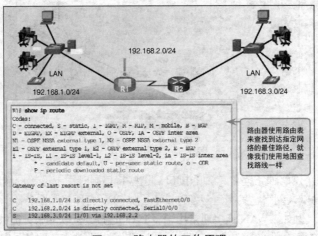

图 1-7　路由器的工作原理

在本例中,路由器 R1 收到封装到以太网帧中的数据包。将数据包解封之后,R1 使用数据包的目标 IP 地址搜索路由表,查找匹配的网络地址。在路由表中找到目标网络地址后,R1 将数据包封装到 PPP 帧中,然后将数据包转发到 R2。R2 接着执行类似的过程。

注意：路由器使用静态路由和动态路由协议来获知远程网络和构建路由表。

6. 数据包转发机制

路由器支持 3 种数据包转发机制。

- **进程交换**：如图 1-8 所示,这是一种较早版本的数据包转发机制,在思科路由器上仍然可用。

当数据包到达某个接口时，将其转发到控制平面，在控制平面上 CPU 将目的地址与其路由表中的条目进行匹配，然后确定送出接口并转发数据包。重要的是要了解路由器会对每个数据包执行此操作，即使数据包流的目的地是相同的。这种进程交换机制非常慢，在现代网络中很少实施。

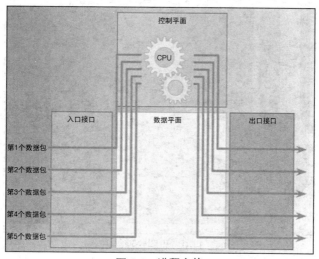

图 1-8　进程交换

- **快速交换**：如图 1-9 所示，这是一种常见的数据包转发机制，使用快速交换缓存来存储下一跳信息。当数据包到达某个接口时，将其转发到控制平面，在控制平面上 CPU 将在快速交换缓存中搜索匹配项。如果不存在匹配项，则数据包采用进程交换并将转发到送出接口。数据包的流向信息也会存储到快速交换缓存中。如果通往同一目的地的另一个数据包到达接口，则缓存中的下一跳信息可以重复使用，无需 CPU 的干预。

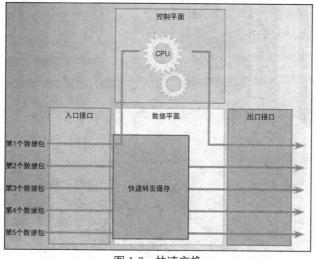

图 1-9　快速交换

- **思科快速转发（CEF）**：如图 1-10 所示，CEF 是最近推出和首选使用的思科 IOS 数据包转发机制。与快速交换相似，CEF 将构建转发信息库（FIB）和邻接表。但是，表中的条目不是像快速交换一样由数据包触发，而是由更改触发，例如当网络拓扑发生更改时。因此，当网络融合后，FIB 和邻接表将包含路由器在转发数据包时必须考虑的所有信息。FIB 包含预先计算的反向查找，路由的下一跳信息（包括接口和第 2 层信息）。思科快速转发是思科路由器上最快且首选的转发机制。

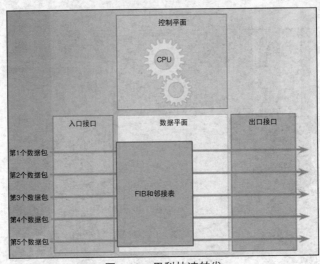

图 1-10　思科快速转发

假定由 5 个数据包组成的流量都发往同一目的地。如图 1-8 所示，如果使用进程交换，则每个数据包都必须由 CPU 单独处理。将其与快速交换进行对比，如图 1-9 所示。使用快速交换时请注意一下，如何只让流量的第一个数据包进行进程交换并添加到快速交换缓冲中。而使之后的 4 个数据包根据快速交换缓存中的信息得到快速处理。最后，在图 1-10 中，当网络融合后，CEF 将构建 FIB 和邻接表。所有的 5 个数据包都将在数据平面中得到快速处理。

一个用于描述这 3 种数据包转发机制的常见比喻如下。

- 进程交换通过数学计算来解决每个问题，即使是完全相同的问题。
- 快速交换通过一次数学计算并为后续相同问题记忆答案，以解决问题。
- CEF 事先在电子表格中解决每个可能出现的问题。

1.1.2　连接设备

LAN 主机通常使用第 3 层 IP 地址连接到路由器。本节的重点是研究设备如何连接到小型路由网络。

1. 连接到网络

网络设备和最终用户通常使用有线以太网或无线连接方式连接到网络。请参见图 1-11 中的参考拓扑示例。图中的 LAN 是关于用户和网络设备如何连接到网络的示例。

家庭办公室设备可以按以下方式连接。

- 笔记本电脑和平板电脑以无线方式连接到家用路由器。
- 网络打印机使用以太网电缆连接到家用路由器上的交换机端口。
- 家用路由器使用以太网电缆连接服务提供商的电缆调制解调器。
- 电缆调制解调器与互联网服务提供商（ISP）网络连接。

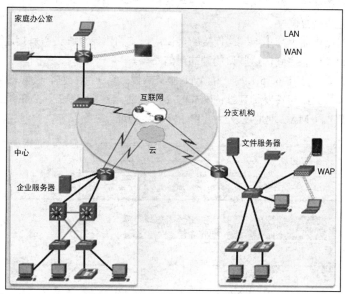

图 1-11　LAN 和 WAN 连接示例

分支站点设备按以下方式连接。
- 企业资源（即文件服务器和打印机）使用以太网电缆连接第 2 层交换机。
- 台式 PC 和 VoIP 电话使用以太网电缆连接第 2 层交换机。
- 笔记本电脑和智能手机以无线方式连接到无线接入点（WAP）。
- WAP 使用以太网电缆连接到交换机。
- 第 2 层交换机使用以太网电缆连接到边缘路由器上的以太网接口。边缘路由器是位于网络边缘或边界上，在该网络和另一网络之间（例如 LAN 和 WAN 之间）进行路由的设备。
- 边缘路由器与 WAN 服务提供商（SP）连接。
- 边缘路由器也为了备份而连接到 ISP。

中心站点设备按以下方式连接。
- 台式 PC 和 VoIP 电话使用以太网电缆连接第 2 层交换机。
- 第 2 层交换机使用以太网光纤电缆（橙色连接）与多层的第 3 层交换机进行冗余连接。
- 第 3 层多层交换机使用以太网电缆连接到边缘路由器上的以太网接口。
- 使用以太网电缆将企业网站服务器连接到边缘路由器接口。
- 边缘路由器与 WAN SP 连接。
- 边缘路由器也为了备份而连接到 ISP。

在分支机构和中心机构的 LAN 中，使用第 2 层交换机将主机直接或间接（通过 WAP）连接到网络基础设施。

2. 默认网关

要启用网络访问，必须为设备配置 IP 地址信息，以确定下述信息。
- **IP 地址**：标识本地网络中的唯一主机。
- **子网掩码**：标识主机可以使用哪个网络子网进行通信。
- **默认网关**：标识当目标未处于同一本地网络子网时将数据包发送到的路由器的 IP 地址。

当主机向同一 IP 网络中的设备发送数据包时，只需将数据包从主机接口转发到目的设备。
当主机向不同 IP 网络中的设备发送数据包时，数据包将转发到默认网关，因为主机设备不能直接与本地网络之外的设备通信。默认网关是将流量从本地网络路由到远程网络上的设备的目的地。它通常用于将本地网络连接到互联网。

默认网关通常是路由器上与本地网络连接的接口地址。路由器将维护所有相连网络的路由表条目以及远程网络的条目，并确定到达这些目的地的最佳路径。

例如，如果 PC1 向位于 176.16.1.99 上的 Web 服务器发送数据包，它将会发现 Web 服务器不在本地网络中，因此必须将数据包转发到其默认网关的 MAC 地址。图 1-12 顶部的数据包协议数据单元（PDU）用于标识源 IP 和 MAC 地址以及目的 IP 和 MAC 地址。

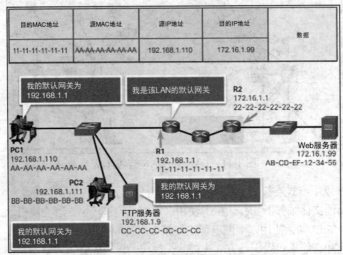

图 1-12 让片段到达正确的网络

注意： 路由器通常还会配置自己的默认网关。这称为最后选用网关。

3. 记录网络编址

在设计新网络或规划现有网络时，请将网络记录下来。文档至少应当标识以下内容：
- 设备名称；
- 设计中用到的接口；
- IP 地址和子网掩码；
- 默认网关地址。

此信息是通过创建两个有用的网络文档而获取的。
- **拓扑图**：如图 1-13 所示，拓扑图提供一个视觉参考，指明物理连接和第 3 层逻辑编址。通常使用制图软件（如 Microsoft Visio）创建。

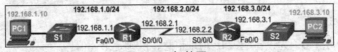

图 1-13 拓扑图

- **地址分配表**：如表 1-2 所示，它是一个包含设备名称、接口、IPv4 地址、子网掩码和默认网关地址的表。

表 1-2　　　　　　　　　　　地址分配表

设　备	接　口	IP 地址	子网掩码	默认网关
R1	Fa0/0	192.168.1.1	255.255.255.0	N/A
	S0/0/0	192.168.2.1	255.255.255.0	N/A
R2	Fa0/0	192.168.3.1	255.255.255.0	N/A
	S0/0/0	192.168.2.2	255.255.255.0	N/A
PC1	N/A	192.168.1.10	255.255.255.0	192.168.1.1
PC2	N/A	192.168.3.10	255.255.255.0	192.168.3.1

4. 在主机上启用 IP

可以采用以下两种方式之一为主机分配 IP 地址信息。

- **静态**：为主机手动分配唯一的 IP 地址、子网掩码和默认网关。还可以配置 DNS 服务器 IP 地址。
- **动态**：主机从 DHCP 服务器自动接收其 IP 地址信息。DHCP 服务器为主机提供一个有效 IP 地址、子网掩码和默认网关信息。DHCP 服务器还可提供其他信息。

图 1-14 提供了一个静态 IPv4 配置示例。

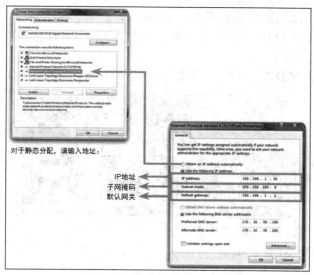

图 1-14　静态分配 IPv4 地址

图 1-15 提供了一个动态 IPv4 地址配置示例。

静态分配的地址通常用于标识特定的网络资源，例如网络服务器和打印机。它们还可用在拥有少量主机的小型网络中。但大多数主机设备通过访问 DHCPv4 服务器获取其 IPv4 地址信息。在大型企业中，将会使用专用 DHCPv4 服务器向许多 LAN 提供服务。在较小的分支机构或小型办公室设置中，DHCPv4 服务可由思科 Catalyst 交换机或思科 ISR 提供。

5. 设备 LED

主机计算机使用网络接口和 RJ-45 以太网电缆连接到有线网络。大多数网络接口在接口旁配有一个或两个 LED 链路指示灯。LED 颜色的意义和含义因制造商而异。通常，绿色 LED 表示连接良好，而呈绿色闪烁的 LED 表示存在网络活动。

第 1 章 路由概念

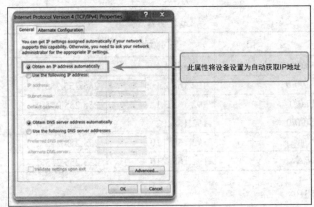

图 1-15 动态分配 IPv4 地址

如果链路指示灯不亮,则网络电缆或网络本身可能存在问题。连接两端的交换机端口也将有 LED 指示灯亮起。如果一端或两端都没有亮,请尝试其他网络电缆。

> **注意:** LED 的实际功能因计算机制造商不同而有所不同。

同样,网络基础架构设备通常会使用多个 LED 指示灯来提供快速状态查看。例如,思科 Catalyst 2960 交换机使用多个状态 LED 来帮助监控系统活动和性能。这些 LED 通常在交换机运行正常时呈绿色,而在出现故障时呈琥珀色。

思科 ISR 使用各种 LED 指示灯来提供状态信息。思科 1941 路由器如图 1-16 所示。

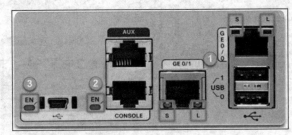

图 1-16 思科 1941 LED

表 1-3 列出了思科 1941 路由器的 LED 说明。

表 1-3　　　　　　　　　　思科 1941 LED 说明

#	端口	LED	颜色	说明
1	GE0/0 和 GE0/1	S(速度)	1 次闪烁+暂停	端口以 10 Mbit/s 的速率运行
			2 次闪烁+暂停	端口以 100 Mbit/s 的速率运行
			3 次闪烁+暂停	端口以 1000 Mbit/s 的速率运行
		L(链路)	绿色	链路处于活动状态
			关闭	链路处于非活动状态
2	控制台	EN	绿色	端口处于活动状态
			关闭	端口处于非活动状态
3	USB	EN	绿色	端口处于活动状态
			关闭	端口处于非活动状态

路由器上的 LED 可以帮助网络管理员快速执行一些基本的故障排除。每台设备都有唯一的一组 LED，建议您熟悉这些 LED 的意义。查询特定设备的文档以获得 LED 的准确描述。

6. 控制台访问

在生产网络环境中，通常使用安全外壳（SSH）或安全超文本传输协议（HTTPS）来远程访问基础架构设备。实际上只有在进行设备的初始配置时或远程访问失败时才会要求控制台访问。

控制台访问有如下要求。

- **控制台电缆**：RJ-45 转 DB-9 串行电缆或 USB 串行电缆。
- **终端仿真软件**：Tera Term、PuTTY。

在主机的串行端口和设备的控制台端口之间连接电缆。大多数计算机和笔记本电脑不再包含内置的串行端口；因此，USB 端口可以建立控制台连接。但是，在使用 USB 端口时，要求使用特殊的 USB-to-RS-232 兼容串行端口适配器。

思科 ISR G2 支持 USB 串行控制台连接。要建立连接，需要使用 USB A 型-USB B 型（mini-BUSB）电缆和操作系统的设备驱动程序。此设备驱动程序可从以下网站获得：www.cisco.com。虽然这些路由器有两个控制台端口，但一次只能有一个控制台端口处于活动状态。当电缆插入 USB 控制台端口时，RJ-45 端口处于非活动状态。当 USB 电缆从 USB 端口移除时，RJ-45 端口处于活动状态。

图 1-17 中的表格总结了控制台连接要求。

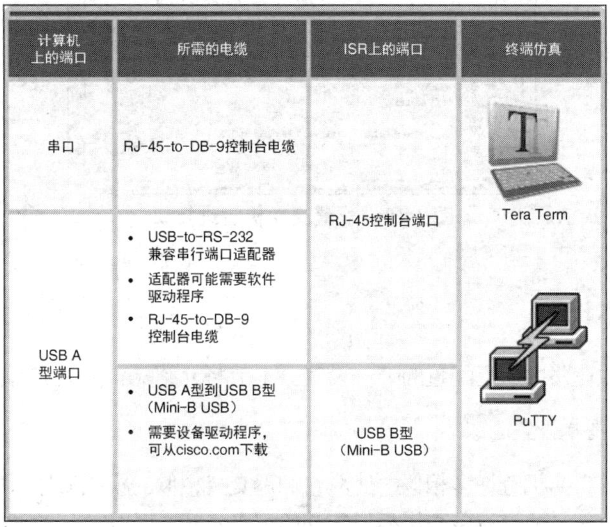

计算机上的端口	所需的电缆	ISR上的端口	终端仿真
串口	RJ-45-to-DB-9控制台电缆	RJ-45控制台端口	Tera Term
USB A 型端口	• USB-to-RS-232 兼容串行端口适配器 • 适配器可能需要软件驱动程序 • RJ-45-to-DB-9 控制台电缆 • USB A 型到USB B 型（Mini-B USB） • 需要设备驱动程序，可从cisco.com下载	USB B 型（Mini-B USB）	PuTTY

图 1-17　控制台连接要求

图 1-18 显示了所需的各种端口和电缆。

7. 在交换机上启用 IP

网络基础架构设备需要 IP 地址才能启用远程管理。通过设备的 IP 地址，网络管理员可以使用 Telnet、SSH、HTTP 或 HTTPS 远程连接设备。

交换机没有可以为其分配 IP 地址的专用接口。而是在称为交换虚拟接口（SVI）的虚拟接口上配置 IP 地址信息。

例如，在图 1-19 中，为第 2 层交换机 S1 上的 SVI 分配了 IP 地址 192.168.10.2/24 和默认网关 192.168.10.1。

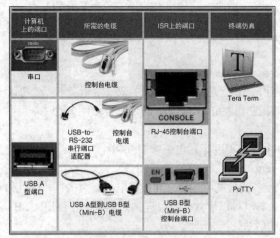

图 1-18　端口和电缆

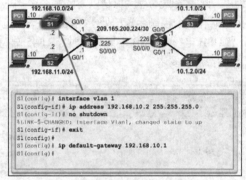

图 1-19　配置交换机管理接口

1.1.3　路由器基本设置

每个网络都有必须在路由器上配置的唯一设置。本节将介绍配置路由器所需的基本 IOS 命令。

1. 配置路由器的基本设置

思科路由器和思科交换机有许多相似之处。它们都支持相似的模式操作系统、相似的命令结构以及许多相同的命令。此外，两台设备采用相似的初始配置步骤。

例如，应始终执行以下配置任务。
- **给设备命名**：将设备与其他路由器区分开。
- **安全管理访问**：保护特权 EXEC、用户 EXEC 和远程访问。
- **配置标语**：提供未授权访问的法律通知。

始终保存路由器的更改并验证基本配置和路由器操作。

图 1-20 显示了用于示例配置的拓扑。

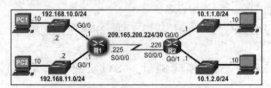

图 1-20　IPv4 配置拓扑

例 1-1 显示了为 R1 配置的基本路由器设置。

例 1-1　基本路由器设置

```
Router# configure terminal
Enter configuration commands, one per line. End with CNTL/Z.
Router(config)# hostname R1
R1(config)# enable secret class
R1(config)# line console 0
R1(config-line)# password cisco
R1(config-line)# login
R1(config-line)# exit
R1(config)# line vty 0 4
R1(config-line)# password cisco
R1(config-line)# login
R1(config-line)# exit
R1(config)# service password-encryption
R1(config)# banner motd $ Authorized Access Only! $
R1(config)# end
R1# copy running-config startup-config
Destination filename [startup-config]?
Building configuration...
[OK]
R1#
```

2. 配置 IPv4 路由器接口

交换机与路由器之间的一个明显区别是其各自所支持的接口类型。例如，第 2 层交换机支持 LAN，因此有多个快速以太网或吉比特以太网端口。

路由器支持 LAN 和 WAN，而且可以互连不同类型的网络；因此，它们支持许多类型的接口。例如，第 2 代 ISR 带有一个或两个集成的吉比特以太网接口和高速广域网接口卡（HWIC）插槽，以便支持其他类型的网络接口，包括串行、DSL 和电缆接口。

要使接口可用，必须执行以下两项操作。

- **配置 IP 地址和子网掩码**：使用 **ip address** *ip-address subnet-mask* 接口配置命令。
- **激活**：默认情况下，LAN 和 WAN 接口未激活（shutdown）。要启用接口，则必须使用 **no shutdown** 命令将其激活（这与接口通电类似）。接口还必须连接到另一台设备（交换机或另一台路由器），才能使物理层处于活动状态。

或者，还可以使用 **description** 命令为接口配置最多 240 个字符的简短描述。建议为每个接口配置说明。在生产网络中，会很快发现接口描述的好处，因为它们有助于排除故障并确定第三方连接信息和联系信息。

根据不同的接口类型，可能要求其他参数。例如，在实验环境中，与串行电缆端连接的串行接口（标记为 DCE）必须使用 **clock rate** 命令进行配置。

> **注意**：服务提供商路由器通常会向客户路由器提供时钟频率。然而，在实验室环境中，当互连两个串行接口时，在 DCE 端需要使用 **clock rate** 命令。

> **注意**：在 DTE 接口上不小心使用了 **clock rate** 命令时，将会生成 "%Error: This command applies only to DCE interface" 参考信息。

例 1-2 显示了 R1 的路由器接口配置。请注意 Serial0/0/0 状态为 down。当配置并激活 R2 的 Serial0/0/0 接口时，状态将更改为 up。

例 1-2　IPv4 路由器接口配置

```
R1(config)# interface gigabitethernet 0/0
R1(config-if)# description Link to LAN 1
R1(config-if)# ip address 192.168.10.1 255.255.255.0
R1(config-if)# no shutdown
R1(config-if)# exit
*Jan 30 22:04:47.551: %LINK-3-UPDOWN: Interface GigabitEthernet0/0, changed state
  to down
*Jan 30 22:04:50.899: %LINK-3-UPDOWN: Interface GigabitEthernet0/0, changed state
  to up
*Jan 30 22:04:51.899: %LINEPROTO-5-UPDOWN: Line protocol on Interface GigabitEthernet0/
  0, changed state to up
R1(config)# interface gigabitethernet 0/1
R1(config-if)# description Link to LAN 2
R1(config-if)# ip address 192.168.11.1 255.255.255.0
R1(config-if)# no shutdown
R1(config-if)# exit
*Jan 30 22:06:02.543: %LINK-3-UPDOWN: Interface GigabitEthernet0/1, changed state
  to down
*Jan 30 22:06:05.899: %LINK-3-UPDOWN: Interface GigabitEthernet0/1, changed state
  to up
*Jan 30 22:06:06.899: %LINEPROTO-5-UPDOWN: Line protocol on Interface Gigabit
  Ethernet0/1, changed state to up
R1(config)# interface serial 0/0/0
R1(config-if)# description Link to R2
R1(config-if)# ip address 209.165.200.225 255.255.255.252
R1(config-if)# clockrate 128000
R1(config-if)# no shutdown
R1(config-if)# exit
*Jan 30 23:01:17.323: %LINK-3-UPDOWN: Interface Serial0/0/0, changed state to down
R1(config)#
```

3. 配置 IPv6 路由器接口

配置 IPv6 接口与配置 IPv4 接口相似。在思科 IOS 中，大多数 IPv6 的配置和验证命令与 IPv4 的极为相似。在多数情况下，唯一区别是命令中使用 **ipv6** 取代 **ip**。

IPv6 接口必须进行如下操作。

- **配置 IPv6 地址和子网掩码**：使用 **ipv6 address** *ipv6-address/prefix-length* **[link-local | eui-64]** 接口配置命令。
- **激活**：必须使用 **no shutdown** 命令激活接口。

> **注意**：通过使用 **ipv6 enable** 接口配置命令，接口可以生成自己的 IPv6 本地链路地址，而无需使用全局单播地址。

与 IPv4 不同，IPv6 接口通常会有多个 IPv6 地址。IPv6 设备至少必须具有 IPv6 本地链路地址，但很有可能还具有 IPv6 全局单播地址。IPv6 还支持接口配有来自同一子网的多个 IPv6 全局单播地址。以下命令可用于静态创建全局单播或本地链路 IPv6 地址。

- **ipv6 address** *ipv6-address/prefix-length*：按照指定长度创建全局单播 IPv6 地址。
- **ipv6 address** *ipv6-address/prefix-length* **eui-64**：使用 EUI-64 流程，根据 IPv6 地址低位 64 位中的接口标识符（ID）配置全局单播 IPv6 地址。
- **ipv6 address** *ipv6-address/prefix-length* **link-local**：在将全局单播 IPv6 地址分配给接口时或使用 **ipv6 enable** 命令将其启用时，在需要使用的接口上配置静态本地链路地址而不是自动配置本地链路地址。回想一下，**ipv6 enable** 接口命令可用于自动创建 IPv6 本地链路地址，而不管是否已分配了 IPv6 全局单播地址。

在图 1-21 所示的示例拓扑中，必须将 R1 配置为支持以下 IPv6 网络地址。

- 2001:0DB8:ACAD:0001:/64 或同等 2001:DB8:ACAD:1::/64。
- 2001:0DB8:ACAD:0002:/64 或同等 2001:DB8:ACAD:2::/64。
- 2001:0DB8:ACAD:0003:/64 或同等 2001:DB8:ACAD:3::/64。

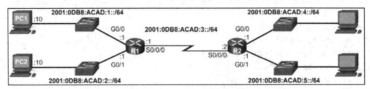

图 1-21　IPv6 配置拓扑

当使用 **ipv6 unicast-routing** 全局配置命令配置路由器时，路由器开始从接口发送 ICMPv6 路由器通告消息。这可启用与接口相连的 PC，以自动配置 IPv6 地址并设置默认网关，而无需使用 DHCPv6 服务器的服务。连接到 IPv6 网路的 PC 也可具有手动配置的 IPv6 地址，如图 1-22 所示。注意，为 PC1 配置的默认网关地址是 R1 GigabitEthernet0/0 接口的 IPv6 全局单播地址。

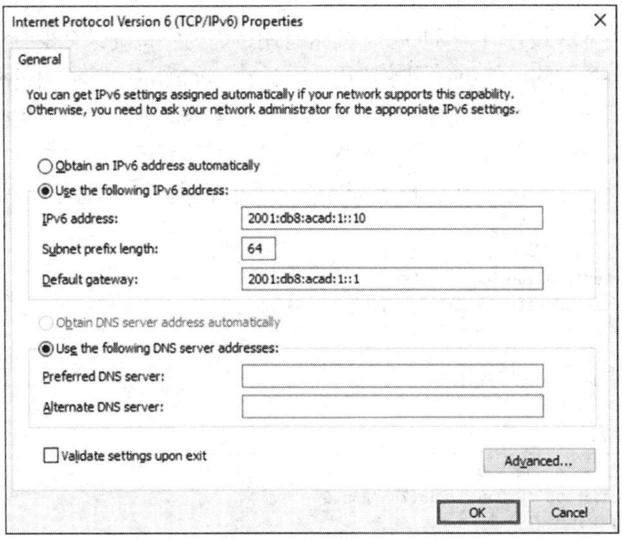

图 1-22　为 PC1 静态分配 IPv6 地址

图 1-21 中的路由器接口必须进行配置和启用，如例 1-3 所示。

例 1-3　IPv6 路由器接口配置

```
R1(config)# interface gigabitethernet 0/0
R1(config-if)# description Link to LAN 1
R1(config-if)# ipv6 address 2001:db8:acad:1::1/64
R1(config-if)# no shutdown
R1(config-if)# exit
*Feb 3 21:38:37.279: %LINK-3-UPDOWN: Interface GigabitEthernet0/0, changed state
  to down
*Feb 3 21:38:40.967: %LINK-3-UPDOWN: Interface GigabitEthernet0/0, changed state
  to up
*Feb 3 21:38:41.967: %LINEPROTO-5-UPDOWN: Line protocol on Interface GigabitEthernet0/
  0, changed state to up
R1(config)# interface gigabitethernet 0/1
R1(config-if)# description Link to LAN 2
R1(config-if)# ipv6 address 2001:db8:acad:2::1/64
R1(config-if)# no shutdown
```

```
R1(config-if)# exit
*Feb  3 21:39:21.867: %LINK-3-UPDOWN: Interface GigabitEthernet0/1, changed state
  to down
*Feb  3 21:39:24.967: %LINK-3-UPDOWN: Interface GigabitEthernet0/1, changed state
  to up
*Feb  3 21:39:25.967: %LINEPROTO-5-UPDOWN: Line protocol on Interface GigabitEthernet0/
  1, changed state to up
R1(config)# interface serial 0/0/0
R1(config-if)# description Link to R2
R1(config-if)# ipv6 address 2001:db8:acad:3::1/64
R1(config-if)# clock rate 128000
R1(config-if)# no shutdown
*Feb  3 21:39:43.307: %LINK-3-UPDOWN: Interface Serial0/0/0, changed state to down
R1(config-if)#
```

4. 配置 IPv4 环回接口

思科 IOS 路由器的另一个常用配置就是启用环回接口。

环回接口是路由器内部的逻辑接口。其并未分配到物理端口，因此从不会连接到其他任何设备。它被视为是一个软件接口，只要路由器运行正常，该接口就会自动处于 up 状态。

在测试和管理思科 IOS 设备时，环回接口非常有用，因为它将确保至少有一个接口始终可用。例如，可通过模拟路由器后面的网络将环回接口用于测试，例如测试内部路由过程。

此外，分配给环回接口的 IPv4 地址对于使用接口 IPv4 地址进行身份识别的路由器上的进程非常重要，例如开放最短路径优先（OSPF）路由进程。通过启用环回接口，路由器将使用始终可用的环回接口地址进行身份识别，而不使用为可能会中断的物理端口分配的 IP 地址。

环回地址的启用和分配很简单：

```
Router (config)# interface loopback number
Router (config-if)# ip address ip-address subnet-mask
Router (config-if)# exit
```

例 1-4 显示了 R1 的环回接口配置。

例 1-4 配置环回接口

```
R1(config)# interface loopback 0
R1(config-if)# ip address 10.0.0.1 255.255.255.0
R1(config-if)# end
R1(config)#
*Jan 30 22:04:50.899: %LINK-3-UPDOWN: Interface loopback0, changed state to up
*Jan 30 22:04:51.899: %LINEPROTO-5-UPDOWN: Line protocol on Interface loopback0,
  changed state to up
```

可以在一个路由器上启用多个环回接口。每个环回接口的 IPv4 地址都必须是唯一的，并且没有供任何其他接口使用。

1.1.4 检验直连网络的连接

了解如何对设备是否配置正确进行故障排除和检验始终是非常重要的。本节的重点是如何检验直连到路由器的两个网络之间的连接。

1. 验证接口设置

有几个特权 EXEC 模式 show 命令可用于验证接口的操作和配置。以下 3 个命令对于快速确定接口状态尤其有用。

- **show ip interface brief**：显示所有接口的汇总，包括接口的 IPv4 地址和当前运行状态。
- **show ip route**：显示存储在 RAM 中的 IPv4 路由表的内容。在思科 IOS 15 中，路由表中应当显示活动接口以及由代码 C（连接）或 L（本地）标识的两个相关条目。在较早的 IOS 版本中，只显示带有代码 C 的一个条目。
- **show running-config interface** *interface-id*：显示在指定接口上配置的命令。

例 1-5 显示了 **show ip interface brief** 命令的输出。在输出中，由状态和协议均显示 up 可知，LAN 接口和 WAN 链路均已激活并可以运行。显示其他输出说明存在配置或布线问题。

例 1-5 检验 IPv4 接口状态

```
R1# show ip interface brief
Interface                  IP-Address      OK? Method Status                Protocol
Embedded-Service-Engine0/0 unassigned      YES unset  administratively down down
GigabitEthernet0/0         192.168.10.1    YES manual up                    up
GigabitEthernet0/1         192.168.11.1    YES manual up                    up
Serial0/0/0                209.165.200.225 YES manual up                    up
Serial0/0/1                unassigned      YES unset  administratively down down
R1#
```

> **注意：** 在例 1-5 中显示 Embedded-Service-Engine0/0 接口，因为思科 ISR G2 在主板上配有双核 CPU。Embedded-Service-Engine0/0 接口不属于本课程的范围。

例 1-6 显示的是 **show ip route** 命令的输出。注意 3 个直连网络条目和 3 个本地主机路由接口条目。本地主机路由的管理距离为 0。它还具有 IPv4 的/32 掩码和 IPv6 的/128 掩码。本地主机路由是拥有此 IP 地址的路由器上的路由。它用于允许路由器处理发往该 IP 地址的数据包。

例 1-6 检验 IPv4 路由表

```
R1# show ip route
Codes: L - local, C - connected, S - static, R - RIP, M - mobile, B - BGP


<output omitted.


Gateway of last resort is not set


      192.168.10.0/24 is variably subnetted, 2 subnets, 2 masks
C        192.168.10.0/24 is directly connected, GigabitEthernet0/0
L        192.168.10.1/32 is directly connected, GigabitEthernet0/0
      192.168.11.0/24 is variably subnetted, 2 subnets, 2 masks
C        192.168.11.0/24 is directly connected, GigabitEthernet0/1
L        192.168.11.1/32 is directly connected, GigabitEthernet0/1
      209.165.200.0/24 is variably subnetted, 2 subnets, 2 masks
C        209.165.200.224/30 is directly connected, Serial0/0/0
L        209.165.200.225/32 is directly connected, Serial0/0/0
R1#
```

例 1-7 显示 **show running-config interface** 命令的输出。输出显示了在指定接口上配置的当前命令。

例 1-7 检验 IPv4 接口配置

```
R1# show running-config interface gigabitEthernet 0/0
Building configuration...


Current configuration : 128 bytes
!
```

```
interface GigabitEthernet0/0
 description Link to LAN 1
 ip address 192.168.10.1 255.255.255.0
 duplex auto
 speed auto
end

R1#
```

以下两个命令用于收集接口的更多详细信息。

- **show interfaces**：显示设备上所有接口的接口信息和数据包流量计数。
- **show ip interface**：显示路由器上所有接口的 IPv4 相关信息。

2. 验证 IPv6 接口设置

用于验证 IPv6 接口配置的命令与 IPv4 所使用的命令类似。

例 1-8 中的 **show ipv6 interface brief** 命令显示了图 1-21 中 R1 路由器的每个接口的汇总。与接口名称位于同一行的 up/up 输出指示第 1 层/第 2 层接口状态。这与等效的 IPv4 命令的状态和协议列相同。

例 1-8　检验 IPv6 接口状态

```
R1# show ipv6 interface brief
GigabitEthernet0/0     [up/up]
   FE80::FE99:47FF:FE75:C3E0
   2001:DB8:ACAD:1::1
GigabitEthernet0/1     [up/up]
   FE80::FE99:47FF:FE75:C3E1
   2001:DB8:ACAD:2::1
Serial0/0/0            [up/up]
   FE80::FE99:47FF:FE75:C3E0
   2001:DB8:ACAD:3::1
Serial0/0/1            [administratively down/down]
   unassigned
R1#
```

输出显示了每个接口的两个已配置的 IPv6 地址。其中一个地址是手动输入的 IPv6 全局单播地址。另一个地址以 FE80 开头，是接口的本地链路单播地址。每当分配全局单播地址时，本地链路地址会自动添加到接口。要求 IPv6 网络接口使用本地链路地址，但不一定要是全局单播地址。

例 1-9 所示 **show ipv6 interface gigabitethernet0/0** 命令的输出显示了接口状态和属于该接口的所有 IPv6 地址。除了本地链路地址和全局单播地址外，输出还包括为该接口分配的组播地址，以前缀 FF02 开头。

例 1-9　检验 IPv6 接口配置

```
R1# show ipv6 interface gigabitEthernet 0/0
GigabitEthernet0/0 is up, line protocol is up
  IPv6 is enabled, link-local address is FE80::32F7:DFF:FEA3:DA0
  No Virtual link-local address(es):
  Global unicast address(es):
    2001:DB8:ACAD:1::1, subnet is 2001:DB8:ACAD:1::/64
  Joined group address(es):
    FF02::1
    FF02::1:FF00:1
    FF02::1:FFA3:DA0
  MTU is 1500 bytes
  ICMP error messages limited to one every 100 milliseconds
```

```
    ICMP redirects are enabled
    ICMP unreachables are sent
    ND DAD is enabled, number of DAD attempts: 1
    ND reachable time is 30000 milliseconds (using 30000)
    ND NS retransmit interval is 1000 milliseconds
R1#
```

例 1-10 所示的 **show ipv6 route** 命令可用于检验 IPv6 网络和特定 IPv6 接口地址是否已经安装到 IPv6 路由表。**show ipv6 route** 命令仅用于显示 IPv6 网络，而无法显示 IPv4 网络。

例 1-10　检验 IPv6 路由表

```
R1# show ipv6 route
IPv6 Routing Table - default - 7 entries
Codes: C - Connected, L - Local, S - Static, U - Per-user Static

<output omitted>

C   2001:DB8:ACAD:1::/64 [0/0]
     via GigabitEthernet0/0, directly connected
L   2001:DB8:ACAD:1::1/128 [0/0]
     via GigabitEthernet0/0, receive
C   2001:DB8:ACAD:2::/64 [0/0]
     via GigabitEthernet0/1, directly connected
L   2001:DB8:ACAD:2::1/128 [0/0]
     via GigabitEthernet0/1, receive
C   2001:DB8:ACAD:3::/64 [0/0]
     via Serial0/0/0, directly connected
L   2001:DB8:ACAD:3::1/128 [0/0]
     via Serial0/0/0, receive
L   FF00::/8 [0/0]
     via Null0, receive
R1#
```

在路由表中，路由旁边的 C 表示这是一个直连网络。当路由器接口配置了全局单播地址并处于 up/up 状态时，IPv6 前缀和前缀长度会作为直连路由添加至 IPv6 路由表。

接口上配置的 IPv6 全局单播地址也作为本地路由添加到路由表中。本地路由具有/128 前缀。路由表使用本地路由来有效处理将路由器接口地址作为目的地址的数据包。

IPv6 的 **ping** 命令与用于 IPv4 的命令相同，但是使用 IPv6 地址。如例 1-11 所示，**ping** 命令用于验证 R1 和 PC1 之间的第 3 层连接。

例 1-11　检验 R1 到 PC1 的连接

```
R1# ping 2001:db8:acad:1::10
Type escape sequence to abort.
Sending 5, 100-byte ICMP Echos to 2001:DB8:ACAD:1::10, timeout is 2 seconds:
!!!!!
Success rate is 100 percent (5/5)
R1#
```

3. 过滤 show 命令输出

默认情况下，生成多页输出的命令在显示出 24 行后会暂停。在暂停输出的结尾处，将会显示"--More--"文本。按 Enter 键显示下一行，按空格键显示下一组输出。使用 **terminal length** 命令指定要显示的行数。零值（0）可以防止路由器在输出屏幕之间暂停。

另一个能改善命令行界面（CLI）用户体验的有用功能是 **show** 输出过滤。过滤命令可用于显示输出的特定部分。要启用过滤命令，请在 **show** 命令后面输入管道（|）字符，然后输入一个过滤参数和过滤表达式。

在管道后面可以配置的过滤参数如下所示。

- **section**：显示从过滤表达式开始的整个部分。
- **include**：包括符合过滤表达式的所有输出行。
- **exclude**：排除符合过滤表达式的所有输出行。
- **begin**：从符合过滤表达式的行开始，显示从某个点开始的所有输出行。

注意： 可以结合使用输出过滤器和任意 show 命令。

例 1-12 显示了各种输出过滤器的使用。

例 1-12 过滤 show 命令

```
R1# show running-config | section line vty
line vty 0 4
 password 7 030752180500
 login
 transport input all
R1# show ip interface brief | include up
GigabitEthernet0/0         192.168.10.1     YES manual up                    up
GigabitEthernet0/1         192.168.11.1     YES manual up                    up
Serial0/0/0                209.165.200.225  YES manual up                    up
R1# show ip interface brief | exclude unassigned
Interface                  IP-Address       OK? Method Status                Protocol
GigabitEthernet0/0         192.168.10.1     YES manual up                    up
GigabitEthernet0/1         192.168.11.1     YES manual up                    up
Serial0/0/0                209.165.200.225  YES manual up                    up
R1# show ip route | begin Gateway
Gateway of last resort is not set

      192.168.10.0/24 is variably subnetted, 2 subnets, 2 masks
C        192.168.10.0/24 is directly connected, GigabitEthernet0/0
L        192.168.10.1/32 is directly connected, GigabitEthernet0/0
      192.168.11.0/24 is variably subnetted, 2 subnets, 2 masks
C        192.168.11.0/24 is directly connected, GigabitEthernet0/1
L        192.168.11.1/32 is directly connected, GigabitEthernet0/1
      209.165.200.0/24 is variably subnetted, 2 subnets, 2 masks
C        209.165.200.224/30 is directly connected, Serial0/0/0
L        209.165.200.225/32 is directly connected, Serial0/0/0
R1#
```

4. 命令历史记录功能

命令历史记录功能非常有用，因为它可以临时存储已执行命令的列表，以便重新调用。

要调出历史记录缓冲区中的命令，请按 Ctrl+P 或向上箭头键。命令输出从最近输入的命令开始。重复该按键序列，逐一调出之前执行的命令。要返回到历史记录缓冲区中较新的命令，可以按 Ctrl+N 或向下箭头键。重复该按键序列，逐一调出最近的命令。

默认情况下，启用 history 命令，且系统会获取其历史记录缓冲区中最新输入的 10 条命令。使用 **show history** 特权 EXEC 命令显示缓冲区的内容。

而且仅在当前终端会话中增加历史缓冲区记录的命令行数目是比较实用的。使用 **terminal history size** 用户 EXEC 命令来增加或减小缓冲区的大小。

例 1-13 显示了 **terminal history size** 和 **show history** 命令的示例。

例 1-13 命令历史记录功能

```
R1# terminal history size 200
R1# show history
```

```
    show ip interface brief
    show interface g0/0
    show ip interface g0/1
    show ip route
    show ip route 209.165.200.224
    show running-config interface s0/0/0
    terminal history size 200
    show history
R1#
```

1.2 路由决策

本节将介绍路由器如何使用数据包中的信息在中小型企业网络中制定转发决策。

1.2.1 在网络间交换数据包

本节介绍路由器在接口间交换数据包时所使用的封装和解封流程。

1. 路由器交换功能

路由器的主要功能是将数据包转发到目的地。这可通过使用交换功能来实现,路由器使用此过程在一个接口上接受数据包并将其从另一接口转发出去。交换功能的重要责任是将数据包封装成适用于传出数据链路的正确数据链路帧类型。

> **注意:** 在本文中,术语"交换"的本意就是指将数据包从源传输到目标,不应与第 2 层交换机的功能相混淆。

当路由器通过路径决定功能确定送出接口之后,必须将数据包封装成送出接口的数据链路帧。
对于从一个网络传入,以另一个网络为目的地的数据包,路由器会进行哪些处理? 请参见图 1-23。

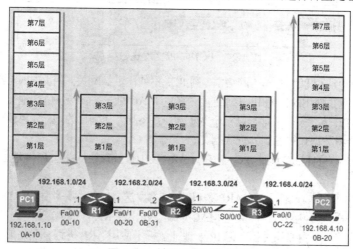

图 1-23 封装和解封数据包

路由器主要执行以下 3 个步骤。

步骤 1 解封第 2 层帧头和帧尾以显示第 3 层数据包。

步骤2 检查 IP 数据包的目标 IP 地址以便从路由表中选择最佳路径。

步骤3 如果路由器找到通往目的地的路径,则它会将第 3 层数据包封装成新的第 2 层帧并将此帧从送出接口转发出去。

如图 1-23 所示,设备具有第 3 层 IPv4 地址,而以太网接口具有第 2 层数据链路地址。例如,为 PC1 配置了 IPv4 地址 192.168.1.10 和一个示例 MAC 地址 0A-10。在数据包从源设备到最终目的设备的传输过程中,第 3 层 IP 地址始终不会发生变化。但是,随着每个路由器不断将数据包解封、然后又重新封装成新的第 2 层帧,该数据包的第 2 层数据链路地址在每一跳都会发生变化。

数据包通常需要封装到接收帧以外的其他类型的第 2 层帧中。例如,路由器可能会在快速以太网接口上收到以太网封装的帧,然后从串行端口转发该帧以进行处理。

请注意,在图 1-23 中,R2 和 R3 之间的端口没有关联的 MAC 地址。这是因为这是一个串行链路。仅在多路访问网络中需要 MAC 地址,例如以太网。串行链路是点对点连接并使用不需要使用 MAC 地址的其他第 2 层帧。在本示例中,当 R2 收到来自 Fa0/0 接口的发往 PC2 的以太网帧时,会为串行接口解封然后重新封装,例如点对点协议(PPP)封装的帧。当 R3 收到 PPP 帧时,在转发出 Fa0/0 接口之前,会使用目标 MAC 地址 0B-20 将其解封,然后重新封装成以太网帧。

2. 发送数据包

在图 1-24 中,PC1 正在向 PC2 发送数据包。PC1 必须确定目的 IPv4 地址是否位于同一网络中。PC1 通过对其自身的 IPv4 地址和子网掩码执行 **AND** 运算来确定自己的子网。这将得出 PC1 所属的网络地址。接下来,PC1 使用数据包的目标 IPv4 地址和自己的子网掩码执行相同的 **AND** 运算。

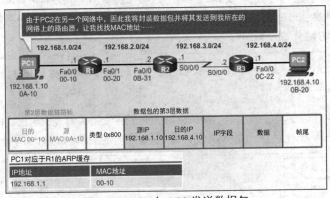

图 1-24 PC1 向 PC2 发送数据包

如果目标网络地址和 PC1 在同一网络中,则 PC1 不使用默认网关。相反,PC1 参考其地址解析协议(ARP)缓存,查找使用此目的 IPv4 地址的设备的 MAC 地址。如果 MAC 地址不在缓存中,那么 PC1 将生成一个 ARP 请求来获取地址以补全数据包,并将其发送到目的地。如果目标网络地址在另一网络中,则 PC1 会将数据包转发到其默认网关。

为了确定默认网关的 MAC 地址,PC1 将在其 ARP 表中查找默认网关的 IPv4 地址及其关联的 MAC 地址。

如果 ARP 表中不存在默认网关的 ARP 条目,PC1 将发送 ARP 请求。路由器 R1 以 ARP 回复应答。然后 PC1 可以将数据包转发到默认网关的 MAC 地址,路由器 R1 的 Fa0/0 接口。

IPv6 数据包使用一个类似的过程。但 IPv6 地址解析不使用 ARP 进程,而是使用 ICMPv6 邻居请求和邻居通告消息。IPv6 到 MAC 地址的映射保存在一个类似于 ARP 缓存的表中,称为邻居缓存。

3. 转发到下一跳

图 1-25 显示了当 R1 接收到来自 PC1 的以太网帧时发生的过程。

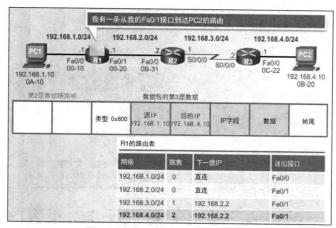

图 1-25　R1 查找到目的地的路由

1. R1 检查目标 MAC 地址，其匹配 R1 上接收接口 FastEthernet0/0 的 MAC 地址。因此，R1 将帧复制到缓冲区。
2. R1 将以太网类型字段标识为 0x800，这意味着以太网帧在帧的数据部分中包含 IPv4 数据包。
3. R1 将以太网帧解封以检查第 3 层信息。
4. 由于数据包的目的 IPv4 地址与 R1 的所有直连网络均不匹配，因此 R1 将查询其路由表来确定数据包的路由方式。R1 将在路由表中搜索将数据包的目的 IPv4 地址作为主机地址包含在该网络中的网络地址。在本例中，路由表存在 192.168.4.0/24 网络的路由条目。数据包的目标 IPv4 地址为 192.168.4.10，这是该网络中的主机 IPv4 地址。

R1 找到的指向 192.168.4.0/24 网络的路由，使用的下一跳 IPv4 地址为 192.168.2.2，送出接口为 FastEthernet0/1。这意味着将 IPv4 数据包封装到一个新的包含下一跳路由器 IPv4 地址的目的 MAC 地址的以太网帧中。

图 1-26 显示了当 R1 将数据包转发到 R2 时发生的过程。

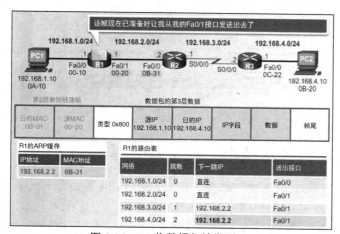

图 1-26　R1 将数据包转发到 R2

由于送出接口连接的是以太网，R1 必须使用 ARP 将下一跳 IPv4 地址解析为目的 MAC 地址。

1. R1 在其 ARP 缓存中查找下一跳 IPv4 地址 192.168.2.2。如果该条目不在 ARP 缓存中，R1 将从 FastEthernet0/1 接口发送 ARP 请求，而且 R2 将以 ARP 回复应答。收到 ARP 回复后，R1 便使用 192.168.2.2 条目及相关 MAC 地址更新其 ARP 缓存。
2. 现在 IPv4 数据包被封装到新的以太网帧中，并从 R1 的 FastEthernet0/1 接口转发出去。

4. 数据包路由

图 1-27 显示了当 R2 在其 Fa0/0 接口接收帧时发生的过程。

图 1-27　R2 查找到目的地的路由

1. R2 检查目标 MAC 地址，其匹配接收接口 FastEthernet0/0 的 MAC 地址。因此，R2 将帧复制到缓冲区。
2. R2 将以太网类型字段标识为 0x800，这意味着以太网帧在帧的数据部分中包含 IPv4 数据包。
3. R2 将以太网帧解封。

图 1-28 显示了当 R2 将数据包转发到 R3 时发生的过程。

图 1-28　R2 将数据包转发到 R3

1. 由于数据包的目的 IPv4 地址与 R2 的所有接口地址均不匹配，因此 R2 将查询其路由表来确定数据包的路由方式。R2 使用与 R1 相同的过程在路由表中搜索数据包的目的 IPv4 地址。

   R2 的路由表中有一条通向 192.168.4.0/24 网络的路由，下一跳 IPv4 地址为 192.168.3.2，送出接口为 Serial0/0/0。由于送出接口连接的不是以太网，因此 R2 无需将下一跳 IPv4 地址解析为目的 MAC 地址。

2. IPv4 数据包将封装到新的数据链路帧中，然后通过 Serial0/0/0 送出接口发送出去。

   当接口为点对点（P2P）串行连接时，路由器将 IPv4 数据包封装成适合送出接口（HDLC、PPP 等）使用的数据链路帧格式。由于串行接口上没有 MAC 地址，因此 R2 将数据链路目的地址设置为相当于广播的地址。

5. 到达目的地

当帧到达 R3 时，将发生以下过程。
1. R3 将数据链路 PPP 帧复制到缓冲区中。
2. R3 解封数据链路 PPP 帧。
3. R3 在路由表中搜索数据包的目标 IPv4 地址。路由表中有一条路由通向 R3 的直连网络。这表示该数据包可以直接发往目的设备，不需要将其发往另一台路由器。

图 1-29 显示了当 R3 将数据包转发到 PC2 时发生的过程。

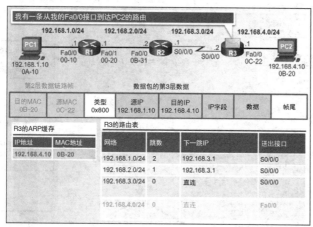

图 1-29　R3 将数据包转发到 PC2

因为送出接口是直连的以太网络，所以 R3 必须将数据包的目的 IPv4 地址解析为目的 MAC 地址。

1. R3 在其 ARP 缓存中搜索数据包的目的 IPv4 地址。如果该条目不在 ARP 缓冲区中，R3 会从其 FastEthernet0/0 接口发出一个 ARP 请求。PC2 用其自身的 MAC 地址回复 ARP 应答。随后 R3 用条目 192.168.4.10 及 ARP 应答中返回的 MAC 地址更新其 ARP 缓存。
2. IPv4 数据包被封装到新的以太网数据链路帧中，并从 R3 的 FastEthernet0/0 接口发送出去。
3. 当 PC2 收到该帧时，它将检查目的 MAC 地址，发现该地址与接收接口（PC2 的以太网网卡）的 MAC 地址匹配。因此 PC2 将数据帧的剩余部分复制到缓冲区中。
4. PC2 将以太网类型字段标识为 0x800，这意味着以太网帧在帧的数据部分中包含 IPv4 数据包。
5. PC2 解封以太网帧并将 IPv4 数据包传递至操作系统的 IPv4 进程。

1.2.2　确定路径

当制定最佳路径决策时，路由器将参考其路由表。在本节中，我们将研究路由器的路径决定功能。

1. 路由决策

路由器的主要功能是确定用于发送数据包的最佳路径。为确定最佳路径，路由器需要在其路由表中搜索能够匹配数据包目标 IP 地址的网络地址。

路由表搜索将产生以下 3 个路径决定之一。

- **直连网络**：如果数据包目标 IP 地址属于与路由器的其中一个接口直连的网络中的设备，则该数据包将直接转发至目标设备。这表示数据包的目标 IP 地址是与该路由器接口处于同一网络中的主机地址。

- **远程网络**：如果数据包的目标 IP 地址属于远程网络，则该数据包将转发至另一个路由器。只有将数据包转发至另一台路由器才能到达远程网络。
- **未确定路由**：如果数据包的目标 IP 地址既不属于相连网络也不属于远程网络，则路由器将确定是否存在最后选用网关。当路由器上配置或获取了默认路由时，会设置最后选用网关。如果有默认路由，则将数据包转发到最后选用网关。如果路由器没有默认路由，则丢弃该数据包。

图 1-30 中的逻辑流程图演示了路由器数据包转发决策过程。

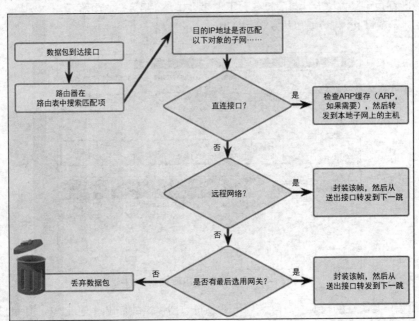

图 1-30 数据包转发决策过程

2. 最佳路径

要确定最佳路径，就需要对指向相同目标网络的多条路径进行评估，从中选出到达该网络的最优或最短路径。当存在通向相同网络的多条路径时，每条路径会使用路由器上的不同送出接口来到达该网络。

路由协议根据其用来确定网络距离的值或度量来选择最佳路径。度量是用于衡量给定网络距离的量化值。指向网络的路径中，度量最低的路径即为最佳路径。

动态路由协议通常使用自己的规则和度量来建立和更新路由表。路由算法会为网络中的每条路径生成值或度量。度量可以基于路径的单个特征或多项特征。一些路由协议能够根据将多个度量组合为单个度量，并根据该度量来进行路由选择。

下面列出了它们使用的一些动态协议以及度量。

- **路由信息协议（RIP）**：跳数。
- **开放最短路径优先（OSPF）**：根据源到目标的累积带宽计算出的思科开销。
- **增强型内部网关路由协议（EIGRP）**：带宽、延迟、负载、可靠性。

图 1-31 显示了路径为何因使用的度量不同而可能不同。

3. 负载均衡

如果路由表中通往同一目标网络的两条或多条路径的度量相同，会发生什么情况？

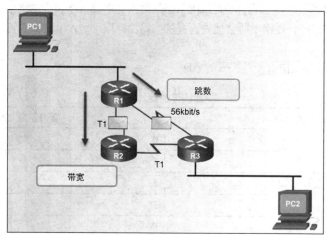

图 1-31　跳数与带宽作为度量

当路由器有两个或多个路径通往目的地的成本度量都相等时，路由器会同时使用两条路径转发数据包。这称为等价负载均衡。对于同一个目标网络，路由表将提供多个送出接口，每个出口对应一条等价路径。路由器将通过路由表中列出的这些送出接口转发数据包。

如果配置正确，负载均衡能够提高网络的效率和性能。等价负载均衡可配置为使用动态路由协议和静态路由。

注意： 只有 EIGRP 支持非等价负载均衡。

图 1-32 提供了有关等价负载均衡的示例。

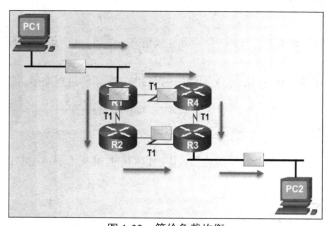

图 1-32　等价负载均衡

4. 管理距离

可以使用多个路由协议和静态路由来配置路由器。如果发生这种情况，则对于同一目标网络，路由表可能会有多个路由来源。例如，如果路由器上同时配置了 RIP 和 EIGRP，则两种路由协议可能会获得相同的目标网络。但是，每个路由协议可能会根据各自路由协议的度量选择不同的路径到达目的地。RIP 根据跳数选择路径，而 EIGRP 根据其复合度量选择路径。路由器如何确定使用哪个路由？

思科 IOS 使用称为管理距离（AD）的工具来确定安装到 IP 路由表的路由。AD 代表路由的"可信度"；AD 越低，路由来源的可信度越高。例如，静态路由的 AD 为 1，而 EIGRP 发现的路由的 AD

为 90。如果有两条通往相同目的地的不同路由，则路由器会选择 AD 较低的路由。如果有静态路由和 EIGRP 路由供路由器选择，则路由器会优先选择静态路由。同理，AD 为 0 的直连路由的优先级高于 AD 为 1 的静态路由。

表 1-4 列出了各种路由协议及其关联的 AD。

表 1-4　　　　　　　　　　　　　　默认管理距离

路 由 源	管 理 距 离
直连	0
静态	1
EIGRP 汇总路由	5
外部 BGP	20
内部 EIGRP	90
IGRP	100
OSPF	110
IS-IS	115
RIP	120
外部 EIGRP	170
内部 BGP	200

1.3　路由器操作

为了制定路由决策，路由器会与其他路由器交换信息。或者，也可以手动配置路由器到达特定网络的方式。

在本节中，将解释路由器在中小型企业网络中运行时如何了解远程网络。

1.3.1　分析路由表

路由表是制定路由决策的核心。了解路由表中提供的信息非常重要。在本节中，您将了解直连网络的路由表条目。

1. 路由表

路由器的路由表存储下列信息。

- **直连路由**：这些路由来自于活动的路由器接口。当接口配置了 IP 地址并激活时，路由器会添加直连路由。
- **远程路由**：这些路由是连接到其他路由器的远程网络。通向这些网络的路由可以静态配置，也可以通过动态路由协议动态获取。

具体而言，路由表是保存在 RAM 中的数据文件，其中存储了与直连网络以及远程网络相关的信息。路由表包含网络或下一跳的关联信息。这些关联告知路由器：要以最佳方式到达某一目的地，可以将数据包发送到特定路由器（即在到达最终目的地的途中的下一跳）。下一跳也可以关联到通向下一目的地的传出或送出接口。

图 1-33 确定了路由器 R1 的直连网络和远程网络。

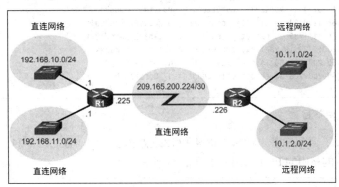

图 1-33 直连网络和远程网络路由

2. 路由表来源

在思科路由器上，**show ip route** 命令可用于显示路由器 IPv4 路由表。路由器将提供其他路由信息，包括如何获取路由、路由在表中存在的时间以及到达预定目的地要使用的具体接口。

路由表中的条目可按以下方式添加。

- **本地路由接口**：当接口已配置并处于活动状态时添加。该条目只在使用 IPv4 路由的 IOS 15 或更新版本中和使用 IPv6 路由的所有 IOS 版本中显示。
- **直连接口**：当接口已配置并处于活动状态时添加到路由表中。
- **静态路由**：当路由已手动配置且送出接口处于活动状态时添加。
- **动态路由协议**：当实施了用于动态获取网络的路由协议（如 EIGRP 或 OSPF）并且网络已确定时添加。

路由表条目的来源由代码来标识。代码将标识获取路由的方式。常用代码如下所示。

- **L**：标识为路由器接口分配的地址。这使路由器能够有效确定何时收到的数据包是指向该接口的，而不必进行转发。
- **C**：标识直连网络。
- **S**：标识创建以通往特定网络的静态路由。
- **D**：标识使用 EIGRP 从另一台路由器动态获取的网络。
- **O**：标识使用 OSPF 路由协议从另一台路由器动态获取的网络。

例 1-14 显示了图 1-20 中 R1 路由器的路由表。

例 1-14 R1 的路由表

```
R1# show ip route
Codes: L - local, C - connected, S - static, R - RIP, M - mobile, B - BGP
       D - EIGRP, EX - EIGRP external, O - OSPF, IA - OSPF inter area
       N1 - OSPF NSSA external type 1, N2 - OSPF NSSA external type 2
       E1 - OSPF external type 1, E2 - OSPF external type 2, E - EGP
       i - IS-IS, L1 - IS-IS level-1, L2 - IS-IS level-2, ia - IS-IS inter area
     * - candidate default, U - per-user static route, o - ODR
       P - periodic downloaded static route

Gateway of last resort is not set
     10.0.0.0/24 is subnetted, 2 subnets
D       10.1.1.0/24 [90/2170112] via 209.165.200.226, 00:01:30, Serial0/0/0
D       10.1.2.0/24 [90/2170112] via 209.165.200.226, 00:01:30, Serial0/0/0
     192.168.10.0/24 is variably subnetted, 2 subnets, 2 masks
C       192.168.10.0/24 is directly connected, GigabitEthernet0/0
```

```
L        192.168.10.1/32 is directly connected, GigabitEthernet0/0
         192.168.11.0/24 is variably subnetted, 2 subnets, 2 masks
C        192.168.11.0/24 is directly connected, GigabitEthernet0/1
L        192.168.11.1/32 is directly connected, GigabitEthernet0/1
         209.165.200.0/24 is variably subnetted, 2 subnets, 2 masks
C        209.165.200.224/30 is directly connected, Serial0/0/0
L        209.165.200.225/32 is directly connected, Serial0/0/0
R1#
```

3. 远程网络路由条目

作为网络管理员，必须知道如何解释 IPv4 和 IPv6 路由表中的内容。图 1-34 显示了 R1 上用于通往远程网络 10.1.1.0 的路由的 IPv4 路由表条目。

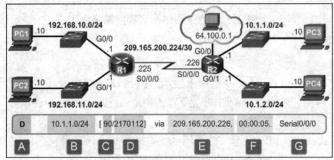

图 1-34　远程网络条目标识符

表 1-5 描述了图 1-34 中所示的路由表条目的各个部分。

表 1-5　　　　　　　　　　远程网络条目的各个部分

图 例	名 称	说 明
A	路由源	标识如何获知该路由
B	目标网络	标识远程网络的 IPv4 地址
C	管理距离	标识路由源的可信度。较低的值表示首选路由来源
D	度量	标识分配用来抵达远程网络的值。较低的值表示首选路由
E	下一跳	标识将数据包转发到的下一路由器的 IPv4 地址
F	路由时间戳	标识自从获取路由之后经过的时间
G	传出接口	标识用于将数据包转发到最终目的地的送出接口

1.3.2　直连路由

在本节中，您将了解路由器如何创建直连网络的路由表。

1. 直连接口

如例 1-15 所示，新部署的路由器不含任何配置接口，使用空的路由表。

例 1-15　空路由表

```
R1# show ip route
Codes: L - local, C - connected, S - static, R - RIP, M - mobile, B - BGP
       D - EIGRP, EX - EIGRP external, O - OSPF, IA - OSPF inter area
       N1 - OSPF NSSA external type 1, N2 - OSPF NSSA external type 2
```

```
            E1 - OSPF external type 1, E2 - OSPF external type 2, E - EGP
            i - IS-IS, L1 - IS-IS level-1, L2 - IS-IS level-2, ia - IS-IS inter area
            * - candidate default, U - per-user static route, o - ODR
            P - periodic downloaded static route

    Gateway of last resort is not set

    R1#
```

在将接口置于 up/up 状态并添加到 IPv4 路由表中之前，接口必须：
- 分配有效的 IPv4 或 IPv6 地址；
- 使用 **no shutdown** 命令激活；
- 接收来自另一设备（路由器、交换机、主机等）的载波信号。

当接口已启用时，该接口所在的网络就会作为直连网络而加入路由表。

2. 直连路由表条目

一个处于活动状态并已配置正确的直连接口实际上会创建两个路由表条目。图 1-35 显示了 R1 上直连网络 192.168.10.0 的 IPv4 路由表条目。

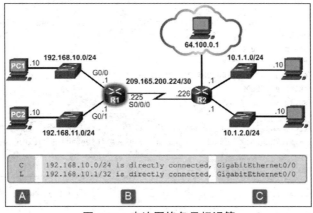

图 1-35　直连网络条目标识符

直连接口的路由表条目比远程网络的条目简单。表 1-6 描述了图 1-35 中所示的路由表条目的各个部分。

表 1-6　　　　　　　　　　　直连网络条目的各个部分

图例	名称	说明
A	路由源	标识路由器如何获知该路由。直连接口有两个路由的来源代码。C 用于标识直连网络。L 用于标识为路由器接口分配的 IPv4 地址
B	目标网络	标识目标网络及其连接方式
C	传出接口	标识在将数据包转发到目标网络时使用的送出接口

注意：　在 IOS 15 之前的版本中，IPv4 路由表中不显示本地路由路由表条目（L）。本地路由（L）条目始终是 IPv6 路由表的一部分。

3. 直连示例

例 1-16 显示了配置和激活与图 1-20 中的 R1 连接的接口的步骤。注意在激活每个接口时生成的第

1 层和第 2 层信息消息。

例 1-16　配置直连 IPv4 接口

```
R1(config)# interface gigabitethernet 0/0
R1(config-if)# description Link to LAN 1
R1(config-if)# ip address 192.168.10.1 255.255.255.0
R1(config-if)# no shutdown
R1(config-if)# exit
*Feb 1 13:37:35.035: %LINK-3-UPDOWN: Interface GigabitEthernet0/0, changed state
  to down
*Feb 1 13:37:38.211: %LINK-3-UPDOWN: Interface GigabitEthernet0/0, changed state
  to up
*Feb 1 13:37:39.211: %LINEPROTO-5-UPDOWN: Line protocol on Interface Gigabit
  Ethernet0/0, changed state to up
R1(config)# interface gigabitethernet 0/1
R1(config-if)# description Link to LAN 2
R1(config-if)# ip address 192.168.11.1 255.255.255.0
R1(config-if)# no shutdown
R1(config-if)# exit
*Feb 1 13:38:01.471: %LINK-3-UPDOWN: Interface GigabitEthernet0/1, changed state
  to down
*Feb 1 13:38:04.211: %LINK-3-UPDOWN: Interface GigabitEthernet0/1, changed state
  to up
*Feb 1 13:38:05.211: %LINEPROTO-5-UPDOWN: Line protocol on Interface Gigabit
  Ethernet0/1, changed state to up
R1(config)# interface serial 0/0/0
R1(config-if)# description Link to R1
R1(config-if)# ip address 209.165.200.225 255.255.255.252
R1(config-if)# clock rate 128000
R1(config-if)# no shutdown
R1(config-if)# end
*Feb  1 13:38:22.723: %LINK-3-UPDOWN: Interface Serial0/0/0, changed state to up
*Feb  1 13:38:23.723: %LINEPROTO-5-UPDOWN: Line protocol on Interface Serial0/0/0,
  changed state to up
R1#
```

在添加每个接口时，路由表会自动添加直连（C）条目和本地（L）条目。例 1-17 提供了一个路由表的示例，该路由表中配置并激活了 R1 的直连接口。

例 1-17　检验直连路由表条目

```
R1# show ip route | begin Gateway
Gateway of last resort is not set

      192.168.10.0/24 is variably subnetted, 2 subnets, 2 masks
C        192.168.10.0/24 is directly connected, GigabitEthernet0/0
L        192.168.10.1/32 is directly connected, GigabitEthernet0/0
      192.168.11.0/24 is variably subnetted, 2 subnets, 2 masks
C        192.168.11.0/24 is directly connected, GigabitEthernet0/1
L        192.168.11.1/32 is directly connected, GigabitEthernet0/1
      209.165.200.0/24 is variably subnetted, 2 subnets, 2 masks
C        209.165.200.224/30 is directly connected, Serial0/0/0
L        209.165.200.225/32 is directly connected, Serial0/0/0
R1#
```

4. 直连 IPv6 示例

例 1-18 显示了使用指定的 IPv6 地址配置图 1-21 中 R1 的直连接口的步骤。注意在配置并激活每个接口时生成的第 1 层和第 2 层信息消息。

例 1-18 配置直连 IPv6 接口

```
R1(config)# interface gigabitethernet 0/0
R1(config-if)# description Link to LAN 1
R1(config-if)# ipv6 address 2001:db8:acad:1::1/64
R1(config-if)# no shutdown
R1(config-if)# exit
*Feb 3 21:38:37.279: %LINK-3-UPDOWN: Interface GigabitEthernet0/0, changed state
  to down
*Feb 3 21:38:40.967: %LINK-3-UPDOWN: Interface GigabitEthernet0/0, changed state
  to up
*Feb 3 21:38:41.967: %LINEPROTO-5-UPDOWN: Line protocol on Interface GigabitEthernet0/
  0, changed state to up
R1(config)# interface gigabitethernet 0/1
R1(config-if)# description Link to LAN 2
R1(config-if)# ipv6 address 2001:db8:acad:2::1/64
R1(config-if)# no shutdown
R1(config-if)# exit
*Feb 3 21:39:21.867: %LINK-3-UPDOWN: Interface GigabitEthernet0/1, changed state
  to down
*Feb 3 21:39:24.967: %LINK-3-UPDOWN: Interface GigabitEthernet0/1, changed state
  to up
*Feb 3 21:39:25.967: %LINEPROTO-5-UPDOWN: Line protocol on Interface Gigabit
  Ethernet0/1, changed state to up
R1(config)# interface serial 0/0/0
R1(config-if)# description Link to R2
R1(config-if)# ipv6 address 2001:db8:acad:3::1/64
R1(config-if)# clock rate 128000
R1(config-if)# no shutdown
*Feb 3 21:39:43.307: %LINK-3-UPDOWN: Interface Serial0/0/0, changed state to down
R1(config-if)# end
R1#
```

例 1-19 所示的 **show ipv6 route** 命令用于验证 IPv6 路由表中是否已安装 IPv6 网络和特定 IPv6 接口地址。与 IPv4 相似，路由旁边的 "C" 表示这是一个直连网络。"L" 表示本地路由。在 IPv6 网络中，本地路由具有/128 前缀。路由表使用本地路由来有效处理目的地址为路由器接口的数据包。

例 1-19 检验 IPv6 路由表

```
R1# show ipv6 route
IPv6 Routing Table - default - 5 entries
Codes: C - Connected, L - Local, S - Static, U - Per-user Static route
       B - BGP, R - RIP, H - NHRP, I1 - ISIS L1
       I2 - ISIS L2, IA - ISIS interarea, IS - ISIS summary, D - EIGRP
       EX - EIGRP external, ND - ND Default, NDp - ND Prefix, DCE - Destination
       NDr - Redirect, O - OSPF Intra, OI - OSPF Inter, OE1 - OSPF ext 1
       OE2 - OSPF ext 2, ON1 - OSPF NSSA ext 1, ON2 - OSPF NSSA ext 2
C   2001:DB8:ACAD:1::/64 [0/0]
       via GigabitEthernet0/0, directly connected
L   2001:DB8:ACAD:1::1/128 [0/0]
       via GigabitEthernet0/0, receive
C   2001:DB8:ACAD:2::/64 [0/0]
       via GigabitEthernet0/1, directly connected
L   2001:DB8:ACAD:2::1/128 [0/0]
       via GigabitEthernet0/1, receive
L   FF00::/8 [0/0]
       via Null0, receive
R1#
```

注意，还有一个安装到 FF00::/8 网络中的路由。组播路由中要求使用此路由。

例 1-20 显示了如何结合使用 **show ipv6 route** 命令和特定网络目标来显示有关路由器如何获取该

路由的详细信息。

例 1-20 检验单个 IPv6 路由条目

```
R1# show ipv6 route 2001:db8:acad:1::/64
Routing entry for 2001:DB8:ACAD:1::/64
  Known via "connected", distance 0, metric 0, type connected
  Route count is 1/1, share count 0
  Routing paths:
    directly connected via GigabitEthernet0/0
      Last updated 03:14:56 ago

R1#
```

例 1-21 显示了如何使用 **ping** 命令验证与 R2 的连接。请注意当 **ping** 命令的目标为 R2 的 G0/0 LAN 接口时会发生什么情况？结果 ping 失败。这是因为 R1 在路由表中没有到达 2001:DB8:ACAD:4::/64 网络的条目。

例 1-21 测试到 R2 的连接

```
R1# ping 2001:db8:acad:3::2
Type escape sequence to abort.
Sending 5, 100-byte ICMP Echos to 2001:DB8:ACAD:3::2, timeout is 2 seconds:
!!!!!
Success rate is 100 percent (5/5), round-trip min/avg/max = 12/13/16 ms
R1# ping 2001:db8:acad:4::1
Type escape sequence to abort.
Sending 5, 100-byte ICMP Echos to 2001:DB8:ACAD:4::1, timeout is 2 seconds:

% No valid route for destination
Success rate is 0 percent (0/1)
R1#
```

R1 需要使用其他信息才能到达远程网络。可以使用以下方式将远程网络的路由条目添加到路由表中：

- 静态路由；
- 动态路由协议。

1.3.3 静态获知的路由

在本节中，您将学习路由器如何使用静态路由创建路由表。

1. 静态路由

在配置了直连接口，并将其添加到路由表中后，就可以实现静态或动态路由。

静态路由是手动配置的。它们将定义两个网络设备之间的明确路径。与动态路由协议不同，静态路由不会自动更新，并且当网络拓扑发生变化时，必须手动重新配置静态路由。使用静态路由的优点是提高了安全性和资源利用率。静态路由比动态路由协议使用更少的带宽，且不需要使用 CPU 周期计算和交换路由信息。使用静态路由的主要缺点就是在网络拓扑发生变化时不能自动重新配置。

路由表中有两种常见的静态路由类型：

- 指向特定网络的静态路由；
- 默认静态路由。

可以将静态路由配置为到达某个特定远程网络。使用以下命令配置 IPv4 静态路由：

```
Router(config)#ip route network mask { next-hop-ip | exit-intf }
```

静态路由在路由表中以代码 S 标识。

默认静态路由类似于主机上的默认网关。默认静态路由将指定当路由表不包含通往目标网络的路径时使用哪个出口点。当路由器只有一个通往另一路由器的出口点时（例如，当路由器连接中心路由器或服务提供商时），默认静态路由非常有用。

要配置 IPv4 默认静态路由，请使用以下命令：

Router(config)# **ip route 0.0.0.0 0.0.0.0** { *exit-intf* | *next-hop-ip* }

图 1-36 提供了一个有关如何应用默认路由和静态路由的简单场景。

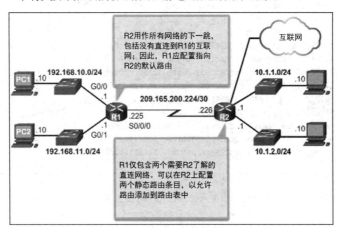

图 1-36　静态路由和默认路由场景

2. 静态路由示例

例 1-22 显示了在图 1-20 中的 R1 上配置和检验 IPv4 默认静态路由。该静态路由使用 Serial 0/0/0 作为送出接口。请注意，路由的配置在路由表中生成一个"S*"条目。S 表示路由源为静态路由，而星号（*）将此路由标识为可能的候选默认路由。事实上已将该路由选为默认路由，由这一行信息可以看出："Gateway of Last Resort is 0.0.0.0 to network 0.0.0.0"。

例 1-22　配置和检验默认静态 IPv4 路由

```
R1(config)# ip route 0.0.0.0 0.0.0.0 Serial0/0/0
R1(config)# exit
R1#
*Feb 1 10:19:34.483: %SYS-5-CONFIG_I: Configured from console by console
R1# show ip route | begin Gateway
Gateway of last resort is 0.0.0.0 to network 0.0.0.0

S*      0.0.0.0/0 is directly connected, Serial0/0/0
        192.168.10.0/24 is variably subnetted, 2 subnets, 2 masks
C          192.168.10.0/24 is directly connected, GigabitEthernet0/0
L          192.168.10.1/32 is directly connected, GigabitEthernet0/0
        192.168.11.0/24 is variably subnetted, 2 subnets, 2 masks
C          192.168.11.0/24 is directly connected, GigabitEthernet0/1
L          192.168.11.1/32 is directly connected, GigabitEthernet0/1
        209.165.200.0/24 is variably subnetted, 2 subnets, 2 masks
C          209.165.200.224/30 is directly connected, Serial0/0/0
L          209.165.200.225/32 is directly connected, Serial0/0/0
R1#
```

例 1-23 显示了从 R2 到达 R1 的两个 LAN 的两条静态路由的配置和检验。使用送出接口配置通往 192.168.10.0/24 的路由，而使用下一跳 IPv4 地址配置通往 192.168.11.0/24 的路由。尽管两者均可接受，但它们在运行方式上略有差异。例如，注意它们在路由表中的不同之处。另请注意，由于这些静态路由是指向特定网络的，因此输出中表明没有设置最后选用网关。

例 1-23　配置和检验静态 IPv4 路由

```
R2(config)# ip route 192.168.10.0 255.255.255.0 s0/0/0
R2(config)# ip route 192.168.11.0 255.255.255.0 209.165.200.225
R2(config)# exit
R2#
R2# show ip route | begin Gateway
Gateway of last resort is not set

     10.0.0.0/8 is variably subnetted, 4 subnets, 2 masks
C       10.1.1.0/24 is directly connected, GigabitEthernet0/0
L       10.1.1.1/32 is directly connected, GigabitEthernet0/0
C       10.1.2.0/24 is directly connected, GigabitEthernet0/1
L       10.1.2.1/32 is directly connected, GigabitEthernet0/1
S    192.168.10.0/24 is directly connected, Serial0/0/0
S    192.168.11.0/24 [1/0] via 209.165.200.225
     209.165.200.0/24 is variably subnetted, 2 subnets, 2 masks
C       209.165.200.224/30 is directly connected, Serial0/0/0
L       209.165.200.226/32 is directly connected, Serial0/0/0
R2#
```

注意：　下一章将详细讨论静态路由和默认静态路由。

3. 静态 IPv6 路由示例

与 IPv4 相似，IPv6 支持静态路由和默认静态路由。它们的使用和配置与 IPv4 静态路由类似。

要配置默认静态 IPv6 路由，请使用 **ipv6 route::/0** { *ipv6-address | interface-type interface-number* } 全局配置命令。

例 1-24 显示了图 1-21 中 R1 上默认静态路由的配置和检验。该静态路由使用 Serial 0/0/0 作为送出接口。

例 1-24　配置和检验默认静态 IPv6 路由

```
R1(config)# ipv6 route ::/0 s0/0/0
R1(config)# exit
R1# show ipv6 route
IPv6 Routing Table - default - 8 entries
Codes: C - Connected, L - Local, S - Static, U - Per-user Static route
       B - BGP, R - RIP, H - NHRP, I1 - ISIS L1
       I2 - ISIS L2, IA - ISIS interarea, IS - ISIS summary, D - EIGRP
       EX - EIGRP external, ND - ND Default, NDp - ND Prefix, DCE - Destination
       NDr - Redirect, O - OSPF Intra, OI - OSPF Inter, OE1 - OSPF ext 1
       OE2 - OSPF ext 2, ON1 - OSPF NSSA ext 1, ON2 - OSPF NSSA ext 2
S   ::/0 [1/0]
     via Serial0/0/0, directly connected
<output omitted>
```

请注意，在输出中，默认静态路由配置在路由表中生成一个 S 条目。S 表示路由源是静态路由。与 IPv4 静态路由不同，没有明确标识星号（*）或最后选用网关。

与 IPv4 类似，静态路由是明确配置为到达特定远程网络的路由。使用 **ipv6 route** *ipv6-prefix/prefix-length* { *ipv6-address | interface-type interface-number* } 全局配置命令配置静态 IPv6 路由。

例 1-25 显示了从 R2 到达 R1 上的两个 LAN 的两条静态路由的配置和检验。使用送出接口配置通往 2001:0DB8:ACAD:2::/64 LAN 的路由，而使用下一跳 IPv6 地址配置通往 2001:0DB8:ACAD:1::/64

LAN 的路由。下一跳 IPv6 地址可以是 IPv6 全局单播地址，也可以是本地链路地址。

例 1-25　配置和检验静态 IPv6 路由

```
R2(config)# ipv6 route 2001:DB8:ACAD:1::/64 2001:DB8:ACAD:3::1
R2(config)# ipv6 route 2001:DB8:ACAD:2::/64 s0/0/0
R2(config)# end
R2# show ipv6 route
IPv6 Routing Table - default - 9 entries
Codes: C - Connected, L - Local, S - Static, U - Per-user Static route
       B - BGP, R - RIP, H - NHRP, I1 - ISIS L1
       I2 - ISIS L2, IA - ISIS interarea, IS - ISIS summary, D - EIGRP
       EX - EIGRP external, ND - ND Default, NDp - ND Prefix, DCE - Destination
       NDr - Redirect, O - OSPF Intra, OI - OSPF Inter, OE1 - OSPF ext 1
       OE2 - OSPF ext 2, ON1 - OSPF NSSA ext 1, ON2 - OSPF NSSA ext 2
S   2001:DB8:ACAD:1::/64 [1/0]
     via 2001:DB8:ACAD:3::1
S   2001:DB8:ACAD:2::/64 [1/0]
     via Serial0/0/0, directly connected
<output omitted>
```

例 1-26 确认了从 R1 到 R2 的 2001:0DB8:ACAD:4::/64 LAN 的远程网络连接。

例 1-26　检验到远程网络的连接

```
R1# ping 2001:db8:acad:4::1
Type escape sequence to abort.
Sending 5, 100-byte ICMP Echos to 2001:DB8:ACAD:4::1, timeout is 2 seconds:
!!!!!
Success rate is 100 percent (5/5), round-trip min/avg/max = 12/13/16 ms
R1#
```

1.3.4　动态路由协议

在本节中，您将学习路由器如何使用动态路由创建路由表。

1. 动态路由

路由器使用动态路由协议共享有关远程网络连通性和状态的信息。动态路由协议将执行多种活动，包括网络发现和路由表维护。

网络发现是路由协议的一项功能，通过此功能路由器能够与使用相同路由协议的其他路由器共享网络信息。动态路由协议使路由器能够自动地从其他路由器获知远程网络，这样便无需依赖在每台路由器上手动配置的指向远程网络的静态路由。这些网络以及通往每个网络的最佳路径都会添加到路由器的路由表中，并标识为由特定动态路由协议获知的网络。

在网络发现过程中，路由器将交换路由并更新其路由表。路由器在完成交换和路由表更新后已经聚合。之后路由器将在其路由表中维护网络。

图 1-37 提供了一个关于两台相邻路由器如何初步交换路由信息的简单场景。在该简化交换中，R1 介绍了自己以及其可到达的网络。R2 回应其网络列表。

2. IPv4 路由协议

运行动态路由协议的路由器不仅会确定到达网络的最佳路径，而且还会在初始路径不可用（或拓扑发生更改）时确定新的最佳路径。因此，动态路由协议比静态路由更具优势。如果使用动态路由协议，则路由器无需网络管理员的参与，即可自动与其他路由器共享路由信息并对拓扑结构的变化作出反应。

第 1 章 路由概念

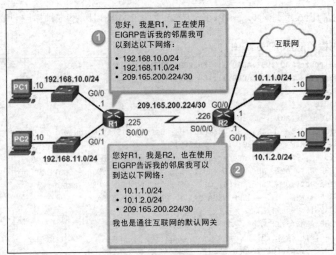

图 1-37 动态路由场景

思科路由器可支持多种动态 IPv4 路由协议，具体如下。

- **EIGRP**：增强型内部网关路由协议。
- **OSPF**：开放最短路径优先。
- **IS-IS**：中间系统到中间系统。
- **RIP**：路由信息协议。

要确定 IOS 支持的路由协议，请在全局配置模式下使用 **router ?** 命令，如例 1-27 所示。

例 1-27 IPv4 路由协议

```
R1(config)# router ?
  bgp       Border Gateway Protocol (BGP)
  eigrp     Enhanced Interior Gateway Routing Protocol (EIGRP)
  isis      ISO IS-IS
  iso-igrp  IGRP for OSI networks
  mobile    Mobile routes
  odr       On Demand stub Routes
  ospf      Open Shortest Path First (OSPF)
  ospfv3    OSPFv3
  rip       Routing Information Protocol (RIP)

R1(config)# router
```

3. IPv4 动态路由示例

在此动态路由示例中，假定 R1 和 R2 已配置为支持动态路由协议 EIGRP。现在，R2 具有到 Internet 的连接，如图 1-38 所示。路由器还将通告直连网络。R2 将会通告它是其他网络的默认网关。

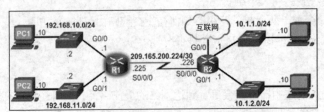

图 1-38 具有到 Internet 的连接的 IPv4 拓扑

例 1-28 中的输出显示了路由器已交换更新并融合之后 R1 的路由表。

例 1-28　检验动态 IPv4 路由

```
R1# show ip route | begin Gateway

Gateway of last resort is 209.165.200.226 to network 0.0.0.0

D*EX    0.0.0.0/0 [170/2297856] via 209.165.200.226, 00:07:29, Serial0/0/0
        10.0.0.0/24 is subnetted, 2 subnets
D       10.1.1.0 [90/2172416] via 209.165.200.226, 00:07:29, Serial0/0/0
D       10.1.2.0 [90/2172416] via 209.165.200.226, 00:07:29, Serial0/0/0
        192.168.10.0/24 is variably subnetted, 2 subnets, 2 masks
C       192.168.10.0/24 is directly connected, GigabitEthernet0/0
L       192.168.10.1/32 is directly connected, GigabitEthernet0/0
        192.168.11.0/24 is variably subnetted, 2 subnets, 2 masks
C       192.168.11.0/24 is directly connected, GigabitEthernet0/1
L       192.168.11.1/32 is directly connected, GigabitEthernet0/1
        209.165.200.0/24 is variably subnetted, 2 subnets, 2 masks
C       209.165.200.224/30 is directly connected, Serial0/0/0
L       209.165.200.225/32 is directly connected, Serial0/0/0
R1#
```

加上直连接口和本地链路接口，路由表中共有三个 **D** 条目。

- 以 "**D*EX**" 开头的条目用于标识此条目的来源是 EIGRP（**D**）。该路由是候选默认路由（*****），而且是由 EIGRP 转发的外部路由（***EX**）。
- 另外两个 **D** 条目是根据 R2 在通告其 LAN 时出现的更新安装到路由表中的路由。

4. IPv6 路由协议

如例 1-29 所示，ISR 设备支持动态 IPv6 路由协议。

例 1-29　IPv6 路由协议

```
R1(config)# ipv6 router ?
  eigrp   Enhanced Interior Gateway Routing Protocol (EIGRP)
  ospf    Open Shortest Path First (OSPF)
  rip     IPv6 Routing Information Protocol (RIPv6)

R1(config)# ipv6 router
```

是否支持动态 IPv6 路由协议取决于硬件以及 IOS 版本。路由协议中的大部分修改是为了支持更长的 IPv6 地址和不同的报头结构。

默认情况下未启用 IPv6 路由。因此，要启用 IPv6 路由器来转发流量，您必须配置 **ipv6 unicast-routing** 全局配置命令。

5. IPv6 动态路由示例

已使用用于 IPv6 的动态路由协议 EIGRP 配置图 1-21 中的路由器 R1 和 R2（这是用于 IPv4 的 EIGRP 的 IPv6 对应物）。

要查看 R1 上的路由表，请输入 **show ipv6 route** 命令，如例 1-30 所示。

例 1-30　检验动态 IPv6 路由

```
R1# show ipv6 route
IPv6 Routing Table - default - 9 entries
Codes: C - Connected, L - Local, S - Static, U - Per-user Static route
       B - BGP, R - RIP, H - NHRP, I1 - ISIS L1
       I2 - ISIS L2, IA - ISIS interarea, IS - ISIS summary, D - EIGRP
       EX - EIGRP external, ND - ND Default, NDp - ND Prefix, DCE - Destination
       NDr - Redirect, O - OSPF Intra, OI - OSPF Inter, OE1 - OSPF ext 1
```

```
         OE2 - OSPF ext 2, ON1 - OSPF NSSA ext 1, ON2 - OSPF NSSA ext 2
C    2001:DB8:ACAD:1::/64 [0/0]
     via GigabitEthernet0/0, directly connected
L    2001:DB8:ACAD:1::1/128 [0/0]
     via GigabitEthernet0/0, receive
C    2001:DB8:ACAD:2::/64 [0/0]
     via GigabitEthernet0/1, directly connected
L    2001:DB8:ACAD:2::1/128 [0/0]
     via GigabitEthernet0/1, receive
C    2001:DB8:ACAD:3::/64 [0/0]
     via Serial0/0/0, directly connected
L    2001:DB8:ACAD:3::1/128 [0/0]
     via Serial0/0/0, receive
D    2001:DB8:ACAD:4::/64 [90/2172416]
     via FE80::D68C:B5FF:FECE:A120, Serial0/0/0
     2001:DB8:ACAD:5::/64 [90/2172416]
     via FE80::D68C:B5FF:FECE:A120, Serial0/0/0
L    FF00::/8 [0/0]
     via Null0, receive
R1#
```

输出显示路由器已交换更新并融合之后 R1 的路由表。加上已连接路由和本地路由，路由表中共有两个 D 条目（EIGRP 路由）。

1.4 总结

在讨论网络时会涉及许多关键结构以及与性能相关的特征：拓扑、速度、开销、安全性、可用性、可扩展性和可靠性。

思科路由器和思科交换机有许多相似之处。它们支持相似的模式操作系统、相似的命令结构以及许多相同的命令。交换机与路由器之间的一个明显区别是其各自所支持的接口类型。一旦两个设备上配置了接口，就需要使用相应的 **show** 命令来验证接口是否处于工作状态。

路由器的主要目的在于连接多个网络，并将数据包从一个网络转发到下一个网络。这表示路由器通常都有多个接口。每个接口都是不同 IP 网络的成员或主机。

思科 IOS 使用称为管理距离（AD）的工具来确定安装到 IP 路由表的路由。路由表是一个由路由器获知的网络列表。路由表包含其自身接口的网络地址（直连网络）和远程网络的网络地址。远程网络是只能通过将数据包转发至其他路由器才能到达的网络。

远程网络可以通过两种方式添加到路由表中：由网络管理员手动配置静态路由，或者通过实施动态路由协议实现。静态路由的开销小于动态路由协议；但如果拓扑结构经常发生变化或不稳定，则静态路由将需要更多的维护工作。

动态路由协议能够自动调整以适应网络变化，无需网络管理员干预。动态路由协议要求更多的 CPU 处理工作，并且还需要使用一定量的链路资源用于路由更新和通信。在许多情况中，路由表同时包含静态和动态路由。

路由器主要在第 3 层（网络层）做出转发决定。但是，路由器接口将参与第 1 层、第 2 层和第 3 层。第 3 层 IP 数据包将封装到第 2 层数据链路帧中，并编码为第 1 层中的位。路由器接口参与与其封装相关联的第 2 层进程。例如，路由器的以太网接口会像 LAN 内的其他主机一样参与 ARP 过程。

思科 IP 路由表并不是一个平面数据库。路由表实际上是一个分层结构，在查找路由并转发数据包时，这样的结构可加快查找进程。

IPv6 路由表的组件与 IPv4 路由表非常相似。例如，它是使用直连接口、静态路由和动态获取的路由填写的。

检查你的理解

请完成以下所有复习题，以检查您对本章要点和概念的理解情况。答案列在本书附录"'检查你的理解'问题答案"中。

1. 以下哪一项正确解释了网络特性？
   A. 可用性指示网络如何轻易地容纳更多的用户和数据传输需求
   B. 可靠性通常用故障概率或平均故障间隔时间（MTBF）来衡量
   C. 可扩展性是网络在需要时可以使用的可能性
   D. 易用性是指终端用户如何有效地使用网络

2. 下列哪两项是路由器的功能？（选择两项）
   A. 连接多个 IP 网络
   B. 通过使用第 2 层地址控制数据流
   C. 确定发送数据包的最佳路径
   D. 扩大广播域的规模
   E. 管理 VLAN 数据库

3. 下列哪两项说法正确描述了管理距离和度量的概念？（选择两项）
   A. 管理距离是指特定路由的可信度
   B. 路由器会首先安装具有较高管理距离的路由
   C. 到目的地的度量最小的路由即为最佳路径
   D. 度量总是根据跳数来确定
   E. 度量取决于第 3 层路由协议，如 IP
   F. 网络管理员无法修改管理距离的值

4. 为了将数据包发送到远程目的地，必须对主机上的哪三条信息进行配置？（选择三项）
   A. 默认网关
   B. DHCP 服务器地址
   C. DNS 服务器地址
   D. 主机名
   E. IP 地址
   F. 子网掩码

5. 思科 IOS 路由器上的 IPv4 环回接口的特征是什么？
   A. 环回接口是路由器内部的逻辑接口
   B. 可以将其分配给物理端口，并可将其连接至其他设备
   C. 在路由器上仅可启用一个环回接口
   D. 要将该接口置于活动状态，需使用 **no shutdown** 命令

6. 哪两条信息会显示在 **show ip interface brief** 命令的输出结果中？（选择两项）
   A. 接口描述
   B. IP 地址
   C. 第 1 层状态
   D. MAC 地址
   E. 下一跳地址
   F. 速度和双工设置

7. 数据包从公司一个网络中的主机传输到同一家公司远程网络中的设备上。在大多数情况下，在数据包从源设备到目的设备的传输过程中哪两项保持不变？（选择两项）
   A. 目的 MAC 地址
   B. 目的 IP 地址
   C. 第 2 层报头
   D. 源 ARP 表

E. 源 MAC 地址　　　　　　　　　　F. 源 IP 地址

8. 当执行 AND 操作以确定目的地址是否在同一个本地网络中时，主机设备会使用以下哪两项？（选择两项）

   A. 目的 MAC 地址　　　　　　　　B. 目的 IP 地址
   C. 网络号　　　　　　　　　　　　D. 源 MAC 地址
   E. 子网掩码

9. 请参见例 1-28。路由器将如何处理目的 IP 地址为 192.168.12.227 的数据包？

   A. 丢弃数据包
   B. 将数据包从 GigabitEthernet0/0 接口发送出去
   C. 将数据包从 GigabitEthernet0/1 接口发送出去
   D. 将数据包从 Serial 0/0/0 接口发送出去

10. EIGRP 使用哪两个参数作为选择到达网络最佳路径的指标？（选择两项）

    A. 带宽　　　　　　　　　　　　B. 机密性
    C. 延迟　　　　　　　　　　　　D. 跳数
    E. 抖动　　　　　　　　　　　　F. 恢复能力

11. 哪条路由将具有最低的管理距离？

    A. 直连网络
    B. 通过 EIGRP 路由协议接收的路由
    C. 通过 OSPF 路由协议接收的路由
    D. 静态路由

12. 请考虑以下 R1 路由表条目：

    D 10.1.1.0/24 [90/2170112] via 10.2.1.1, 00:00:05, Serial0/0/0

    Serial0/0/0 有什么意义？

    A. R1 上用于发送前往 10.1.1.0/24 的数据的接口
    B. 最终目标路由器上的接口，直接连接至 10.1.1.0/24 网络
    C. 目标 IP 地址在 10.1.1.0/24 网络上时的下一跳路由器上的接口
    D. R1 接口，通过该接口学习 EIGRP 更新

13. 请参见例 1-19。网络管理员在 R1 上发出 show ipv6 route 命令。从路由表中可以得出哪两条结论？（选择两项）

    A. 接口 G0/1 配置了 IPv6 地址 2001:DB8:ACAD:2::12
    B. FF00::/8 网络是从静态路由获取到的
    C. 目的网络为 2001:DB8:ACAD:1::/64 的数据包将通过 G0/1 进行转发
    D. 目的网络为 2001:DB8:ACAD:2::/64 的数据包将通过 G0/1 进行转发
    E. R1 不知道任何通向远程网络的路由

14. 网络管理员使用 ip address 172.16.1.254 255.255.255.0 命令配置路由器 R1 上的接口 G0/0。但是，当管理员发出 show ip route 命令时，路由表没有显示直连网络。此问题的可能原因是什么？

    A. 接口 G0/0 未被激活
    B. 目的网络为 172.16.1.0 的数据包未被发送到 R1
    C. 需要先保存配置
    D. IPv4 地址的子网掩码不正确

15. 网络管理员使用 ip route 0.0.0.0 0.0.0.0 209.165.200.226 命令配置路由器。此命令的用途是什么？

A. 将目的网络为 0.0.0.0 的动态路由添加到路由表中
B. 将所有数据包转发到 IP 地址为 209.165.200.226 的设备
C. 将目的网络为 0.0.0.0 的数据包转发到 IP 地址为 209.165.200.226 的设备
D. 提供一个路由，以转发路由表中没有路由的数据包

16. 路由表中的两种常见的静态路由类型是什么？（选择两项）

    A. 通过 IOS 的内置静态路由
    B. 默认静态路由
    C. 从通过动态路由协议学习的路由转换而来的静态路由
    D. 两个相邻路由器之间动态创建的静态路由
    E. 到达特定网络的静态路由

17. 哪个命令将使路由器开始发送消息，该消息允许路由器在不使用 IPv6 DHCP 服务器的情况下配置本地链路地址？

    A. 静态路由
    B. **ip routing** 命令
    C. **ipv6 route::/0** 命令
    D. **ipv6 unicast-routing** 命令

第 2 章

静态路由

学习目标

通过完成本章的学习，您将能够回答下列问题：

- 静态路由的优点和缺点分别是什么？
- 不同类型的静态路由的用途分别是什么？
- 如何通过指定下一跳地址配置 IPv4 静态路由？
- 如何配置 IPv4 默认路由？
- 如何通过指定下一跳地址配置 IPv6 静态路由？
- 如何配置 IPv6 默认路由？
- 如何配置浮动静态路由以提供备份连接？
- 如何配置将流量定向到特定主机的 IPv4 和 IPv6 静态主机路由？
- 配置静态路由时路由器如何处理数据包？
- 如何对常见的静态路由和默认路由配置问题进行故障排除？

路由是所有数据网络的核心所在，它的用途是通过网络将信息从源传送到目的地。路由器是负责将数据包从一个网络传送到另一个网络的设备。

路由器通常使用路由协议以动态方式、手动方式或使用静态路由来获知远程网络。在许多情况下，路由器结合使用动态路由协议和静态路由。本章着重介绍静态路由。

静态路由很常见，所需的处理量和开销低于动态路由协议。

在本章中，将使用示例拓扑来配置 IPv4 和 IPv6 静态路由并演示故障排除技术。在此过程中，还将研究几个重要的 IOS 命令及其生成的输出。另外，还会介绍使用直连网络和静态路由的路由表。

2.1 实施静态路由

要到达远程网络，必须实施路由。路由可以使用路由协议动态实现，或者使用静态路由手动实现。只有几个远程网络的非常小的组织极有可能仅使用静态路由。然而，较大的网络通常结合使用动态路由协议和静态路由。

在本节中，您将学习如何在中小型企业网络中实施静态路由。

2.1.1 静态路由

在本节中，您将了解静态路由的优点和缺点。

1. **到达远程网络**

路由器可通过两种方式获知远程网络。
- **手动**：使用静态路由将远程网络手动输入到路由表中。
- **动态**：使用动态路由协议自动获取远程路由。

图 2-1 提供了静态路由的示例场景。

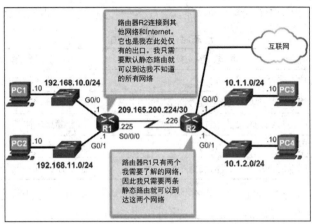

图 2-1　静态路由和默认路由场景

图 2-2 提供了使用增强内部网关路由协议（EIGRP）的动态路由的示例场景。

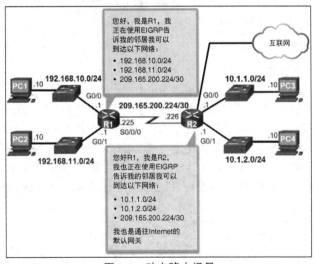

图 2-2　动态路由场景

网络管理员可以手动配置通往特定网络的静态路由。不同于动态路由协议，静态路由不会自动更新，并且必须在网络拓扑发生变化时手动重新配置。

2. **为什么使用静态路由**

静态路由相较于动态路由有以下优势。
- 静态路由不通过网络通告，从而能够提高安全性。
- 静态路由比动态路由协议使用更少的带宽，且不需要使用 CPU 周期计算和交换路由信息。
- 静态路由用来发送数据的路径已知。

静态路由主要有以下缺点。
- 初始配置和维护耗费时间。
- 配置容易出错,尤其对于大型网络。
- 需要管理员维护变化的路由信息。
- 不能随着网络的增长而扩展;维护会越来越麻烦。
- 需要完全了解整个网络的情况才能进行操作。

表 2-1 比较了动态路由和静态路由的功能。注意,一种方式的优点也就是另一种方式的不足之处。

表 2-1　　　　　　　　　　　　　动态路由与静态路由

功　能	动　态　路　由	静　态　路　由
配置复杂性	通常不受网络规模限制	随着网络规模的增大而愈趋复杂
拓扑结构变化	自动根据拓扑结构变化进行调整	需要管理员参与
可扩展性	简单拓扑结构和复杂拓扑结构均适合	适合简单的网络拓扑结构
资源使用率	占用 CPU、内存和链路带宽	不需要额外的资源
可预测性	根据当前网络拓扑结构确定路径	总是通过同一路径到达目的网络

静态路由对只有一条路径通往外部网络的小型网络非常有用。它们还为大型网络中需要更多控制的特定类型流量或其他网络链路提供安全性。静态和动态路由并不互相排斥,理解这一点很重要。相反,大多数网络结合使用动态路由协议和静态路由。这可能导致路由器通过静态路由和动态获知的路由有多条到达目标网络的路径。但是,请记住管理距离(AD)值是衡量路由源首选项的指标。具有较低 AD 值的路由源优先于具有较高 AD 值的路由源。静态路由的 AD 值为 1。因此,静态路由将优先于具有更高 AD 值的所有动态获取的路由。

3. 何时使用静态路由

静态路由主要有三个用途。
- 在不会显著增长的小型网络中,使用静态路由便于维护路由表。
- 通过末节网络路由。末节网络是只能通过单条路由访问的网络,因此路由器只有一个邻居。
- 使用单一默认路由。如果某个网络在路由表中找不到更匹配的路由条目,则可使用默认路由作为通往该网络的路径。默认路由用于将流量发送至下一个上游路由器外的所有目的地。

图 2-3 显示了末节网络连接和默认路由连接的示例。请注意,任何连接到 R1 的网络都只能通过一条路径到达其他目的地,无论其目标网络是与 R2 直连还是远离 R2。这意味着网络 172.16.3.0 是末节网络,而 R1 是末节路由器。

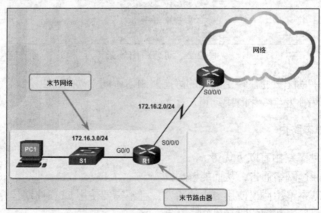

图 2-3　末节网络和末节路由器

在图中，在 R2 上配置静态路由即可到达 R1 LAN。此外，由于 R1 只有一种方法可以发送非本地的流量，R1 上可以配置一条指向 R2 的默认静态路由，作为所有其他网络的下一跳。

2.1.2 静态路由的类型

在本节中，您将了解不同类型的静态路由。

1. 静态路由应用

静态路由最常用于以下目的：
- 连接特定网络；
- 连接末节路由器；
- 汇总路由表条目；
- 创建备份路由。

静态路由还可用于：
- 通过将多个连续网络汇总为一个静态路由，减少通告的路由数；
- 如果主路由链路发生故障，则创建备份路由。

本课将讨论以下 IPv4 和 IPv6 静态路由类型：
- 标准静态路由；
- 默认静态路由；
- 汇总静态路由；
- 浮动静态路由。

2. 标准静态路由

IPv4 和 IPv6 均支持配置静态路由。连接特定远程网络时，静态路由非常有用。

图 2-4 显示了 R2 可配置为使用静态路由到达末节网络 172.16.3.0/24。

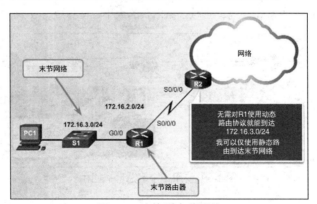

图 2-4 连接到末节网络

> **注意：** 本示例主要围绕末节网络，但事实上，静态路由可用于连接到任何网络。

3. 默认静态路由

默认路由是匹配所有数据包的路由，在数据包与路由表中的任何其他更有针对性的路由不匹配时由路由器使用。默认路由可以动态获取，也可以静态配置。默认静态路由仅是 0.0.0.0/0 作为目标 IPv4

地址的静态路由。配置默认静态路由将创建最后选用网关。

出现以下情况时，便会用到默认静态路由。
- 路由表中没有其他路由与数据包的目标 IP 地址匹配。也就是说，路由表中不存在更为精确的匹配。在公司网络中，连接到 ISP 网络的边缘路由器上往往会配置默认静态路由。
- 如果一台路由器仅有另外一台路由器与之相连，在这种情况下，路由器称为末节路由器。

请参见图 2-5 中末节网络默认路由场景。

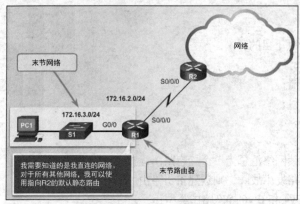

图 2-5 连接末节路由器

4. 汇总静态路由

要减少路由表条目的数量，多条静态路由可以汇总成一条静态路由，条件如下：
- 目标网络是连续的，并且可以汇总成一个网络地址；
- 多条静态路由都使用相同的送出接口或下一跳 IP 地址。

在图 2-6 中，R1 将需要四个不同的静态路由到达 172.20.0.0/16 到 172.23.0.0/16 网络。然而，可以仅使用一条汇总静态路由来汇总和配置网络，而不必配置四个单独的静态路由。使用一个静态路由，R1 仍将能够到达这四个网络。汇总有助于减小路由表的大小，使其更有效率。

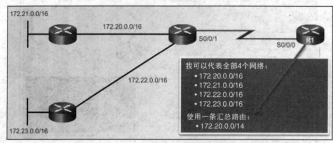

图 2-6 使用一个汇总静态路由

5. 浮动静态路由

另一种静态路由是浮动静态路由。如果链路发生故障，浮动静态路由即为主要静态或动态路由提供备份路径的静态路由。浮动静态路由仅在主路由不可用时使用。

因此，浮动静态路由的管理距离比主路由的管理距离要大。管理距离代表路由的可信度。如果有多条路径可以到达目的地，路由器会选择管理距离最小的路径。

例如，假设管理员想要创建 EIGRP 获知的路由的备用路由。回想一下，EIGRP 的管理距离为 90；因此，管理员将需要配置一个管理距离大于 90 的浮动静态路由。此配置的结果是将使用 EIGRP 获知的路由填充路由表。然而，如果该路由丢失，路由器将使用浮动静态路由到达目的网络。当 EIGRP 路由恢复时，路由器将重新选择它作为首选路由。

在图 2-7 中，分支机构路由器通常会通过专用 WAN 链路将所有流量转发到 HQ 路由器。

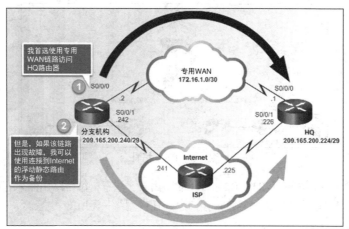

图 2-7　配置备份路由

在本例中，路由器使用 EIGRP 交换路由信息。管理距离为 91 或更大值的浮动静态路由可以作为备用路由。如果专用 WAN 链路发生故障，并且 EIGRP 路由从路由表中消失，则路由器会选择浮动静态路由作为到达 HQ LAN 的最佳路径。

2.2　配置静态路由和默认路由

静态路由是手动输入的；因此，在配置时必须仔细考虑并密切注意。

在本节中，您将学习如何配置 IPv4 和 IPv6 静态路由，从而在中小型企业网络中启用远程网络连接。

2.2.1　配置 IPv4 静态路由

在本节中，您将学习如何配置 IPv4 静态路由。

1. ip route 命令

静态路由使用 **ip route** 全局配置命令进行配置。该命令的基本语法如下所示：

Router(config) # ip route network-address subnet-mask {ip-addres | exit-intf} {distance}

配置静态路由需要使用以下参数。

- *network-address*：要加入路由表的远程网络的目标网络地址，通常称为"前缀"。
- *subnet-mask*：要加入路由表的远程网络的子网掩码或仅掩码。可对此子网掩码进行修改，以汇总一组网络。

此外，还必须使用以下一个或两个参数。

- *ip-address*：相连路由器将数据包转发到远程目标网络所用的 IP 地址。一般称为"下一跳"。
- *exit-intf*：用于将数据包转发到下一跳的送出接口。

distance 参数用于通过设置比动态获取的路由更大的管理距离来创建浮动静态路由。

2. 下一跳选项

图 2-8 显示了用于静态路由场景的拓扑。

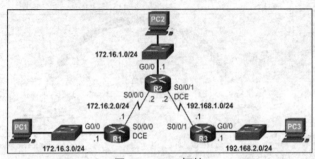

图 2-8 IPv4 拓扑

例 2-1、例 2-2 和例 2-3 显示 R1、R2 和 R3 的路由表。注意，每台路由器只有直连网络及其关联的本地地址的条目。这些路由器都对其直连接口之外任何网络一无所知。

例 2-1 检验 R1 的 IPv4 路由表

```
R1# show ip route | begin Gateway
Gateway of last resort is not set

     172.16.0.0/16 is variably subnetted, 4 subnets, 2 masks
C       172.16.2.0/24 is directly connected, Serial0/0/0
L       172.16.2.1/32 is directly connected, Serial0/0/0
C       172.16.3.0/24 is directly connected, GigabitEthernet0/0
L       172.16.3.1/32 is directly connected, GigabitEthernet0/0
R1#
```

例 2-2 检验 R2 的 IPv4 路由表

```
R2# show ip route | begin Gateway
Gateway of last resort is not set

     172.16.0.0/16 is variably subnetted, 4 subnets, 2 masks
C       172.16.1.0/24 is directly connected, GigabitEthernet0/0
L       172.16.1.1/32 is directly connected, GigabitEthernet0/0
C       172.16.2.0/24 is directly connected, Serial0/0/0
L       172.16.2.2/32 is directly connected, Serial0/0/0
     192.168.1.0/24 is variably subnetted, 2 subnets, 2 masks
C       192.168.1.0/24 is directly connected, Serial0/0/1
L       192.168.1.2/32 is directly connected, Serial0/0/1
R2#
```

例 2-3 检验 R3 的 IPv4 路由表

```
R3# show ip route | include C
Codes: L - local, C - connected, S - static, R - RIP, M - mobile, B - BGP
C       192.168.1.0/24 is directly connected, Serial0/0/1
C       192.168.2.0/24 is directly connected, GigabitEthernet0/0
R3#
```

例如，R1 对以下网络一无所知。

- **172.16.1.0/24**：R2 上的 LAN。
- **192.168.1.0/24**：R2 和 R3 之间的串行网络。
- **192.168.2.0/24**：R3 上的 LAN。

例 2-4 显示了从 R1 到 R2 的 ping 成功，而到 R3 LAN 的 ping 失败。第二个 ping 失败是因为 R1

的路由表中没有 R3 LAN 网络的条目。

例 2-4 检验从 R1 到 R2 和 R3 的连接
```
R1# ping 172.16.2.2
Type escape sequence to abort.
Sending 5, 100-byte ICMP Echos to 172.16.2.2, timeout is 2 seconds:
!!!!!
Success rate is 100 percent (5/5), round-trip min/avg/max = 12/13/16 ms
R1#
R1# ping 192.168.2.1
Type escape sequence to abort.
Sending 5, 100-byte ICMP Echos to 192.168.2.1, timeout is 2 seconds:
.....
Success rate is 0 percent (0/5)
R1#
```

下一跳可以通过 IP 地址、送出接口或两者结合进行识别。根据如何指定目标，路由分为以下三种类型。

- **下一跳静态路由**：仅指定下一跳 IP 地址。
- **直连静态路由**：仅指定路由器送出接口。
- **完全指定静态路由**：指定下一跳 IP 地址和送出接口。

3. 配置下一跳静态路由

在下一跳静态路由中，仅指定下一跳 IP 地址。送出接口派生自下一跳。在例 2-5 中，R1 使用下一跳（R2）的 IP 地址配置了三条下一跳静态路由。

例 2-5 在 R1 上配置下一跳 IPv4 静态路由
```
R1(config)# ip route 172.16.1.0 255.255.255.0 172.16.2.2
R1(config)# ip route 192.168.1.0 255.255.255.0 172.16.2.2
R1(config)# ip route 192.168.2.0 255.255.255.0 172.16.2.2
R1(config)#
```

在路由器转发任何数据包之前，路由表过程必须确定用于转发数据包的送出接口。我们将此过程称为路由解析。

例 2-6 中突出显示的路由是 R1 用于将数据包转发到目的地 192.168.2.0/24 网络的。

例 2-6 检验 R1 的 IPv4 路由表
```
R1# show ip route | begin Gateway
Gateway of last resort is not set

      172.16.0.0/16 is variably subnetted, 5 subnets, 2 masks
S        172.16.1.0/24 [1/0] via 172.16.2.2
C        172.16.2.0/24 is directly connected, Serial0/0/0
L        172.16.2.1/32 is directly connected, Serial0/0/0
C        172.16.3.0/24 is directly connected, GigabitEthernet0/0
L        172.16.3.1/32 is directly connected, GigabitEthernet0/0
S     192.168.1.0/24 [1/0] via 172.16.2.2
S     192.168.2.0/24 [1/0] via 172.16.2.2
R1#
```

R1 执行下列步骤从而为数据包找到送出接口。

1. 在路由表中搜索匹配项，发现它必须将数据包转发到下一跳 IPv4 地址 172.16.2.2。仅引用下一跳 IPv4 地址而没有引用送出接口的每个路由必须使用路由表中的另一路由以及送出接口来解析下一跳 IPv4 地址。
2. R1 现在必须确定如何到达 172.16.2.2；因此，它第二次搜索 172.16.2.2 的匹配项。在这种情况下，IPv4 地址匹配送出接口为 Serial 0/0/0 的直连网络 172.16.2.0/24 的路由。此查找告知路由表过程：此数据包已转发到该接口之外。

将任何数据包转发到 192.168.2.0/24 网络实际上经过了两次路由表查找过程。如果路由器在转发数据包前需要执行多次路由表查找，那么它的查找过程就是一种递归查找。由于递归查找占用路由器资源，应尽可能避免发生这种情况。

只有指定的下一跳地址直接或间接地解析为有效送出接口，递归静态路由才有效（即它是要插入到路由表中的候选路由）。如果送出接口为"关闭"或"管理性关闭"状态，则将不会在路由表中安装静态路由。

4. 配置直连静态路由

当配置静态路由时，另一种方法是使用送出接口指定下一跳地址。

在例 2-7 中，R1 使用送出接口配置了三条直连静态路由。

例 2-7 在 R1 上配置直连 IPv4 静态路由

```
R1(config)# ip route 172.16.1.0 255.255.255.0 s0/0/0
R1(config)# ip route 192.168.1.0 255.255.255.0 s0/0/0
R1(config)# ip route 192.168.2.0 255.255.255.0 s0/0/0
R1(config)#
```

例 2-8 中 R1 的路由表显示了当数据包指向 192.168.2.0/24 网络时，R1 在路由表中查找匹配，发现可以将数据包从 Serial 0/0/0 接口转发出去。无需其他任何查找。

例 2-8 检验 R1 的 IPv4 路由表

```
R1# show ip route | begin Gateway
Gateway of last resort is not set

      172.16.0.0/16 is variably subnetted, 5 subnets, 2 masks
S        172.16.1.0/24 is directly connected, Serial0/0/0
C        172.16.2.0/24 is directly connected, Serial0/0/0
L        172.16.2.1/32 is directly connected, Serial0/0/0
C        172.16.3.0/24 is directly connected, GigabitEthernet0/0
L        172.16.3.1/32 is directly connected, GigabitEthernet0/0
S     192.168.1.0/24 is directly connected, Serial0/0/0
S     192.168.2.0/24 is directly connected, Serial0/0/0
R1#
```

请注意，使用送出接口配置路由的路由表与使用递归条目配置路由的路由表有什么不同之处。

通过配置带送出接口的直连静态路由，路由表搜索一次即可解析送出接口，而不需要搜索两次。虽然路由表条目表示"直连"，但静态路由的管理距离仍然是 1。只有直连接口的管理距离可以是 0。

> **注意：** 对于点对点接口，您可以使用指向送出接口或下一跳地址的静态路由。对于多点/广播接口，更适合采用指向下一跳地址的静态路由。

> **注意：** 思科快速转发（CEF）是运行 IOS 12.0 或更高版本的大多数平台的默认行为。CEF 提供优化的查找功能来实现高效的数据包转发，使用数据平面中存储的两种主要数据结构：转发信息库（FIB），即路由表和邻接表的副本，其中包含第 2 层编址信息。这两个表中组合的信息相互配合，因此查找下一跳 IP 地址时无需进行递归查找。换句话说，当路由器上启用 CEF 时，使用下一跳 IP 的静态路由只需要一次查找。虽然在点对点网络上仅使用送出接口的静态路由十分常见，但如果使用默认 CEF 转发机制，则不必要采用这种做法。CEF 将在后面的课程中详细介绍。

5. 配置完全指定静态路由

在完全指定静态路由中，同时指定送出接口和下一跳 IP 地址。这是在 CEF 之前的早期 IOS 版本中使用的另一种静态路由。当送出接口是多路访问接口时，则使用这种形式的静态路由，并且需要明确标识下一跳。下一跳必须直接连接到指定的送出接口。

假设 R1 和 R2 之间的网络链路为以太网链路，并且 R1 的 GigabitEthernet 0/1 接口连接到该网络，如图 2-9 所示。没有启用 CEF。

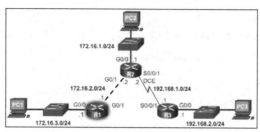

图 2-9　修改过的 IPv4 拓扑

为避免递归查找，可以使用 **ip route 192.168.2.0 255.255.255.0 GigabitEthernet 0/1** 全局配置命令实施直连静态路由。

但是，这可能导致意外或不一致的结果。以太网多路访问网络和点对点串行网络之间的区别在于，点对点串行网络只有一台其他设备位于该网络中，即链路另一端的路由器。而对于以太网络，可能会有许多不同的设备共享相同的多路访问网络，包括主机甚至多台路由器。如果仅仅在静态路由中指定以太网送出接口，路由器就没有充足的信息来决定哪台设备是下一跳设备。

R1 知道数据包需要封装成以太网帧并从 GigabitEthernet 0/1 接口发送出去。但是，R1 不知道下一跳 IPv4 地址，因此它无法确定该以太网帧的目标 MAC 地址。

根据拓扑结构和其他路由器上的配置，该静态路由或许能正常工作，也或许不能。我们建议，当送出接口是以太网络时，使用完全指定静态路由。该路由包含送出接口和下一跳地址，如例 2-9 所示。

例 2-9　在 R1 上配置完全指定 IPv4 静态路由

```
R1(config)# ip route 172.16.1.0 255.255.255.0 G0/1 172.16.2.2
R1(config)# ip route 192.168.1.0 255.255.255.0 G0/1 172.16.2.2
R1(config)# ip route 192.168.2.0 255.255.255.0 G0/1 172.16.2.2
R1(config)#
```

如例 2-10 所示，当将数据包转发到 R2 时，送出接口是 GigabitEthernet 0/1，而下一跳 IPv4 地址是 172.16.2.2。

例 2-10　检验 R1 的 IPv4 路由表

```
R1# show ip route | begin Gateway
Gateway of last resort is not set

      172.16.0.0/16 is variably subnetted, 5 subnets, 2 masks
S        172.16.1.0/24 [1/0] via 172.16.2.2, GigabitEthernet0/1
C        172.16.2.0/24 is directly connected, GigabitEthernet0/1
L        172.16.2.1/32 is directly connected, GigabitEthernet0/1
C        172.16.3.0/24 is directly connected, GigabitEthernet0/0
L        172.16.3.1/32 is directly connected, GigabitEthernet0/0
S     192.168.1.0/24 [1/0] via 172.16.2.2, GigabitEthernet0/1
S     192.168.2.0/24 [1/0] via 172.16.2.2, GigabitEthernet0/1
R1#
```

> **注意：** 使用 CEF 时不再需要完全指定静态路由。应采用使用下一跳地址的静态路由。

6. 验证静态路由

除了 **ping** 和 **traceroute**，用于验证静态路由的有用命令包括：

- **show ip route**；
- **show ip route static**；
- **show ip route** *network*。

例 2-11 显示了 **show ip route static** 命令的示例输出。在本示例中，输出已用管道(|)字符和 **begin** 参数过滤。输出反映了使用下一跳地址的静态路由。

例 2-11 检验 R1 的 IPv4 路由表

```
R1# show ip route static | begin Gateway
Gateway of last resort is not set

     172.16.0.0/16 is variably subnetted, 5 subnets, 2 masks
S       172.16.1.0/24 [1/0] via 172.16.2.2
S    192.168.1.0/24 [1/0] via 172.16.2.2
S    192.168.2.0/24 [1/0] via 172.16.2.2
R1#
```

例 2-12 显示了 **show ip route 192.168.2.1** 命令的示例输出。

例 2-12 检验 IPv4 路由表中的特定条目

```
R1# show ip route 192.168.2.1
Routing entry for 192.168.2.0/24
  Known via "static", distance 1, metric 0
  Routing Descriptor Blocks:
  * 172.16.2.2
      Route metric is 0, traffic share count is 1
R1#
```

例 2-13 验证了运行配置中的 **ip route** 配置。

例 2-13 检验 IPv4 静态路由配置

```
R1# show running-config | section ip route
ip route 172.16.1.0 255.255.255.0 172.16.2.2
ip route 192.168.1.0 255.255.255.0 172.16.2.2
ip route 192.168.2.0 255.255.255.0 172.16.2.2
R1#
```

2.2.2 配置 IPv4 默认路由

在本节中，您将学习如何配置 IPv4 默认静态路由。

1. 默认静态路由

路由器通常使用本地配置的默认路由，或者通过动态路由协议从其他路由器获知的默认路由。默认路由无需在默认路由与目标 IPv4 地址之间匹配任何最左位。在路由表中没有其他路由匹配数据包的目标 IP 地址时，则使用默认路由。换句话说，如果不存在更加精确的匹配，则默认路由用作最后选用网关。

在以下连接时通常使用默认静态路由：

- 边缘路由器到服务提供商网络；
- 末节路由器（只有一个上游邻居路由器的路由器）。

配置默认静态路由的命令语法类似于配置任何其他静态路由，但网络地址是 **0.0.0.0**，子网掩码也是 **0.0.0.0**。

```
Router(config)# ip route 0.0.0.0 0.0.0.0 {ip-address | exit-intf} {distance}
```

> **注意：** IPv4 默认静态路由通常称为"全零路由"。

2. 配置默认静态路由

在图 2-8 中，R1 可以配置到达示例拓扑中所有远程网络的三条静态路由。然而，R1 是末端路由器，因为其仅连接到 R2。因此，配置默认静态路由更为有效。

例 2-14 在 R1 上配置一条默认静态路由。使用本例所示的配置，不匹配更精确的路由条目的所有数据包将被转发到 172.16.2.2。

例 2-14 在 R1 上配置 IPv4 默认静态路由

```
R1(config)# ip route 0.0.0.0 0.0.0.0 172.16.2.2
R1(config)#
```

3. 验证默认静态路由

在例 2-15 中，**show ip route static** 命令输出显示了路由表静态路由的内容。注意带代码 **S** 的路由旁边的星号（*）。如代码表所示，星号表示该静态路由是候选默认路由，因此它被选为最后选用网关。

例 2-15 检验 R1 上的 IPv4 默认静态路由

```
R1# show ip route static
Codes: L - local, C - connected, S - static, R - RIP, M - mobile, B - BGP
       D - EIGRP, EX - EIGRP external, O - OSPF, IA - OSPF inter area
       N1 - OSPF NSSA external type 1, N2 - OSPF NSSA external type 2
       E1 - OSPF external type 1, E2 - OSPF external type 2
       i - IS-IS, su - IS-IS summary, L1 - IS-IS level-1, L2 - IS-IS level-2
       ia - IS-IS inter area, * - candidate default, U - per-user static route
       o - ODR, P - periodic downloaded static route, H - NHRP, l - LISP
       + - replicated route, % - next hop override

Gateway of last resort is 172.16.2.2 to network 0.0.0.0

S*   0.0.0.0/0 [1/0] via 172.16.2.2
R1#
```

该配置的关键之处在于 /0 掩码。路由表中的子网掩码决定了数据包的目标 IP 地址与路由表中的路由之间必须匹配的位数。二进制 1 表示位必须匹配。二进制 0 表示位不必匹配。此路由条目的 /0 掩码表示位不需要匹配。如果没有更精确的匹配，默认静态路由匹配所有数据包。

2.2.3 配置 IPv6 静态路由

在本节中，您将学习如何配置 IPv6 静态路由。

1. ipv6 route 命令

IPv6 静态路由使用 **ipv6 route** 全局配置命令进行配置。语法如下：

```
Router(config)# ipv6 route ipv6-prefix/prefix-length {ipv6-address | exit-intf}
```

表 2-2 描述了 **ipv6 route** 命令的参数。

表 2-2　　　　　　　　　　　IPv6 静态路由命令的参数

参　　数	说　　明
ipv6-prefix	要加入路由表的远程网络的目标 IPv6 网络地址
prefix-length	要加入路由表的远程网络的前缀长度
ipv6-address	通常称为下一跳路由器的 IPv6 地址 一般在连接到广播介质（即以太网）时使用 通常创建递归查询
exit-intf	使用传出接口将数据包转发到目标网络 也称为直连静态路由 一般在点对点配置中连接时使用

大多数参数与命令的 IPv4 版本相同。IPv6 静态路由也可作为以下类型的路由实施：
- 标准 IPv6 静态路由；
- 默认 IPv6 静态路由；
- 汇总 IPv6 静态路由；
- 浮动 IPv6 静态路由。

对于 IPv4，这些路由都可配置为递归、直连或完全指定。

必须配置 **ipv6 unicast-routing** 全局配置命令，才能使路由器转发 IPv6 数据包。图 2-10 显示了 IPv6 拓扑。

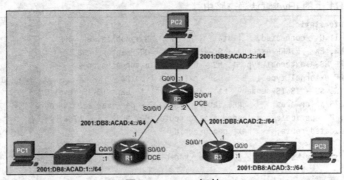

图 2-10　IPv6 拓扑

例 2-16 在 R1 上启用 IPv6 单播路由。

例 2-16　启用 IPv6 路由
```
R1(config)# ipv6 unicast-routing
R1(config)#
```

2. 下一跳选项

例 2-17、例 2-18 和例 2-19 显示了 R1、R2 和 R3 的路由表。每台路由器只有直连网络及其关联的本地地址的条目。

例 2-17　检验 R1 的 IPv6 路由表
```
R1# show ipv6 route

<output omitted>
```

```
   C   2001:DB8:ACAD:1::/64 [0/0]
          via GigabitEthernet0/0, directly connected
   L   2001:DB8:ACAD:1::1/128 [0/0]
          via GigabitEthernet0/0, receive
   C   2001:DB8:ACAD:4::/64 [0/0]
          via Serial0/0/0, directly connected
   L   2001:DB8:ACAD:4::1/128 [0/0]
          via Serial0/0/0, receive
   L   FF00::/8 [0/0]
          via Null0, receive
   R1#
```

例 2-18 检验 R2 的 IPv6 路由表

```
R2# show ipv6 route

<output omitted>

   C   2001:DB8:ACAD:2::/64 [0/0]
          via GigabitEthernet0/0, directly connected
   L   2001:DB8:ACAD:2::1/128 [0/0]
          via GigabitEthernet0/0, receive
   C   2001:DB8:ACAD:4::/64 [0/0]
          via Serial0/0/0, directly connected
   L   2001:DB8:ACAD:4::2/128 [0/0]
          via Serial0/0/0, receive
   C   2001:DB8:ACAD:5::/64 [0/0]
          via Serial0/0/1, directly connected
   L   2001:DB8:ACAD:5::2/128 [0/0]
          via Serial0/0/1, receive
   L   FF00::/8 [0/0]
          via Null0, receive
   R2#
```

例 2-19 检验 R3 的 IPv6 路由表

```
R3# show ipv6 route

<output omitted>

   C   2001:DB8:ACAD:3::/64 [0/0]
          via GigabitEthernet0/0, directly connected
   L   2001:DB8:ACAD:3::1/128 [0/0]
          via GigabitEthernet0/0, receive
   C   2001:DB8:ACAD:5::/64 [0/0]
          via Serial0/0/1, directly connected
   L   2001:DB8:ACAD:5::1/128 [0/0]
          via Serial0/0/1, receive
   L   FF00::/8 [0/0]
          via Null0, receive
   R3#
```

这些路由器都对其直连接口之外任何网络一无所知。

例如，R1 对以下网络一无所知。

- **2001:DB8:ACAD:2::/64**：R2 上的 LAN。
- **2001:DB8:ACAD:5::/64**：R2 和 R3 之间的串行网络。
- **2001:DB8:ACAD:3::/64**：R3 上的 LAN。

例 2-20 显示了从 R1 到 R2 的 ping 成功，而到 R3 LAN 的 ping 失败。ping 失败是因为 R1 的路由表中没有该网络的条目。

例 2-20　检验从 R1 到 R2 和 R3 的连接

```
R1# ping ipv6 2001:DB8:ACAD:4::2
Type escape sequence to abort.
Sending 5, 100-byte ICMP Echos to 2001:DB8:ACAD:4::2, timeout is 2 seconds:
!!!!!
Success rate is 100 percent (5/5), round-trip min/avg/max = 12/30/96 ms
R1#
R1# ping ipv6 2001:DB8:ACAD:3::1
Type escape sequence to abort.
Sending 5, 100-byte ICMP Echos to 2001:DB8:ACAD:3::1, timeout is 2 seconds:

% No valid route for destination
Success rate is 0 percent (0/1)
R1#
```

下一跳可以通过 IPv6 地址、送出接口或两者结合进行识别。根据如何指定目标，路由分为以下三种类型。

- **下一跳静态 IPv6 路由**：仅指定下一跳 IPv6 地址。
- **直连静态 IPv6 路由**：仅指定路由器送出接口。
- **完全指定静态 IPv6 路由**：指定下一跳 IPv6 地址和送出接口。

3. 配置下一跳静态 IPv6 路由

在下一跳静态路由中，仅指定下一跳 IPv6 地址。送出接口派生自下一跳。例如，在例 2-21 中，R1 上配置了三条下一跳静态路由。

例 2-21　在 R1 上配置下一跳 IPv6 静态路由

```
R1(config)# ipv6 route 2001:DB8:ACAD:2::/64 2001:DB8:ACAD:4::2
R1(config)# ipv6 route 2001:DB8:ACAD:5::/64 2001:DB8:ACAD:4::2
R1(config)# ipv6 route 2001:DB8:ACAD:3::/64 2001:DB8:ACAD:4::2
R1(config)#
```

对于 IPv4，在路由器转发任何数据包之前，路由表流程必须解析路由，以确定用于转发数据包的送出接口。路由解析过程取决于路由器使用的转发机制类型。CEF 是运行 IOS 12.0 或更高版本的大多数平台的默认行为。

在不使用 CEF 的情况下，R1 使用例 2-22 中突出显示的路由将数据包转发到目的地 2001:DB8:ACAD:3::/64 网络。

例 2-22　检验 R1 的 IPv6 路由表

```
R1# show ipv6 route
IPv6 Routing Table - default - 8 entries
Codes: C - Connected, L - Local, S - Static, U - Per-user Static route
       B - BGP, R - RIP, H - NHRP, I1 - ISIS L1
       I2 - ISIS L2, IA - ISIS interarea, IS - ISIS summary, D - EIGRP
       EX - EIGRP external, ND - ND Default, NDp - ND Prefix, DCE - Destination
       NDr - Redirect, O - OSPF Intra, OI - OSPF Inter, OE1 - OSPF ext 1
       OE2 - OSPF ext 2, ON1 - OSPF NSSA ext 1, ON2 - OSPF NSSA ext 2
C   2001:DB8:ACAD:1::/64 [0/0]
     via GigabitEthernet0/0, directly connected
L   2001:DB8:ACAD:1::1/128 [0/0]
     via GigabitEthernet0/0, receive
S   2001:DB8:ACAD:2::/64 [1/0]
     via 2001:DB8:ACAD:4::2
S   2001:DB8:ACAD:3::/64 [1/0]
     via 2001:DB8:ACAD:4::2
C   2001:DB8:ACAD:4::/64 [0/0]
     via Serial0/0/0, directly connected
```

```
L    2001:DB8:ACAD:4::1/128 [0/0]
          via Serial0/0/0, receive
S    2001:DB8:ACAD:5::/64 [1/0]
          via 2001:DB8:ACAD:4::2
L    FF00::/8 [0/0]
          via Null0, receive
R1#
```

R1 执行下列步骤从而为数据包找到送出接口。

1. 查找路由表中的匹配项，发现必须将数据包转发到下一跳 IPv6 地址 2001:DB8:ACAD:4::2。仅引用下一跳 IPv6 地址而没有引用送出接口的每个路由必须使用路由表中的另一路由以及送出接口来解析下一跳 IPv6 地址。
2. R1 现在必须确定如何到达 2001:DB8:ACAD:4::2；因此，它第二次搜索匹配项。在这种情况下，IPv6 地址匹配使用送出接口 Serial 0/0/0 的直连网络 2001:DB8:ACAD:4::/64。此查找告知路由表过程：此数据包已转发到该接口之外。

因此，将任何数据包转发到 2001:DB8:ACAD:3::/64 网络实际上经过了两次路由表查找过程。如果路由器在转发数据包前需要执行多次路由表查找，那么它的查找过程就是一种递归查找。

只有指定的下一跳地址直接或间接地解析为有效送出接口，递归静态 IPv6 路由才有效（即它是要插入到路由表中的候选路由）。

4. 配置直连静态 IPv6 路由

当配置点对点网络上的静态路由时，指定送出接口可以代替使用下一跳 IPv6 地址。这是早期 IOS 或禁用 CEF 时采用的做法，目的是避免递归查找问题。

例如，在例 2-23 中，R1 使用送出接口配置了三条直连静态路由。

例 2-23   在 R1 上配置直连 IPv6 静态路由

```
R1(config)# ipv6 route 2001:DB8:ACAD:2::/64 s0/0/0
R1(config)# ipv6 route 2001:DB8:ACAD:5::/64 s0/0/0
R1(config)# ipv6 route 2001:DB8:ACAD:3::/64 s0/0/0
R1(config)#
```

如例 2-24 中 R1 的 IPv6 路由表所示，当数据包指向 2001:DB8:ACAD:3::/64 网络时，R1 在路由表中查找匹配，发现可以将数据包从 Serial 0/0/0 接口转发出去。无需其他任何查找。

例 2-24   检验 R1 的 IPv6 路由表

```
R1# show ipv6 route
IPv6 Routing Table - default - 8 entries
Codes: C - Connected, L - Local, S - Static, U - Per-user Static route
       B - BGP, R - RIP, I1 - ISIS L1, I2 - ISIS L2
       IA - ISIS interarea, IS - ISIS summary, D - EIGRP, EX - EIGRP external
       ND - ND Default, NDp - ND Prefix, DCE - Destination, NDr - Redirect
       O - OSPF Intra, OI - OSPF Inter, OE1 - OSPF ext 1, OE2 - OSPF ext 2
       ON1 - OSPF NSSA ext 1, ON2 - OSPF NSSA ext 2
C    2001:DB8:ACAD:1::/64 [0/0]
          via GigabitEthernet0/0, directly connected
L    2001:DB8:ACAD:1::1/128 [0/0]
          via GigabitEthernet0/0, receive
S    2001:DB8:ACAD:2::/64 [1/0]
          via Serial0/0/0, directly connected
S    2001:DB8:ACAD:3::/64 [1/0]
          via Serial0/0/0, directly connected
C    2001:DB8:ACAD:4::/64 [0/0]
          via Serial0/0/0, directly connected
L    2001:DB8:ACAD:4::1/128 [0/0]
```

```
             via Serial0/0/0, receive
    S    2001:DB8:ACAD:5::/64 [1/0]
             via Serial0/0/0, directly connected
    L    FF00::/8 [0/0]
             via Null0, receive
    R1#
```

注意使用送出接口配置路由的路由表与使用递归条目配置路由的路由表有什么不同之处。

通过配置带送出接口的直连静态路由,路由表搜索一次即可解析送出接口,而不需要搜索两次。回想一下,使用了 CEF 转发机制,就不必要使用带送出接口的静态路由。结合使用 FIB 和数据平面中存储的邻接表,只需要查找一次。

5. 配置完全指定静态 IPv6 路由

在完全指定静态路由中,同时指定送出接口和下一跳 IPv6 地址。类似于 IPv4 使用的完全指定静态路由,如果路由器上未启用 CEF,并且送出接口在多路访问网络上,则使用这种路由。使用 CEF 时,即使送出接口是多路访问网络,仅使用下一跳 IPv6 地址的静态路由也是首选方法。

与 IPv4 不同,IPv6 中有一种情况必须使用完全指定静态路由。如果 IPv6 静态路由使用 IPv6 本地链路地址作为下一跳地址,则必须使用完全指定静态路由(包含送出接口)。图 2-11 显示了 R1 和 R2 的本地链路地址。

图 2-11 具有本地链路的 IPv6 拓扑

必须使用完全指定静态路由的原因在于,IPv6 路由表中不包含 IPv6 本地链路地址。本地链路地址仅在给定链路或网络上是唯一的。下一跳本地链路地址可以是连接路由器的多个网络上的有效地址。因此,需要包含送出接口。

在例 2-25 中,完全指定静态路由使用 R2 的本地链路地址配置为下一跳地址。注意 IOS 需要指定送出接口。

例 2-25 在 R1 上配置完全指定 IPv6 静态路由

```
R1(config)# ipv6 route 2001:db8:acad:2::/64 fe80::2
% Interface has to be specified for a link-local nexthop
R1(config)# ipv6 route 2001:db8:acad:2::/64 s0/0/0 fe80::2
R1(config)#
```

例 2-26 显示了此路由的 IPv6 路由条目。注意包括下一跳本地链路地址和送出接口。

例 2-26 检验 R1 的 IPv6 路由表

```
R1# show ipv6 route static | begin 2001:DB8:ACAD:2::/64
S   2001:DB8:ACAD:2::/64 [1/0]
       via FE80::2, Serial0/0/0
```

6. 验证 IPv6 静态路由

除了 **ping** 和 **traceroute**,用于验证静态路由的有用命令包括:

- **show ipv6 route**;
- **show ipv6 route static**;
- **show ipv6 route** *network*。

例 2-27 显示了 **show ipv6 route static** 命令的示例输出。输出反映了使用下一跳全局单播地址的静态路由。

例 2-27 检验 R1 的 IPv6 路由表

```
R1# show ipv6 route static
IPv6 Routing Table - default - 8 entries
Codes: C - Connected, L - Local, S - Static, U - Per-user Static route
       B - BGP, R - RIP, H - NHRP, I1 - ISIS L1
       I2 - ISIS L2, IA - ISIS interarea, IS - ISIS summary, D - EIGRP
       EX - EIGRP external, ND - ND Default, NDp - ND Prefix, DCE - Destination
       NDr - Redirect, O - OSPF Intra, OI - OSPF Inter, OE1 - OSPF ext 1
       OE2 - OSPF ext 2, ON1 - OSPF NSSA ext 1, ON2 - OSPF NSSA ext 2
S   2001:DB8:ACAD:2::/64 [1/0]
     via 2001:DB8:ACAD:4::2
S   2001:DB8:ACAD:3::/64 [1/0]
     via 2001:DB8:ACAD:4::2
S   2001:DB8:ACAD:5::/64 [1/0]
     via 2001:DB8:ACAD:4::2
R1#
```

例 2-28 显示了 **show ip route 2001:DB8:ACAD:3::** 命令的示例输出。

例 2-28 检验 IPv6 路由表中的特定条目

```
R1# show ipv6 route 2001:db8:acad:3::
Routing entry for 2001:DB8:ACAD:3::/64
  Known via "static", distance 1, metric 0
  Route count is 1/1, share count 0
  Routing paths:
    2001:DB8:ACAD:4::2
      Last updated 15:28:05 ago

R1#
```

例 2-29 验证了运行配置中的 **ipv6 route** 配置。

例 2-29 检验 IPv6 静态路由配置

```
R1# show running-config | section ipv6 route
ipv6 route 2001:DB8:ACAD:2::/64 2001:DB8:ACAD:4::2
ipv6 route 2001:DB8:ACAD:3::/64 2001:DB8:ACAD:4::2
ipv6 route 2001:DB8:ACAD:5::/64 2001:DB8:ACAD:4::2
R1#
```

2.2.4 配置 IPv6 默认路由

在本节中，您将学习如何配置 IPv6 默认静态路由。

1. 默认静态 IPv6 路由

默认路由是与所有数据包都匹配的静态路由。这样，路由器无需存储通往 Internet 中所有网络的路由，而可以存储一条默认路由来代表不在路由表中的任何网络。默认路由无需在默认路由与目标 IPv6 地址之间匹配任何最左位。

路由器通常使用本地配置的默认路由，或者通过动态路由协议从其他路由器获取的默认路由。当路由表中没有其他路由匹配数据包的目标 IP 地址时，则使用这种路由。换句话说，如果不存在更加精确的匹配，则默认路由用作最后选用网关。

在以下连接时通常使用默认静态路由。

- 服务提供商网络与公司的边缘路由器。
- 只有一个上游邻居路由器的路由器。该路由器没有其他邻居，因此称为"末节路由器"。

默认静态路由的命令语法类似于其他静态路由，不同之处在于，*ipv6-prefix/prefix-length* 是 **::/0**，可以匹配所有路由。

```
Router(config) # ipv6 route ::/0 {ipv6-address | exit-intf}
```

2. 配置默认静态 IPv6 路由

图 2-10 中的 R1 可以配置到达拓扑中所有远程网络的三条静态路由。然而，R1 是末端路由器，因为其仅连接到 R2。所以，配置默认静态 IPv6 路由更为有效。

例 2-30 显示了 R1 上默认静态 IPv6 路由的配置。

例 2-30 配置 IPv6 默认静态路由

```
R1(config)# ipv6 route ::/0 2001:DB8:ACAD:4::2
R1(config)#
```

3. 验证默认静态路由

在例 2-31 中，**show ipv6 route static** 命令输出显示了路由表的内容。

例 2-31 检验 R1 的 IPv6 路由表

```
R1# show ipv6 route static
IPv6 Routing Table - default - 6 entries
Codes: C - Connected, L - Local, S - Static, U - Per-user Static route
       B - BGP, R - RIP, I1 - ISIS L1, I2 - ISIS L2
       IA - ISIS interarea, IS - ISIS summary, D - EIGRP, EX - EIGRP external
       ND - ND Default, NDp - ND Prefix, DCE - Destination, NDr - Redirect
       O - OSPF Intra, OI - OSPF Inter, OE1 - OSPF ext 1, OE2 - OSPF ext 2
       ON1 - OSPF NSSA ext 1, ON2 - OSPF NSSA ext 2
S   ::/0 [1/0]
     via 2001:DB8:ACAD:4::2
R1#
```

不同于 IPv4，IPv6 不明确规定默认 IPv6 是最后选用网关。

该配置的关键之处在于::/0 掩码。请记住，路由表中的 IPv6 prefix-length 决定了数据包的目标 IP 地址与路由表中的路由之间必须匹配的位数。::/0 掩码表示位不需要匹配。只要不存在更精确的匹配，默认静态 IPv6 路由可以匹配所有数据包。

例 2-32 显示了对 R3 LAN 接口成功执行 ping 操作。

例 2-32 检验到 R3 LAN 的连接

```
R1# ping 2001:0DB8:ACAD:3::1
Type escape sequence to abort.
Sending 5, 100-byte ICMP Echos to 2001:DB8:ACAD:3::1, timeout is 2 seconds:
!!!!!
Success rate is 100 percent (5/5), round-trip min/avg/max = 28/28/28 ms
R1#
```

2.2.5 配置浮动静态路由

在本节中，您将学习如何配置 IPv4 和 IPv6 浮动静态路由以提供备份连接。

1. 浮动静态路由

浮动静态路由的管理距离大于另一个静态或动态路由的管理距离。当为主链路提供备用链路时，它们非常有用，如图 2-12 所示。

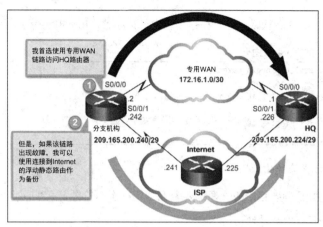

图 2-12 为什么要配置浮动静态路由

默认情况下,静态路由的管理距离为 1,因此它们优先于通过动态路由协议获知的路由。例如,一些常见动态路由协议的管理距离如下:

- EIGRP=90;
- IGRP=100;
- OSPF=110;
- IS-IS=115;
- RIP=120。

静态路由的管理距离可以增加,以便使另一个静态路由或通过动态路由协议获取的路由优先于该路由。这样,静态路由将会"浮动",当有管理距离更好的路由处于活动状态时,则不使用该路由。但是,如果首选路由丢失,浮动静态路由可以接管,而且流量可以通过此备用路由发送。

2. 配置 IPv4 浮动静态路由

使用 **ip route** 全局配置命令并指定管理距离,可以配置 IPv4 浮动静态路由。如果没有配置管理距离,将使用默认值(1)。

请参考图 2-13 中的拓扑。在此场景中,从 R1 开始的首选默认路由是到 R2。到 R3 的连接应该仅用于备用。

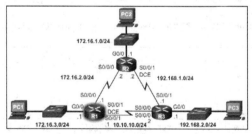

图 2-13 具有备份路由的 IPv4 拓扑

在例 2-33 中,R1 配置了指向 R2 的默认静态路由。因为没有配置管理距离,将默认值(1)用于此静态路由。R1 还配置了指向 R3 的浮动静态默认路由,管理距离为 5。该值大于默认值 1,因此,此路由浮动且不存在于路由表中,除非首选路由发生故障。

例 2-33 配置通往 R3 的 IPv4 浮动静态路由

```
R1(config)# ip route 0.0.0.0 0.0.0.0 172.16.2.2
R1(config)# ip route 0.0.0.0 0.0.0.0 10.10.10.2 5
R1(config)#
```

例 2-34 验证了到 R2 的默认路由是否在路由表中。请注意，R3 的备用路由并未存在于路由表中。

例 2-34　检验 R1 的 IPv4 路由表

```
R1# show ip route static | begin Gateway
Gateway of last resort is 172.16.2.2 to network 0.0.0.0

S*       0.0.0.0/0 [1/0] via 172.16.2.2
R1#
```

3. 测试 IPv4 浮动静态路由

由于 R1 到 R2 的默认静态路由的管理距离为 1，从 R1 到 R3 的流量都通过 R2。例 2-35 中的输出确认 R1 和 R3 之间的流量流经 R2。

例 2-35　检验到 R3 LAN 的路径

```
R1# traceroute 192.168.2.1
Type escape sequence to abort.
Tracing the route to 192.168.2.1
VRF info: (vrf in name/id, vrf out name/id)
  1 172.16.2.2 8 msec 4 msec 8 msec
  2 192.168.1.1 12 msec * 12 msec
R1#
```

如果 R2 出现故障，将会发生什么情况？要模拟此故障，R2 的两个串行接口均要关闭，如例 2-36 所示。

例 2-36　在 R2 上模拟接口故障

```
R2(config)# int s0/0/0
R2(config-if)# shut
*Feb 21 16:33:35.939: %LINK-5-CHANGED: Interface Serial0/0/0, changed state to
  administratively down
*Feb 21 16:33:36.939: %LINEPROTO-5-UPDOWN: Line protocol on Interface Serial0/0/0,
  changed state to down
R2(config-if)# int s0/0/1
R2(config-if)# shut
R2(config-if)#
*Feb 21 16:33:42.543: %LINK-5-CHANGED: Interface Serial0/0/1, changed state to
  administratively down
*Feb 21 16:33:43.543: %LINEPROTO-5-UPDOWN: Line protocol on Interface Serial0/0/1,
  changed state to down
```

注意在例 2-37 中，R1 自动生成一则消息，指示到 R2 的串行接口已关闭。查看路由表验证默认路由现在是否使用采用 AD 值 5 和下一跳 10.10.10.2 配置的浮动静态默认路由指向 R3。

例 2-37　检验备份路由在 R1 的 IPv4 路由表中

```
*Feb 21 16:35:58.435: %LINK-3-UPDOWN: Interface Serial0/0/0, changed state to
  down
*Feb 21 16:35:59.435: %LINEPROTO-5-UPDOWN: Line protocol on Interface Serial0/0/0,
  changed state to down
R1#
R1# show ip route static | begin Gateway
Gateway of last resort is 10.10.10.2 to network 0.0.0.0

S*       0.0.0.0/0 [5/0] via 10.10.10.2
R1#
```

例 2-38 中的输出确认流量现在在 R1 和 R3 之间直接传输。

例 2-38 检验到 R3 LAN 的新路径

```
R1# traceroute 192.168.2.1
Type escape sequence to abort.
Tracing the route to 192.168.2.1
VRF info: (vrf in name/id, vrf out name/id)
  1 10.10.10.2 4 msec 4 msec *
R1#
```

4. 配置 IPv6 浮动静态路由

使用 **ipv6 route** 全局配置命令并指定管理距离，可以配置 IPv6 浮动静态路由。如果没有配置管理距离，将使用默认值（1）。

请参考图 2-14 中的拓扑。在此场景中，从 R1 开始的首选默认路由是到 R2。到 R3 的连接应该仅用于备用。

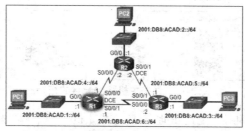

图 2-14 具有备份路由的 IPv6 拓扑

在例 2-39 中，R1 配置为指向 R2 的 IPv6 默认静态路由。因为没有配置管理距离，将默认值（1）用于此静态路由。R1 也配置为指向 R3 的 IPv6 浮动静态默认路由，管理距离为 5。该值大于默认值 1，因此，此路由浮动且不存在于路由表中，除非首选路由发生故障。

例 2-39 配置通往 R3 的 IPv6 浮动静态路由

```
R3(config)# ipv6 route ::/0 2001:db8:acad:4::2
R3(config)# ipv6 route ::/0 2001:db8:acad:6::2 5
R3(config)#
```

例 2-40 验证了两个 IPv6 静态默认路由是否均位于运行配置中。

例 2-40 在 R1 上检验 IPv6 静态路由

```
R1# show run | include ipv6 route
ipv6 route ::/0 2001:DB8:ACAD:6::2 5
ipv6 route ::/0 2001:DB8:ACAD:4::2
R1#
```

例 2-41 验证了通往 R2 的 IPv6 静态默认路由是否安装在路由表中。请注意，R3 的备用路由并未存在于路由表中。

例 2-41 检验备份路由不在 R1 的 IPv6 路由表中

```
R1# show ipv6 route static | begin S :
S   ::/0 [1/0]
     via 2001:DB8:ACAD:4::2
R1#
```

测试 IPv6 浮动静态路由的流程与测试 IPv4 浮动静态路由的流程相同。关闭 R2 上的接口以模拟故障。R1 会将路由安装到路由表中的 R3 并使用它来发送默认流量。

2.2.6 配置静态主机路由

在本节中，您将学习如何配置将流量定向到特定主机的 IPv4 和 IPv6 静态主机路由。

1. **自动安装的主机路由**

主机路由为具有 32 位掩码的 IPv4 地址或具有 128 位掩码的 IPv6 地址。有三种方法可以将主机路由添加到路由表：
- 当在路由器上配置 IP 地址时自动安装；
- 配置为静态主机路由；
- 通过其他方法自动获取主机路由（在后续课程中讨论）。

当在路由器上配置接口地址时，思科 IOS 会自动安装主机路由（也称为本地主机路由）。主机路由支持一种更有效的流程，该流程可以将数据包直接定向到路由器本身，而不是进行数据包转发。这不适用于在接口网络地址的路由表中指定为 C 的相连路由。

图 2-15 中的拓扑用于演示主机路由条目。

图 2-15 静态主机路由配置的拓扑

在为路由器上的一个活动接口配置 IP 地址时，本地主机路由会自动添加到路由表中。本地路由在路由表输出中标记为 L。分配给分支机构 Serial 0/0/0 接口的 IP 地址是 198.51.100.1/30（用于 IPv4）和 2001:DB8:ACAD:1::1/64（用于 IPv6）。如例 2-42 中的 IPv4 输出和例 2-43 中的 IPv6 输出所示，该接口的本地路由由 IOS 安装到路由表中。

例 2-42 分支机构 IPv4 路由表

```
Branch# show ip route
Codes: L - local, C - connected, S - static, R - RIP, M - mobile, B - BGP
       D - EIGRP, EX - EIGRP external, O - OSPF, IA - OSPF inter area
       N1 - OSPF NSSA external type 1, N2 - OSPF NSSA external type 2
       E1 - OSPF external type 1, E2 - OSPF external type 2
       i - IS-IS, su - IS-IS summary, L1 - IS-IS level-1, L2 - IS-IS level-2
       ia - IS-IS inter area, * - candidate default, U - per-user static route
       o - ODR, P - periodic downloaded static route, H - NHRP, l - LISP
       a - application route
       + - replicated route, % - next hop override
Gateway of last resort is not set

      198.51.100.0/24 is variably subnetted, 2 subnets, 2 masks
C        198.51.100.0/30 is directly connected, Serial0/0/0
L        198.51.100.1/32 is directly connected, Serial0/0/0
Branch#
```

例 2-43 分支机构 IPv6 路由表

```
Branch# show ipv6 route
IPv6 Routing Table - default - 3 entries
Codes: C - Connected, L - Local, S - Static, U - Per-user Static route
       B - BGP, R - RIP, H - NHRP, I1 - ISIS L1
       I2 - ISIS L2, IA - ISIS interarea, IS - ISIS summary, D - EIGRP
       EX - EIGRP external, ND - ND Default, NDp - ND Prefix, DCE - Destination
       NDr - Redirect, O - OSPF Intra, OI - OSPF Inter, OE1 - OSPF ext 1
       OE2 - OSPF ext 2, ON1 - OSPF NSSA ext 1, ON2 - OSPF NSSA ext 2
       a - Application
C   2001:DB8:ACAD:1::/64 [0/0]
     via Serial0/0/0, directly connected
```

```
L    2001:DB8:ACAD:1::1/128 [0/0]
       via Serial0/0/0, receive
L    FF00::/8 [0/0]
       via Null0, receive
Branch#
```

注意: 对于 IPv4，IOS 第 15 版引入了标记为 L 的本地路由。

2. 配置 IPv4 和 IPv6 静态主机路由

主机路由可以是一个手动配置的静态路由，将流量定向到特定目标设备（例如验证服务器）。静态路由使用目标 IP 地址和用于 IPv4 主机路由的 255.255.255.255（/32）掩码和用于 IPv6 主机路由的/128 前缀长度。静态路由在路由表的输出中标记为 S。例 2-44 中，在 BRANCH 路由器上配置 IPv4 和 IPv6 主机路由以访问服务器。

例 2-44 IPv4 和 IPv6 主机路由配置和验证

```
Branch(config)# ip route 209.165.200.238 255.255.255.255 198.51.100.2
Branch(config)# ipv6 route 2001:db8:acad:2::99/128 2001:db8:acad:1::2
Branch(config)# end
Branch#
Branch# show ip route | begin Gateway
Gateway of last resort is not set

      198.51.100.0/24 is variably subnetted, 2 subnets, 2 masks
C        198.51.100.0/30 is directly connected, Serial0/0/0
L        198.51.100.1/32 is directly connected, Serial0/0/0
      209.165.200.0/32 is subnetted, 1 subnets
S        209.165.200.38 [1/0] via 198.51.100.2
Branch#
Branch# show ipv6 route
<output omitted>
C   2001:DB8:ACAD:1::/64 [0/0]
      via Serial0/0/0, directly connected
L   2001:DB8:ACAD:1::1/128 [0/0]
      via Serial0/0/0, receive
S   2001:DB8:ACAD:2::99/128 [1/0]
      via 2001:DB8:ACAD:1::2
L   FF00::/8 [0/0]
      via Null0, receive
Branch#
```

对于 IPv6 静态路由，下一跳地址可以是相邻路由器的本地链路地址。但是，如例 2-45 所示，在使用本地链路地址作为下一跳时，您必须指定接口类型和接口号。

例 2-45 使用下一跳本地链路地址的完全指定的 IPv6 主机路由

```
Branch(config)# no ipv6 route 2001:db8:acad:2::99/128 2001:db8:acad:1::2
Branch(config)# ipv6 route 2001:db8:acad:2::99/128 serial 0/0/0 fe80::2
Branch(config)# end
Branch#
Branch# show ipv6 route
<output omitted>
S   ::/0 [1/0]
      via 2001:DB8:ACAD:1::2
C   2001:DB8:ACAD:1::/64 [0/0]
      via Serial0/0/0, directly connected
L   2001:DB8:ACAD:1::1/128 [0/0]
      via Serial0/0/0, receive
```

```
S    2001:DB8:ACAD:2::99/128 [1/0]
        via FE80::2, Serial0/0/0
L    FF00::/8 [0/0]
        via Null0, receive
Branch#
```

2.3 静态路由和默认路由故障排除

故障排除是一项通过实践和经验获得的热门技术。

在这一部分，您将练习故障排除技能以解决静态路由和默认路由配置问题。

2.3.1 使用静态路由处理数据包

在本节中，您将学习配置了静态路由时，路由器如何处理数据包。

1. 静态路由和数据包转发

以下示例说明了使用静态路由的数据包转发过程，如图 2-16 所示。

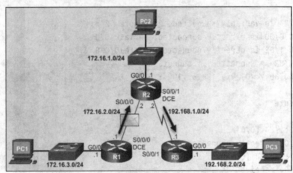

图 2-16　静态路由和数据包转发

在图中，PC1 向 PC3 发送数据包。

1. 数据包到达 R1 的 GigabitEthernet 0/0 接口。
2. R1 没有一条具体的路由通往目标网络 192.168.2.0/24；因此 R1 使用默认静态路由。
3. R1 将数据包封装成新的帧。因为到 R2 的链路为点到点链路，所以 R1 添加了"全 1"的地址作为第 2 层目标地址。
4. 该帧已转发到 Serial 0/0/0 接口之外。数据包到达 R2 的 Serial 0/0/0 接口。
5. R2 将该帧解封，然后查找到目标的路由。R2 有一条到 192.168.2.0/24 的静态路由，从 Serial 0/0/1 接口发出。
6. R2 将数据包封装在新的帧中。因为到 R3 的链路是点对点链路，所以 R2 为第 2 层目标地址增加"全 1"地址。
7. 该帧已转发到 Serial 0/0/1 接口之外。数据包到达 R3 上的 Serial 0/0/1 接口。
8. R3 将该帧解封，然后查找到目标的路由。R3 有一条到 192.168.2.0/24 的相连路由，从 GigabitEthernet 0/0 接口发出。
9. R3 在 ARP 表中查找与 192.168.2.10 匹配的条目，目的是找出 PC3 的第 2 层 MAC 地址。如果没有条目，R3 会从 GigabitEthernet 0/0 接口发出地址解析协议（ARP）请求，然后 PC3 发送

ARP 应答，应答中包括 PC3 的 MAC 地址。
10. R3 将数据包封装成新的帧。在该帧中，GigabitEthernet 0/0 接口的 MAC 地址为第 2 层源地址，PC3 的 MAC 地址为目标 MAC 地址。
11. 帧从 GigabitEthernet 0/0 接口转发出去。数据包到达 PC3 的网络接口卡（NIC）接口。

2.3.2 排除 IPv4 静态和默认路由配置故障

在本节中，您将通过解决常见的静态和默认路由配置问题来获得故障排除技能。

1. 路由缺失故障排除

由于以下各种因素，导致网络状况经常会发生变化：

- 接口故障；
- 服务提供商断开连接；
- 链路过饱和；
- 管理员输入的配置错误。

当网络发生变化时，连接可能会中断。网络管理员负责查明并解决问题。要查明并解决这些问题，网络管理员必须熟悉工具，以便快速隔离路由问题。

常用 IOS 故障排除命令包括：

- **ping**；
- **traceroute**；
- **show ip route**；
- **show ip interface brief**；
- **show cdp neighbors detail**。

例 2-46 显示了从 R1 的源接口到 R3 的 LAN 接口执行扩展 ping 操作的结果。扩展的 ping 是 ping 实用程序的增强版本。扩展 ping 能够指定 ping 数据包的源 IP 地址。

例 2-46 扩展 ping

```
R1# ping 192.168.2.1 source 172.16.3.1
Type escape sequence to abort.
Sending 5, 100-byte ICMP Echos to 192.168.2.1, timeout is 2 seconds:
Packet sent with a source address of 172.16.3.1
!!!!!
Success rate is 100 percent (5/5), round-trip min/avg/max = 28/28/28 ms
R1#
```

例 2-47 显示了从 R1 到 R3 的 LAN 执行 traceroute 操作的结果。

例 2-47 从 R1 对 R3 执行 traceroute 操作

```
R1# traceroute 192.168.2.1
Type escape sequence to abort.
Tracing the route to 192.168.2.1
VRF info: (vrf in name/id, vrf out name/id)
  1 172.16.2.2 4 msec 4 msec 8 msec
  2 192.168.1.1 12 msec 12 msec *
R1#
```

例 2-48 显示了 R1 的路由表。

例 2-48 检验 R1 的路由表

```
R1# show ip route | begin Gateway
Gateway of last resort is not set
```

```
        172.16.0.0/16 is variably subnetted, 5 subnets, 2 masks
S          172.16.1.0/24 [1/0] via 172.16.2.2
C          172.16.2.0/24 is directly connected, Serial0/0/0
L          172.16.2.1/32 is directly connected, Serial0/0/0
C          172.16.3.0/24 is directly connected, GigabitEthernet0/0
L          172.16.3.1/32 is directly connected, GigabitEthernet0/0
S       192.168.1.0/24 [1/0] via 172.16.2.2
S       192.168.2.0/24 [1/0] via 172.16.2.2
R1#
```

例 2-49 显示了路由器上所有接口的快速状态。

例 2-49 检验接口状态

```
R1# show ip interface brief
Interface                  IP-Address      OK? Method Status                Protocol
Embedded-Service-Engine0/0 unassigned      YES unset  administratively down down
GigabitEthernet0/0         172.16.3.1      YES manual up                    up
GigabitEthernet0/1         unassigned      YES unset  administratively down down
Serial0/0/0                172.16.2.1      YES manual up                    up
Serial0/0/1                unassigned      YES unset  administratively down down
R1#
```

例 2-50 提供了直接相连的思科设备列表。此命令验证第 2 层（第 1 层）连接。例如，如果命令的输出中列出邻居设备，但对其执行 ping 操作失败，则应该调查第 3 层编址。

例 2-50 检验直连的思科设备

```
R1# show cdp neighbors
Capability Codes: R - Router, T - Trans Bridge, B - Source Route Bridge
                  S - Switch, H - Host, I - IGMP, r - Repeater, P - Phone,
                  D - Remote, C - CVTA, M - Two-port Mac Relay

Device ID       Local Intrfce    Holdtme  Capability Platform    Port ID
netlab-cs5      Gig 0/0          156         S I    WS-C2960-   Fas 0/1
R2              Ser 0/0/0        153       R S I    CISCO1941   Ser 0/0/0
R1#
```

2. 解决连接问题

如果使用正确的工具并采用系统的方法，查找缺失（或配置错误）的路由会相对简单一些。

例如，在本例中，PC1 的用户报告说他无法访问 R3 LAN 上的资源。将 R1 的 LAN 接口用作源，对 R3 的 LAN 接口执行 ping 操作，可以确认问题（参见例 2-51）。结果显示，这些 LAN 之间没有建立连接。

例 2-51 检验到 R3 LAN 的连接

```
R1# ping 192.168.2.1 source g0/0
Type escape sequence to abort.
Sending 5, 100-byte ICMP Echos to 192.168.2.1, timeout is 2 seconds:
Packet sent with a source address of 172.16.3.1
.....
Success rate is 0 percent (0/5)
R1#
```

例 2-52 中的 traceroute 显示，R2 没有按预期响应。由于某种原因，R2 将 traceroute 返回给 R1。R1 又将其返回到 R2。这种循环会一直持续，直到生存时间（TTL）值递减为 0，这种情况下，路由器将向 R1 发送互联网控制消息协议（ICMP）目的地不可达的消息。

2.3 静态路由和默认路由故障排除

例 2-52 从 R1 对 R3 执行 traceroute 操作

```
R1# traceroute 192.168.2.1
Type escape sequence to abort.
Tracing the route to 192.168.2.1
VRF info: (vrf in name/id, vrf out name/id)
  1 172.16.2.2 4 msec 4 msec 8 msec
  2 172.16.2.1 12 msec 12 msec 12 msec
  3 172.16.2.2 12 msec 8 msec 8 msec
  4 172.16.2.1 20 msec 16 msec 20 msec
  5 172.16.2.2 16 msec 16 msec 16 msec
  6 172.16.2.1 20 msec 20 msec 24 msec
  7 172.16.2.2 20 msec
R1#
```

下一步是检查 R2 的路由表，因为是路由器显示异常转发模式。例 2-53 中的路由表显示，192.168.2.0/24 网络配置错误。

例 2-53 检验 R2 的路由表

```
R2# show ip route | begin Gateway
Gateway of last resort is not set

      172.16.0.0/16 is variably subnetted, 5 subnets, 2 masks
C        172.16.1.0/24 is directly connected, GigabitEthernet0/0
L        172.16.1.1/32 is directly connected, GigabitEthernet0/0
C        172.16.2.0/24 is directly connected, Serial0/0/0
L        172.16.2.2/32 is directly connected, Serial0/0/0
S        172.16.3.0/24 [1/0] via 172.16.2.1
      192.168.1.0/24 is variably subnetted, 2 subnets, 2 masks
C        192.168.1.0/24 is directly connected, Serial0/0/1
L        192.168.1.2/32 is directly connected, Serial0/0/1
S     192.168.2.0/24 [1/0] via 172.16.2.1
R2#
```

当前已用下一跳地址 172.16.2.1 配置了到 192.168.2.0/24 网络的静态路由。使用配置的下一跳地址，指向 192.168.2.0/24 网络的数据包发送回 R1。从拓扑中可以清楚地看到，192.168.2.0/24 网络连接到 R3，而不是 R1。因此，R2 上到 192.168.2.0/24 网络的静态路由必须使用下一跳 192.168.1.1，而不是 172.16.2.1。

例 2-54 显示运行配置的输出，显示不正确的 **ip route** 语句。删除不正确的路由，然后输入正确的路由。

例 2-54 确定并解决问题

```
R2# show running-config | section ip route
ip route 172.16.3.0 255.255.255.0 172.16.2.1
ip route 192.168.2.0 255.255.255.0 172.16.2.1
R2#
R2# conf t
R2(config)# no ip route 192.168.2.0 255.255.255.0 172.16.2.1
R2(config)# ip route 192.168.2.0 255.255.255.0 192.168.1.1
R2(config)#
```

例 2-55 验证了 R1 现在可以到达 R3 的 LAN 接口。最后一个确认步骤是，PC1 上的用户还应该测试与 192.168.2.0/24 LAN 的连接。

例 2-55 检验到 R3 LAN 的连接

```
R1# ping 192.168.2.1 source g0/0
Type escape sequence to abort.
Sending 5, 100-byte ICMP Echos to 192.168.2.1, timeout is 2 seconds:
```

```
Packet sent with a source address of 172.16.3.1
!!!!!
Success rate is 100 percent (5/5), round-trip min/avg/max = 28/28/28 ms
R1#
```

2.4 总结

在本章中，您学习了如何使用 IPv4 和 IPv6 静态路由连接远程网络。远程网络是指只有通过将数据包转发至另一台路由器才能到达的网络。静态路由配置很简单。但是，在大型网络中，这种手动操作可能会造成很大的麻烦。即使实施了动态路由协议，仍要使用静态路由。

静态路由可以配置为使用下一跳 IP 地址，通常是下一跳路由器的 IP 地址。当使用下一跳 IP 地址时，路由表过程必须将该地址解析到送出接口。在点对点串行链路上，使用送出接口来配置静态路由通常更为有效。在类似以太网之类的多路访问网络中，可以同时为静态路由配置下一跳 IP 地址和送出接口。

静态路由具有的默认管理距离为 1。该管理距离同样适用于同时配置有下一跳地址和送出接口的静态路由。

只有当静态路由中的下一跳 IP 地址能够解析到送出接口时，该路由才能输入路由表中。无论使用下一跳 IP 地址还是送出接口配置静态路由，如果用于转发数据包的送出接口不在路由表中，则路由表不会包含该静态路由。

对于 IPv4，默认路由配置为 0.0.0.0 网络地址和 0.0.0.0 子网掩码，对于 IPv6，默认路由配置为 prefix/prefix-length ::/0。如果路由表中没有更加精确的匹配条目，路由表将使用默认路由将数据包转发到另一个路由器。

浮动静态路由可配置为通过控制管理距离值来备份主链路。

检查你的理解

请完成以下所有复习题，以检查你对本章要点和概念的理解情况。答案列在本书附录"'检查你的理解'问题答案"中。

1. 静态路由较之动态路由有哪两项优点？（选择两项）
    A. 由于静态路由不通过网络进行通告，因此比较安全
    B. 静态路由更容易进行大型网络配置
    C. 正确实施静态路由所需的网络知识很少
    D. 静态路由随着网络不断发展而进行扩展
    E. 静态路由比动态路由使用的路由器资源更少
2. 哪种类型的路由允许路由器即使在其路由表中不含通往目的网络的特定路由时也能转发数据包？
    A. 默认路由   B. 目的路由
    C. 动态路由   D. 普通路由
3. 为什么要将浮动静态路由的管理距离配置得高于同一路由器上运行的动态路由协议的管理距离？
    A. 作为最后选用网关   B. 作为路由表中的首选路由
    C. 作为备份路由   D. 使流量负载均衡

4. 浮动静态路由的正确语法是什么?
   A. **ip route 0.0.0.0 0.0.0.0 serial 0/0/0**
   B. **ip route 172.16.0.0 255.248.0.0 10.0.0.1**
   C. **ip route 209.165.200.228 255.255.255.248 serial 0/0/0**
   D. **ip route 209.165.200.228 255.255.255.248 10.0.0.1 120**

5. 在路由器上配置的哪种类型的静态路由仅使用送出接口?
   A. 默认静态路由
   B. 直连静态路由
   C. 完全指定静态路由
   D. 递归静态路由

6. 网络管理员使用 **ip route 172.16.1.0 255.255.255.0 172.16.2.2** 命令配置路由器。此路由会如何显示在路由表中?
   A. C 172.16.1.0 [1/0] via 172.16.2.2
   B. C 172.16.1.0 is directly connected, Serial0/0
   C. S 172.16.1.0 [1/0] via 172.16.2.2
   D. S 172.16.1.0 is directly connected, Serial0/0

7. 在完全指定的静态路由中,需哪两条信息来消除递归查询?(选择两项)
   A. 目标网络的管理距离
   B. 接口 ID 退出接口
   C. 下一跳邻居接口 ID
   D. 退出接口 IP 地址
   E. 下一跳邻居 IP 地址

8. 假设管理员输入了 **ip route 192.168.10.0 255.255.255.0 10.10.10.2 5** 命令。管理员将如何测试此配置?
   A. 删除路由器上的默认网关路由
   B. 手动关闭作为主路由的路由器接口
   C. 对 192.168.10.0/24 网络上的任何有效地址执行 ping 操作
   D. 从 192.168.10.0 网络对 10.10.10.2 地址执行 ping 操作

9. 哪三个 IOS 故障排除命令可帮助隔离与静态路由相关的问题?(选择三项)
   A. **ping**
   B. **show arp**
   C. **show ip interface brief**
   D. **show ip route**
   E. **show version**
   F. **tracert**

10. 与静态路由相关的传出接口处于不可用状态时,路由表中的该静态路由条目将发生什么?
    A. 路由器自动重定向该静态路由,以使用另一接口
    B. 路由器轮询替换路由邻居
    C. 该静态路由从路由表中删除
    D. 该静态路由仍在表中,因其被定义为静态

第 3 章

动态路由

学习目标

通过完成本章的学习，您将能够回答下列问题：
- 动态路由协议的用途是什么？
- 如何使用动态路由和静态路由？
- 如何配置 RIPv2 路由协议？
- 对于一个给定的路由，IPv4 路由表条目的组成部分有哪些？
- 在一个动态建立的路由表中，什么是父子关系？
- 路由器如何确定使用哪条路由转发 IPv4 数据包？
- 路由器如何确定使用哪条路由转发 IPv6 数据包？

我们在日常的学习、娱乐和工作中会用到各种数据网络，它们既可以是本地小型网络，也可以是全球互联的大型网际网络。在家里，用户可能拥有一台路由器和两台或多台设备（如计算机、平板电脑、智能手机等）。而在工作中，一个组织可能有多台路由器和交换机以满足数百甚至数千台计算机的数据通信需求。

路由器使用路由表中的信息转发数据包。路由器可以通过两种方式来获知通往远程网络的路由：静态路由和动态路由。

在包含许多网络和子网的大型网络中，配置和维护这些网络之间的静态路由需要一笔巨大的管理和运营开销。当网络发生变化时（例如链路断开或实施新子网），此运营开销尤其麻烦。实施动态路由协议能够减轻配置和维护任务的负担，而且给网络提供了可扩展性。

本章介绍动态路由协议。它比较静态路由和动态路由的用途。然后，讨论使用路由信息协议第 1 版（RIPv1）和第 2 版（RIPv2）实施动态路由。本章以深入探讨路由表结束。

3.1 动态路由协议

要到达远程网络，必须建立路由表。在组织中通常使用动态路由协议和静态路由来实施路由。在本节中，您将了解动态路由协议的功能。

3.1.1 动态路由协议概述

在本节中，您将了解动态路由协议的用途。

1. 动态路由协议的发展历程

动态路由协议自 20 世纪 80 年代后期开始应用于网络。路由信息协议（RIP）是第一批路由协议中的一个。RIPv1 发布于 1988 年，但是该协议中的一些基本算法早在 1969 年就用于高级研究计划署网络（ARPANET）。

随着发展，网络变得更加复杂，新的路由协议则应运而生。RIP 协议更新为 RIPv2 以适应网络环境的发展。但是，RIPv2 仍无法扩展以适应当今的大型网络实施。为了满足大型网络的需要，两种高级路由协议应运而生：开放最短路径优先协议（OSPF）和中间系统到中间系统协议（IS-IS）。思科也推出了面向大型网络实施的"内部网关路由协议"（IGRP）和增强型 IGRP（EIGRP）协议。

此外，需要连接不同的网际网络并在它们之间提供路由。边界网关协议（BGP）当前用于互联网服务提供商（ISPs）之间。BGP 还用于 ISP 与其较大的私有客户端之间来交换路由信息。

表 3-1 提供了引入不同协议的时间表。

表 3-1　　　　　　　　　　路由协议的发展历程

年　份	IPv4 路由协议	IPv6 路由协议
2005		用于 IPv6 的 EIGRP
2000		用于 IPv6 的 IS-IS OSPFv3 BGP-MP RIPng
1995	BGP-4 RIPv2 用于 IPv4 的 EIGRP OSPFv2	
1990	IS-IS OSPFv1 RIPv1	
1985	IGRP EGP	

表 3-2 将协议分类。

表 3-2　　　　　　　　　　路由协议的分类

	内部网关协议				外部网关协议
	距离矢量		链路状态		路径矢量
IPv4	RIPv2	EIGRP	OSPFv2	IS-IS	BGP-4
IPv6	RIPng	用于 IPv6 的 EIGRP	OSPFv3	用于 IPv6 的 IS-IS	BGP-MP

由于越来越多的用户设备使用 IP，IPv4 编址空间已近乎耗尽；因此，IPv6 应运而生。为支持基于 IPv6 的通信，开发了新版的 IP 路由协议，如表 3-2 中的 IPv6 一行所示。

2. 动态路由协议组件

路由协议是用于路由器之间交换路由信息的协议。路由协议由一组处理进程、算法和消息组成，用于交换路由信息，并将其选择的最佳路径添加到路由表中。动态路由协议的用途包括：

- 发现远程网络；

- 维护最新路由信息；
- 选择通往目标网络的最佳路径；
- 当前路径无法使用时找出新的最佳路径。

动态路由协议的主要组件如下所示。

- **数据结构**：路由协议通常使用路由表或数据库来完成路由过程。此类信息保存在内存中。
- **路由协议消息**：路由协议使用各种消息找出邻近的路由器，交换路由信息，并通过其他一些任务来获取和维护准确的网络信息。
- **算法**：算法是指用于完成某个任务的一定数量的步骤。路由协议使用算法来路由信息并确定最佳路径。

如图 3-1 所示，路由协议使路由器可以动态共享有关远程网络的信息，并为各自的路由表自动提供此信息。

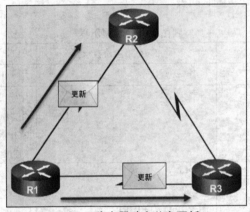

图 3-1　路由器动态共享更新

路由协议确定每个网络的最佳路径或路由。然后将该路由提供给路由表。如果没有管理距离（AD）较短的另一路由源，路由将安装在路由表中。例如，管理距离为 1 的静态路由优先于动态路由协议获取的同一网络。

动态路由协议的主要优点是，当拓扑结构发生变化时，路由器会交换路由信息。通过这种信息交换，路由器不仅能够自动获知新增加的网络，还可以在当前网络连接失败时找出备用路径。

3.1.2　动态与静态路由

在本节中，您将了解动态路由和静态路由的不同之处及其应用。

1. 静态路由的应用

在确定动态路由协议的优点之前，请考虑网络专业人员使用静态路由的原因。
静态路由主要有以下几种用途。

- 在不会显著增长的小型网络中，使用静态路由便于维护路由表。
- 路由至和路由出末节网络。末节网络是只有一个默认路由输出的网络，并对任何远程网络一概不知。
- 访问单一默认路由（如果某个网络在路由表中找不到更匹配的路由条目，则可使用默认路由作为通往该网络的路径）。

图 3-2 提供了一个静态路由的示例场景。

3.1 动态路由协议

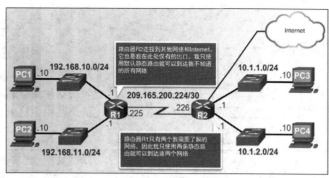

图 3-2 静态路由场景

2. 静态路由的优点和缺点

表 3-3 突出显示了静态路由的优点和缺点。

表 3-3 静态路由的优点和缺点

优 点	缺 点
易于在小型网络中实施	静态路由不易在大型网络中实施。随着网络的不断扩大，配置复杂性会显著增加。因此，静态路由仅适用于简单拓扑或特殊用途，如默认静态路由
非常安全；与动态路由协议相比，不会发送通告	随着网络的不断扩大，配置复杂性会显著增加。因此，管理静态配置可能非常耗时
总是通过同一路径到达目的网络，这就使得故障排除工作比较容易	如果链路发生故障，静态路由无法重新路由流量。因此，需要人工干预来重新路由流量
不需要路由算法或更新机制；因此，不需要额外的资源（CPU 或 RAM）	

3. 动态路由协议的应用

动态路由协议帮助网络管理员管理耗时又费力的静态路由配置和维护工作。

想象一下维护 7 个路由器的静态路由配置。如图 3-3 所示，如果公司发展到需要管理 4 个区域和 28 台路由器，该怎么办？当某条链路断开时将会发生什么情况？您如何确保冗余路径切实可用？在像图 3-3 所示的这种大型网络中，最佳选择是采用动态路由。

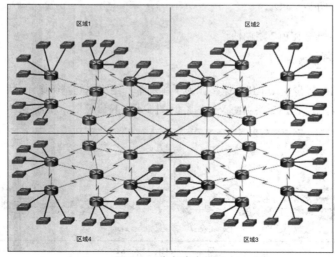

图 3-3 动态路由场景

4. 动态路由的优点和缺点

表 3-4 突出显示了动态路由的优点和缺点。动态路由协议非常适合包含多台路由器的任意类型的网络。动态路由协议具有可扩展性，而且，如果拓扑发生变化，该协议会自动确定更好的路由。虽然动态路由协议的配置更多，但是在大型网络中动态路由的配置比静态路由更简单。

表 3-4　　　　　　　　　　　动态路由的优点和缺点

优　　点	缺　　点
适用于需要多个路由器的所有拓扑中	可能会使实施更加复杂
通常不受网络规模限制	不够安全，需要其他配置设置来确保安全
如果可以，自动适应拓扑以重新路由流量	根据当前网络拓扑结构确定路径
	需要占用额外的 CPU、RAM 和链路带宽

动态路由也有缺点。动态路由需要其他命令的知识。因为路由协议确定的接口发送路由更新，所以相比静态路由，它还不够安全。所采用的路由可能因数据包不同而异。路由算法会占用额外的 CPU、RAM 和链路带宽。

请注意动态路由如何应对静态路由的缺点。

相比于静态路由，动态路由当然有多个优点。然而，静态路由仍常用于当今的网络中。大多数网络通常结合使用静态路由和动态路由。

3.2　RIPv2

只有几种路由协议可供选择。每种协议都有其各自的优点和缺点。然而，最易于配置和理解的是路由信息协议（RIP）。

在本节中，您将配置并验证基本 RIPv2 设置。

3.2.1　配置 RIP 协议

在本节中，您将配置 RIPv2 路由协议。

1. 路由器 RIP 配置模式

尽管在现代网络中极少使用 RIP，但是作为了解基本网络路由的基础则十分有用。

为帮助解释如何配置 RIPv2 路由协议，请参阅图 3-4 中的参考拓扑和表 3-5 中的地址分配表。

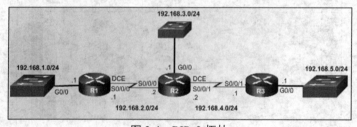

图 3-4　RIPv2 拓扑

表 3-5 地址分配表

设 备	接 口	IPv4 地址	子网掩码
R1	G0/0	192.168.1.1	255.255.255.0
	S0/0/0	192.168.2.1	255.255.255.0
R2	G0/0	192.168.3.1	255.255.255.0
	S0/0/0	192.168.2.2	255.255.255.0
	S0/0/1	192.168.4.2	255.255.255.0
R3	G0/0	192.168.5.1	255.255.255.0
	S0/0/1	192.168.4.1	255.255.255.0

在该场景中，所有路由器均已配置基本管理功能，且参考拓扑结构中标识的所有接口已配置和启用。未配置静态路由且未启用路由协议；因此，目前不可访问远程网络。将 RIPv1 用作动态路由协议。要启用 RIP，请使用 **router rip** 命令启用 RIP，如例 3-1 所示。

例 3-1　启用 RIP 路由

```
R1# conf t
Enter configuration commands, one per line. End with CNTL/Z.
R1(config)# router rip
R1(config-router)#
```

该命令并不直接启动 RIP 进程。而是在配置了 RIP 路由设置的情况下提供对路由器配置模式的访问。当启用 RIP 时，默认版本为 RIPv1。

例 3-2 显示了可配置的各种 RIP 命令。本部分会介绍突出显示的关键字。

例 3-2　RIP 配置选项

```
R1(config-router)# ?
Router configuration commands:
  address-family          Enter Address Family command mode
  auto-summary            Enable automatic network number summarization
  default                 Set a command to its defaults
  default-information     Control distribution of default information
  default-metric          Set metric of redistributed routes
  distance                Define an administrative distance
  distribute-list         Filter networks in routing updates
  exit                    Exit from routing protocol configuration mode
  flash-update-threshold  Specify flash update threshold in second
  help                    Description of the interactive help system
  input-queue             Specify input queue depth
  maximum-paths           Forward packets over multiple paths
  neighbor                Specify a neighbor router
  network                 Enable routing on an IP network
  no                      Negate a command or set its defaults
  offset-list             Add or subtract offset from RIP metrics
  output-delay            Interpacket delay for RIP updates
  passive-interface       Suppress routing updates on an interface
  redistribute            Redistribute information from another routing
                          protocol
  timers                  Adjust routing timers
  traffic-share           How to compute traffic share over alternate paths
  validate-update-source  Perform sanity checks against source address of
                          routing updates
  version                 Set routing protocol version

R1(config-router)#
```

请使用 **no router rip** 全局配置命令，禁用并消除 RIP。该命令会停止 RIP 进程并清除所有现有的

RIP 配置。

2. 通告网络

进入 RIP 路由器配置模式后，路由器便按照指示开始运行 RIPv1。但路由器还需了解应该使用哪个本地接口与其他路由器通信，以及需要向其他路由器通告哪些本地连接的网络。

要为网络启用 RIP 路由，请使用 **network** *network-address* 路由器配置模式命令。输入每个直连网络的有类网络地址。此命令：

- 在属于某个指定网络的所有接口上启用 RIP，相关接口现在开始发送和接收 RIP 更新；
- 在每 30 秒一次的 RIP 路由更新中向其他路由器通告该指定网络。

> **注意：** RIPv1 是 IPv4 的一个有类路由协议。因此，如果输入子网地址，IOS 会自动将其转换到有类网络地址。例如，输入 **network 192.168.1.32** 命令会在运行配置文件中自动转换到 **network 192.168.1.0**。IOS 不提示错误消息，而会纠正该输入，并输入有类网络地址。

在例 3-3 中，使用 **network** 命令通告 R1 直连网络。

例 3-3　通告 RIP 网络

```
R1(config)# router rip
R1(config-router)# network 192.168.1.0
R1(config-router)# network 192.168.2.0
R1(config-router)#
```

3. 验证 RIP 路由

show ip protocols 命令用于显示路由器当前配置的 IPv4 路由协议设置。请参阅例 3-4 中的输出。

例 3-4　检验 RIP 设置

```
R1# show ip protocols
*** IP Routing is NSF aware ***

Routing Protocol is "rip"
  Outgoing update filter list for all interfaces is not set
  Incoming update filter list for all interfaces is not set
  Sending updates every 30 seconds, next due in 16 seconds
  Invalid after 180 seconds, hold down 180, flushed after 240
  Redistributing: rip
  Default version control: send version 1, receive any version
    Interface          Send Recv Triggered RIP Key-chain
    GigabitEthernet0/0  1    1 2
    Serial0/0/0         1    1 2
  Automatic network summarization is in effect
  Maximum path: 4
  Routing for Networks:
    192.168.1.0
    192.168.2.0
  Routing Information Sources:
    Gateway         Distance      Last Update
    192.168.2.2          120      00:00:15
  Distance: (default is 120)

R1#
```

该输出确认大多数 RIP 参数，包括下面这些。

- RIP 路由配置在路由器 R1 上，并在 R1 上运行。
- 不同计时器的值；例如，R1 会在 16 秒内发送下一次路由更新。

- 目前配置的 RIP 版本是 RIPv1。
- R1 目前正在有类网络边界进行汇总。
- 由 R1 通告有类网络。R1 在其 RIP 更新中包含这些网络。
- 列出的 RIP 邻居包括各自的下一跳 IP 地址，R2 用于由该邻居发送的更新的相关 AD，以及从该邻居接收到上次更新的时间。

注意： 在验证其他路由协议（如 EIGRP 和 OSPF）的运行时，此命令也非常有用。

show ip route 命令用于显示安装在路由表中的 RIP 路由。在例 3-5 中，R1 通过 RIP 已经获取了突出显示的远程网络。

例 3-5 检验 RIP 路由

```
R1# show ip route | begin Gateway
Gateway of last resort is not set

     192.168.1.0/24 is variably subnetted, 2 subnets, 2 masks
C        192.168.1.0/24 is directly connected, GigabitEthernet0/0
L        192.168.1.1/32 is directly connected, GigabitEthernet0/0
     192.168.2.0/24 is variably subnetted, 2 subnets, 2 masks
C        192.168.2.0/24 is directly connected, Serial0/0/0
L        192.168.2.1/32 is directly connected, Serial0/0/0
R        192.168.3.0/24 [120/1] via 192.168.2.2, 00:00:24, Serial0/0/0
R        192.168.4.0/24 [120/1] via 192.168.2.2, 00:00:24, Serial0/0/0
R        192.168.5.0/24 [120/2] via 192.168.2.2, 00:00:24, Serial0/0/0
R1#
```

4. 启用并验证 RIPv2

如例 3-6 所示，配置了 RIP 进程的思科路由器会默认运行 RIPv1。不过，尽管路由器只发送 RIPv1 消息，但它可以同时解释 RIPv1 和 RIPv2 消息。RIPv1 路由器忽略了路由条目中的 RIPv2 字段。

例 3-6 检验默认 RIP 版本

```
R1# show ip protocols
*** IP Routing is NSF aware ***

Routing Protocol is "rip"
  Outgoing update filter list for all interfaces is not set
  Incoming update filter list for all interfaces is not set
  Sending updates every 30 seconds, next due in 16 seconds
  Invalid after 180 seconds, hold down 180, flushed after 240
  Redistributing: rip
  Default version control: send version 1, receive any version
    Interface             Send  Recv  Triggered RIP  Key-chain
    GigabitEthernet0/0    1     1 2
    Serial0/0/0           1     1 2
  Automatic network summarization is in effect
  Maximum path: 4
  Routing for Networks:
    192.168.1.0
    192.168.2.0
  Routing Information Sources:
    Gateway         Distance      Last Update
    192.168.2.2          120      00:00:15
  Distance: (default is 120)

R1#
```

如例 3-7 所示，使用 **version 2** 路由器配置模式命令启用 RIPv2。请注意，**show ip protocols** 命令如何验证现在配置的 R2 仅发送和接收第 2 版的信息。现在，RIP 进程在所有更新中包含子网掩码，所以 RIPv2 是一种无类路由协议。

例 3-7　启用并检验 R1 的 RIPv2

```
R1(config)# router rip
R1(config-router)# version 2
R1(config-router)# end
R1#
R1# show ip protocols | section Default
 Default version control: send version 2, receive version 2
   Interface             Send Recv Triggered RIP Key-chain
   GigabitEthernet0/0     2    2
   Serial0/0/0            2    2
R1#
```

注意： 配置 **version 1** 只启用 RIPv1，而配置 **no version** 则将路由器返回默认设置（即发送第 1 版更新但侦听第 1 版或第 2 版更新）。

例 3-8 验证了 R1 的路由表。

例 3-8　检验路由表

```
R1# show ip route | begin Gateway
Gateway of last resort is not set

     192.168.1.0/24 is variably subnetted, 2 subnets, 2 masks
C       192.168.1.0/24 is directly connected, GigabitEthernet0/0
L       192.168.1.1/32 is directly connected, GigabitEthernet0/0
     192.168.2.0/24 is variably subnetted, 2 subnets, 2 masks
C       192.168.2.0/24 is directly connected, Serial0/0/0
L       192.168.2.1/32 is directly connected, Serial0/0/0
R1#
```

请注意路由表中如何不再有任何 RIP 路由。这是因为 R1 现在只侦听 RIPv2 更新。R2 和 R3 仍然在发送 RIPv1 更新。因此，路由域中的所有路由器都必须配置 **version 2** 命令。

5. 禁用自动汇总

默认情况下，RIPv2 像 RIPv1 一样在主网边界上自动汇总网络。这一点在例 3-9 中得以确认。

例 3-9　使用 RIPv2 自动汇总

```
R1# show ip protocols
*** IP Routing is NSF aware ***

Routing Protocol is "rip"
  Outgoing update filter list for all interfaces is not set
  Incoming update filter list for all interfaces is not set
  Sending updates every 30 seconds, next due in 16 seconds
  Invalid after 180 seconds, hold down 180, flushed after 240
  Redistributing: rip
  Default version control: send version 1, receive any version
    Interface             Send Recv Triggered RIP Key-chain
    GigabitEthernet0/0     1    1 2
    Serial0/0/0            1    1 2
  Automatic network summarization is in effect
  Maximum path: 4
  Routing for Networks:
    192.168.1.0
```

```
    192.168.2.0
Routing Information Sources:
  Gateway           Distance          Last Update
  192.168.2.2          120            00:00:15
Distance: (default is 120)

R1#
```

如例 3-10 所示，使用 **no auto-summary** 路由器配置模式命令，修改默认 RIPv2 自动汇总行为。

例 3-10　在 R1 上禁用自动汇总

```
R1(config)# router rip
R1(config-router)# no auto-summary
R1(config-router)# end
R1#
*Mar 10 14:11:49.659: %SYS-5-CONFIG_I: Configured from console by console
R1# show ip protocols | section Automatic
  Automatic network summarization is not in effect
R1#
```

show ip protocols 现在声明"自动网络汇总无效"。当已禁用自动汇总时，RIPv2 不会再将网络汇总到其在边界路由器上的有类地址。现在，RIPv2 在其路由更新中包含所有子网以及相应掩码。

应该特别注意的是，**no auto-summary** 命令在 RIPv1 中无效。此命令仅影响 RIPv2 的行为。因此，禁用自动汇总之前必须启用 RIPv2。

6. 配置被动接口

默认情况下，将 RIP 更新从所有启用 RIP 的接口发出。但是，RIP 更新实际上仅需要从连接到其他启用 RIP 的路由器的接口发出。

例如，请参考图 3-4 中的拓扑结构。即使此 LAN 上没有 RIP 设备，RIP 也会将更新通过其 G0/0 接口发送出去。R1 无法得知该 LAN 上是否有 RIP 设备，因此每 30 秒就会发送一次更新。在 LAN 上发送不需要的更新会在以下三个方面对网络造成影响。

- **浪费带宽**：带宽用于传输不必要的更新。因为可以广播或组播 RIP 更新，交换机也会通过所有端口转发更新。
- **浪费资源**：LAN 中的所有设备都必须处理更新直到传输层，此时设备将丢弃此更新。
- **安全风险**：在广播网络上通告更新会带来安全风险。RIP 更新可能会被数据包嗅探软件中途截取。路由更新可能会被修改并重新发回该路由器，从而导致路由表根据错误度量误导流量。

使用 **passive-interface** 路由配置命令阻止通过路由器接口传输路由更新，但是仍然允许将该网络通告至其他路由器。该命令会停止指定接口的路由更新。但是，从其他接口发出的路由更新中仍通告指定接口所属的网络。

R1、R2 和 R3 无需从各自 LAN 接口转发 RIP 更新。例 3-11 中的配置将 R1 G0/0 接口确定为被动接口。然后使用 **show ip protocols** 命令验证吉比特以太网接口是否为被动接口。

例 3-11　在 R1 上配置和检验被动接口

```
R1(config)# router rip
R1(config-router)# passive-interface g0/0
R1(config-router)# end
R1#
R1# show ip protocols | begin Default
  Default version control: send version 2, receive version 2
    Interface             Send Recv Triggered RIP Key-chain
    Serial0/0/0            2    2
  Automatic network summarization is not in effect
  Maximum path: 4
```

```
    Routing for Networks:
      192.168.1.0
      192.168.2.0
    Passive Interface(s):
      GigabitEthernet0/0
    Routing Information Sources:
      Gateway         Distance      Last Update
      192.168.2.2        120         00:00:06
    Distance: (default is 120)

  R1#
```

请注意，发送或接收版本 2 更新时不再列出 G0/0 接口；但是，现在将该接口列在"被动接口"部分之下。还请注意，网络 192.168.1.0 仍然列在"网络路由"之下，这表示该网络仍然作为路由条目包含在发送到 R2 的 RIP 更新中。

注意：　所有路由协议都支持 **passive-interface** 命令。

作为替代方案，可以使用 **passive-interface default** 命令将所有接口设为被动。不应设为被动的接口可以使用 **no passive-interface** 命令重新启用。

7. 传播默认路由

在图 3-5 中，R1 是边缘路由器，单宿主到服务提供商。因此，使 R1 到达互联网的所有要求是从 Serial0/0/1 接口发出的默认静态路由。

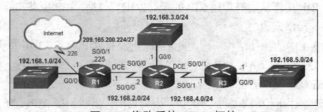

图 3-5　修改后的 RIPv2 拓扑

类似的默认静态路由可配置在 R2 和 R3 上，但是在边缘路由器 R1 上进入它一次，然后使 R1 通过 RIP 将其传播至所有其他路由器更具可扩展性。要在 RIP 路由域中为所有其他网络提供互联网连接，需要将默认静态路由通告给使用该动态路由协议的其他所有路由器。

要在 RIP 中传播默认路由，边缘路由器必须配置：

- 使用 **ip route 0.0.0.0 0.0.0.0** 命令的默认静态路由；
- **default-information originate** 路由器配置命令，这会指导 R1 通过在 RIP 更新中传播静态默认路由来产生默认信息。

例 3-12 中的示例为服务提供商配置了完全指定默认静态路由，然后通过 RIP 传播该路由。请注意，现在 R1 在其路由表中安装有一个最后选用网关和默认路由。

例 3-12　在 R1 上使用 RIP 传播默认路由

```
R1(config)# ip route 0.0.0.0 0.0.0.0 S0/0/1 209.165.200.226
R1(config)#
R1(config)# router rip
R1(config-router)# default-information originate
R1(config-router)# end
R1#
*Mar 10 23:33:51.801: %SYS-5-CONFIG_I: Configured from console by console
R1# show ip route | begin Gateway
```

```
Gateway of last resort is 209.165.200.226 to network 0.0.0.0

S*      0.0.0.0/0 [1/0] via 209.165.200.226, Serial0/0/1
        192.168.1.0/24 is variably subnetted, 2 subnets, 2 masks
C          192.168.1.0/24 is directly connected, GigabitEthernet0/0
L          192.168.1.1/32 is directly connected, GigabitEthernet0/0
        192.168.2.0/24 is variably subnetted, 2 subnets, 2 masks
C          192.168.2.0/24 is directly connected, Serial0/0/0
L          192.168.2.1/32 is directly connected, Serial0/0/0
R       192.168.3.0/24 [120/1] via 192.168.2.2, 00:00:08, Serial0/0/0
R       192.168.4.0/24 [120/1] via 192.168.2.2, 00:00:08, Serial0/0/0
R       192.168.5.0/24 [120/2] via 192.168.2.2, 00:00:08, Serial0/0/0
        209.165.200.0/24 is variably subnetted, 2 subnets, 2 masks
C          209.165.200.0/24 is directly connected, Serial0/0/1
L          209.165.200.225/27 is directly connected, Serial0/0/1
R1#
```

例 3-13 中的输出验证默认路由已传播至 R3。

例 3-13　在 R3 上检验路由表

```
R3# show ip route | begin Gateway
Gateway of last resort is 192.168.4.2 to network 0.0.0.0

R*      0.0.0.0/0 [120/2] via 192.168.4.2, 00:00:00, Serial0/0/1
R       192.168.1.0/24 [120/2] via 192.168.4.2, 00:00:00, Serial0/0/1
R       192.168.2.0/24 [120/1] via 192.168.4.2, 00:00:00, Serial0/0/1
R       192.168.3.0/24 [120/1] via 192.168.4.2, 00:00:00, Serial0/0/1
        192.168.4.0/24 is variably subnetted, 2 subnets, 2 masks
C          192.168.4.0/24 is directly connected, Serial0/0/1
L          192.168.4.1/32 is directly connected, Serial0/0/1
        192.168.5.0/24 is variably subnetted, 2 subnets, 2 masks
C          192.168.5.0/24 is directly connected, GigabitEthernet0/0
L          192.168.5.1/32 is directly connected, GigabitEthernet0/0
R3#
```

3.3　路由表

路由器的主要功能是将数据包路由到其目的地。因此，路由表是路由器操作的核心。它包含关键路由信息；因此，理解路由表的输出对您来说非常重要。

在本节中，您将学习如何确定给定路由的路由源、AD 和度量。

3.3.1　IPv4 路由条目的组成部分

在本节中，您将了解给定路由的 IPv4 路由表条目中的各个组成部分。

1. 路由表条目

将图 3-6 所示的拓扑用作本部分的参考拓扑。

在拓扑中，注意：

- R1 是连接到互联网的边缘路由器；因此，它会将默认静态路由传播到 R2 和 R3；
- R1、R2 和 R3 包含另一个有类网络分隔开的不连续网络；
- R3 还引入 192.168.0.0/16 超网路由。

例 3-14 显示了包含直连路由、静态路由和动态路由的 R1 的 IPv4 路由表。

第 3 章 动态路由

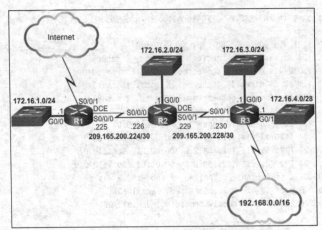

图 3-6　IPv4 路由表示例的参考拓扑

例 3-14　R1 的 IPv4 路由表

```
R1# show ip route | begin Gateway
Gateway of last resort is 209.165.200.234 to network 0.0.0.0
S*      0.0.0.0/0 [1/0] via 209.165.200.234, Serial0/0/1
                  is directly connected, Serial0/0/1
        172.16.0.0/16 is variably subnetted, 5 subnets, 3 masks
C       172.16.1.0/24 is directly connected, GigabitEthernet0/0
L       172.16.1.1/32 is directly connected, GigabitEthernet0/0
R       172.16.2.0/24 [120/1] via 209.165.200.226, 00:00:12, Serial0/0/0
R       172.16.3.0/24 [120/2] via 209.165.200.226, 00:00:12, Serial0/0/0
R       172.16.4.0/28 [120/2] via 209.165.200.226, 00:00:12, Serial0/0/0
R    192.168.0.0/16 [120/2] via 209.165.200.226, 00:00:03, Serial0/0/0
     209.165.200.0/24 is variably subnetted, 5 subnets, 2 masks
C       209.165.200.224/30 is directly connected, Serial0/0/0
L       209.165.200.225/32 is directly connected, Serial0/0/0
R       209.165.200.228/30 [120/1] via 209.165.200.226, 00:00:12, Serial0/0/0
C       209.165.200.232/30 is directly connected, Serial0/0/1
L       209.165.200.233/30 is directly connected, Serial0/0/1
R1#
```

> **注意：** 思科 IOS 中的路由表层次结构最初建立在有类路由方案基础上。虽然路由表同时包括有类和无类编址方式，但其整体结构仍遵循有类方案。

2. 直连条目

如例 3-14 中的突出显示部分，R1 的路由表中包含三个直连网络。请注意，为处于活动状态的路由器接口配置 IP 地址和子网掩码时，会自动创建两个路由表条目。

图 3-7 显示了 R1 上的直连网络 172.16.1.0 的一个路由表条目。

图 3-7　直连 IPv4 路由条目的组成部分

配置 GigabitEthernet 0/0 接口并激活时，这些条目会自动添加到路由表。这些条目包含如表 3-6 所示的信息。

表 3-6　　　　　　　　　　　直连网络条目的组成部分

图 例	组 成 部 分	说 明
A	路由源	标识如何获知该路由。直连接口有两个路由的来源代码。**C** 用于标识直连网络。当某个接口配置了 IP 地址并激活时，将会自动创建直连网络。**L** 用于标识这是本地路由。为接口配置 IP 地址并激活时，会自动创建本地路由
B	目标网络	远程网络的地址和该网络的连接方式
C	传出接口	标识在将数据包转发到目标网络时使用的送出接口

一个路由器通常配置有多个接口。路由表既储存直连路由信息，也储存远程路由信息。对于直连网络，路由来源用于确定获取路由的方式。例如，远程网络的通用代码具体如下。

- **S**：用于标识管理员手动创建的通往特定网络的路由。这是一种静态路由。
- **D**：用于标识使用 EIGRP 路由协议从另一个路由器动态获取的路由。
- **O**：用于标识使用 OSPF 路由协议从另一个路由器动态获取的路由。
- **R**：用于标识使用 RIP 路由协议从另一台路由器动态获取的路由。

3. 远程网络条目

图 3-8 显示了 R1 上路由到 R3 的远程网络 172.16.4.0 的 IPv4 路由表条目。

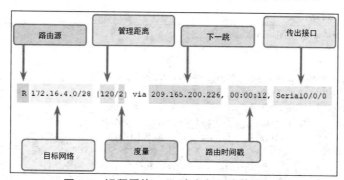

图 3-8　远程网络 IPv4 路由条目的组成部分

此条目用于确定以下信息。

- **路由源**：标识如何获知该路由。
- **目标网络**：标识远程网络的地址。
- **管理距离（AD）**：标识路由源的可信度。静态路由的 AD 为 1，直连路由的 AD 为 0。动态路由协议的 AD 高于 1，具体取决于协议。
- **度量**：标识用来到达远程网络而分配的值。值越低表示此路由越佳。静态路由和直连路由的指标为 0。
- **下一跳**：用于确定接收所转发数据包的下一路由器的 IPv4 地址。
- **路由时间戳**：用于标识最后一次侦听路由的时间。
- **传出接口**：标识用于将数据包转发到最终目标的送出接口。

3.3.2 动态获取的 IPv4 路由

在本节中，您将了解动态创建的路由表中的父/子关系。

1. 路由表术语

动态建立的路由表提供了大量信息。因此，了解路由表生成的输出非常重要。讨论路由表的内容时会应用特别术语。

思科 IP 路由表并不是一个平面数据库。路由表实际上是一个分层结构，在查找路由并转发数据包时，这样的结构可加快查找进程。在此结构中包括若干个层级。

采用下列形式讨论路由：
- 最终路由；
- 一级路由；
- 一级父路由；
- 二级子路由。

2. 最终路由

最终路由是包含下一跳 IPv4 地址或送出接口的路由表条目。动态获知的直连本地路由为最终路由。

在例 3-15 中，突出显示区域为最终路由示例。请注意，所有这些路由指定下一跳 IPv4 地址或送出接口。

例 3-15 R1 的最终路由

```
R1# show ip route | begin Gateway
Gateway of last resort is 209.165.200.234 to network 0.0.0.0

S*      0.0.0.0/0 [1/0] via 209.165.200.234, Serial0/0/1
                 is directly connected, Serial0/0/1
        172.16.0.0/16 is variably subnetted, 5 subnets, 3 masks
C          172.16.1.0/24 is directly connected, GigabitEthernet0/0
L          172.16.1.1/32 is directly connected, GigabitEthernet0/0
R          172.16.2.0/24 [120/1] via 209.165.200.226, 00:00:12, Serial0/0/0
R          172.16.3.0/24 [120/2] via 209.165.200.226, 00:00:12, Serial0/0/0
R          172.16.4.0/28 [120/2] via 209.165.200.226, 00:00:12, Serial0/0/0
R       192.168.0.0/16 [120/2] via 209.165.200.226, 00:00:03, Serial0/0/0
        209.165.200.0/24 is variably subnetted, 5 subnets, 2 masks
C          209.165.200.224/30 is directly connected, Serial0/0/0
L          209.165.200.225/32 is directly connected, Serial0/0/0
R          209.165.200.228/30 [120/1] via 209.165.200.226, 00:00:12, Serial0/0/0
C          209.165.200.232/30 is directly connected, Serial0/0/1
L          209.165.200.233/30 is directly connected, Serial0/0/1
R1#
```

3. 一级路由

一级路由是指子网掩码等于或小于网络地址有类掩码的路由。因此，一级路由可以是下面这些路由。

- **网络路由**：是指子网掩码等于有类掩码的网络路由。
- **超网路由**：是指掩码小于有类掩码（例如，汇总地址）的网络地址。
- **默认路由**：是指地址为 0.0.0.0/0 的静态路由。

一级路由的来源可以是直连网络、静态路由或动态路由协议。

图 3-9 突出显示了一级路由在什么情况下也是最终路由。

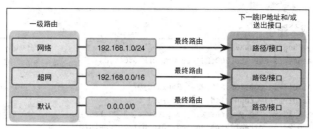

图 3-9 一级路由的来源

例 3-16 突出显示了一级路由。

例 3-16 R1 的一级路由

```
R1# show ip route | begin Gateway
Gateway of last resort is 209.165.200.234 to network 0.0.0.0

S*      0.0.0.0/0 [1/0] via 209.165.200.234, Serial0/0/1
             is directly connected, Serial0/0/1
        172.16.0.0/16 is variably subnetted, 5 subnets, 3 masks
C          172.16.1.0/24 is directly connected, GigabitEthernet0/0
L          172.16.1.1/32 is directly connected, GigabitEthernet0/0
R          172.16.2.0/24 [120/1] via 209.165.200.226, 00:00:12, Serial0/0/0
R          172.16.3.0/24 [120/2] via 209.165.200.226, 00:00:12, Serial0/0/0
R          172.16.4.0/28 [120/2] via 209.165.200.226, 00:00:12, Serial0/0/0
R       192.168.0.0/16 [120/2] via 209.165.200.226, 00:00:03, Serial0/0/0
        209.165.200.0/24 is variably subnetted, 5 subnets, 2 masks
C          209.165.200.224/30 is directly connected, Serial0/0/0
L          209.165.200.225/32 is directly connected, Serial0/0/0
R          209.165.200.228/30 [120/1] via 209.165.200.226, 00:00:12, Serial0/0/0
C          209.165.200.232/30 is directly connected, Serial0/0/1
L          209.165.200.233/30 is directly connected, Serial0/0/1
R1#
```

4. 一级父路由

如图 3-10 所示，172.16.0.0 和 209.165.200.0 路由是一级父路由。父路由是划分子网的一级网络路由。父路由不可以是最终路由。

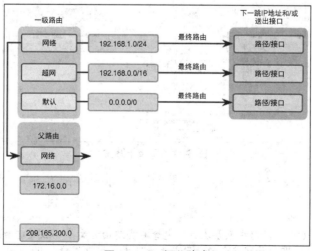

图 3-10 一级父路由

例 3-17 突出显示了 R1 的路由表中的一级父路由。

例3-17　R1的一级父路由

```
R1# show ip route | begin Gateway
Gateway of last resort is 209.165.200.234 to network 0.0.0.0

S*      0.0.0.0/0 [1/0] via 209.165.200.234, Serial0/0/1
                 is directly connected, Serial0/0/1
        172.16.0.0/16 is variably subnetted, 5 subnets, 3 masks
C       172.16.1.0/24 is directly connected, GigabitEthernet0/0
L       172.16.1.1/32 is directly connected, GigabitEthernet0/0
R       172.16.2.0/24 [120/1] via 209.165.200.226, 00:00:12, Serial0/0/0
R       172.16.3.0/24 [120/2] via 209.165.200.226, 00:00:12, Serial0/0/0
R       172.16.4.0/28 [120/2] via 209.165.200.226, 00:00:12, Serial0/0/0
R       192.168.0.0/16 [120/2] via 209.165.200.226, 00:00:03, Serial0/0/0
        209.165.200.0/24 is variably subnetted, 5 subnets, 2 masks
C       209.165.200.224/30 is directly connected, Serial0/0/0
L       209.165.200.225/32 is directly connected, Serial0/0/0
R       209.165.200.228/30 [120/1] via 209.165.200.226, 00:00:12, Serial0/0/0
C       209.165.200.232/30 is directly connected, Serial0/0/1
L       209.165.200.233/30 is directly connected, Serial0/0/1
R1#
```

在路由表中，一级父路由为其包含的特定子网基本上提供了一个标题。各个条目显示细分有类地址所形成的有类网络地址、子网数量和不同子网掩码的数量。

5. 二级子路由

二级子路由是指有类网络地址的子网路由。一级父路由是划分子网的一级网络路由。如图3-11所示，一级父路由包含二级子路由。

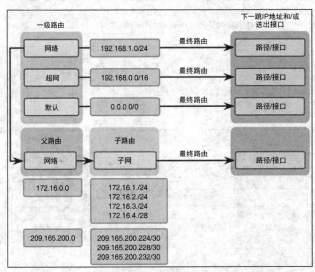

图3-11　二级子路由

与一级路由一样，二级路由的来源可以是直连网络、静态路由或动态获知的路由。二级子路由也是最终路由。

注意：　　思科IOS中的路由表层次结构包含有类路由方案。一级父路由是子网路由的有类网络地址。即使子网路由的来源是无类路由协议也同样如此。

例3-18突出显示了R1的路由表中的子路由。

例 3-18　R1 的二级子路由

```
R1# show ip route | begin Gateway
Gateway of last resort is 209.165.200.234 to network 0.0.0.0

S*      0.0.0.0/0 [1/0] via 209.165.200.234, Serial0/0/1
                is directly connected, Serial0/0/1
        172.16.0.0/16 is variably subnetted, 5 subnets, 3 masks
C          172.16.1.0/24 is directly connected, GigabitEthernet0/0
L          172.16.1.1/32 is directly connected, GigabitEthernet0/0
R          172.16.2.0/24 [120/1] via 209.165.200.226, 00:00:12, Serial0/0/0
R          172.16.3.0/24 [120/2] via 209.165.200.226, 00:00:12, Serial0/0/0
R          172.16.4.0/28 [120/2] via 209.165.200.226, 00:00:12, Serial0/0/0
R       192.168.0.0/16 [120/2] via 209.165.200.226, 00:00:03, Serial0/0/0
        209.165.200.0/24 is variably subnetted, 5 subnets, 2 masks
C          209.165.200.224/30 is directly connected, Serial0/0/0
L          209.165.200.225/32 is directly connected, Serial0/0/0
R          209.165.200.228/30 [120/1] via 209.165.200.226, 00:00:12, Serial0/0/0
C          209.165.200.232/30 is directly connected, Serial0/0/1
L          209.165.200.233/30 is directly connected, Serial0/0/1
R1#
```

3.3.3　IPv4 路由查找过程

在本节中，您将学习路由器在转发 IPv4 数据包时如何查找要使用的路由。

1. 路由查找过程

数据包到达路由器接口时，路由器会检查 IPv4 报头，确定目标 IPv4 地址，并继续该路由器查找过程。

在图 3-12 中，路由器检查含有 IPv4 数据包目标地址最佳匹配项的一级网络路由。

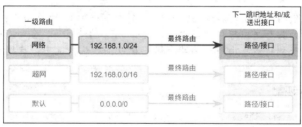

图 3-12　匹配一级路由

1. 如果最佳匹配是一级最终路由，则使用该路由转发数据包。
2. 如果最佳匹配是一级父路由，则继续下一步。
   在图 3-13 中，路由器检查该父路由的子路由（子网路由）以查找最佳匹配项。
3. 如果在二级子路由中存在匹配的路由，则使用该子网转发数据包。
4. 如果所有二级子路由都不符合匹配条件，则会继续执行下一步。
   在图 3-14 中，路由器继续在路由表中搜索一级超网路由以寻找匹配项，如果存在默认路由，也会对其进行搜索。
5. 如果此时存在匹配位数相对较少的一级超网路由或默认路由，那么路由器会使用该路由转发数据包。

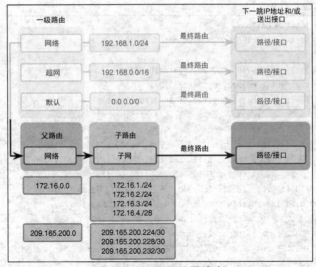

图 3-13　匹配二级子路由

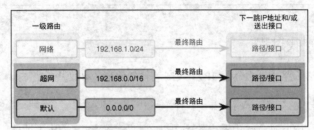

图 3-14　匹配超网路由和默认路由

6. 如果路由表中没有匹配的路由，则路由器会丢弃数据包。

> **注意：** 如果未使用思科快速转发（CEF），仅引用下一跳 IP 地址而不引用送出接口的路由必须解析为具有送出接口的路由。在没有 CEF 的情况下，会对下一跳 IP 地址执行递归查找，直到将该路由解析为某个送出接口。默认情况下，启用 CEF。

2. 最佳路由=最长匹配

路由器必须在路由表中找到最佳匹配。这意味着什么？

要使数据包的目标 IPv4 地址和路由表中的路由形成匹配，两者之间从最左侧开始必须存在最少匹配位数。这个最少匹配位数由路由表中路由的子网掩码决定。请记住，IPv4 数据包仅包含 IPv4 地址，不包含子网掩码。

最佳匹配等于路由表中的最长匹配。这意味着最佳匹配是指路由表中与数据包的目标 IPv4 地址从最左侧开始存在最多匹配位数的路由。最左侧包含最多匹配位数（最长匹配）的路由总是首选路由。

在图 3-15 中，将数据包发往 172.16.0.10。

路由器包含三个可能与该数据包匹配的路由：172.16.0.0/12、172.16.0.0/18 和 172.16.0.0/26。在这三个路由中，172.16.0.0/26 的匹配位数最长，因此选择该路由来转发数据包。请记住，这几条路由必须达到其子网掩码所指定的最少匹配位数，才会被视为匹配路由。

3.3 路由表   95

IP数据包目的地	172.16.0.10	10101100.00010000.00000000.00001010

路由1	172.16.0.0/12	10101100.00010000.00000000.00000000
路由2	172.16.0.0/18	10101100.00010000.00000000.00000000
路由3	172.16.0.0/26	10101100.00010000.00000000.00000000

与IP数据包目的地址的最长匹配

图 3-15 匹配发送到 172.16.0.10 的数据包

3.3.4 分析 IPv6 路由表

在本节中，您将了解给定路由的 IPv6 路由表条目的各个组成部分。

1. IPv6 路由表条目

IPv6 路由表的组件与 IPv4 路由表非常相似。例如，通常使用直连接口、静态路由和动态获知的 IPv6 路由。

因为 IPv6 在设计上无类，所以所有路由都是有效的一级最终路由。没有二级子路由的一级父代。

将如图 3-16 所示的拓扑用作本部分的参考拓扑。

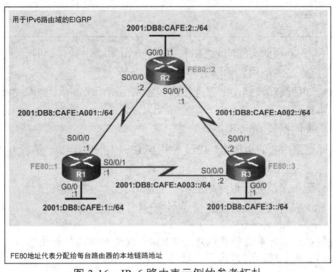

图 3-16 IPv6 路由表示例的参考拓扑

在拓扑中，注意：
- R1、R2 和 R3 配置在全网状拓扑中，所有路由器都包含通向不同网络的冗余路径；
- R2 是边界路由器，并与 ISP 连接；但是不通告默认静态路由；
- IPv6 的 EIGRP 已配置在所有三台路由器上。

注意： 尽管 IPv6 的 EIGRP 用于填充路由表，EIGRP 的操作和配置超出本课程的范围。

2. 直连条目

例 3-19 中使用 **show ipv6 route** 命令显示 R1 的路由表。虽然命令输出在 IPv4 版本中的显示略有不同，但是仍包含相关路由信息。

例 3-19　R1 上的直连 IPv6 路由

```
R1# show ipv6 route
<Output omitted>

C   2001:DB8:CAFE:1::/64 [0/0]
     via GigabitEthernet0/0, directly connected
L   2001:DB8:CAFE:1::1/128 [0/0]
     via GigabitEthernet0/0, receive
D   2001:DB8:CAFE:2::/64 [90/3524096]
     via FE80::3, Serial0/0/1
D   2001:DB8:CAFE:3::/64 [90/2170112]
     via FE80::3, Serial0/0/1
C   2001:DB8:CAFE:A001::/64 [0/0]
     via Serial0/0/0, directly connected
L   2001:DB8:CAFE:A001::1/128 [0/0]
     via Serial0/0/0, receive
D   2001:DB8:CAFE:A002::/64 [90/3523840]
     via FE80::3, Serial0/0/1
C   2001:DB8:CAFE:A003::/64 [0/0]
     via Serial0/0/1, directly connected
L   2001:DB8:CAFE:A003::1/128 [0/0]
     via Serial0/0/1, receive
L   FF00::/8 [0/0]
     via Null0, receive
R1#
```

突出显示所连网络和直连接口的本地路由表条目。配置和激活该接口时会添加三个条目。

如图 3-17 所示，直连路由条目显示以下信息。

- **路由源**：标识如何获知该路由。直连接口包含两个路由来源代码（C 确定直连网络，而 L 确定此网络为本地路由）。
- **直连网络**：直连网络的 IPv6 地址。
- **管理距离**：标识路由源的可信度。IPv6 使用与 IPv4 相同的距离。值为 0 表示最好最具可信度的来源。
- **度量**：标识分配用来访问远程网络的值。值越低表示此路由越佳。
- **传出接口**：标识在将数据包转发到目标网络时使用的送出接口。

注意： 串行链路配置有参考带宽以观察 EIGRP 度量如何选择最佳路由。参考带宽不是现代网络的真实表现。它只用于使链路速度可视化。

3. 远程 IPv6 网络条目

例 3-20 突出显示了三个远程网络（例如，R2 LAN、R3 LAN 和 R2 和 R3 之间的链路）的路由表条目。EIGRP 已添加这三个条目。

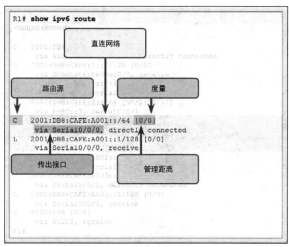

图 3-17 直连 IPv6 路由条目的组成部分

例 3-20　R1 上的远程网络 IPv6 路由

```
R1# show ipv6 route
<Output omitted>

C   2001:DB8:CAFE:1::/64 [0/0]
      via GigabitEthernet0/0, directly connected
L   2001:DB8:CAFE:1::1/128 [0/0]
      via GigabitEthernet0/0, receive
D   2001:DB8:CAFE:2::/64 [90/3524096]
      via FE80::3, Serial0/0/1
D   2001:DB8:CAFE:3::/64 [90/2170112]
      via FE80::3, Serial0/0/1
C   2001:DB8:CAFE:A001::/64 [0/0]
      via Serial0/0/0, directly connected
L   2001:DB8:CAFE:A001::1/128 [0/0]
      via Serial0/0/0, receive
D   2001:DB8:CAFE:A002::/64 [90/3523840]
      via FE80::3, Serial0/0/1
C   2001:DB8:CAFE:A003::/64 [0/0]
      via Serial0/0/1, directly connected
L   2001:DB8:CAFE:A003::1/128 [0/0]
      via Serial0/0/1, receive
L   FF00::/8 [0/0]
      via Null0, receive
R1#
```

图 3-18 显示 R1 上通往 R3 上的远程网络 2001:DB8:CAFE:3::/64 的路由的路由表条目。
此条目用于确定以下信息。

- **路由源**：标识如何获知该路由。通用代码包括 O（OSPF）、D（EIGRP）、R（RIP）和 S（静态路由）。
- **目标网络**：用于标识远程 IPv6 网络的地址。
- **管理距离**：用于标识路由源的可信度。IPv6 使用与 IPv4 相同的距离。
- **度量**：标识分配用来访问远程网络的值。值越低表示此路由越佳。
- **下一跳**：用于确定接收所转发数据包的下一路由器的 IPv6 地址。
- **传出接口**：标识用于将数据包转发到最终目标的送出接口。

IPv6 数据包到达路由器接口时，路由器会检查 IPv6 报头并确定目标 IPv6 地址。路由器随后继续进行以下路由器查找过程。

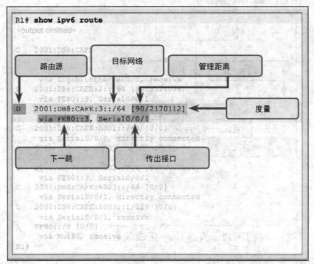

图 3-18　远程网络 IPv6 路由条目的组成部分

路由器检查一级网络路由，查找与 IPv6 数据包的目标地址最为匹配的路由。与 IPv4 一样，最长匹配就是最佳匹配。例如，如果路由表中有多个匹配，路由器会选择包含最长匹配的路由。将包含 IPv6 前缀的数据包目标 IPv6 地址的最左侧位数与 IPv6 路由表中的前缀长度进行匹配来建立匹配。

3.4 总结

路由器使用动态路由协议来促进路由器间路由信息的交换。动态路由协议的用途包括：发现远程网络，维护最新的路由信息，选择到达目标网络的最佳路径，在当前路径不再可用时找出新的最佳路径。虽然动态路由协议需要的管理开销比静态路由少，但是它们却需要占用一部分路由器资源（包括 CPU 时间和网络链路带宽）来运行协议。

网络通常将静态路由和动态路由结合使用。对于大型网络而言，动态路由是最佳选择，而对于末节网络而言，静态路由则更好一些。

路由协议负责发现远程网络和维护准确的网络信息。当拓扑结构发生变化时，路由协议会在整个路由域中传播该信息。使所有路由表达到一致的过程称为收敛，在路由表一致的状态下，同一路由域或区域中的所有路由器包含关于网络的完整准确的信息。一些路由协议比其他的路由协议收敛得更快。

有时，路由器会同时通过静态路由和动态路由协议获取到达到同一目标网络的多个路由。如果路由器从多个路由来源获取到目标网络信息，思科路由器会使用管理距离（AD）值来确定使用哪一个路由来源的信息。每个动态路由协议都有唯一的管理距离值，静态路由和直连网络也不例外。管理距离值越低，路由来源的优先级别越高。直连网络始终是优先选用的路由来源，其次是静态路由，然后是各种动态路由协议。

路由表条目包含路由源、目标网络和传出接口。路由源可以是直连路由、本地路由、静态路由或来自动态路由协议。

IPv4 路由表可能包含四种类型的路由：最终路由、一级路由、一级父路由和二级子路由。因为 IPv6 在设计上无类，所以所有路由都是有效的一级最终路由。没有二级子路由的一级父代。

检查你的理解

请完成以下所有复习题,以检查您对本章要点和概念的理解情况。答案列在本书附录"'检查你的理解'问题答案"中。

1. 动态路由协议执行哪两项任务?(选择两项)
   A. 分配 IP 地址
   B. 发现主机
   C. 发现网络
   D. 传播主机默认网关
   E. 更新和维护路由表

2. 使用动态路由协议的缺点是什么?
   A. 配置复杂性随着网络规模的增加而增加
   B. 仅适用于简单拓扑
   C. 流量路径更改时需管理员干预
   D. 默认情况下在网络间发送网络状态相关消息并不安全

3. 开发用作互连不同互联网服务提供商的外部网关协议的动态路由协议是什么?
   A. BGP
   B. EIGRP
   C. IGRP
   D. OSPF
   E. RIP

4. 下列关于无类路由协议的陈述,哪两项是正确的?(选择两项)
   A. 允许在同一拓扑结构中同时使用 192.168.1.0/30 和 192.168.1.16/28 子网
   B. 受 RIP 第 1 版支持
   C. 减少组织中可用地址空间的大小
   D. 将完整的路由表更新发送给所有邻居
   E. 在路由更新中发送子网掩码信息

5. **passive-interface** 命令的用途是什么?
   A. 允许路由器通过一个接口接收路由更新,但不允许其通过该接口发送更新
   B. 允许路由器通过一个接口发送路由更新,但不允许其通过该接口接收更新
   C. 允许路由协议将更新从缺少 IP 地址的接口转发出去
   D. 未收到 keepalive 的情况下允许接口保持正常工作
   E. 允许接口共享 IP 地址

6. 在企业网上配置 RIPv2 时,工程师将命令 **network 192.168.10.0** 输入路由器配置模式中。输入该命令的结果是什么?
   A. 192.168.10.0 网络接口接收版本 1 和版本 2 更新
   B. 192.168.10.0 网络接口仅发送版本 2 更新
   C. 192.168.10.0 网络接口发送 RIP Hello 消息
   D. 192.168.10.0 网络接口发送版本 1 和版本 2 更新

7. 路由表中的目标路由以代码 D 指示。这是哪种路由条目?
   A. 网络直接连接到路由器接口
   B. 通过 EIGRP 路由协议动态获取路由
   C. 用作默认网关的路由
   D. 静态路由

8. 哪两项要求用于确定一个路由可以被视为路由器路由表中的最终路由？（选择两项）
    A. 是有类网络条目
    B. 是默认路由
    C. 包含下一跳 IP 地址
    D. 包含送出接口
    E. 包含子网

9. 下列哪个路由是数据包进入目的地址为 10.16.0.2 的路由器最佳匹配的路由？
    A. S 10.0.0.0/8 [1/0] via 192.168.0.2
    B. S 10.16.0.0/24 [1/0] via 192.168.0.9
    C. S 10.16.0.0/16 is directly connected，Ethernet 0/1
    D. S 10.0.0.0/16 is directly connected，Ethernet 0/0

10. 哪种类型的路由将需要路由器执行递归查询？
    A. 使用 CEF 的路由器上的使用下一跳 IP 地址的一级网络路由
    B. 未使用 CEF 的路由器上的使用送出接口的二级子路由
    C. 使用 CEF 的路由器上的父路由
    D. 未使用 CEF 的路由器上的使用下一跳 IP 地址的最终路由

11. 与 IPv4 路由表条目相比，IPv6 路由表条目有什么不同之处?
    A. IPv6 是设计为无类的，因此所有路由实际上都是一级最终路由
    B. IPv6 不使用静态路由填充路由表，而 IPv4 则使用静态路由
    C. IPv6 路由表包含 IPv4 路由表中没有的本地路由条目
    D. IPv6 路由是基于最短匹配前缀选择的，而 IPv4 路由是基于最长匹配前缀选择的

第 4 章

交换网络

学习目标

通过完成本章的学习,您将能够回答下列问题:
- 数据、语音和视频如何在交换网络中融合?
- 交换网络如何在中小规模企业中运行?
- 交换网络中如何转发帧?
- 冲突域和广播域之间有何不同?

现代网络不断发展以适应组织处理其日常业务方式的不断变化。现在用户期待能够随时随地即时访问公司资源。这些资源不仅包括传统数据,还包括视频和语音。此外,对协作技术需求也不断增加。利用这些技术可在多个远程用户之间实时共享资源,就像他们位于同一物理位置。

不同设备必须实现无缝合作,以提供主机之间快速、安全和可靠的连接。LAN 交换机为最终用户提供与企业网络的连接点,还主要负责 LAN 环境中的信息控制。路由器可以促进 LAN 之间的信息传输,但通常并不了解每个主机。所有高级服务都取决于构建它们所基于的稳定路由和交换基础设施的可用性。该基础设施必须经过精心设计、部署和管理,以便提供稳定的平台。

本章开始研究现代网络中的通信流。它将验证一些现有网络设计模型,以及 LAN 交换机构建转发表和使用 MAC 地址信息在主机之间高效交换数据时所用的方式。

4.1 LAN 设计

网络的需求会影响 LAN 的设计。企业网络现在已经融合,必须支持数据、语音和视频。正确设计网络以支持所需的功能非常重要。

在本节中,您将学习企业网络如何支持数据、语音和视频。

4.1.1 融合网络

在本节中,您将学习数据、语音和视频如何在交换网络中融合。

1. 网络复杂性不断增加

我们的数字世界正在发生变革。访问互联网和企业网络的能力不再受限于实体办公室、地理位置或时区。在当今全球化的工作场所中,员工可以从世界任何地方访问资源,而且信息必须在任何设备上随时可用。这些要求推动了我们对于构建安全、可靠和高度可用的下一代网络的需求。

这些下一代网络不仅必须支持当前的期望功能和设备，而且还必须能够整合传统平台。图 4-1 显示了通常必须整合到网络设计中的一些常见传统设备。

图 4-1　传统组件

图 4-2 显示了一些较新的平台（融合网络），这些平台有助于随时随地在任一设备上提供网络访问。

图 4-2　融合网络组件

2. 融合网络的网元

为了支持协作，企业网络采用融合的解决方案，结合使用语音系统、IP 电话、语音网关、视频支持和视频会议，如图 4-3 所示。

包括数据服务，提供协作支持的融合网络还可能包括以下功能。

- **呼叫控制**：包括电话呼叫处理、呼叫方 ID、呼叫转接、呼叫保持和会议等。
- **语音留言**：包括语音邮件功能。
- **移动性**：无论身在何处都能接收重要电话。
- **自动总机**：通过直接将呼叫路由到正确的部门或个人来为客户提供更快速的服务。

转换为融合网络的一个主要优点就是只需安装和管理一个物理网络。这将大量节省对单个语音、视频和数据网络的安装和管理。这种融合网络解决方案将 IT 管理整合在一起，因此任何的移动、添加和更改都可以通过一个直观的管理界面来完成。融合网络解决方案还提供 PC 软件电话应用程序支持以及点对点视频，因此用户就能尽情享受私人通信，和语音电话的管理和使用一样轻松。

将服务融合到网络中，已经使网络从传统的数据传输角色演变为支持数据、语音和视频通信的高速公路。必须正确设计和实施这一物理网络，才能使其必须传输的各类信息得到可靠处理。要求使用结构化设计来支持对这种复杂环境的管理。

3. 思科无边界网络

随着人们对融合网络的需求不断增长，必须使用一种结合智能、简化操作并且可以扩展以满足未来需求的体系化方法开发网络。网络设计最近的一项发展是思科无边界网络。

思科无边界网络是将创新和设计相结合的网络架构。它允许组织支持能够安全、可靠且无缝地随时随地在任何设备上连接任何人的无边界网络。该体系结构旨在应对 IT 和业务方面的挑战，例如支持融合网络和更改工作模式。

思科无边界网络提供的框架可以将有线访问和无线访问统一起来，包括许多不同设备类型之间的策略、访问控制和性能管理。如图 4-4 所示，使用此架构，无边界网络建立在可扩展且灵活的硬件分层基础设施之上。

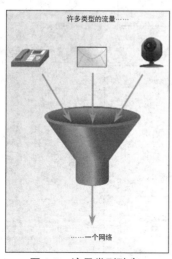

图 4-3　流量类型融合

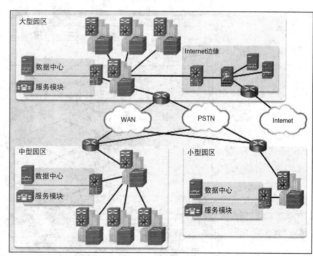

图 4-4　思科无边界网络

通过将此硬件基础设施与基于策略的软件解决方案相结合，思科无边界网络提供两组主要服务：网络服务以及用户和终端服务，全部由一个集成管理解决方案管理。它使不同网络元素能够协同工作，并允许用户随时从任何位置访问资源，同时提供优化、可扩展性和安全性。

4. 无边界交换网络的层次结构

无边界交换网络的创建要求使用合理的网络设计原理来确保可用性、灵活性、安全性和可管理性的最大化。无边界交换网络必须能够满足当前需求以及未来所需的服务和技术。无边界交换网络设计的指导原则是根据以下原理建立的。

- **分层**：有助于理解各层中每个设备的作用，简化部署、运营和管理，并减少各层的故障域。
- **模块化**：允许根据需求实现无缝网络扩展和集成服务支持。
- **恢复能力**：满足用户对始终保持网络运行的期望。

- **灵活性**：使用所有网络资源来支持智能流量负载共享。

这些不是孤立的原理。了解每个原理在其他原理环境下的适应方式才是至关重要的。以分层方式设计无边界交换网络，为网络设计师叠加安全性、移动性与统一通信功能奠定了基础。如图 4-5 和图 4-6 所示，两个久经时间考验和证明的园区网络分层设计框架分别是三层和两层折叠核心分层模型。

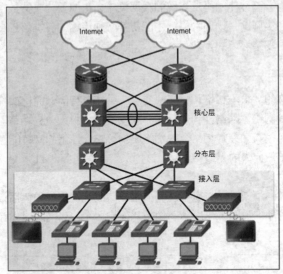

图 4-5　三层分层模型

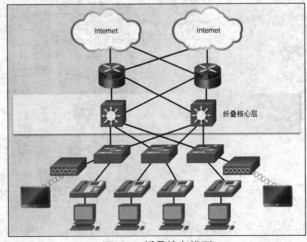

图 4-6　折叠核心模型

这些分层设计中的三个关键层是接入层、分布层和核心层。每一层都可视为是一个精心设计的结构化模块，在园区网中有特定的作用和功能。将模块化引入园区分层设计中，可以进一步确保园区网保持足够的恢复力和灵活性以提供关键网络服务。模块化还有助于支持未来可能出现的扩展和变化。

5. 接入层、分布层和核心层

三层分层模型的接入层、分布层和核心层提供了一个精心设计的结构，在园区网中有特定的作用和功能。

下面将介绍每层的功能。

接入层

接入层代表网络边缘，流量将从这里进出园区网。传统上，接入层交换机的主要功能是为用户提供网络访问。接入层交换机与分布层交换机连接，分布层交换机将实施网络基础技术（如路由、服务质量和安全）。

为了满足网络应用程序和最终用户的需求，现在下一代交换平台在网络边缘向各种类型的端点提供更多融合、集成和智能服务。接入层交换机中智能的构建使应用程序能够在网络上更加安全有效地运行。

分布层

接入层和核心层之间的分布层接口可以提供很多重要功能，包括：

- 聚合大规模的配线间网络；
- 聚合第 2 层广播域和第 3 层路由边界；
- 提供智能交换、路由和网络访问策略功能来访问网络的其余部分；
- 提供连向最终用户的冗余分布层交换机和通往核心层的等价路径的高可用性；
- 在网络边缘为各种类别的服务应用程序提供区别服务。

核心层

核心层是网络主干。它连接园区网的多个层。核心层充当所有其他园区分区的整合者，并将园区和网络的其余部分连接起来。核心层的主要用途是提供错误隔离和高速主干连接。

图 4-7 显示了组织的三层园区网络设计，其中接入层、分布层和核心层分别为单独的层。要策划一个简化的、可扩展、经济且高效的物理电缆布局设计，建议您构建一个从中心大厦位置通往所有同一园区其他大厦的扩展星型物理网络拓扑。

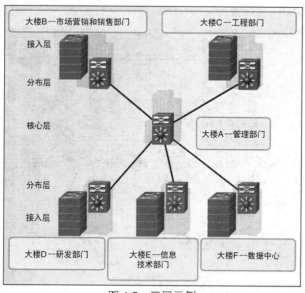

图 4-7 三层示例

在不存在广泛的物理或网络可扩展性的某些情况下，无需保持单独的分布层和核心层。在只有较少用户访问网络的较小园区地点，或由一座大厦组成的园区站点，可能不需要单独的核心层和分布层。在这种情况下，建议使用备用的两层园区网络设计，也称为紧缩的核心网络设计。

图 4-8 显示了一个企业园区的两层园区网络设计示例，其中分布层和核心层融合为一个层。

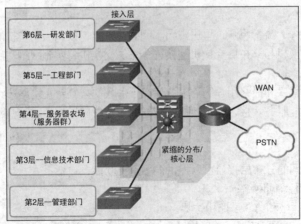

图 4-8 紧缩的核心层示例

4.1.2 交换网络

在本节中，您将了解中小规模企业中所使用的交换机的类型。

1. 交换网络的作用

在过去二十年里交换网络的角色发生了显著变化。不久之前平面第 2 层交换网络是标准网络。平面第 2 层交换网络依靠以太网和广泛使用的集线器中继器在整个组织内传播 LAN 流量。如图 4-9 所示，在分层网络中网络已经从根本上转变为交换 LAN。

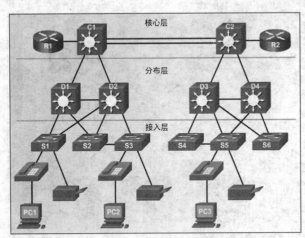

图 4-9 三层交换网络

交换的 LAN 提供更多灵活性、流量管理和其他功能：
- 服务质量；
- 更高的安全性；
- 支持无线网络连接；
- 支持新技术，例如 IP 电话和移动服务。

图 4-10 显示了无边界交换网络中使用的分层设计。大型、中型和小型园区之间的三台互连路由器代表核心层。与核心路由器互连的交换机代表分布层，连接到分布层的终端交换机代表接入层。

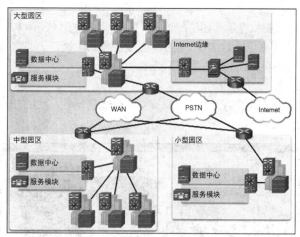

图 4-10 无边界交换网络

2. 外形因素

在企业网络中使用的交换机有多种类型。根据网络需求部署相应的交换机类型非常重要。在选择设备时企业需要考虑的一些常见因素包括如下几项。

- **成本**：交换机的成本取决于接口的数量和速度、支持的功能和扩展能力。
- **端口密度**：网络交换机必须支持网络中相应数量的设备。
- **电源**：通过以太网供电（PoE）为接入点、IP 电话，甚至紧凑型交换机供电现在都很常见。除了考虑使用 PoE 外，一些机箱式交换机支持冗余电源。
- **可靠性**：交换机应提供对网络的持续访问。
- **端口速度**：网络连接的速度是最终用户关注的主要问题。
- **帧缓冲区**：交换机存储帧的能力在可能存在通往服务器或网络其他区域的拥塞端口的网络中非常重要。
- **可扩展性**：网络中的用户数量通常随时间增长；因此，交换机应提供增长的机会。

在选择交换机类型时，网络设计人员必须选择使用固定配置或模块化配置以及堆叠式或非堆叠式。另一个考虑因素是交换机的厚度（以机架单元数表示）。这对于在机架中安装的交换机非常重要。例如，图 4-11 中显示的固定配置交换机是全 1 机架单元（1U）。这些因素有时称为交换机的外形因素。

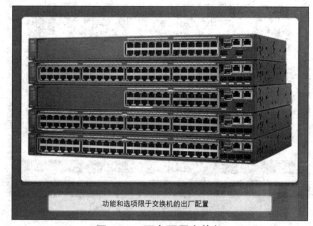

图 4-11 固定配置交换机

固定配置交换机

固定配置交换机并不支持除交换机出厂配置以外的功能或选项（图 4-11）。型号决定了可用的功能和选件。例如，24 端口的千兆位固定配置交换机不能支持附加的端口。通常有不同的配置可供选择，不同之处在于固定配置交换机所含的端口数量和端口类型。

模块化配置交换机

模块化配置交换机的配置较灵活。模块化配置交换机通常有不同尺寸的机箱，允许安装不同数目的模块化线路卡，如图 4-12 所示。

图 4-12 模块化配置交换机

线路卡实际上包含端口。线路卡之于交换机机箱犹如扩展卡之于 PC。机箱越大，它能支持的模块也就越多。有多种不同的机箱尺寸。具有单个 24 端口线路卡的模块化交换机可能安装附加 24 端口线路卡以使端口总数高达 48 个。

堆叠式配置交换机

可堆叠配置交换机可以使用专用电缆进行互连，电缆可在交换机之间提供高带宽的吞吐能力，如图 4-13 所示。

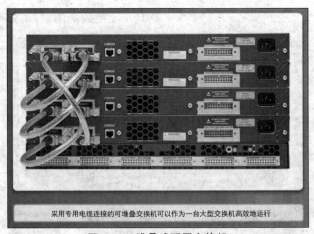

图 4-13 堆叠式配置交换机

思科 StackWise 技术支持多达 9 台交换机的互连。可以使用以菊花链方式连接交换机的电缆将一台交换机堆叠到另一台交换机上。堆叠的交换机可以作为一台更大的交换机有效地运行。在容错和带宽可用性至关重要、模块化交换机的实施成本又过于高昂时,可堆叠交换机是较为理想的选择。通过交叉连接这些堆叠式交换机,网络可在一台交换机发生故障时快速恢复。可堆叠交换机使用专用互连端口。许多思科可堆叠交换机还支持 StackPower 技术,使堆叠的成员之间实现电源共享。

4.2 交换环境

第 2 层交换机在连接到它们的设备之间转发帧。具体而言,它们维护 MAC 地址表并根据定义好的帧转发方法转发帧。

在本节中,您将学习第 2 层交换机如何在中小型 LAN 中转发数据。

4.2.1 帧转发

在本节中,您将学习如何在交换网络中转发帧。

1. 作为网络与通信基本概念的交换

交换和转发帧的概念在网络和电信中是通用的。各类交换机将会在 LAN、WAN 和公共交换电话网(PSTN)中使用。交换的基本概念是指设备根据两个标准进行决策:

- 入口端口;
- 目标地址。

关于交换机如何转发流量的决策与该流量的传输有关。术语"入口"用于描述帧由何处进入端口上的设备。术语"出口"用于描述帧从特定端口离开设备。

LAN 交换机会维护一个表,用它来确定通过交换机转发流量的方式。使用如图 4-14 所示的示例,消息进入交换机端口 1 且目标地址为 EA。交换机查找 EA 的传出端口并将流量从端口 4 转发出去。

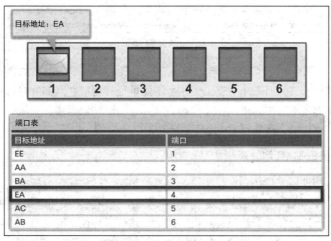

图 4-14 LAN 交换示例 1

继续图 4-15 中的示例,消息进入交换机端口 5 而且目标地址为 EE。交换机查找 EE 的传出端口并将流量从端口 1 转发出去。

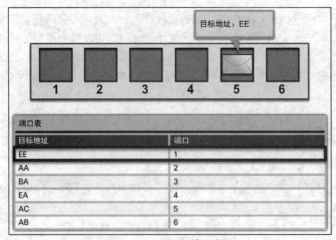

图 4-15　LAN 交换示例 2

在图 4-16 的最后一个示例中，消息进入交换机端口 3 而且目标地址为 AB。交换机查找 AB 的传出端口并将流量从端口 6 转发出去。

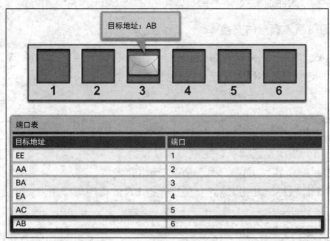

图 4-16　LAN 交换示例 3

LAN 交换机唯一智能化的地方是它能够使用自己的表根据入口端口和消息的目标地址来转发流量。使用 LAN 交换机时，只有一个主交换表用于描述地址和端口之间的严格对应；因此，已给定目标地址的消息无论从哪个入口端口进入，始终都会从同一出口端口退出。

第 2 层以太网交换机根据帧的目标 MAC 地址转发以太网帧。

2. 动态填充交换机 MAC 地址表

交换机使用 MAC 地址通过指向相应端口的交换机将网络通信转向目标。交换机是由集成电路以及相应软件组成的，这些软件控制经过交换机的数据通路。交换机为了知道要使用哪个端口来传送帧，它必须首先知道每个端口上存在哪些设备。当交换机获知端口与设备的关系后，就会在内容可编址内存（CAM）表中构建一个 MAC 地址表。CAM 是一种特殊类型的内存，用于高速搜索应用程序。

注意：　MAC 地址表通常也称为 CAM 表。

LAN 交换机将通过维护 MAC 地址表来确定如何处理传入的数据帧。交换机通过记录与其每个端口相连的每个设备的 MAC 地址来构建其 MAC 地址表。交换机使用 MAC 地址表中的信息将指向特定设备的帧从为此设备分配的端口发送出去。

对进入交换机的每个以太网帧执行下列两步式流程。

步骤 1：学习——检查源 MAC 地址

检查进入交换机的每个帧的新信息进行学习。它是通过检查帧的源 MAC 地址和帧进入交换机的端口号来完成这一步的。

- 如果源 MAC 地址不存在，会将其和传入端口号一并添加到表中。
- 如果源 MAC 地址已存在于表中，则交换机会更新该条目的刷新计时器。默认情况下，大多数以太网交换机将条目在表中保留五分钟。

注意：如果源 MAC 地址已存在于表中，但是在不同的端口上，交换机会将该地址视为一个新的条目。使用相同的 MAC 地址和最新的端口号来替换该条目。

步骤 2：转发——检查目标 MAC 地址

如果目标 MAC 地址为单播地址，该交换机会查找帧中的目标 MAC 地址与 MAC 地址表中条目的匹配项。

- 如果表中存在该目标 MAC 地址，交换机会从指定端口将帧转发出去。
- 如果表中不存在该目标 MAC 地址，交换机会从除传入端口外的所有端口将帧转发出去。这称为未知单播。

注意：如果目标 MAC 地址为广播或组播，该帧将泛洪到除传入端口外的所有端口。

3. 交换机转发方法

随着网络的发展，企业开始体会到网络性能变差，因此将以太网网桥（交换机的早期版本）添加到网络中以提升可靠性。在 20 世纪 90 年代，集成电路技术的提高使以太网 LAN 交换机取代了以太网网桥。这些交换机能够将第 2 层转发决策从软件转移到专用集成电路（ASIC）。ASIC 减少了设备中的数据包处理时间，并使设备能够处理更多端口而不会降低性能。这种在第 2 层转发数据帧的方法称为存储转发交换。这一术语使其与直通交换区分开来。

如图 4-17 所示，存储转发方法会在其收到整个帧，并使用称为"循环冗余检查（CRC）"的数学错误检查机制检查帧是否存在错误后，对帧作出转发决策。

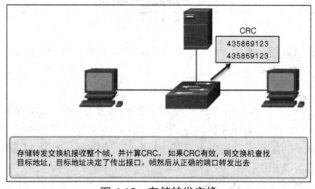

图 4-17 存储转发交换

相反，如图 4-18 所示，直通方法在确定了传入帧的目标 MAC 地址和出口端口后就开始转发过程。

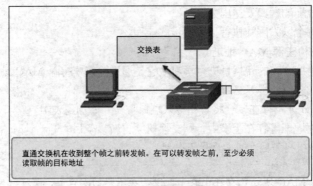

图 4-18　直通交换

4. 存储转发交换

存储转发交换有两个主要特性使其区别于直通交换：错误检查和自动缓冲。

错误检查

使用存储转发交换的交换机对传入的帧执行错误检查。如图 4-19 所示，在入口端口收到整个帧后，交换机将数据报最后一个字段中的帧校验序列（FCS）值与其自身的 FCS 计算进行比较。

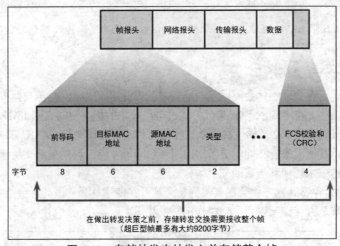

图 4-19　存储转发在转发之前存储整个帧

FCS 是一个错误检查过程，有助于确保帧中没有物理和数据链路错误。如果帧中没有错误，则交换机会转发帧。否则，该帧将被丢弃。

自动缓冲

存储转发交换机使用入口端口缓冲进程以灵活支持任意组合的以太网速度。例如，处理进入 100Mbit/s 以太网端口而必须从 1Gbit/s 接口发送出去的传入帧时将要求使用存储转发方法。如果入口端口和出口端口的速度不匹配，则交换机会将整个帧存储在缓冲区，计算 FCS 检查，将其转发到出口端口缓冲区，然后将其发送出去。

存储转发交换是思科主要的 LAN 交换方法。

存储转发交换机将丢弃未通过 FCS 检查的帧；因此并不转发无效帧。相反，直通交换机可能会转发无效帧，因为它并不执行 FCS 检查。

5. 直通交换

直通交换的一个优点就是使交换机开始转发帧的时间比存储转发交换早。直接转发交换有两个主要特性：快速帧转发和免分片。

快速帧转发

如图 4-20 所示，使用直通交换方法的交换机一旦在其 MAC 地址表中查出帧的目标 MAC 地址，就会做出转发决策。交换机在执行转发决策前不必等待帧的其余部分进入入口端口。

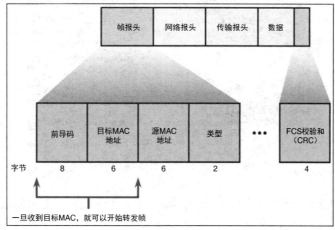

图 4-20　直通转发在读取目标 MAC 之后转发帧

如今通过 MAC 控制器和 ASIC，使用直通交换方法的交换机可以迅速确定是否需要检查帧报头的更多部分以进行另外的过滤。例如，交换机可以分析之前的前 14 个字节（源 MAC 地址、目标 MAC 和 EtherType 字段），并检查另外的 40 个字节以便执行与 IPv4 第 3 层和第 4 层有关的更复杂的功能。

直通交换方法不会丢弃大多数无效帧。有错的帧将转到网络的其他网段。如果网络中的错误率（无效帧）很高，则直通交换会对带宽带来负面影响，从而使损坏和无效的帧阻塞带宽。

免分片

免分片交换是一种经过改良的直通交换，在这种交换方式中交换机在转发帧之前将等待冲突窗口（64 个字节）通过。这意味着对每个帧的数据字段都会进行检查以确保不出现分段。比起直通，免分片交换能够提供更好的错误检查，而且几乎不会增加延时。

直接转发交换的低延时速度使它更适合要求进程到进程的延时不大于 10 毫秒的极其严苛的高性能计算（HPC）应用程序。

4.2.2　交换域

在本节中，您将了解冲突域和广播域。

1. 冲突域

在基于集线器的以太网段上，网络设备会竞争介质，因为设备必须依次传输数据。在设备之间共享相同带宽的网段称为冲突域。当位于该相同冲突域内的两台或多台设备尝试同时通信时，将发生冲突。

交换机可以消除以太网网络中的冲突。交换机提供微分段，因此没有其他设备竞争同一以太网带宽。以全双工模式运行的以太网交换机端口可以消除冲突。

默认情况下，当相邻设备也可在全双工模式下运行时，以太网交换机端口将自动协商全双工。如果交换机端口连接到在半双工模式下运行的设备，如传统集线器，则交换机端口将在半双工模式下运行。如果是半双工，交换机端口将为冲突域的一部分。

如图 4-21 所示，如果两台设备都能够使用其最高常用带宽，自动协商将选择全双工。

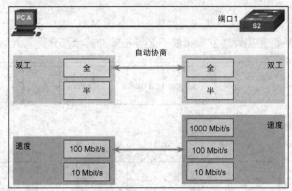

图 4-21　双工和速度设置

2. 广播域

相连交换机的集合构成了一个广播域。只有网络层设备（例如路由器）可以划分第 2 层广播域。路由器用于分割广播域，但也将分割冲突域。

当设备发出第 2 层广播时，帧中的目标 MAC 地址将设置为二进制全 1。

第 2 层广播域称为 MAC 广播域。MAC 广播域由 LAN 上接收来自主机的广播帧的所有设备组成。当两台交换机相连接时，广播域将增加。

当交换机收到广播帧时，它将从自己的每一个端口转发该帧（接收该广播帧的入口端口除外）。与交换机连接的每台设备都会收到广播帧的副本并对其进行处理。

例如，在图 4-22 中，服务器向 S1 发送广播帧。

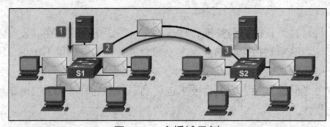

图 4-22　广播域示例

S1 将广播转发到所有已连接的设备以及 S2。S2 继而将广播帧转发到所有已连接的设备。拓扑中所有已连接的设备将接收来自服务器的广播帧。

有时在最初定位其他设备和网络服务时广播是必要的，但是它们也会降低网络效率。网络带宽用于传播广播流量。网络上广播过多和流量负载较重可导致拥塞，这会使网络性能下降。

3. 缓解网络拥塞

LAN 交换机具有特殊特性，使其能够有效地缓解网络拥塞。默认情况下，互连交换机端口尝试在全双工模式下建立链路，因此消除冲突域。交换机的每个全双工端口都为连接到该端口的一台或多台设备提供全带宽。全双工连接可以同时承载发送和接收的信号。全双工连接显著提高了 LAN 网络性能，对于 1Gbit/s 或更高的以太网速度是必需的。

交换机互连 LAN 网段，使用 MAC 地址表来确定将帧发送到哪个网段，并且可以减少或完全消除冲突。以下是有助于缓解网络拥塞的交换机的一些重要特性。

- **高端口密度**：交换机具有较高端口密度：24 端口和 48 端口交换机通常仅有一个机架单元，运行速度为 100Mbit/s、1Gbit/s 和 10Gbit/s。大型企业的交换机可以支持数百个端口。
- **大型帧缓冲区**：在必须开始丢弃收到的帧之前能够存储更多的帧是非常有用的，尤其是在服务器或网络其他部分可能存在拥塞端口时。
- **端口速度**：根据交换机的成本，它们可能支持一种速度组合。速度为 100Mbit/s 和 1Gbit/s 或 10Gbit/s 的端口很常见（100Gbit/s 也有可能）。
- **快速内部交换**：具备快速内部转发功能能够提高性能。使用的方法可能是快速内部总线或共享内存，这会影响交换机的整体性能。
- **较低的每端口成本**：交换机以较低的成本提供高端口密度。

图 4-23 提供了不同类型的思科交换机的示例。

图 4-23　接入层、分布层及核心层交换机示例

4.3　总结

网络的发展趋势是融合，使用一组线路和设备来处理语音、视频和数据传输。此外，企业的运营方式发生了显著改变。员工们不再受限于实际的办公室或地理边界。现在必须实现资源的随时随地无缝使用。思科无边界网络架构使不同网元（从接入层交换机到无线接入点）能够协同工作，允许用户随时随地访问资源。

传统的三层分层设计模型将网络分为核心层、分布层和接入层，并且允许网络的每个部分针对特定功能进行优化。它提供了模块化、恢复能力和灵活性，为网络设计师叠加安全性、移动性与统一通信功能奠定了基础。在某些网络中，并不要求使用单独的核心层和分布层。在这些网络中，通常将核心层和分布层的功能叠加在一起。

思科 LAN 交换机使用 ASIC 根据目标 MAC 地址来转发帧。在实现此过程之前，它必须先使用传入帧的源 MAC 地址在内容可编址内存（CAM）中构建 MAC 地址表。如果此表中包含目标 MAC 地址，则只将帧转发到特定目标端口。假如 MAC 地址表中找不到目标 MAC 地址，则将帧泛洪到除接收此帧的端口之外的所有端口。

交换机使用存储转发交换或直通交换。存储转发会将整个帧读取到缓冲区，并在转发帧之前进行 CRC 检查。直通交换只读取帧的第一部分，只要读取到目标地址就开始转发帧。虽然这种转发方法速度非常快，但在转发之前没有对帧进行错误检查。

默认情况下，交换机尝试自动协商全双工通信。交换机端口不会拦截广播，而且将交换机连接在一起可以扩展广播域的大小，这通常导致网络性能降低。

检查你的理解

请完成以下所有复习题，以检查您对本章要点和概念的理解情况。答案列在本书附录"'检查你的理解'问题答案"中。

1. 思科无边界架构分布层的基本功能是什么？
   A. 充当主干
   B. 聚合所有园区块
   C. 聚合第 2 层和第 3 层路由边界
   D. 提供最终用户设备的访问

2. 网络设计师需要向客户解释为何企业需要采用分层网络拓扑来代替平面网络拓扑。分层网络设计相对于平面网络设计有哪两项主要优点？（选择两项）
   A. 更易于提供冗余链路，可确保更高的可用性
   B. 提供同等性能水平所需的设备更少
   C. 带宽要求更低
   D. 设备和用户培训的成本更低
   E. 额外交换机设备的部署更简单

3. 网络设计中的紧缩核心是什么？
   A. 接入层和核心层的功能组合
   B. 接入层和分布层的功能组合
   C. 接入层、分布层和核心层的功能组合
   D. 分布层和核心层的功能组合

4. 选择升级至融合网络基础设施后，网络管理员应尝试结合哪两种先前独立的技术？（选择两项）
   A. 用户数据流量
   B. VoIP 电话流量
   C. 扫描仪和打印机
   D. 移动电话流量
   E. 电子系统

5. 两层局域网网络设计的定义是什么？
   A. 接入层、分布层和核心层折叠成一层，包括单独的中枢层
   B. 接入层和核心层折叠成一层，分布层在单独层上
   C. 接入层和分布层折叠成一层，核心层在单独层上
   D. 分布层和核心层折叠成一层，接入层在单独层上

6. 一家当地法律事务所重新设计公司网络，以便所有的 20 名员工均能够连接到局域网和互联网。该法律事务所倾向于低成本和简单的项目解决方案。应选择什么类型的交换机？
   A. 固定配置
   B. 模块化配置
   C. 可堆叠配置
   D. StackPower
   E. StackWise

7. 与固定配置的交换机相比，模块化交换机具有哪两个优点？（选择两项）
   A. 可扩展性更高
   B. 每台交换机的成本更低
   C. 转发率更低
   D. 需要的电源插座数目更少
8. 第 2 层交换机有什么功能？
   A. 确定哪个接口用于根据目的 MAC 地址转发帧
   B. 将每个帧的电信号复制到每个端口
   C. 转发基于逻辑寻址的数据
   D. 检查目的 MAC 地址，了解分配给主机的端口
9. 思科局域网交换机用于确定如何转发以太网帧的标准是什么？
   A. 目标 IP 地址
   B. 目标 MAC 地址
   C. 出口端口
   D. 路径开销
10. 哪一网络设备可用于消除以太网网络上的冲突？
    A. 防火墙
    B. 集线器
    C. 路由器
    D. 交换机
11. 交换机使用哪种类型的地址构建 MAC 地址表？
    A. 目标 IP 地址
    B. 目标 MAC 地址
    C. 源 IP 地址
    D. 源 MAC 地址
12. 网络管理员用第 2 层交换机将网络分段的两个原因是什么？（选择两项）
    A. 产生更少的冲突域
    B. 创建更多广播域
    C. 消除虚电路
    D. 提高用户带宽
    E. 隔离来自网络其余部分的 ARP 请求消息
    F. 隔离网段之间的流量
13. 下列哪项陈述描述了局域网交换机微分段特性？
    A. 交换机内部的所有端口形成一个冲突域
    B. 每个端口形成一个冲突域
    C. 帧冲突会被转发
    D. 交换机将不会转发广播帧
14. _____ 网络使用相同的基础设施传输语音、数据和视频信号。

第 5 章

交换机配置

学习目标

通过完成本章的学习,您将能够回答下列问题:
- 如何在思科交换机上配置初始设置?
- 如何配置交换机端口以满足网络需求?
- 如何在交换机上配置管理虚拟接口?
- 如何配置端口安全功能以限制网络访问?

交换机用于将同一网络中的多个设备连接起来。在设计合理的网络中,LAN 交换机负责在接入层指引和控制通往网络资源的数据流。

思科交换机是自动配置的,不需要进行额外配置就可以立即使用。但是,思科交换机运行的是思科 IOS,可以进行手动配置来更好地满足网络的需求。这包括调整端口速度、带宽和安全要求。

此外,可以在本地或远程管理思科交换机。要远程管理交换机,则需要为该交换机配置 IP 地址和默认网关。这些只是本章所讨论配置中的两个配置。

交换机在接入层运行,在该层中客户端网络设备直接连接到网络,而且 IT 部门希望为用户提供简单的网络访问。这是网络中最薄弱的区域之一,因为它频繁呈现给用户。需要对交换机进行配置,使其在保护用户数据和支持高速连接的同时能够灵活应对各种类型的攻击。端口安全是思科管理型交换机所提供的安全功能之一。

本章将分析维持安全、可用、交换的 LAN 环境所需的一些基本交换机配置设置。

5.1 基本交换机配置

交换机互连设备。与路由器必须进行初始配置才能在网络中运行不同,交换机无需初始配置即可立即部署使用。然而,出于管理和安全原因,应始终手动配置交换机以更好地满足网络的需求。

在本节中,您将学习如何配置基本交换机设置以满足网络需求。

5.1.1 使用初始设置配置交换机

在本节中,您将学习如何在思科交换机上配置初始设置。

1. 交换机启动顺序

在思科交换机开启之后,它将经过以下启动顺序。

1. 首先，交换机将加载存储在 ROM 中的加电自检（POST）程序。POST 会检查 CPU 子系统。它会测试 CPU、DRAM 以及构成闪存文件系统的闪存设备部分。
2. 接下来，交换机加载启动加载程序软件。启动加载程序是存储在 ROM 中并在 POST 成功完成后立即运行的小程序。
3. 启动加载程序执行低级 CPU 初始化。启动加载程序初始化 CPU 寄存器，寄存器控制物理内存的映射位置、内存量以及内存速度。
4. 启动加载程序初始化系统主板上的闪存文件系统。
5. 最后，启动加载程序找到并将默认的 IOS 操作系统软件映像加载到内存，并将对交换机的控制权转交给 IOS。

启动加载程序软件发现交换机的思科 IOS 映像的过程如下。

- 交换机尝试使用 BOOT 环境变量中的信息自动启动，这是管理员选择的启动方法。
- 如果没有设置此变量，则交换机尝试加载并执行它找到的第一个可执行文件。在最终搜索根目录之前，交换机将对遇到的每个子目录执行递归搜索。因此，在思科 2960 交换机上，IOS 映像文件通常包含在与映像文件同名的目录中。

然后 IOS 操作系统使用在 startup-config 文件（存储在 NVRAM 中）中找到的思科 IOS 命令初始化接口。

在例 5-1 中，使用 **boot system** 全局配置模式命令设置 BOOT 环境变量。

例 5-1　boot system 命令

```
S1(config)# boot system flash:/c2960-lanbasek9-mz.150-2.SE/c2960-lanbasek9-
   mz.150-2.SE.bin
S1(config)#
```

表 5-1 描述了例 5-1 中使用的 **boot system** 命令的参数。

表 5-1　boot system 命令参数

参　　数	说　　明
命令	boot system
存储设备	flash:
文件系统中位置的路径	c2960-lanbasek9-mz.150-2.SE
IOS 的文件名	c2960-lanbasek9-mz.150-2.SE.bin

注意，IOS 位于一个不同的文件夹中，而且文件夹路径已指定。使用命令 **show boot** 来查看 BOOT 环境变量的内容以及当前 IOS 启动文件的设置。

2. 从系统崩溃中恢复

如果由于系统文件丢失或损坏而使操作系统不能使用，则启动加载程序将提供对交换机的访问。启动加载程序有一个命令行，可以提供对闪存中存储的文件的访问。

可通过控制台连接按照以下步骤访问启动加载程序命令行。

步骤 1　通过控制台电缆将 PC 连接到交换机控制台端口。配置终端仿真软件，使其连接到交换机。

步骤 2　拔下交换机电源线，切断交换机电源。

步骤 3　将电源线重新连接到交换机，在 15 秒钟内按住 Mode（模式）按钮，此时 System（系统）LED 仍呈绿色闪烁。

步骤 4　继续按住 Mode 按钮，直到 System LED 先后呈短暂的琥珀色和稳定的绿色；然后松开 Mode 按钮。

步骤 5 启动加载程序命令行的 **switch:** 提示符会显示在 PC 上的终端仿真软件中。

启动加载程序命令行支持用于格式化闪存文件系统、重新安装操作系统软件和恢复已丢失或已忘记密码的命令。例如，**dir** 命令可用于查看指定目录中的文件列表，如例 5-2 所示。

例 5-2 启动加载程序中的目录列表

```
switch: dir flash:
Directory of flash:/
   3  -rwx  1839  Mar 01 2002 00:48:15  config.text
  11  -rwx  1140  Mar 01 2002 04:18:48  vlan.dat
  21  -rwx  26    Mar 01 2002 00:01:39  env_vars
   9  drwx  768   Mar 01 2002 23:11:42  html
  16  -rwx  1037  Mar 01 2002 00:01:11  config.text
  14  -rwx  1099  Mar 01 2002 01:14:05  homepage.htm
  22  -rwx  96    Mar 01 2002 00:01:39  system_env_vars
  17  drwx  192   Mar 06 2002 23:22:03  c2960-lanbase-mz.122-25.FX

15998976 bytes total (6397440 bytes free)

switch#
```

注意： 注意在本示例中，IOS 位于闪存文件夹的根中。

3. 交换机 LED 指示灯

当在配线间操作设备时，必须能够快速诊断交换机的状态。思科 Catalyst 交换机有几个状态 LED 指示灯。您可使用交换机的 LED 来快速监控交换机活动及其性能。不同型号和功能集的交换机将具有不同的 LED，而且它们在交换机前面板上的位置也可能不同。请始终花费一些时间熟悉设备上 LED 的意义。

图 5-1 显示了思科 Catalyst 2960 交换机的交换机 LED 和 Mode 按钮。

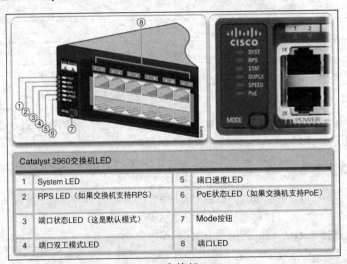

Catalyst 2960 交换机 LED			
1	System LED	5	端口速度 LED
2	RPS LED（如果交换机支持 RPS）	6	PoE 状态 LED（如果交换机支持 PoE）
3	端口状态 LED（这是默认模式）	7	Mode 按钮
4	端口双工模式 LED	8	端口 LED

图 5-1 交换机 LED

Mode 按钮用于在端口状态、端口双工、端口速度和端口 LED 的 PoE（如果支持）状态之间进行切换。以下内容描述 LED 指示灯的用途及其颜色的含义。

- **系统 LED**：显示系统是否通电以及是否正常工作。如果 LED 不亮，则表示系统未通电。如果 LED 为绿色，则系统运行正常。如果 LED 呈琥珀色，则表示系统已通电但无法正常运行。

- **冗余电源系统（RPS）LED**：显示 RPS 状态。如果 LED 不亮，则 RPS 未启动或未正确连接。如果 LED 为绿色，则 RPS 已连接并准备好提供备用电源。如果 LED 为绿色闪烁，则 RPS 已连接但不可用，因为它正在为另一台设备供电。如果 LED 呈琥珀色，则 RPS 处于备用模式或故障状态。如果 LED 为琥珀色闪烁，则交换机内部供电发生故障，而 RPS 正在供电。
- **端口状态 LED**：当 LED 为绿色时，表示选择了端口状态模式。该模式为默认模式。选择后，端口 LED 将显示不同含义的颜色。如果 LED 不亮，则表示无链路，或者端口已管理性关闭。如果 LED 为绿色，表示存在一条链路。如果 LED 为绿色闪烁，则表示有活动正在进行，而且端口正在发送或接收数据。如果 LED 交替呈现绿色和琥珀色，则表示出现链路故障。如果 LED 呈琥珀色，则端口受到阻塞，以确保在转发域中不存在环路而且没有转发数据（通常，端口在被激活后的前 30 秒内将保持此状态）。如果 LED 为琥珀色闪烁，则端口受到阻塞，以防止转发域中可能存在环路。
- **端口双工 LED**：当 LED 为绿色时，表示选择了端口双工模式。选择后，端口 LED 不亮，说明端口处于半双工模式。如果端口 LED 为绿色，则端口处于全双工模式。
- **端口速度 LED**：表示选择了端口速度模式。选择后，端口 LED 将显示不同含义的颜色。如果 LED 不亮，则端口运行速度为 10Mbit/s。如果 LED 为绿色，则端口运行速度为 100Mbit/s。如果 LED 为绿色闪烁，则端口运行速度为 1000Mbit/s。
- **以太网供电（PoE）模式 LED**：如果支持 PoE，则存在 PoE 模式 LED。如果 LED 不亮，则表示没有选择 PoE 模式，而且没有任何端口断电或处于故障状态。如果 LED 为琥珀色闪烁，则没有选择 PoE 模式，但至少有一个端口断电或存在 PoE 故障。如果 LED 为绿色，则表示选择了 PoE 模式，而且端口 LED 将显示代表不同含义的颜色。如果端口 LED 不亮，则 PoE 关闭。如果端口 LED 为绿色，则 PoE 打开。如果端口 LED 交替呈现绿色和琥珀色，则 PoE 遭到拒绝，因为向用电设备供电将超过交换机的电源容量。如果 LED 为琥珀色闪烁，则 PoE 因发生故障而关闭。如果 LED 呈琥珀色，则端口的 PoE 已禁用。

4. 准备基本交换机管理

需要使用如图 5-2 所示的控制台连接来初始配置交换机。

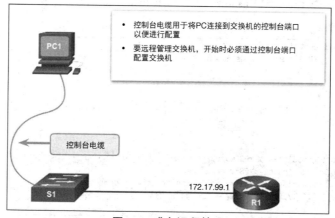

图 5-2　准备远程管理

要准备用于远程管理的交换机，就必须为交换机配置 IP 配置。例如，必须为 S1 上的交换机虚拟接口（SVI）配置 IP 地址、子网掩码和默认网关。这与在主机设备上配置 IP 地址信息非常相似。

请注意，这些 IP 设置只用于交换机的远程管理访问。IP 设置不允许交换机路由第 3 层数据包。

5. 使用 IPv4 配置基本交换机管理访问

用于配置基本交换机管理的拓扑如图 5-3 所示。

图 5-3　交换机 IPv4 配置拓扑

必须配置管理接口。管理接口不是交换机上的物理端口；它是 SVI。SVI 是一个与 VLAN 相关的概念。

VLAN 是采用数字编号的逻辑分组，可以为其分配物理端口。应用于 VLAN 的配置和设置也可以应用于为该 VLAN 分配的所有端口。默认情况下，一台交换机上的所有端口都分配给 VLAN 1。因此，默认 SVI 在 VLAN 1 中。然而，为安全起见，使用除 VLAN 1 之外的 VLAN 作为管理 VLAN 被视为是最佳做法。

使用 IP 配置配置管理接口与使用 IP 配置配置主机非常相似。在例 5-3 中，为 S1 分配了管理 IP 地址和子网掩码并将其启用。还为其配置了默认网关，在该拓扑中为 172.17.99.1。

例 5-3　配置管理接口

```
S1(config)# interface vlan 99
S1(config-if)# ip address 172.17.99.11 255.255.255.0
S1(config-if)# no shutdown
S1(config-if)# exit
S1(config)#
S1(config)# ip default-gateway 172.17.99.1
S1(config)# end
S1#
```

如果仅在本地网络上管理交换机，则不需要默认网关。但是，通常从远程网络管理交换机；因此，需要默认网关。

要验证管理接口的状态，请使用 **show ip interface brief**，如例 5-4 所示。

例 5-4　检验管理接口

```
S1# show ip interface brief
Interface            IP-Address      OK? Method Status                 Protocol

<output omitted>

FastEthernet0/18     unassigned      YES manual up                     up

<output omitted>

GigabitEthernet0/1   unassigned      YES manual up                     up
GigabitEthernet0/2   unassigned      YES manual down                   down
Vlan1                unassigned      YES manual administratively down  down
Vlan99               172.17.99.11    YES manual down                   down
S1#
```

请注意，Fa0/18 和 G0/1 是仅有的两个状态为 up/up 的接口。这是因为它们是连接到 R1 和 PC1 的接口。

只有创建了 VLAN 99 并且有设备连接到与 VLAN 99 关联的交换机端口时 VLAN 99 的 SVI 才会显示为 up/up。在例 5-5 中，创建并命名了管理 VLAN，连接到管理员计算机（PC1）的接口被分配到管理 VLAN。

例 5-5　启用管理 VLAN

```
S1(config)# vlan 99
S1(config-vlan)#
%LINK-5-CHANGED: Interface Vlan99, changed state to up

S1(config-vlan)# name MANAGEMENT-VLAN
S1(config-vlan)# exit
S1(config)#
S1(config)# interface fa0/18
S1(config-if)# switchport mode access
S1(config-if)# switchport access vlan 99
S1(config-if)#
%LINEPROTO-5-UPDOWN: Line protocol on Interface Vlan99, changed state to up

S1(config-if)# end
S1#
S1# show ip interface brief
Interface          IP-Address      OK? Method Status          Protocol

<Output omitted>

Vlan99             172.17.99.11    YES manual up              up
S1#
```

请记住，使用 **copy running-config startup-config** 命令备份您的配置。

5.1.2　配置交换机端口

在本节中，您将学习如何配置交换机端口以满足网络需求。

1. 双工通信

全双工通信提高了交换 LAN 的性能。全双工通信允许连接的两端同时传输和接收数据，因而增加了有效带宽。这也称为双向通信。这种优化网络性能的方法要求微分段。当交换机端口只连接一个设备并且在全双工模式下运行时，会创建微分段 LAN。当交换机端口在全双工模式下运行时，没有与端口关联的冲突域。

与全双工通信不同，半双工通信是单向的。数据的发送和接收不会同时进行。半双工通信会引起性能问题，因为数据一次只能在一个方向上流动，经常会发生冲突。半双工连接常见于一些老式硬件（如集线器）中。在大多数硬件中全双工通信已经取代了半双工通信。

图 5-4 说明了全双工和半双工通信。

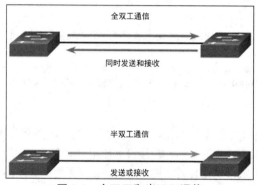

图 5-4　全双工和半双工通信

吉比特以太网和 10 吉比特网络接口卡（NIC）要求使用全双工连接才能运行。在全双工模式下，禁用网卡上的冲突检测电路。两个相连设备由于使用了网络电缆中两条不同的电路，因此它们发送的帧不可能发生冲突。全双工连接要求交换机支持全双工配置，或使用以太网电缆直接连接两个设备。

标准的共享式基于集线器的以太网配置，其效率通常为指定带宽的 50%～60%。全双工提供两个方向上（传输和接收）100%的效率。这会引起对指定带宽 200%的潜在使用。

2. 在物理层配置交换机端口

交换机端口能够自动协商双工和速度设置。这在连接到端口的设备类型未知时非常有用。但是，当连接到端口的设备已知并且从不更改时，可以手动配置双工和速度设置。例如，图 5-5 中 S1 和 S2 的交换机端口手动配置了特定的双工和速度设置。

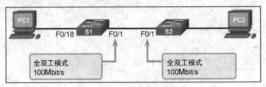

图 5-5　双工和速度拓扑

使用 **duplex** 接口配置模式命令手动指定交换机端口的双工模式。使用 **speed** 接口配置模式命令手动指定交换机端口的速度。

在例 5-6 中，S1 上的 FastEthernet 接口已手动设置为全双工和 100Mbit/s。

例 5-6　手动配置双工和速度接口设置

```
S1(config)# interface fa 0/1
S1(config-if)# duplex full
S1(config-if)# speed 100
S1(config-if)# end
S1#
S1# show interface fa0/1 | include duplex
  Full-duplex, 100Mb/s
S1#
```

请注意如何使用 **show interface** 命令验证接口是否接受设置。

思科 Catalyst 2960 和 3560 交换机上交换机端口双工和速度的默认设置都是 **auto**。当 10/100/1000 端口设置为 10Mbit/s 或 100Mbit/s 时，它们可在半双工或全双工模式下工作，而当设置为 1000Mbit/s（1Gbit/s）时，它们只能在全双工模式下运行。

当连接端口的设备的速度和双工设置未知或可能更改时，自动协商非常有用。当连接已知设备（例如服务器、专用工作站或网络设备）时，最佳做法是手动设置速度和双工设置。

当排除交换机端口问题故障时，请检查双工和速度设置。

注意： 交换机端口的双工模式和速度设置不匹配可能会导致连接问题。自动协商失败将导致设置不匹配。

所有光纤端口（例如 1000BASE-SX 端口）都只能以一种预设速度运行，而且始终为全双工。

3. auto-MDIX

直到最近，在连接设备时仍然要求使用某些电缆类型（直通或交叉）。交换机到交换机或交换机到路由器的连接要求使用不同的以太网电缆。在接口上使用自动介质相关接口交叉（auto-MDIX）功能可以解决这一问题。当启用 auto-MDIX 时，接口会自动检测所需电缆连接类型（直通或交叉）并配置相应连接。如果连接到无 auto-MDIX 功能的交换机，必须使用直通电缆连接到设备（如服务器、工作站或路由器）。必须使用交叉线缆连接到其他交换机或中继器。

当启用 auto-MDIX 时，可以使用任意一种类型的电缆连接其他设备，而接口会自动纠正以使通信成功。

在接口上启用 auto-MDIX 之前，请确保接口速度和双工设置已设置为 **auto**，这样此功能才能正常运行。要启用 auto-MDIX，请使用 **mdix auto** 接口配置模式命令。

在例 5-7 中，接口 FastEthernet 0/2 正在配置为使用 auto-MDIX。

例 5-7　手动配置双工和速度接口设置

```
S1(config)# interface fastethernet 0/2
S1(config-if)# duplex auto
S1(config-if)# speed auto
S1(config-if)# mdix auto
S1(config-if)# end
S1#
```

要检查某个特定接口的 auto-MDIX 设置，应当使用 **show controllers ethernet-controller** 命令和关键字 **phy**。phy 关键字显示交换机物理层设备（PHY）上的内部寄存器的状态，并且包含接口上 auto-MDIX 功能的操作状态。要将输出限定为引用 auto-MDIX 的行，请使用 **include Auto-MDIX** 过滤器。如例 5-8 所示，输出指示此功能处于活动状态。

例 5-8　检验 Auto-MDIX

```
S1# show controllers ethernet-controller fa 0/2 phy | include Auto-MDIX
Auto-MDIX          :  On   [AdminState=1  Flags=0x00056248]
S1#
```

> **注意：** Catalyst 2960 和 Catalyst 3560 交换机上会默认启用 auto-MDIX 功能，但在更早版的 Catalyst 2950 和 Catalyst 3550 交换机上此功能不可用。

4. 验证交换机端口配置

表 5-2 描述了一些有助于验证常见可配置交换机功能的 **show** 命令选项。

表 5-2　交换机检验命令

说明	命令
显示接口状态和配置	show interfaces [*interface-id*]
显示当前启动配置	show startup-config
显示当前运行配置	show running-config
显示有关闪存文件系统的信息	show flash
显示系统硬件和软件状态	show version
显示输入的命令历史记录	show history
显示有关接口的 IP 信息	show ip [*interface-id*]
显示 MAC 地址表	show mac-address-table 或 show mac address-table

例 5-9 显示了 **show running-config** 命令缩略输出的示例。

例 5-9 检验运行配置

```
S1# show running-config
Building configuration…

Current configuration : 1664 bytes
!
<output omitted>
!
interface FastEthernet0/18
 switchport access vlan 99
 switchport mode access
!
<output omitted>
!
interface Vlan99
 ip address 172.17.99.11 255.255.0.0
!
<output omitted>
!
ip default-gateway 172.17.99.1
!
<output omitted>
```

使用此命令可以验证交换机是否已配置正确。如 S1 输出所示，某些重要信息显示为：

- 快速以太网 0/18 接口配置了管理 VLAN 99；
- VLAN 99 配置了 IPv4 地址 172.17.99.11 255.255.255.0；
- 默认网关设置为 172.17.99.1。

show interfaces 是另一个常用命令，用于显示交换机网络接口的状态及统计信息。在配置和监视网络设备时，经常会用到 **show interfaces** 命令。

例 5-10 显示了 **show interfaces FastEthernet 0/18** 命令的输出。

例 5-10 检验接口状态

```
S1# show interfaces FastEthernet 0/18
FastEthernet0/18 is up, line protocol is up (connected)
  Hardware is Fast Ethernet, address is 0cd9.96e8.8a01 (bia 0cd9.96e8.8a01)
  MTU 1500 bytes, BW 100000 Kbit/sec, DLY 100 usec,
     reliability 255/255, txload 1/255, rxload 1/255
  Encapsulation ARPA, loopback not set
  Keepalive set (10 sec)
  Full-duplex, 100Mb/s, media type is 10/100BaseTX
  input flow-control is off, output flow-control is unsupported
  ARP type: ARPA, ARP Timeout 04:00:00
  Last input 00:00:01, output 00:00:06, output hang never
  Last clearing of "show interface" counters never
  Input queue: 0/75/0/0 (size/max/drops/flushes); Total output drops: 0
  Queueing strategy: fifo
  Output queue: 0/40 (size/max)
  5 minute input rate 0 bits/sec, 0 packets/sec
  5 minute output rate 0 bits/sec, 0 packets/sec
     25994 packets input, 2013962 bytes, 0 no buffer
     Received 22213 broadcasts (21934 multicasts)
     0 runts, 0 giants, 0 throttles
     0 input errors, 0 CRC, 0 frame, 0 overrun, 0 ignored
     0 watchdog, 21934 multicast, 0 pause input
     0 input packets with dribble condition detected
     7203 packets output, 771291 bytes, 0 underruns
<output omitted>
```

第一行表明 FastEthernet0/18 接口处于 up/up 状态，表示其正在运行。输出的接下来几行显示双工设置为全双工，速度为 100Mbit/s。

5. 网络接入层问题

show interfaces 命令的输出可用于检测常见介质问题。该输出的一个最重要部分就是显示线路和数据链路协议的状态。例 5-11 表示用于查看接口状态的摘要行。

例 5-11　show interface 命令详细信息

```
S1# show interfaces FastEthernet 0/1
FastEthernet0/1 is up, line protocol is up (connected)
  Hardware is Lance, address is 0022.91c4.0e01 (bia 0022.91c4.0e01)
  MTU 1500 bytes, BW 100000 Kbit/sec, DLY 100 usec,
<output omitted>
     2295197 packets input, 305539992 bytes, 0 no buffer
     Received 1925500 broadcasts (120 multicasts)
     0 runts, 0 giants, 0 throttles
     3 input errors, 3 CRC, 0 frame, 0 overrun, 0 ignored
     0 watchdog, 120 multicast, 0 pause input
     0 input packets with dribble condition detected
     3594664 packets output, 436549843 bytes, 0 underruns
     8 output errors, 1790 collisions, 10 interface resets
     0 unknown protocol drops
     0 babbles, 235 late collision, 0 deferred
     0 lost carrier, 0 no carrier, 0 pause output
     0 output buffer failures, 0 output buffers swapped out
S1#
```

第一个参数（FastEthernet0/1 is up）代表硬件层，并指示接口是否在接收运营商检测信号。第二个参数（line protocol is up）代表数据链路层，指示是否收到数据链路层协议 keepalive。

根据 **show interfaces** 命令的输出，可按如下方法解决可能存在的问题。

- 如果接口运行正常而线路协议停止运行，那么一定存在问题。可能存在封装类型不匹配问题，而另一端的接口可能处于错误禁用状态，或者可能存在硬件问题。
- 如果线路协议和接口都存在故障，则电缆未连接或存在某些其他接口问题。例如，在背靠背连接中，连接的其他端可能管理性关闭。
- 如果接口管理性关闭，则其已在活动配置中被手动禁用（已发出 **shutdown** 命令）。

例 5-11 还突出显示了 FastEthernet 0/1 接口的计数和统计信息。

有些介质错误不太严重，不至于引起电路故障，但会导致网络性能问题。表 5-3 说明了一些可以使用 **show interfaces** 命令检测的常见错误。

表 5-3　网络接入层问题

错　误　类　型	说　　　　明
输入错误数	错误总数。它包括残帧、超长帧、无缓冲区、CRC、帧、溢出和被忽略的计数
残帧	被丢弃的数据包，因为它们小于介质的最小数据包大小。例如，小于 64 字节的所有以太网数据包均被视为残帧
超长帧	被丢弃的数据包，因为它们的大小超过了介质的最大数据包大小。例如，大于 1518 字节的所有以太网数据包均被视为超长帧
CRC	如果计算出的校验和与已接收的校验和不一致，则会出现 CRC 错误
输出错误数	阻碍从正在接受检查的接口传输数据报的所有错误总和
冲突	因以太网冲突而重新发送的消息数量
延迟冲突	512 位的帧传输后发生的冲突

"输入错误"是正在接受检查的接口上收到的数据报中所有错误总和。它包括残帧、超长帧、CRC、无缓冲区、帧、溢出和被忽略的计数。已报告的 **show interfaces** 命令输入错误包括以下各项。

- **残帧**：小于最小允许长度 64 个字节的以太网帧称为残帧。NIC 故障是超短帧过多的常见原因，但它们也可能是由冲突导致的。
- **超长帧**：大于最大允许大小的以太网帧称为超长帧。
- **CRC 错误**：在以太网和串行接口上，CRC 错误通常表示存在介质或电缆错误。常见的原因包括电气干扰、连接松动或损坏或电缆不正确。如果看到许多 CRC 错误，且链路上噪声过多，您应该检查电缆。还应搜索并消除噪声源。

"输出错误"是阻碍从正在接受检查的接口最终传输数据报的所有错误总和。已报告的 **show interfaces** 命令输出错误包括以下各项。

- **冲突**：在半双工模式下运行发生冲突是正常的。但是，您永远不会在为全双工通信配置的接口上看到冲突。
- **延迟冲突**：延迟冲突是指在传输了 512 位的帧之后发生冲突。电缆过长是造成延迟冲突的最常见原因。另一个常见原因是双工配置错误。例如，您可能将连接的一端配置为全双工，而将另一端配置为半双工。您会看到配置为半双工的接口发生延迟冲突。在这种情况下，两端必须配置为相同的双工设置。正确设计和配置的网络永远不会出现延迟冲突。

6. 对网络接入层问题进行故障排除

大多数影响交换网络的问题发生在最初的实施期间。理论上，在安装之后，网络可以继续正常运行。但是，电缆遭到损坏、配置发生更改、新设备被连接到需要更改交换机配置的交换机。要求进行网络基础设施的持续维护和故障排除。

图 5-6 显示了可用于对交换机和另一台设备之间包括无连接或连接错误在内的问题场景进行故障排除的流程图。

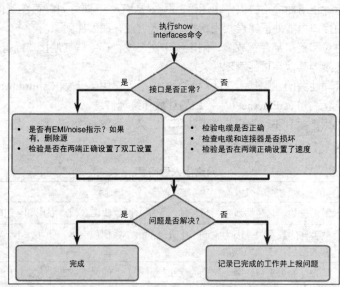

图 5-6 对交换机介质问题进行故障排除

使用 **show interfaces** 命令检查接口状态。

如果接口为关闭状态，则采取如下两项措施。

- 进行检查，以确保使用了正确电缆。此外，检查电缆和连接器是否损坏。如果怀疑电缆已损坏或不正确，请更换电缆。

- 如果接口仍处于关闭状态，则问题可能是因速度设置不匹配而引起的。接口速度通常是自动协商的；因此，即使在一个接口上进行手动配置，相连接口也应该会相应地自动协商。如果由于配置错误、硬件或软件问题确实造成速度不匹配，则可能导致接口关闭。如果怀疑有问题，请在连接两端手动设置相同速度。

如果接口已启用，但仍存在连接问题，则执行如下操作。

- 使用 show interfaces 命令检查是否存在过多噪声。噪声过多的标志可能包括残帧、超长帧和 CRC 错误计数的增加。如果噪声过多，则尽可能找到并移除噪声源。还要确认电缆不超出最大电缆长度并检查所使用的电缆类型。
- 如果不存在噪声问题，则请检查是否冲突过多。如果存在冲突或延迟冲突，请验证连接两端的双工设置。就像速度设置一样，双工设置通常也是自动协商的。如果显示双工不匹配，则在连接的两端手动将双工设置为全双工。

5.2 交换机的安全性

网络总是受到攻击。虽然路由器保护内部网络免受外部威胁，但必须保护包括交换机在内的所有网络设备的安全。

在本节中，您将学习如何使用最佳安全实践在中小规模企业网络中配置交换机。

5.2.1 安全远程访问

在本节中，您将学习如何在交换机上配置管理虚拟接口。

1. SSH 运行

安全外壳（SSH）是一种提供远程设备的安全（加密）管理连接的协议。SSH 应替代 Telnet 来管理连接。Telnet 是一种较早协议，对登录身份验证（用户名和密码）和通信设备之间传输的数据都采用不安全的明文传输。SSH 通过在设备进行身份验证（用户名和密码）时以及在通信设备之间传输数据时提供强加密，确保远程连接的安全。将 SSH 分配给 TCP 端口 22。将 Telnet 分配给 TCP 端口 23。

在图 5-7 中，攻击者可以使用 Wireshark 监控数据包。Telnet 数据流可用来捕获用户名和密码。

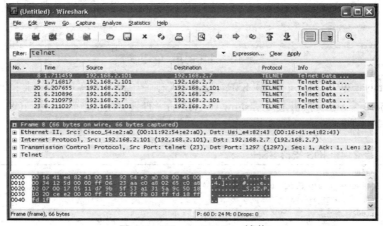

图 5-7 Wireshark Telnet 捕获

在图 5-8 中，攻击者可以从明文 Telnet 会话中捕获管理员的用户名和密码。

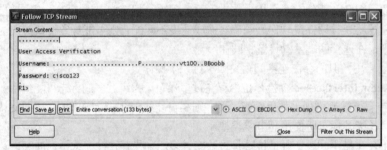

图 5-8　捕获的明文用户名和密码

图 5-9 显示了通过 Wireshark 查看到的 SSH 会话。攻击者可以使用管理员设备的 IP 地址跟踪会话。

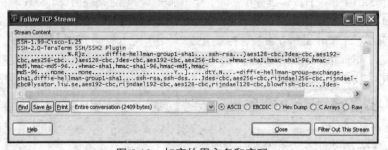

图 5-9　Wireshark SSH 捕获

但是，在图 5-10 中，用户名和密码是加密的。

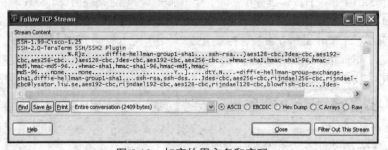

图 5-10　加密的用户名和密码

为了在 Catalyst 2960 交换机上启用 SSH，交换机必须使用包含密码（加密）特征和功能的 IOS 软件版本。在例 5-12 中，在交换机上使用 **show version** 命令查看交换机当前运行的 IOS。包含组合 "k9" 的 IOS 文件名支持密码（加密）特征和功能。

例 5-12　检验交换机 IOS 支持 SSH

```
S1> show version
Cisco IOS Software, C2960 Software (C2960-LANBASEK9-M), Version 15.0(2)SE, RELEASE
   SOFTWARE (fc1)
<output omitted>
```

2. 配置 SSH

在配置 SSH 之前，至少必须为交换机配置唯一的主机名和正确的网络连接设置。图 5-11 中的 S1 已配置了主机名和网络连接。

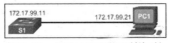

图 5-11 用于 SSH 配置的拓扑

步骤 1 验证是否支持 SSH

通过验证交换机是否支持 SSH 开始配置工作。使用 **show ip ssh** 命令验证交换机是否支持 SSH。如果交换机没有运行支持加密功能的 IOS，则此命令将无法识别。

步骤 2 配置 IP 域

使用 **ip domain-name** *domain-name* 全局配置模式命令配置网络 IP 域名。

步骤 3 启用 SSH 第 2 版

如果发出命令 **show ip ssh**，输出将显示交换机正在运行版本 1.99。这意味着交换机同时支持 SSHv1 和 SSHv2。然而，SSHv1 存在已知的安全漏洞；因此，建议只启用 SSHv2。要只启用 SSHv2，请使用 **ip ssh version 2** 全局配置模式命令。

步骤 4 生成 RSA 密钥对

生成 RSA 密钥对将自动启用 SSH。使用 **crypto key generate rsa** 全局配置模式命令在交换机上启用 SSH 服务器并生成 RSA 密钥对。当生成 RSA 密钥时，系统会提示管理员输入模数长度。请始终使用较长的模数（如 1024 位或 2048 位）而不是采用默认值 512 位。模数长度越长越安全，但生成和使用模数的时间也越长。

注意： 要删除 RSA 密钥对，请使用 **crypto key zeroize rsa** 全局配置模式命令。删除 RSA 密钥对之后，SSH 服务器将自动禁用。

步骤 5 配置用户身份验证

SSH 服务器可以对用户进行本地身份验证或使用身份验证服务器。要使用本地身份验证方法，请使用 **username** *username* **secret** *password* 全局配置模式命令创建用户名和密码对。

步骤 6 配置 vty 线路

使用 **transport input ssh** 线路配置模式命令启用 vty 线路上的 SSH 协议。Catalyst 2960 的 vty 线路范围为 0~15。该配置将阻止除 SSH 之外的连接（如 Telnet），将交换机限制为仅接受 SSH 连接。使用 **line vty** 全局配置模式命令，然后使用 **login local** 线路配置模式命令来要求从本地用户名数据库进行 SSH 连接的本地身份验证。

在例 5-13 中，使用域名 **cisco.com** 和 1024 位的模数启用 SSHv2，并且创建了一个 admin 用户账户。然后在 VTY 线路上使用本地数据库启用 SSH 来对用户进行身份验证。

例 5-13 SSH 配置示例

```
S1# configure terminal
S1(config)# ip domain-name cisco.com
S1(config)#
S1(config)# ip ssh version 2
S1(config)#
S1(config)# crypto key generate rsa
The name for the keys will be: S1.cisco.com
...
How many bits in the modulus [512]: 1024
...
S1(config)#
```

```
S1(config)# username admin secret ccna
S1(config)#
S1(config)# line vty 0 15
S1(config-line)# transport input ssh
S1(config-line)# login local
S1(config-line)# end
S1#
```

3. 验证 SSH

在 PC 上，SSH 客户端（例如 PuTTY）用于连接 SSH 服务器。图 5-11 中的交换机和 PC 已进行了以下配置：

- 在交换机 S1 上启用 SSH；
- 将交换机 S1 上接口 VLAN 99（SVI）的 IPv4 地址配置为 172.17.99.11；
- 将 PC1 配置 IPv4 地址 172.17.99.21。

在图 5-12 中，PC 向 S1 SVI VLAN 的 IPv4 地址发出 SSH 连接。

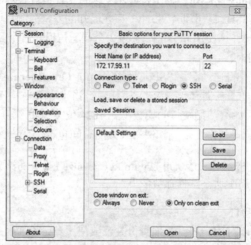

图 5-12　配置 PuTTY SSH 客户端连接参数

在图 5-13 中，页面提示用户输入用户名和密码。使用前面示例中的配置，输入用户名 **admin** 和密码 **ccna**。在输入正确的用户名和密码组合后，用户将通过 SSH 连接到 Catalyst 2960 交换机上的 CLI。

图 5-13　检验远程管理访问

要显示已配置为 SSH 服务器的设备上 SSH 的版本和配置数据，请使用 **show ip ssh** 命令。要检查设备的 SSH 连接，请使用 **show ssh** 命令。

例 5-14 验证了 SSH 版本和当前创建的连接。

例 5-14　检验 SSH 状态和设置

```
S1# show ip ssh
SSH Enabled - version 2.0
Authentication timeout: 90 secs; Authentication retries: 2
Minimum expected Diffie Hellman key size : 1024 bits
IOS Keys in SECSH format(ssh-rsa, base64 encoded):
ssh-rsa AAAAB3NzaC1yc2EAAAADAQABAAAAgQCdLksVz2QlREsoZt2f2scJHbW3aMDM8/8jg/srGFNLi+
    f+qJWwxt26BWmy694+6ZIQ/j7wUfIVNlQhI8GUOVIuKNqVMOMtLg8Ud4qAiLbGjFAaP3fyrKm
    ViPpOeOZof6tnKgKKvJz18Mz22XAf2u/7Jq2JnEFXycGMO88OUJQL3Q==

S1#
S1# show ssh
Connection Version Mode Encryption   Hmac        State           Username
0          2.0     IN   aes256-cbc   hmac-sha1   Session started admin
0          2.0     OUT  aes256-cbc   hmac-sha1   Session started admin
%No SSHv1 server connections running.
S1#
```

在本例中，已启用 SSH 第 2 版，admin 用户当前连接到交换机。请注意该示例还确认了 SSHv1 没有激活。

5.2.2　交换机端口安全

在本节中，您将学习如何配置端口安全功能以限制网络访问。

1. 保护未使用端口的安全

很多管理员所采用的一种简单方法是禁用交换机上所有未使用的端口，这样做可帮助他们保护网络，使其免受未经授权的访问。例如，如果 Catalyst 2960 交换机有 24 个端口，并且有三个快速以太网连接正在使用，那么比较好的做法就是禁用其他 21 个未使用的端口。切换到每一个未使用的端口，然后发出思科 IOS **shutdown** 命令即可。如果稍后必须重新激活端口，可使用 **no shutdown** 命令激活。例 5-15 显示了此配置的部分输出。

例 5-15　禁用未使用的端口

```
S1# show run
Building configuration...

<output omitted>

version 15.0
hostname S1

<output omitted>

interface FastEthernet0/4
 shutdown
!
interface FastEthernet0/5
 shutdown
!
interface FastEthernet0/6
 description web server
```

```
!
interface FastEthernet0/7
 shutdown
!
<output omitted>
```

对交换机多个端口进行配置更改很简单。如果必须配置端口范围，则请使用 **interface range** 命令。

Switch (config) # **interface range** type module/first-number – last-number

启用和禁用端口的过程比较耗时，但它可以加强网络安全，是值得付出的工作。

2. 端口安全：操作

在部署交换机以用于生产之前，应保护所有交换机端口（接口）。一种保护端口的方法就是实施称为"端口安全"的功能。端口安全限制端口上所允许的有效 MAC 地址的数量。允许合法设备的 MAC 地址进行访问，而拒绝其他 MAC 地址。

可以配置端口安全以允许一个或多个 MAC 地址。如果将端口允许的 MAC 地址数量限制为一，则只有具有该特定 MAC 地址的设备才能成功连接到端口。

如果端口已配置为安全端口，并且 MAC 地址的数量已达到最大值，那么任何其他未知 MAC 地址的连接尝试都将产生安全违规。

在所有交换机端口上实施安全性，以便：
- 指定端口上允许的单个 MAC 地址或有效 MAC 地址组；
- 指定在检测到未授权 MAC 地址时自动关闭端口。

安全 MAC 地址类型

配置端口安全有很多方法。安全地址的类型取决于配置，具体如下。
- **静态安全 MAC 地址**：使用 **switchport port-security mac-address** *mac-address* 接口配置模式命令在端口上手动配置的 MAC 地址。以此方法配置的 MAC 地址存储在地址表中，并添加到交换机的运行配置中。
- **动态安全 MAC 地址**：通过动态获取并只存储在地址表中的 MAC 地址。以此方式配置的 MAC 地址在交换机重新启动时将被移除。
- **粘性安全 MAC 地址**：可以通过动态获取或手动配置，然后存储到地址表中并添加到运行配置中的 MAC 地址。

粘性安全 MAC 地址

要将接口配置为可以将动态获取的 MAC 地址转换为粘滞安全 MAC 地址并将其添加到运行配置，您必须启用粘滞获取。

使用 **switchport port-security mac-address sticky** 接口配置模式命令在接口上启用粘性获取。当输入此命令时，交换机会将所有动态获取的 MAC 地址（包括在启用粘性获取之前动态获取的 MAC 地址）转换为粘性安全 MAC 地址。所有粘性安全 MAC 地址都会添加到地址表和运行配置中。

还可以手动定义粘性安全 MAC 地址。当使用 **switchport port-security mac-address sticky** *mac-address* 接口配置模式命令配置粘性安全 MAC 地址时，会将所有指定地址添加到地址表和运行配置中。

如果将粘性安全 MAC 地址保存到启动配置文件中，则当交换机重新启动或接口关闭时，接口无需重新获取地址。如果粘性安全地址未保存，则这些地址将会丢失。

如果使用 **no switchport port-security mac-address sticky** 接口配置模式命令禁用粘性获取，则粘性安全 MAC 地址仍作为地址表的一部分，但会从运行配置中移除。

粘性安全 MAC 地址具有如下特性。
- 它们是动态获取的；它们会转换为存储在运行配置中的粘滞安全 MAC 地址。

- 如果禁用端口安全，则从运行配置删除。
- 当交换机重新启动（重新加电）时会丢失。
- 在启动配置文件中保存的粘滞安全 MAC 地址是永久保存的地址，在交换机重新启动后仍保留。
- 禁用粘滞获取会将粘滞 MAC 地址转换为动态安全地址，并从运行配置删除它们。

3. 端口安全：违规模式

可以将接口配置为三种违规模式中的一种，指定在出现违规时应采取的措施。表 5-4 展示了当端口上配置了以下某一安全违规模式时，将转发哪些类型的数据流量。

表 5-4　　　　　　　　　　　　　安全违规模式

违规模式	转发流量	发出 Syslog 消息	显示错误消息	增加违规计数器	关闭端口
保护	否	否	否	否	否
限制	否	是	否	是	否
关闭	否	否	否	是	是

- **保护**：当安全 MAC 地址的数量达到端口允许的限制时，带有未知源地址的数据包将被丢弃，直至移除足够数量的安全 MAC 地址或增加允许的最大地址数。出现安全违规时不会发出通知。
- **限制**：当安全 MAC 地址的数量达到端口允许的限制时，带有未知源地址的数据包将被丢弃，直至移除足够数量的安全 MAC 地址或增加允许的最大地址数。在该模式下，出现安全违规时会发出通知。
- **关闭**：在此（默认）模式下，端口安全违规可导致接口立即变为错误禁用状态，并关闭端口 LED。它增添了违规计数器。当安全端口处于错误禁用状态时，可通过输入后跟 **no shutdown** 命令的 **shutdown** 接口配置模式命令使其脱离该状态。

要更改交换机端口的违规模式，请使用 **switchport port-security violation** {**protect** | **restrict** | **shutdown**}接口配置模式命令。

4. 端口安全：配置

表 5-5 总结了思科 Catalyst 交换机的默认端口安全设置。

表 5-5　　　　　　　　　　　　　端口安全默认设置

功　　能	默 认 设 置
端口安全	在端口上禁用
安全 MAC 地址的最大数量	1
违规模式	关闭。当超过安全 MAC 地址的最大数量时，关闭端口
粘性地址获取	禁用

图 5-14 显示了有两台 PC 连接到交换机的拓扑。

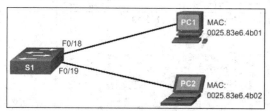

图 5-14　端口安全配置拓扑

在例 5-16 中，在 S1 交换机的快速以太网 F0/18 端口上配置了端口安全。输入此命令，使用仅允许 1 个 MAC 地址、违规模式设置为关闭的默认设置启用端口安全。

例 5-16　使用默认设置在 Fa0/18 上启用端口安全

```
S1(config)# interface fastethernet 0/18
S1(config-if)# switchport mode access
S1(config-if)# switchport port-security
S1(config-if)#
```

注意： 在使用 switchport port-security 命令在接口上启用端口安全之前，端口安全功能无法正常工作。

在例 5-17 中，在 S1 的快速以太网端口 0/19 上启用粘性安全 MAC 地址获取。同样，MAC 地址的最大数量设置为 10，违规模式仍默认保持关闭。

例 5-17　在 Fa0/19 上使用粘性获取启用端口安全

```
S1(config)# interface fastethernet 0/19
S1(config-if)# switchport mode access
S1(config-if)# switchport port-security
S1(config-if)# switchport port-security maximum 10
S1(config-if)# switchport port-security mac-address sticky
S1(config-if)#
```

5. 端口安全：验证

在交换机上配置了端口安全后，请检查每个接口，以验证端口安全是否设置正确并确保静态 MAC 地址已配置正确。

验证端口安全设置

要显示交换机或指定接口的端口安全设置，请使用 **show port-security interface** [*interface-id*] 命令。例 5-18 显示了 FastEthernet 0/18 的设置。

例 5-18　检验 MAC 地址——动态

```
S1# show port-security interface fastethernet 0/18
Port Security                : Enabled
Port Status                  : Secure-up
Violation Mode               : Shutdown
Aging Time                   : 0 mins
Aging Type                   : Absolute
SecureStatic Address Aging   : Disabled
Maximum MAC Addresses        : 1
Total MAC Addresses          : 1
Configured MAC Addresses     : 0
Sticky MAC Addresses         : 0
Last Source Address:Vlan     : 0025.83e6.4b01:1
Security Violation Count     : 0
```

Fa0/18 的其他端口安全设置在配置中没有改变；因此，输出显示此端口的默认设置。

例 5-19 显示了 FastEthernet 0/19 的设置，该设置被配置为粘性，在端口上最多允许 10 个 MAC 地址。

例 5-19　检验 MAC 地址——粘性

```
S1# show port-security interface fastethernet 0/19
Port Security                : Enabled
Port Status                  : Secure-up
Violation Mode               : Shutdown
Aging Time                   : 0 mins
Aging Type                   : Absolute
SecureStatic Address Aging   : Disabled
Maximum MAC Addresses        : 10
Total MAC Addresses          : 1
```

```
Configured MAC Addresses    : 0
Sticky MAC Addresses        : 1
Last Source Address:Vlan    : 0025.83e6.4b02:1
Security Violation Count    : 0
```

注意： 将此 MAC 地址标识为粘性 MAC。

粘性 MAC 地址会添加到 MAC 地址表和运行配置中。如例 5-20 所示，PC2 的粘性 MAC 已添加到 S1 的运行配置中。

例 5-20 检验粘性 MAC 地址在运行配置中

```
S1# show run | begin FastEthernet 0/19
interface FastEthernet0/19
 switchport mode access
 switchport port-security maximum 10
 switchport port-security
 switchport port-security mac-address sticky
 switchport port-security mac-address sticky 0025.83e6.4b02
```

验证安全 MAC 地址

要显示所有交换机接口或某个指定接口上配置的所有安全 MAC 地址，并附带每个地址的老化信息，请使用 **show port-security address** 命令。如例 5-21 所示，安全 MAC 地址及其类型都已列出。

例 5-21 检验安全 MAC 地址

```
S1# show port-security address
        Secure Mac Address Table
-------------------------------------------------------------------
Vlan    Mac Address       Type            Ports    Remaining Age
                                                      (mins)
----    -----------       ----            -----    -------------
1       0025.83e6.4b01    SecureDynamic   Fa0/18        -
1       0025.83e6.4b02    SecureSticky    Fa0/19        -
-------------------------------------------------------------------
Total Addresses in System (excluding one mac per port) : 0
Max Addresses limit in System (excluding one mac per port
```

6. 端口处于错误禁用状态

当端口配置了端口安全时，违规可能会导致端口变为错误禁用状态。当端口处于错误禁用状态时，它是有效关闭的，此端口上不会发送或接收任何流量。控制台上显示了一系列与端口安全相关的消息，如例 5-22 所示。

例 5-22 端口安全违规消息

```
Sep 20 06:44:54.966: %PM-4-ERR_DISABLE: psecure-violation error detected on
  Fa0/18, putting Fa0/18 in err-disable state
Sep 20 06:44:54.966: %PORT_SECURITY-2-PSECURE_VIOLATION: Security violation
  occurred, caused by MAC address 000c.292b.4c75 on port FastEthernet0/18.
Sep 20 06:44:55.973: %LINEPROTO-5-PPDOWN: Line protocol on Interface
FastEthernet0/18, changed state to down
Sep 20 06:44:56.971: %LINK-3-UPDOWN: Interface FastEthernet0/18, changed state to
  down
```

注意： 端口协议和链路状态变为关闭。

端口 LED 将关闭。**show interfaces** 命令将端口状态标识为 **err-disabled**（如例 5-23 所示）。现在 **show port-security interface** 命令的输出显示接口状态为 **secure-shutdown**。由于端口安全违规模式设

置为关闭，因此出现安全违规的端口将进入错误禁用状态。

例 5-23　检验端口状态

```
S1# show interface fa0/18 status
Port      Name    Status         Vlan   Duplex   Speed    Type
Fa0/18            err-disabled   1      auto     auto     10/100BaseTX

S1#
S1# show port-security interface fastethernet 0/18
Port Security                      : Enabled
Port Status                        : Secure-shutdown
Violation Mode                     : Shutdown
Aging Time                         : 0 mins
Aging Type                         : Absolute
SecureStatic Address Aging         : Disabled
Maximum MAC Addresses              : 1
Total MAC Addresses                : 0
Configured MAC Addresses           : 0
Sticky MAC Addresses               : 0
Last Source Address:Vlan           : 000c.292b.4c75:1
Security Violation Count           : 1
```

管理员应当在重新启用端口之前确定导致安全违规的原因。如果有未经授权设备连接到安全端口，则应当在安全威胁消除后再重新启用端口。要重新启用端口，请使用 **shutdown** 接口配置模式命令（如例 5-24 所示）。然后，使用 **no shutdown** 接口配置命令使端口正常工作。

例 5-24　重新启用错误禁用的端口

```
S1(config)# interface FastEthernet 0/18
S1(config-if)# shutdown
Sep 20 06:57:28.532: %LINK-5-CHANGED: Interface FastEthernet0/18, changed state to
  administratively down
S1(config-if)#
S1(config-if)# no shutdown
Sep 20 06:57:48.186: %LINK-3-UPDOWN: Interface FastEthernet0/18, changed state to
  up
Sep 20 06:57:49.193: %LINEPROTO-5-UPDOWN: Line protocol on Interface
FastEthernet0/18, changed state to up
```

5.3　总结

在思科 LAN 交换机首次开启时，它将经过以下启动顺序。
1. 首先，交换机将加载存储在 ROM 中的加电自检（POST）程序。POST 会检查 CPU 子系统。它会测试 CPU、DRAM 以及构成闪存文件系统的闪存设备部分。
2. 接下来，交换机加载启动加载程序软件。启动加载程序是存储在 ROM 中并在 POST 成功完成后立即运行的小程序。
3. 启动加载程序执行低级 CPU 初始化。启动加载程序初始化 CPU 寄存器，寄存器控制物理内存的映射位置、内存量以及内存速度。
4. 启动加载程序初始化系统主板上的闪存文件系统。
5. 最后，启动加载程序找到并将默认的 IOS 操作系统软件映像加载到内存，并将对交换机的控制权转交给 IOS。

已加载的特定思科 IOS 文件由 BOOT 环境变量指定。在思科 IOS 加载后，它将使用启动配置文件中找到的命令初始化并配置接口。如果思科 IOS 文件缺失或已损坏，则可以使用启动加载程序重新加载或从问题中恢复。

交换机运行状态可通过前面板上的一组 LED 显示。这些 LED 将显示诸如端口状态、双工和速度等信息。

在管理 VLAN 的 SVI 上配置 IP 地址，以实现对设备的远程配置。必须在交换机上使用 **ip default-gateway** 命令配置属于管理 VLAN 的默认网关。如果默认网关配置不正确，则不可能实现远程管理。建议使用安全外壳（SSH）提供对远程设备的安全（加密）管理连接，以阻止对未加密用户名和密码的嗅探（使用 Telnet 等协议时可能会发生）。

交换机的一个优势就是设备之间能够进行有效的全双工通信，使通信速率加倍。虽然可以指定交换机接口的速度和双工设置，但建议您允许交换机自动设置这些参数以避免出错。

交换机端口安全是有助于阻止第 2 层攻击的必备要求。交换机端口应该配置为只允许具有特定源 MAC 地址的帧进入。应该拒绝来自未知源 MAC 地址的帧，并使端口关闭以阻止进一步攻击。

检查你的理解

请完成以下所有复习题，以检查您对本章要点和概念的理解情况。答案列在本书附录"'检查你的理解'问题答案"中。

1. 哪个接口是包含用于管理 24 个端口以太网交换机的 IP 地址的默认位置？
    A. Fa0/0
    B. Fa0/1
    C. 连接到默认网关的接口
    D. VLAN 1
    E. VLAN 99

2. 生产交换机重新加载并以显示 **Switch>** 提示符结束。可确定以下哪两项事实？（选择两项）
    A. 找到并重新加载了完整版本的 Cisco IOS
    B. POST 正常执行
    C. 启动过程被打断
    D. 此路由器上 RAM 或闪存不足
    E. 交换机没有找到位于闪存中的 Cisco IOS，因此默认在 ROM 中

3. 下列关于使用全双工快速以太网的陈述中，哪两项是正确的？（选择两项）
    A. 全双工快速以太网在两个方向上提供 100% 的效率
    B. 由于网卡能更快速地处理帧，因此延迟减少了
    C. 节点以全双工单向数据流运行
    D. 由于网卡可以检测到冲突，因此性能得到了改善
    E. 通过双向数据流改善了性能

4. 哪种说法描述了思科 Catalyst 2960 交换机上的端口速度 LED？
    A. 如果 LED 为琥珀色，则端口运行速度为 1000Mbit/s
    B. 如果 LED 为绿色闪烁，则端口运行速度为 10Mbit/s
    C. 如果 LED 为绿色，则端口运行速度为 100Mbit/s
    D. 如果 LED 不亮，则端口不运行

5. 交换机引导加载程序的功能是什么？
    A. 控制启动过程中交换机的可用 RAM 量
    B. 提供无法找到交换机操作系统时的操作环境

C. 提供交换机启动时的脆弱状态安全
D. 加快引导过程

6. 在哪一情况下，技术人员将使用 show interfaces 命令？
   A. 要确定远程访问是否已启用
   B. 要确定特定接口上直连网络设备的 MAC 地址
   C. 特定直连主机丢包时
   D. 终端设备可达到本地设备，但不可达到远端设备时

7. 使用 Telnet 或 SSH 连接至网络设备以便管理之间的一个区别是什么？
   A. Telnet 不提供身份验证，而 SSH 提供
   B. Telnet 以明文发送用户名和密码，而 SSH 加密用户名和密码
   C. Telnet 支持主机 GUI，而 SSH 仅支持主机 CLI
   D. Telnet 将 UDP 作为传输协议，而 SSH 将 TCP 作为传输协议

8. 下列哪项操作可以将错误禁用交换机端口返回至运行状态？
   A. 清除交换机上的 MAC 地址表
   B. 发出 shutdown 和 no shutdown 接口命令
   C. 在接口上发出 switchport mode access 命令
   D. 在接口上删除并重新配置端口安全

9. 下列关于交换机端口安全的说法中哪两项正确？（选择两项）
   A. 输入 sticky 参数后，只有随后获知的 MAC 地址才会被转换为安全 MAC 地址
   B. 动态获知的安全 MAC 地址会在交换机重新启动后丢失
   C. 如果以静态方式为端口配置的 MAC 地址未达到最大数量，则动态获知的地址会被添加到 CAM 中，直到达到最大数量为止
   D. 三种可配置的违规模式都会通过 SNMP 记录违规情况
   E. 三种可配置的违规模式都需要用户干预才能重新启用端口

10. 网络管理员在交换机上配置端口安全性。安全策略规定，各接入端口应最多允许两个 MAC 地址。达到最大 MAC 地址数量时，丢弃源 MAC 地址未知的帧，并将通知发送至系统日志服务器。为各接入端口应配置哪种安全违规模式？
    A. 保护
    B. 限制
    C. 关闭
    D. 警告

第 6 章

VLAN

学习目标

通过完成本章的学习，您将能够回答下列问题：
- 交换网络中 VLAN 的用途是什么？
- 在多交换环境中，交换机如何根据 VLAN 配置转发帧？
- 如何根据需要配置要分配给某一 VLAN 的交换机端口？
- 如何在 LAN 交换机上配置 TRUNK 端口？
- 如何对交换网络中的 VLAN 和 TRUNK 配置进行故障排除？
- 您可以描述配置 VLAN 间路由的两个选项吗？
- 如何配置传统 VLAN 间路由？
- 如何配置单臂路由器 VLAN 间路由？

网络性能是组织生产力的重要因素。用于改善网络性能的其中一项技术是将大型的广播域细分成较小的广播域。根据设计，路由器会拦截某个接口的广播流量。但是，路由器的 LAN 接口数量通常有限。路由器的主要作用是在网络之间传输信息，而不是向终端设备提供网络访问。

提供接入到 LAN 的角色通常保留给接入层交换机。可以在第 2 层交换机上创建虚拟局域网（VLAN）来减小广播域的规模，类似于第 3 层设备。VLAN 通常融入到网络设计中，便于网络为实现企业目标提供支持。尽管 VLAN 主要用在交换式局域网中，但是现代的 VLAN 能够跨 MAN 和 WAN 实施。

由于 VLAN 会将网络分段，因此需要第 3 层过程以允许流量从一个网段转移到下一个网段。可以使用路由器或者第 3 层交换机接口实施此第 3 层路由过程。使用第 3 层设备可以控制各网段（包括由 VLAN 创建的网段）之间的流量。

本章的第一部分将介绍如何配置、管理和排除 VLAN 和 VLAN 中继故障。本章的第二部分重点介绍使用路由器实施 VLAN 间路由。第 3 层交换机上的 VLAN 间路由在后面的课程中会涉及。

6.1 VLAN 分段

VLAN 使用逻辑连接来对 LAN 内的设备进行分组。将设备逻辑分组到 VLAN 能够实现更好的安全性、提升网络性能、降低成本，并且能够帮助 IT 员工更有效地管理网络用户。

在这一部分，您将学习在中小型企业网络中，VLAN 如何将广播域分段。

6.1.1 VLAN 概述

在本节中，您将了解交换网络中 VLAN 的用途。

1. VLAN 定义

在交换网际网络内,通过 VLAN 可灵活地进行分段和组织。VLAN 能够将 LAN 中的设备分组。VLAN 中的一组设备通信时就如同连接到同一条电缆。VLAN 基于逻辑连接,而不是物理连接,如图 6-1 所示。

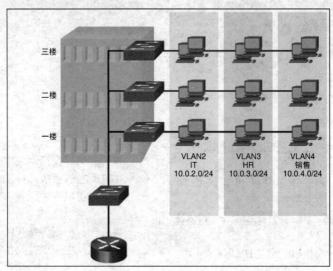

图 6-1 定义 VLAN 组

VLAN 允许管理员根据功能、项目组或应用程序等因素划分网络,而不考虑用户或设备的物理位置。虽然 VLAN 中的设备与其他 VLAN 共享通用基础设施,但它们的运行与在自己的独立网络上运行一样。所有交换机端口可以同属一个 VLAN,并且单播、广播和组播数据包仅转发并泛洪至数据包源 VLAN 中的终端。每个 VLAN 都被视为一个独立的逻辑网络。发往不属于 VLAN 的站点的数据包必须通过支持路由的设备转发。

交换网络上可存在多个 IP 子网,无需使用多个 VLAN。但是,设备将位于同一第 2 层广播域中。这意味着任何第 2 层广播(如地址解析协议[ARP]请求)将由交换网络上的所有设备接收,即使是并不用于接收广播的交换网络也会接收。

VLAN 创建逻辑广播域,可以跨越多个物理 LAN 网段。VLAN 通过将大型广播域细分为较小网段来提高网络性能。如果一个 VLAN 中的设备发送广播以太网帧,该 VLAN 中的所有设备都会收到该帧,但是其他 VLAN 中的设备收不到。

VLAN 根据特定用户分组实施访问和安全策略。每台交换机端口只能分配给一个 VLAN(连接到 IP 电话或另一台交换机的端口除外)。

2. VLAN 的优势

用户效率和网络适应性是企业发展与成功的重要因素。VLAN 更加便于网络为实现企业目标提供支持。交换网络中的每个 VLAN 都对应一个 IP 网络,如图 6-2 所示。因此,VLAN 的设计必须考虑到分层网络编址方案的实施。

分层网络编址意味着 IP 网络号以有序的方式应用到网段或 VLAN,将网络视为一个整体。连续的网络地址块为网络特定区域中的设备预留并配置。

使用 VLAN 主要有以下优点。

- **安全**:含有敏感数据的用户组可与网络的其余部分隔离,从而降低泄露机密信息的可能性。在图 6-2 中,教师计算机位于 VLAN 10 上,与学生和访客数据流量完全独立。

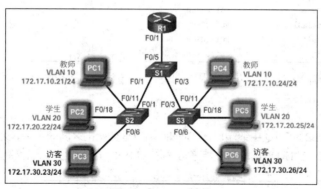

图 6-2 VLAN 拓扑

- **成本降低**:成本高昂的网络升级需求减少,现有带宽和上行链路的利用率更高,因此可节约成本。
- **性能提高**:将第 2 层平面网络划分为多个逻辑工作组(广播域)可以减少网络上不必要的流量并提高性能。
- **减小广播域大小**:将网络划分为多个 VLAN 可减少广播域中的设备数量。在图 6-2 中,该网络中有六台计算机,但有三个广播域:教师、学生和访客。
- **提高 IT 员工效率**:VLAN 为管理网络带来了方便,因为有相似网络需求的用户将共享同一个 VLAN。当您为特定 VLAN 设置新的交换机时,之前为该 VLAN 配置的所有策略和程序均会在分配新端口后应用到端口上。另外,通过为 VLAN 设置一个适当的名称,IT 员工很容易就知道该 VLAN 的功能。在图 6-2 中,为了便于识别,我们将 VLAN 10 命名为"教师",将 VLAN 20 命名为"学生",将 VLAN 30 命名为"访客"。
- **简化项目管理和应用管理**:VLAN 将用户和网络设备聚合到一起,以支持商业需求或地域上的需求。通过划分职能,可以让管理项目或使用专业应用更加轻松;此类应用程序的一个例子是教师的电子学习开发平台。

3. VLAN 的类型

现代网络中使用的 VLAN 有许多不同的类型。一些 VLAN 类型按流量类别进行定义。其他一些 VLAN 类型按特定功能进行定义。

默认 VLAN

交换机加载默认配置进行初始启动后,所有交换机端口成为默认 VLAN 的一部分。参与默认 VLAN 的交换机端口属于同一广播域。这样一来,连接到交换机任何端口的任何设备都能与连接到其他交换机端口的其他设备通信。思科交换机的默认 VLAN 是 VLAN 1。在例 6-1 中,运行默认配置的交换机上发出 **show vlan brief** 命令。注意默认情况下,所有端口都分配给 VLAN 1。

例 6-1 VLAN 1 默认端口分配

```
Switch# show vlan brief
VLAN Name                             Status    Ports
---- -------------------------------- --------- -------------------------------
1    default                          active    Fa0/1, Fa0/2, Fa0/3, Fa0/4
                                                Fa0/5, Fa0/6, Fa0/7, Fa0/8
                                                Fa0/9, Fa0/10, Fa0/11, Fa0/12
                                                Fa0/13, Fa0/14, Fa0/15, Fa0/16
                                                Fa0/17, Fa0/18, Fa0/19, Fa0/20
                                                Fa0/21, Fa0/22, Fa0/23, Fa0/24
                                                Gi0/1, Gi0/2
```

```
1002 fddi-default                    act/unsup
1003 token-ring-default              act/unsup
1004 fddinet-default                 act/unsup
1005 trnet-default                   act/unsup
```

VLAN 1 具有所有 VLAN 的功能，不同之处在于，它不能重命名或删除。默认情况下，所有第 2 层控制流量都与 VLAN 1 关联。

本征 VLAN

本征 VLAN 分配给 802.1Q 中继端口。TRUNK 端口是交换机之间的链路，支持传输与多个 VLAN 关联的流量传输。802.1Q TRUNK 端口支持来自多个 VLAN 的流量（有标记流量），也支持来自 VLAN 以外的流量（无标记流量）。有标记流量是指原始的以太网帧头中插入 4 字节标记（指定帧所属的 VLAN）的流量。802.1Q TRUNK 端口在本征 VLAN（默认为 VLAN 1）中保存无标记流量。

本征 VLAN 在 IEEE 802.1Q 规范中说明，其作用是维护无标记流量的向下兼容性，这种流量在传统 LAN 方案中十分常见。本征 VLAN 的目的是充当 TRUNK 链路两端的公共标识符。

最佳做法是将本征 VLAN 配置为未使用的 VLAN，区别于 VLAN 1 和其他 VLAN。实际上，通常指定一个固定 VLAN 作为交换域中所有 TRUNK 端口的本征 VLAN。

数据 VLAN

数据 VLAN 用于传送用户生成的流量。传送语音或管理流量的 VLAN 不属于数据 VLAN。我们一般会将语音流量和管理流量与数据流量分开。"数据 VLAN"有时也称为"用户 VLAN"。数据 VLAN 用于将网络分为用户组或设备组。

管理 VLAN

管理 VLAN 是您配置用于访问交换机管理功能的 VLAN。默认情况下，VLAN 1 是管理 VLAN。要创建管理 VLAN，该 VLAN 的交换机虚拟接口（SVI）将分配 IP 地址和子网掩码，使交换机通过 HTTP、Telnet、SSH 或 SNMP 进行管理。因为思科交换机的出厂配置将 VLAN 1 作为默认 VLAN，所以将 VLAN 1 用作管理 VLAN 不是明智的选择。

以前，2960 系列交换机的管理 VLAN 是唯一的活动 SVI。在 Catalyst 2960 系列交换机的思科 IOS 15.x 版本上，可能会有多个活动 SVI。思科 IOS 15.x 要求必须记录为远程管理分配的特定活动 SVI。尽管理论上交换机可以有多个管理 VLAN，但超过一个会增加网络攻击。

在例 6-1 中，所有端口当前已分配给默认 VLAN 1。没有明确指定本征 VLAN，其他 VLAN 都不处于活动状态；因此网络的本征 VLAN 与管理 VLAN 相同。这将导致安全风险。

4. 语音 VLAN

IP 语音（VoIP）需要单独的 VLAN。因此 VoIP 流量要求：

- 足够的带宽来保证语音质量；
- 高于其他网络流量类型的传输优先级；
- 可以绕过网络中的拥塞区域进行路由；
- 跨网络的延迟小于 150 毫秒。

为满足这些要求，整个网络都必须支持 VoIP。至于具体怎样配置网络使其支持 VoIP，这已经超出本课程的范围，但是了解这些对于总结语音 VLAN 在路由器、思科 IP 电话以及计算机之间的工作方式很有意义。

在图 6-3 中，VLAN 150 用于传送语音流量。学生计算机 PC5 连接到思科 IP 电话，而电话又连接到交换机 S3。PC5 位于 VLAN 20 这个主要用于传输学生数据的 VLAN 中。

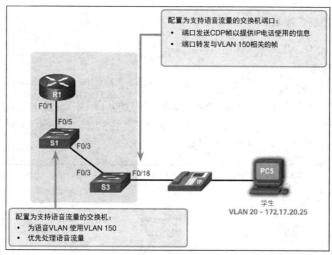

图 6-3 语音 VLAN

6.1.2 多交换环境中的 VLAN

在本节中，您将学习在多交换环境中交换机如何根据 VLAN 配置转发帧。

1. VLAN 中继

中继是两台网络设备之间的点对点链路，负责传输多个 VLAN 的流量。VLAN TRUNK 在整个网络上扩展 VLAN。思科支持 IEEE 802.1Q 来协调快速以太网、千兆以太网和 10 千兆以太网接口上的 TRUNK。

如果没有 VLAN TRUNK，VLAN 并不是很有用。VLAN TRUNK 允许在交换机之间传播所有 VLAN 流量，这样位于同一 VLAN 但连接到不同交换机的设备便可以通信，不需要路由器的干预。

VLAN TRUNK 不属于具体的 VLAN，而是作为多个 VLAN 中交换机与路由器之间的管道。TRUNK 还可在网络设备和服务器或其他具有相应 802.1Q 网卡的设备之间使用。默认情况下，在思科 Catalyst 交换机上，TRUNK 端口支持所有 VLAN。

在图 6-4 中，交换机 S1 和 S2 之间的链路以及 S1 和 S3 均配置为在网络中传输来自 VLAN 10、20、30 和 99 的流量。如果没有 VLAN TRUNK，此网络将无法运行。

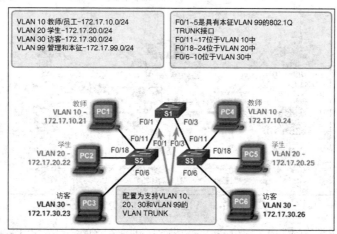

图 6-4 VLAN TRUNK

2. 通过 VLAN 控制广播域

考虑没有 VLAN 和有 VLAN 的网络。

没有 VLAN 的网络

在常规操作中,如果交换机在某个端口上收到广播帧,它会将该帧从除接收该帧的端口之外的所有其他端口上转发出去。如图 6-5 所示,整个网络配置在相同子网中(172.17.40.0/24),并且没有配置 VLAN。因此,当教师计算机(PC1)发出广播帧时,交换机 S2 将该广播帧从所有端口发出。最后,由于该网络是广播域,整个网络都会收到广播。

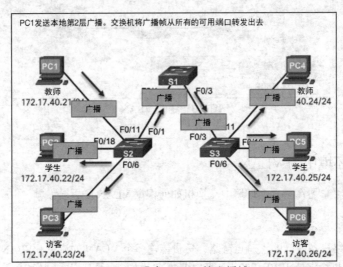

图 6-5　没有 VLAN 的广播域

在本示例中,所有设备都位于同一 IPv4 子网中,但是如果有来自其他 IPv4 子网的设备连接到交换机,它们也会接收到不适用于它们的同一广播帧。诸如 ARP 请求之类的广播仅用于同一子网上的设备。

有 VLAN 的网络

在图 6-6 中,网络已使用两个 VLAN 划分。教师设备已分配给 VLAN 10,而学生设备已分配给 VLAN 20。如图所示,当广播帧从教师计算机 PC1 发送到交换机 S2 时,交换机仅向配置为支持 VLAN 10 的交换机端口转发广播帧。

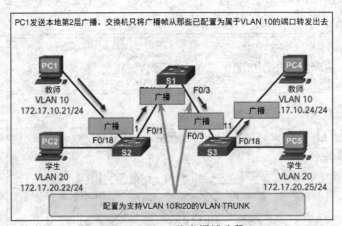

图 6-6　VLAN 将广播域分段

交换机 S2 和 S1 相连的端口(端口 F0/1)以及 S1 和 S3 相连的端口(端口 F0/3)均是 TRUNK,

都已配置为支持网络中的所有 VLAN。

当 S1 在端口 F0/1 上收到广播帧时，S1 会将该广播帧通过支持 VLAN 10 的另一个端口转发出去，即端口 F0/3。当 S3 在端口 F0/3 上收到广播帧时，它会将该广播帧通过支持 VLAN 10 的另一个端口转发出去，即端口 F0/11。广播帧到达 VLAN 10 中配置的网络上的另一个计算机，即教师计算机 PC4。

为交换机配置 VLAN 后，特定 VLAN 中的主机所发出的单播流量、组播流量和广播流量，其传输均仅限于该 VLAN 中的设备。

3. 标记以太网帧以便识别 VLAN

Catalyst 2960 系列交换机是第 2 层设备。它们根据以太网帧头信息来转发数据包。它们没有路由表。标准以太网帧头不包含有关帧所属的 VLAN 的信息；因此，当以太网帧置于 TRUNK 时，必须添加帧所属的 VLAN 的信息。这一过程称为标记，使用 IEEE 802.1Q 标准中指定的 IEEE 802.1Q 报头完成。802.1Q 报头在原始的以太网帧头中插入 4 字节标记，从而指定帧所属的 VLAN。

当交换机在已配置为接入模式且分配了 VLAN 的端口上收到帧时，交换机会在帧头中插入 VLAN 标记，重新计算帧检查序列（FCS），然后将标记的帧通过中继端口转发出去。

VLAN 标记字段详细信息

VLAN 标记字段如图 6-7 所示。

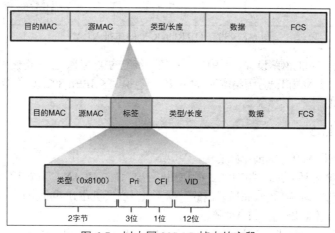

图 6-7　以太网 802.1Q 帧中的字段

VLAN 标记字段包含"类型"字段、"优先级"字段、"规范格式标识符"字段和"VLAN ID"字段。
- **类型**：2 字节值，称为标记协议 ID（TPID）值。对于以太网，它设置为十六进制 0x8100。
- **用户优先级**：3 位值，支持级别或服务实施。
- **规范格式标识符**（CFI）：1 位标识符，便于在以太网链路上传输令牌环帧。
- **VLAN ID（VID）**：12 位 VLAN 标识号，最多支持 4096 个 VLAN ID。

交换机插入类型字段和标记控制信息字段后，它会重新计算 FCS 值并将新的 FCS 插入帧。

4. 本征 VLAN 和 802.1Q 标记

支持中继的某些设备会在本征 VLAN 流量中添加 VLAN 标记。而发送到本征 VLAN 上的控制流量不应添加标记。如果 802.1Q 中继端口收到的有标记帧的 VLAN ID 与本征 VLAN 相同，则会丢弃该帧。因此，在思科交换机上配置交换机端口时，要配置设备不发送本征 VLAN 上的有标记帧。其他厂商生产的在本征 VLAN 上支持有标记帧的设备涉及 IP 电话、服务器、路由器和非思科交换机。

当思科交换机 TRUNK 端口收到无标记帧时（在设计合理的网络中并不常见），它会将这些帧转发到本征 VLAN。如果没有设备与本征 VLAN 关联（并不少见），并且没有其他 TRUNK 端口（并不少见），则会将帧丢弃。默认的本征 VLAN 为 VLAN 1。当配置 802.1Q TRUNK 端口时，默认 Port VLAN ID（PVID）分配本征 VLAN ID 的值。所有出入 802.1Q 端口的无标记流量根据 PVID 值转发。例如，如果 VLAN 99 配置为本征 VLAN，则 PVID 为 99，所有的无标记流量转发到 VLAN 99。如果没有重新配置本征 VLAN，则 PVID 值设置为 VLAN 1。

在图 6-8 中，PC1 通过集线器连接到 802.1Q TRUNK 链路。PC1 发送无标记流量，交换机与中继端口上配置的本征 VLAN 关联并相应地转发流量。PC1 在 TRUNK 上收到的有标记流量将被丢弃。

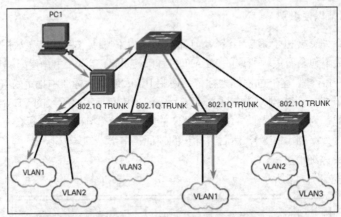

图 6-8　802.1Q TRUNK 上的本征 VLAN

此场景反映了不理想的网络设计，原因如下：使用传统的集线器，主机连接到 TRUNK 链路，并且它意味着交换机的接入端口已分配给本征 VLAN。这也说明了 IEEE 802.1Q 规范使用本征 VLAN 来处理传统场景的动机。

5．语音 VLAN 标记

回想一下，要支持 VoIP，需要单独的语音 VLAN。

用于连接思科 IP 电话的接入端口可配置为使用两个单独的 VLAN：一个 VLAN 用于语音流量，另一个 VLAN 用于与电话连接的设备所发出的数据流量。交换机和 IP 电话之间的链路充当 TRUNK，用以传送语音 VLAN 流量和数据 VLAN 流量。

思科 IP 电话包含一个集成式三端口 10/100 交换机。从这些端口可连接到如下设备。

- 端口 1 连接到交换机或其他 VoIP 设备。
- 端口 2 是内部 10/100 接口，用于传送 IP 电话流量。
- 端口 3（接入端口）连接到 PC 或其他设备。

在交换机上，将访问配置为发送思科发现协议（CDP）数据包，该数据包将指示已连接的 IP 电话根据流量类型，以以下三种方式之一将语音流量发送到交换机：

- 以标记了第 2 层服务类别优先级值的语音 VLAN 发送；
- 以标记了第 2 层 CoS 优先级值的访问 VLAN 发送；
- 以无标记（无第 2 层 CoS 优先级值）的访问 VLAN 发送。

在图 6-9 中，学生计算机 PC5 连接到思科 IP 电话，而电话又连接到交换机 S3。VLAN 150 用于传送语音流量，而 PC5 位于供学生数据使用的 VLAN 20 中。

示例配置

例 6-2 显示了示例输出。请注意突出显示区域表示 F0/18 接口已配置为支持一个数据 VLAN（VLAN 20）和一个语音 VLAN（VLAN 150）。

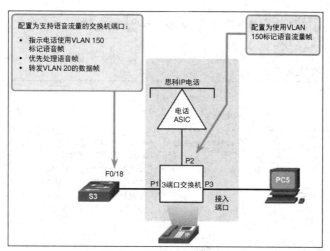

图 6-9 语音 VLAN 标记

注意： 关于思科 IOS 语音命令的讨论不在本课程的讨论范围之内。

例 6-2 检验语音 VLAN 配置

```
S1# show interfaces fa0/18 switchport
Name: Fa0/18
Switchport: Enabled
Administrative Mode: static access
Operational Mode: down
Administrative Trunking Encapsulation: dot1q
Negotiation of Trunking: Off
Access Mode VLAN: 20 (student)
Trunking Native Mode VLAN: 1 (default)
Administrative Native VLAN tagging: enabled
Voice VLAN: 150 (voice)

<output omitted>
```

6.2 VLAN 实施情况

VLAN 广泛用于网络中。因此，了解如何在企业网络中正确实施 VLAN 是所有网络管理员必须掌握的必备技能。

在这一部分，您将学习如何实施 VLAN 来对中小型企业网络进行分段。

6.2.1 VLAN 分配

在本节中，您将根据需求配置要分配给某一 VLAN 的交换机端口。

1. Catalyst 交换机上的 VLAN 范围

不同的思科 Catalyst 交换机支持不同数量的 VLAN。支持的 VLAN 数足以满足大多数企业需要。例如，Catalyst 2960 和 3560 系列交换机支持 4,000 多个 VLAN。在这些交换机上，普通范围的 VLAN

编号为 1～1,005，扩展范围的 VLAN 编号为 1,006～4,094。例 6-3 显示了运行思科 IOS 版本 15.x 的 Catalyst 2960 交换机上的 VLAN。

例 6-3　普通范围的 VLAN

```
S1# show vlan brief

VLAN Name                             Status    Ports
---- -------------------------------- --------- -------------------------------
1    default                          active    Fa0/1, Fa0/2, Fa0/3, Fa0/4
                                                Fa0/5, Fa0/6, Fa0/7, Fa0/8
                                                Fa0/9, Fa0/10, Fa0/11, Fa0/12
                                                Fa0/13, Fa0/14, Fa0/15, Fa0/16
                                                Fa0/17, Fa0/18, Fa0/19, Fa0/20
                                                Fa0/21, Fa0/22, Fa0/23, Fa0/24
                                                Gi0/1, Gi0/2
1002 fddi-default                     act/unsup
1003 token-ring-default               act/unsup
1004 fddinet-default                  act/unsup
1005 trnet-default                    act/unsup
```

普通范围的 VLAN

- 用于中小型商业网络和企业网络。
- VLAN ID 范围为 1～1005。
- ID 1002～1005 是预留给令牌环和光纤分布式数据接口（FDDI）VLAN 的。
- ID 1 和 ID 1002～1005 是自动创建的，不能删除。
- 配置存储在名为 vlan.dat 的 VLAN 数据库文件中。vlan.dat 文件位于交换机的闪存中。
- VLAN 中继协议（VTP）有助于管理交换机之间的 VLAN 配置，只能识别和存储普通范围的 VLAN。

扩展范围的 VLAN

- 可让服务提供商扩展自己的基础架构以适应更多的客户。某些跨国企业的规模很大，从而需要使用扩展范围的 VLAN ID。
- VLAN ID 范围从 1006～4094。
- 配置不会写入 vlan.dat 文件。
- 支持的 VLAN 功能比普通范围的 VLAN 更少。
- 默认保存在运行配置文件中。
- VTP 无法识别扩展范围的 VLAN。

注意：　由于 IEEE 802.1Q 报头的 VLAN ID 字段有 12 位，因此 4096 是 Catalyst 交换机上可用 VLAN 数的上限。

2. 创建 VLAN

当配置普通范围的 VLAN 时，配置详细信息存储在交换机闪存中名为 vlan.dat 的文件中。闪存是永久性的，不需要使用 **copy running-config startup-config** 命令。但是，由于在创建 VLAN 的同时通常也在思科交换机上配置了其他详细信息，比较好的做法是将运行配置更改保存到启动配置。

使用 **vlan** *vlan_id* 全局配置命令创建管理 VLAN。这将创建 VLAN 并进入 VLAN 配置模式。现在可以使用 **name** *vlan_name* VLAN 配置命令为此 VLAN 分配一个唯一的名称。

图 6-10 显示了如何在交换机 S1 上配置学生 VLAN（VLAN 20）。在拓扑示例中，学生计算机（PC2）没有与 VLAN 关联，但是它有 IP 地址 172.17.20.22。

6.2 VLAN 实施情况

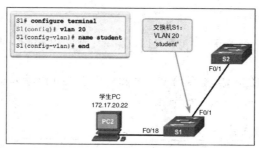

图 6-10 VLAN 配置示例

可以使用一条命令创建多个 VLAN，而不是一次只创建一个 VLAN。可以使用 **vlan** *vlan-id* 命令，输入以逗号（,）分隔的一系列 VLAN ID 或以连字符（-）分隔的 VLAN ID 范围。在例 6-4 中，使用一条命令创建 VLAN 100、102、以及 105 至 107。

例 6-4 创建多个 VLAN

```
S1(config)# vlan 100,102,105-107
S1(config)#
```

3. 为 VLAN 分配端口

在创建 VLAN 后，下一步是为 VLAN 分配端口。接入端口一次只能分配给一个 VLAN。此规则的一个例外是连接到 IP 电话的端口，在这种情况下，有两个 VLAN 与端口关联：一个用于语音，一个用于数据。

接入端口最常分配给 VLAN。尽管可选，但是强烈建议使用 **switchport mode access** 接口配置命令将端口定义为接入端口，将其作为确保安全的最佳做法。使用此命令后，接口变为永久接入模式。下一步，使用 **switchport access vlan** *vlan_id* 接口命令将端口分配给一个 VLAN。

注意： 使用 **interface range** 命令可同时配置多个接口。

在图 6-11 的示例中，VLAN 20 分配给交换机 S1 上的端口 F0/18；因此，学生计算机（PC2）位于 VLAN 20。在交换机端口上，而不是设备上配置 VLAN。PC2 配置了与交换机端口上配置的 VLAN 关联的 IPv4 地址和子网掩码，在本例中为 VLAN 20。当在其他交换机上配置 VLAN 20 时，网络管理员知道把其他学生计算机配置到与 PC2（172.17.20.0/24）相同的子网中。

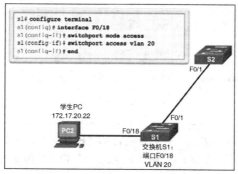

图 6-11 分配端口配置示例

如果交换机上不存在 VLAN，**switchport access vlan** 命令会强制创建一个 VLAN。例如，交换机的 **show vlan brief** 输出未显示 VLAN 30。如果在未作任何配置的接口上输入 **switchport access vlan 30** 命令，则交换机将显示以下消息：

```
%Access VLAN does not exist. Creating vlan 30
```

4. 更改 VLAN 端口成员

更改 VLAN 端口成员有许多方法。要将交换机端口更改回 VLAN 1，请使用 **no switchport access vlan** 接口配置模式命令。

在例 6-5 中，接口 F0/18 之前已分配给 VLAN 20。对接口 F0/18 输入 **no switchport access vlan** 命令。观察随即显示的 **show vlan brief** 命令输出。

例 6-5　删除 VLAN 分配配置

```
S1(config)# int fa0/18
S1(config-if)# no switchport access vlan
S1(config-if)# end
S1#
S1# show vlan brief

VLAN Name                             Status    Ports
---- -------------------------------- --------- -------------------------------
1    default                          active    Fa0/1, Fa0/2, Fa0/3, Fa0/4
                                                Fa0/5, Fa0/6, Fa0/7, Fa0/8
                                                Fa0/9, Fa0/10, Fa0/11, Fa0/12
                                                Fa0/13, Fa0/14, Fa0/15, Fa0/16
                                                Fa0/17, Fa0/18, Fa0/19, Fa0/20
                                                Fa0/21, Fa0/22, Fa0/23, Fa0/24
                                                Gi0/1, Gi0/2
20   student                          active
1002 fddi-default                     act/unsup
1003 token-ring-default               act/unsup
1004 fddinet-default                  act/unsup
1005 trnet-default                    act/unsup
S1#
```

show vlan brief 命令显示所有交换机端口的 VLAN 分配和成员类型。它确定 VLAN、VLAN 名称、状态和作为 VLAN 成员的交换机端口。

请注意，即使没有分配端口，VLAN 20 仍然处于活动状态。

在例 6-6 中，**show interfaces f0/18 switchport** 输出可以验证接口 F0/18 的接入 VLAN 已重置为 VLAN 1。

例 6-6　检验 VLAN 已移除

```
S1# sh interfaces fa0/18 switchport
Name: Fa0/18
Switchport: Enabled
Administrative Mode: static access
Operational Mode: down
Administrative Trunking Encapsulation: dot1q
Negotiation of Trunking: Off
Access Mode VLAN: 1 (default)
Trunking Native Mode VLAN: 1 (default)

<output omitted>
```

端口的 VLAN 成员可以轻松更改。不需要先从 VLAN 移除端口来更改 VLAN 成员。当接入端口将其 VLAN 成员重新分配给另一个现有的 VLAN 时，新的 VLAN 成员会取代上一个 VLAN 成员。在例 6-7 中，端口 F0/11 已分配给 VLAN 20。

例 6-7　将端口分配给 VLAN

```
S1# config t
S1(config)# int fa0/11
S1(config-if)# switchport mode access
```

```
S1(config-if)# switchport access vlan 20
S1(config-if)# end
S1#
S1# show vlan brief

VLAN Name                             Status    Ports
---- -------------------------------- --------- -------------------------------
1    default                          active    Fa0/1, Fa0/2, Fa0/3, Fa0/4
                                                Fa0/5, Fa0/6, Fa0/7, Fa0/8
                                                Fa0/9, Fa0/10, Fa0/12, Fa0/13
                                                Fa0/14, Fa0/15, Fa0/16, Fa0/17
                                                Fa0/18, Fa0/19, Fa0/20, Fa0/21
                                                Fa0/22, Fa0/23, Fa0/24, Gi0/1
                                                Gi0/2
20   student                          active    Fa0/11
1002 fddi-default                     act/unsup
1003 token-ring-default               act/unsup
1004 fddinet-default                  act/unsup
1005 trnet-default                    act/unsup
S1#
```

5. 删除 VLAN

在例 6-8 中，**no vlan** *vlan-id* 全局配置模式命令用于从交换机删除 VLAN 20。交换机 S1 具有最低配置，使用 VLAN 1 中的所有端口和 VLAN 数据库中未使用的 VLAN 20。使用 **no vlan 20** 命令后，**show vlan brief** 命令可以验证 vlan.dat 文件中已不再显示 VLAN 20。

例 6-8　删除 VLAN

```
S1# conf t
S1(config)# no vlan 20
S1(config)# end
S1#
S1# show vlan brief

VLAN Name                             Status    Ports
---- -------------------------------- --------- -------------------------------
1    default                          active    Fa0/1, Fa0/2, Fa0/3, Fa0/4
                                                Fa0/5, Fa0/6, Fa0/7, Fa0/8
                                                Fa0/9, Fa0/10, Fa0/12, Fa0/13
                                                Fa0/14, Fa0/15, Fa0/16, Fa0/17
                                                Fa0/18, Fa0/19, Fa0/20, Fa0/21
                                                Fa0/22, Fa0/23, Fa0/24, Gi0/1
                                                Gi0/2
1002 fddi-default                     act/unsup
1003 token-ring-default               act/unsup
1004 fddinet-default                  act/unsup
1005 trnet-default                    act/unsup
S1#
```

注意： 在删除 VLAN 之前，请先将所有成员端口重新分配到另一个 VLAN。VLAN 被删除之后，未转移到活动 VLAN 的端口都将无法与其他主机通信，直到它们分配给活动 VLAN。

另外，也可以使用 **delete flash:vlan.dat** 特权 EXEC 模式命令删除整个 vlan.dat 文件。如果 vlan.dat 文件未从其默认位置移动，可以使用缩写命令版本（**delete vlan.dat**）。在发出此命令并重新加载交换机之后，先前配置的 VLAN 不再显示。这种方法能有效地将交换机的 VLAN 配置恢复为出厂默认状态。

注意： 对于 Catalyst 交换机，必须在重新加载之前同时使用 **erase startup-config** 命令和 **delete vlan.dat** 命令，才能将交换机恢复为出厂默认状态。

6. 验证 VLAN 信息

可以使用思科 IOS **show** 命令验证 VLAN 配置。

show vlan [**brief** | **id** *vlan-id* | **name** *vlan-name* | **summary**]

表 6-1 列出了 **show vlan** 命令中每个命令选项的说明。

表 6-1　show vlan 命令选项

参　数	说　明
brief	在一行中显示每个 VLAN 的 VLAN 名称、状态及其端口
id *vlan-id*	显示由 VLAN ID 号标识的某个 VLAN 的相关信息。对于 *vlan-id*，其范围为 1~4094
name *vlan-name*	显示由 VLAN 名称标识的某个 VLAN 的相关信息。VLAN 名称是长度介于 1~32 个字符之间的 ASCII 字符串
summary	显示 VLAN 摘要信息

例 6-8 显示了 **show vlan brief** 命令的示例。

在例 6-9 中，**show vlan name student** 命令生成了有关 VLAN 的详细输出。

例 6-9　show vlan name 命令

```
S1# show vlan name student

VLAN Name                            Status    Ports
---- -------------------------------- --------- -------------------------------
20   student                          active    Fa0/11, Fa0/18

VLAN Type  SAID       MTU   Parent RingNo BridgeNo Stp  BrdgMode Trans1 Trans2
---- ----- ---------- ----- ------ ------ -------- ---- -------- ------ ------
20   enet  100020     1500  -      -      -        -             0      0

Remote SPAN VLAN
----------------
Disabled

Primary Secondary Type              Ports
------- --------- ----------------- ------------------------------------------

S1#
```

show vlan summary 命令会显示所有配置的 VLAN 数总和。例 6-10 的输出显示七个 VLAN。

例 6-10　show vlan summary 命令

```
S1# show vlan summary
Number of existing VLANs        : 7
 Number of existing VTP VLANs   : 7
 Number of existing extended VLANS : 0

S1#
```

show interfaces 命令使用 vlan vlan_id 参数还可以用于验证与 VLAN 相关的信息，如下所示：

show interfaces [*interface-id* | **vlan** *vlan_id*] | **switchport**

表 6-2 列出了每个命令参数的说明。

表 6-2　show interfaces 命令选项

参　数	说　明
interface-id	有效的接口包含物理端口（包括类型、模块和端口号）和端口通道。端口通道的范围是 1~6
vlan *vlan-id*	VLAN 标识，范围为 1~4094
switchport	显示交换端口的管理状态和运行状态，包括端口阻塞设置和端口保护设置

重要的 VLAN 状态信息显示在第二行。在例 6-11 中，输出表明 VLAN 20 已关闭。

例 6-11　show interfaces vlan 命令

```
S1# show interfaces vlan 20
Vlan20 is down, line protocol is down
  Hardware is EtherSVI, address is 0cd9.96e2.3d41 (bia 0cd9.96e2.3d41)
  MTU 1500 bytes, BW 1000000 Kbit/sec, DLY 10 usec,
     reliability 255/255, txload 1/255, rxload 1/255
  Encapsulation ARPA, loopback not set
  Keepalive not supported
  ARP type: ARPA, ARP Timeout 04:00:00
  Last input never, output never, output hang never
  Last clearing of "show interface" counters never
  Input queue: 0/75/0/0 (size/max/drops/flushes); Total output drops: 0
  Queueing strategy: fifo
  Output queue: 0/40 (size/max)
  5 minute input rate 0 bits/sec, 0 packets/sec
  5 minute output rate 0 bits/sec, 0 packets/sec
     0 packets input, 0 bytes, 0 no buffer
     Received 0 broadcasts (0 IP multicasts)
     0 runts, 0 giants, 0 throttles
     0 input errors, 0 CRC, 0 frame, 0 overrun, 0 ignored
     0 packets output, 0 bytes, 0 underruns
     0 output errors, 0 interface resets
     0 unknown protocol drops
     0 output buffer failures, 0 output buffers swapped out
S1#
```

例 6-6 显示了 **show interfaces** *interface-id* **switchport** 命令的一个示例。

6.2.2　VLAN 中继

在本节中，您将学习如何在 LAN 交换机上配置中继端口。

1. 配置 IEEE 802.1Q TRUNK 链路

VLAN TRUNK 是两台交换机之间的 OSI 第 2 层链路，为所有 VLAN 传输流量（除非允许的 VLAN 列表已被手动或动态地限制）。要启用 TRUNK 链路，则使用几组并行命令配置物理链路任意一端的端口。

要配置中继链路其中一端的交换机端口，则使用 **switchport mode trunk** 接口配置命令。使用此命令后，接口变为永久中继模式。端口参与到动态中继协议（DTP）协商，将链路转换为 TRUNK 链路，即使它连接的接口不同意更改。在本课程中，**switchport mode trunk** 命令是用于实施中继配置的唯一方法。

> **注意：**　DTP 是在 Catalyst 2960 和 Catalyst 3560 系列交换机上自动启用的思科专有协议。DTP 不在本课程的讨论范围之内。

本征 VLAN 也可以更改。指定本征 VLAN（除 VLAN 1 之外）的思科 IOS 命令语法是 **switchport trunk native vlan** *vlan_id*。

使用思科 IOS **switchport trunk allowed vlan** *vlan-list* 命令指定在中继链路上允许的 VLAN 列表。

在图 6-12 的拓扑中，VLAN 10、20 和 30 分别支持教师、学生和访客计算机（PC1、PC2 和 PC3）。交换机 S1 上的 F0/1 端口配置为 TRUNK 端口，并为 VLAN 10、20 和 30 转发流量。VLAN 99 配置为本征 VLAN。

例 6-12 显示了交换机 S1 上的 F0/1 端口配置为 TRUNK 端口。本征 VLAN 更改为 VLAN 99，并且允许的 VLAN 列表限制为 10、20、30 和 99。

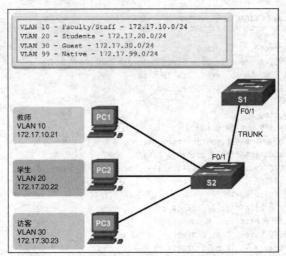

图 6-12 TRUNK 配置拓扑

例 6-12 TRUNK 配置示例

```
S1(config)# interface FastEthernet0/1
S1(config-if)# switchport mode trunk
S1(config-if)# switchport trunk native vlan 99
S1(config-if)# switchport trunk allowed vlan 10,20,30,99
S1(config-if)# end
ES1#
```

> **注意：** 此配置假定使用思科 Catalyst 2960 交换机，该交换机自动在 TRUNK 链路上使用 802.1Q 封装。其他型号的交换机可能需要手动配置封装。一条 TRUNK 链路的两端始终使用相同的本征 VLAN。如果两端的 802.1Q TRUNK 配置不同，思科 IOS 软件将报告错误。

2. 将 TRUNK 重置为默认状态

有时有必要将中继重置为默认状态，甚至禁用中继并将端口转换为接入端口。

要重置中继以允许所有 VLAN，请使用 **no switchport trunk allowed vlan** 接口配置命令。

要将本征 VLAN 重置为 VLAN 1，请使用 **no switchport trunk native vlan** 接口配置命令。

例 6-13 显示了用于将中继接口的所有中继特性重置为默认设置的命令。**show interfaces f0/1 switchport** 命令表明中继已重新配置为默认状态。

例 6-13 重置 TRUNK 链路示例

```
S1(config)# interface f0/1
S1(config-if)# no switchport trunk allowed vlan
S1(config-if)# no switchport trunk native vlan
S1(config-if)# end
S1#
S1# show interfaces f0/1 switchport
Name: Fa0/1
Switchport: Enabled
Administrative Mode: trunk
Operational Mode: trunk
Administrative Trunking Encapsulation: dot1q
Operational Trunking Encapsulation: dot1q
```

```
Negotiation of Trunking: On
Access Mode VLAN: 1 (default)
Trunking Native Mode VLAN: 1 (default)
Administrative Native VLAN tagging: enabled
<output omitted>
Administrative private-vlan trunk mappings: none
Operational private-vlan: none
Trunking VLANs Enabled: ALL
Pruning VLANs Enabled: 2-1001
<output omitted>
```

最后，要将端口设置为非中继端口（也就是接入模式），请使用 **switchport mode access** 接口命令。

在例 6-14 中，示例输出中显示的命令用于从交换机 S1 的交换机端口 F0/1 上删除 TRUNK 功能。**show interfaces f0/1 switchport** 命令表明 F0/1 接口现已处于静态接入模式。

例 6-14 将端口重置为接入模式

```
S1(config)# interface f0/1
S1(config-if)# switchport mode access
S1(config-if)# end
S1#
S1# show interfaces f0/1 switchport
Name: Fa0/1
Switchport: Enabled
Administrative Mode: static access
Operational Mode: static access
Administrative Trunking Encapsulation: dot1q
Operational Trunking Encapsulation: native
Negotiation of Trunking: Off
Access Mode VLAN: 1 (default)
Trunking Native Mode VLAN: 1 (default)
Administrative Native VLAN tagging: enabled
<output omitted>
```

3. 验证 TRUNK 配置

例 6-15 在交换机 S1 的端口 F0/1 上使用本征 VLAN 99 配置一条中继链路。使用 **show interfaces** *interface-ID* **switchport** 命令可验证配置。

例 6-15 配置并检验中继

```
S1(config)# interface f0/1
S1(config-if)# switchport mode trunk
S1(config-if)# switchport trunk native vlan 99
S1(config-if)# end
S1#
S1# show interfaces f0/1 switchport
Name: Fa0/1
Switchport: Enabled
Administrative Mode: trunk
Operational Mode: trunk
Administrative Trunking Encapsulation: dot1q
Operational Trunking Encapsulation: dot1q
Negotiation of Trunking: On
Access Mode VLAN: 1 (default)
Trunking Native Mode VLAN: 99 (VLAN0099)
Administrative Native VLAN tagging: enabled
Voice VLAN: none
Administrative private-vlan host-association: none
Administrative private-vlan mapping: none
Administrative private-vlan trunk native VLAN: none
```

```
Administrative private-vlan trunk Native VLAN tagging: enabled
Administrative private-vlan trunk encapsulation: dot1q
Administrative private-vlan trunk normal VLANs: none
Administrative private-vlan trunk associations: none
Administrative private-vlan trunk mappings: none
Operational private-vlan: none
Trunking VLANs Enabled: ALL
Pruning VLANs Enabled: 2-1001
<output omitted>
```

最上面突出显示的区域显示，端口 F0/1 的管理模式已设置为 **trunk**。该端口处于中继模式。第二处突出显示的区域表明，本征 VLAN 为 VLAN 99。继续观察输出，最下面突出显示的区域显示，该 TRUNK 已启用所有 VLAN。

6.2.3 排除 VLAN 和中继故障

在本节中，您将排除交换网络中的 VLAN 和中继配置故障。

1. 使用 VLAN 的 IP 编址问题

每个 VLAN 必须对应唯一的 IP 子网。如果同一个 VLAN 中的两台设备具有不同的子网地址，它们将无法通信。这是比较常见的一种问题，但也很容易解决，只需找出不正确的配置，然后将子网地址更改为正确的地址。

在图 6-13 中，PC1 无法连接到所示的 Web/TFTP 服务器。

如例 6-16 所示，检查完 PC1 的 IPv4 配置设置后，发现配置 VLAN 时出现最常见的错误：IPv4 地址配置不正确。PC1 配置的 IPv4 地址为 172.172.10.21，但是正确的配置应该是 172.17.10.21。

例 6-16 问题：错误的 IP 地址

```
PC> ipconfig

   IP Address.....................: 172.172.10.21
   Subnet Mask....................: 255.255.0.0
   Default Gateway................: 0.0.0.0
PC>
```

在图 6-14 中，PC1 快速以太网配置对话框显示，IPv4 地址已更新为 172.17.10.21。

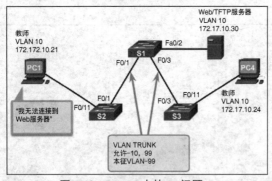

图 6-13　VLAN 内的 IP 问题

图 6-14　解决方案：更改 IP 地址

例 6-17 中的输出显示 PC1 已与 IPv4 地址为 172.17.10.30 的 Web/TFTP 服务器重新建立连接。

例 6-17　检验从 PC1 到 Web/TFTP 服务器的连接

```
PC> ping 172.17.10.30

Pinging 172.17.10.30 with 32 bytes of data:
```

```
Reply from 172.17.10.30: bytes=32 time=17ms TTL=255
Reply from 172.17.10.30: bytes=32 time=15ms TTL=255
Reply from 172.17.10.30: bytes=32 time=18ms TTL=255
Reply from 172.17.10.30: bytes=32 time=19ms TTL=255

Ping statistics for 172.17.10.30:
    Packets: Sent = 4, Received = 4, Lost = 0 (0% loss),
Approximate round trip times in milli-seconds:
    Minimum = 15ms, Maximum = 19ms, Average = 17ms

PC>
```

2. 缺失 VLAN

如果 VLAN 中的设备之间仍然没有连接，但是 IP 编址问题已经解决，请参阅图 6-15 中的故障排除流程图。

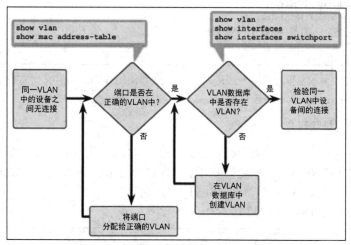

图 6-15　流程图：排除缺失 VLAN 的故障

步骤 1　第一步是验证端口是否位于正确的 VLAN 中。使用 **show vlan** 命令检查端口是否属于期望的 VLAN。

使用 **show mac address-table** 命令检查交换机的特定端口上获取的地址，以及将该端口分配到的 VLAN，如例 6-18 所示。

例 6-18　检验 VLAN 端口成员

```
S1# show mac address-table interface FastEthernet 0/1
          Mac Address Table
-------------------------------------------

Vlan    Mac Address       Type        Ports
----    -----------       --------    -----
 10     000c.296a.a21c    DYNAMIC     Fa0/1
 10     000f.34f9.9181    DYNAMIC     Fa0/1
Total Mac Addresses for this criterion: 2
S1#
```

该示例显示在 F0/1 接口上获取的 MAC 地址。可以看到 MAC 地址 000c.296a.a21c 是在 VLAN 10 中的 F0/1 接口上获取的。如果端口被分配到错误的 VLAN，请使用 **switchport access vlan** 接口配置命令纠正 VLAN 成员。

步骤 2 如果端口位于正确的 VLAN 中，随后验证该 VLAN 是否存在于 VLAN 数据库中。

交换机中的每个端口均属于一个 VLAN。如果删除了端口所属的 VLAN，则端口将变为非活动状态。已删除 VLAN 的端口将不会在 **show vlan** 命令的输出中列出。所有属于已删除的 VLAN 的端口都将无法与网络中的其他设备通信。

使用 **show interfaces switchport** 命令验证是否为端口分配了非活动 VLAN，如例 6-19 所示。

例 6-19 检验端口是否处于非活动状态

```
S1# show interfaces FastEthernet 0/1 switchport
Name: Fa0/1
Switchport: Enabled
Administrative Mode: static access
Operational Mode: static access
Administrative Trunking Encapsulation: dot1q
Operational Trunking Encapsulation: native
Negotiation of Trunking: Off
Access Mode VLAN: 10 (Inactive)
Trunking Native Mode VLAN: 1 (default)
Administrative Native VLAN tagging: enabled
Voice VLAN: none
S1#
```

如果端口处于非活动状态，它将无法进行工作，直到使用 **vlan** *vlan-id* 全局配置命令创建缺失的 VLAN，或使用 **no switchport access vlan** *vlan-id* 命令从端口中删除该 VLAN。

3. TRUNK 故障排除简介

网络管理员的一项常见任务是对中继形成过程或端口错误地作为中继端口进行故障排除。有时交换机端口可以充当 TRUNK 端口，即使它未配置为 TRUNK 端口。例如，接入端口可以接受来自除其所分配的 VLAN 以外的 VLAN 的帧。这称为 VLAN 泄漏。

图 6-16 显示了通用 TRUNK 故障排除指南的流程图。

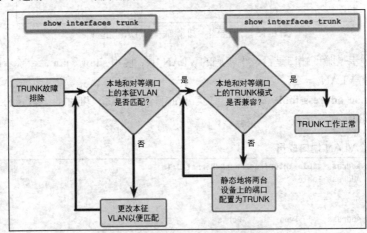

图 6-16 流程图：TRUNK 故障排除

当没有形成 TRUNK 或发生 VLAN 泄漏时，请按以下步骤排除故障。

步骤 1 验证是否存在本征 VLAN 不匹配。在本地交换机和远程设备上使用 **show interfaces trunk** 命令检查本征 VLAN 是否匹配。如果两端的本征 VLAN 不匹配，则发生了 VLAN 泄漏。

步骤 2 验证本地交换机和远程设备上的中继模式是否兼容。默认情况下，思科 Catalyst 交换机端口使用 DTP 并尝试协商 TRUNK 链路。但是，建议静态配置中继链路。使用 **show interfaces trunk** 命令显示 TRUNK 的状态、所使用的本征 VLAN 并验证 TRUNK 建立情况。

4. 中继的常见问题

中继问题通常由错误配置导致,如表 6-3 所示。

表 6-3 中继的常见问题

问 题	结 果	示 例
本征 VLAN 不匹配	引发安全风险并导致意外结果	例如,一个端口定义为 VLAN 99,而另一个端口定义为 VLAN 100
中继模式不匹配	导致网络连接丢失	例如,中继的一端配置为接入端口
TRUNK 上允许的 VLAN	导致意外的流量或没有流量通过 TRUNK 发送	允许的 VLAN 列表不支持当前的 VLAN 中继要求

当在交换基础设施上配置 VLAN 和 TRUNK 时,以下类型的配置错误最为常见。

- **本征 VLAN 不匹配**:TRUNK 端口配置了不同的本征 VLAN。此配置错误会生成控制台通知,且除其他问题外,还可导致 VLAN 间路由问题。这会造成安全威胁。
- **TRUNK 模式不匹配**:一个 TRUNK 端口配置为与相应对等端口上的中继不兼容的模式。这种配置错误会导致中继链路停止工作。请确保使用 **switchport mode trunk** 命令配置中继的两端。其他中继配置命令不在本课程的讨论范围之内。
- **TRUNK 上允许的 VLAN**:TRUNK 上允许的 VLAN 列表没有根据当前的 VLAN 中继需求进行更新。在这种情况下,中继上会发送意外的流量(或没有流量)。

如果发现 TRUNK 问题,并且如果原因未知,首先要检查 TRUNK 是否存在本征 VLAN 不匹配的问题。如果不是这个原因,请检查 TRUNK 模式不匹配问题,最后检查 TRUNK 上允许的 VLAN 列表。

本征 VLAN 不匹配

当互连中继链路上的本征 VLAN 不匹配时,CDP 将生成通知消息。例如,例 6-20 中的交换机 S1 正在生成有关本征 VLAN 不匹配的 CDP 通知消息。请注意消息中的输出如何确定 F0/1 正在使用 VLAN 2 而交换机 S2 的 F0/1 正在使用 VLAN 99。

例 6-20 中继检验命令

```
*Mar 1 06:45:26.232: %CDP-4-NATIVE_VLAN_MISMATCH: Native VLAN mismatch discovered
  on FastEthernet0/1 (2), with S2 FastEthernet0/1 (99).
S1#
S1# show interfaces f0/1 trunk

Port        Mode         Encapsulation    Status         Native vlan
Fa0/1       auto         802.1q           trunking       2

<output omitted>
```

show interfaces f0/1 trunk 命令确认通知消息信息。

由于中继的一端配置为本征 VLAN 99,而另一端配置为本征 VLAN 2,一个从 VLAN 99 一端发出的帧将被另一端的 VLAN 2 接收。因此,VLAN 99 会泄露到 VLAN 2 网段。

如果存在本征 VLAN 不匹配,则网络中将会出现连接问题。配置的除两个本征 VLAN 之外的 VLAN 的数据流量通过中继链路成功传播,但与任一本征 VLAN 相关的数据不能通过中继链路成功传播。

还请注意,例 6-20 中的本征 VLAN 不匹配问题没有阻止中继的形成,因为状态为 "trunking"。要解决本征 VLAN 不匹配的问题,请配置本征 VLAN 从而使链路两端的 VLAN 相同。

5. 端口模式不正确

TRUNK 链路通常使用 **switchport mode trunk** 命令静态配置。思科 Catalyst 交换机 TRUNK 端口使用 DTP 协商链路的状态。如果 TRUNK 链路上的端口所配置的 TRUNK 模式与相邻 TRUNK 端口不兼容，则两台交换机之间不能形成 TRUNK 链路。

在图 6-17 所示的场景中，PC4 无法连接到内部 Web 服务器。拓扑显示有效配置。出现问题的原因是什么？

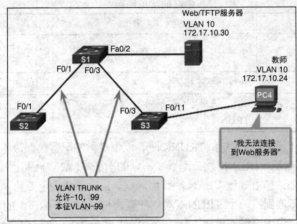

图 6-17　端口模式不正确场景

使用 **show interfaces trunk** 命令检查交换机 S1 上的 TRUNK 端口状态。例 6-21 中所示的输出显示，交换机 S1 上的接口 Fa0/1 和 Fa0/3 当前都是 VLAN 10 和 99 的中继。

例 6-21　S1：不匹配的端口模式

```
S1# show interfaces trunk

Port       Mode         Encapsulation    Status       Native vlan
Fa0/1      on           802.1q           trunking     99
Fa0/3      on           802.1q           trunking     99

Port       Vlans allowed on trunk
Fa0/1      10,99
Fa0/3      10,99

<output omitted>
S1#
S1# show interfaces fa0/3 switchport
Name: Fa0/3
Switchport: Enabled
Administrative Mode: trunk
<output omitted>
```

但是，在例 6-22 中，检查交换机 S3 上的 TRUNK 后发现，没有活动的 TRUNK 端口。这一点由缺少 **show interfaces trunk** 命令生成的输出来表示。

进一步检查后发现，Fa0/3 接口处于静态接入模式。这是因为该端口是使用 **switchport mode access** 命令创建的。这便是 TRUNK 失败的原因。

例 6-22　S3：不匹配的端口模式

```
S3# show interfaces trunk

S3# show interface fa0/3 switchport
Name: Fa0/3
Switchport: Enabled
Administrative Mode: static access
<output omitted>
```

要解决此问题，请重新配置交换机 S3 的 F0/3 端口的中继模式，如例 6-23 所示。

例 6-23　S3：纠正并检验 TRUNK 模式

```
S3(config)# interface f0/3
S3(config-if)# switch mode trunk
S3(config-if)# end
S3#
S3# show interfaces f0/3 switchport
Name: Fa0/3
Switchport: Enabled
Administrative Mode: trunk
<output omitted>
S3#
S3# show interfaces trunk

Port        Mode         Encapsulation   Status        Native vlan
Fa0/3       on           802.1q          trunking      99

Port        Vlans allowed on trunk
Fa0/3       10,99
<output omitted>
```

show interfaces 命令的输出表明，F0/3 现在处于中继模式。

例 6-24 中 PC4 的输出表明它已与 IPv4 地址为 172.17.10.30 的 Web/TFTP 服务器重新建立连接。

例 6-24　检验 PC 可以 ping 通服务器

```
PC> ping 172.17.10.30

Pinging 172.17.10.30 with 32 bytes of data:

Reply from 172.17.10.30: bytes=32 time=17ms TTL=255
Reply from 172.17.10.30: bytes=32 time=15ms TTL=255
Reply from 172.17.10.30: bytes=32 time=18ms TTL=255
Reply from 172.17.10.30: bytes=32 time=19ms TTL=255

Ping statistics for 172.17.10.30:
    Packets: Sent = 4, Received = 4, Lost = 0 (0% loss),
Approximate round trip times in milli-seconds:
    Minimum = 15ms, Maximum = 19ms, Average = 17ms

PC>
```

6. 不正确的 VLAN 列表

要让来自 VLAN 的流量通过 TRUNK 传输，必须在 TRUNK 上获得允许。要获得允许，请使用 **switchport trunk allowed vlan** *vlan-id* 命令。

在图 6-18 中，VLAN 20（学生）和 PC5 已加入网络。文档已经更新，现在文档显示中继上允许的 VLAN 有 10、20 和 99。在这种情况下，PC5 无法连接到学生电子邮件服务器。

如例 6-25 所示，使用 **show interfaces trunk** 命令查看交换机 S1 上的 TRUNK 端口。**show interfaces trunk** 命令是揭示常见中继问题的有力工具。

例 6-25　S1：缺失 VLAN

```
S1# show interfaces trunk

Port        Mode         Encapsulation   Status        Native vlan
Fa0/1       on           802.1q          trunking      99
Fa0/3       on           802.1q          trunking      99
```

```
Port          Vlans allowed on trunk
Fa0/1         10,99
Fa0/3         10,99
<output omitted>
S1#
```

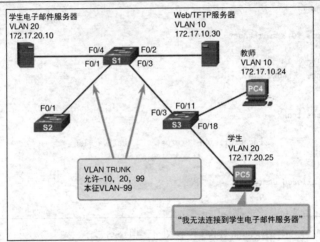

图 6-18　不正确的 VLAN 列表场景

检查交换机 S1 后发现，接口 F0/1 和 F0/3 只允许 VLAN 10 和 99。有人更新了文档，但忘了重新配置交换机 S1 上的端口。

在例 6-26 中，该命令表明，交换机 S3 上的接口 F0/3 已正确配置为允许 VLAN 10、20 和 99。因此，错误配置在 S1 上。

例 6-26　S3：缺失 VLAN

```
S3# show interfaces trunk
Port         Mode          Encapsulation  Status        Native vlan
Fa0/3        on            802.1q         trunking      99

Port         Vlans allowed on trunk
Fa0/3        10,20,99
<output omitted>
S3#
```

如例 6-27 所示，使用 **switchport trunk allowed vlan 10,20,99** 命令重新配置交换机 S1 上的接口 F0/1 和 F0/3。

例 6-27　S1：已纠正的 VLAN 列表

```
S1(config)# interface fa0/1
S1(config-if)# switchport trunk allowed vlan 10,20,99
S1(config-if)# interface fa0/3
S1(config-if)# switchport trunk allowed vlan 10,20,99
S1(config-if)# end
S1#
S1# show interfaces trunk

Port         Mode          Encapsulation  Status        Native vlan
Fa0/1        on            802.1q         trunking      99
Fa0/3        on            802.1q         trunking      99

Port         Vlans allowed on trunk
Fa0/1        10,20,99
```

```
    Fa0/3            10,20,99
<output omitted>
```

输出显示,VLAN 10、20 和 99 现已添加到交换机 S1 的 F0/1 和 F0/3 端口上。

如例 6-28 所示,PC5 已与 IPv4 地址为 172.17.20.10 的学生电子邮件服务器重新建立连接。

例 6-28　检验 PC 可以 ping 通服务器

```
PC> ping 172.17.20.30

Pinging 172.17.20.30 with 32 bytes of data:

Reply from 172.17.20.30: bytes=32 time=17ms TTL=255
Reply from 172.17.20.30: bytes=32 time=15ms TTL=255
Reply from 172.17.20.30: bytes=32 time=18ms TTL=255
Reply from 172.17.20.30: bytes=32 time=19ms TTL=255

Ping statistics for 172.17.20.30:
    Packets: Sent = 4, Received = 4, Lost = 0 (0% loss),
Approximate round trip times in milli-seconds:
    Minimum = 15ms, Maximum = 19ms, Average = 17ms

PC>
```

6.3　使用路由器的 VLAN 间路由

VLAN 中的所有主机必须位于同一网络。当流量发往不在同一 VLAN 的主机时会发生什么情况?必须使用路由器或第 3 层交换机的服务在 VLAN 间转发流量。

在这一部分,您将在中小型企业网络中配置 VLAN 间路由。

6.3.1　VLAN 间路由操作

在本节中,您将了解配置 VLAN 间路由的两个选项。

1. 什么是 VLAN 间路由

VLAN 用于分段交换网络。第 2 层交换机(如,Catalyst 2960 系列)可配置具有超过 4,000 个 VLAN。因为 VLAN 是广播域,所以如果没有路由设备的参与,不同 VLAN 上的计算机就无法通信。由于第 2 层交换机的 IPv4 和 IPv6 功能非常有限,所以无法执行路由器的动态路由功能。虽然第 2 层交换机获得的 IP 功能更多,如能够执行静态路由,但这不足以处理这些大量 VLAN。

任何支持第 3 层路由的设备(例如路由器或多层交换机),都可以用于执行必要的路由功能,如图 6-19 所示。

无论使用何种设备,使用路由将网络流量从一个 VLAN 转发至另一个 VLAN 的过程统称为 VLAN 间路由。

VLAN 间路由有三种选项:

- 传统 VLAN 间路由;
- 单臂路由器;
- 使用 SVI 进行第 3 层交换。

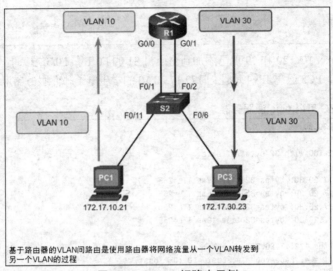

图 6-19 VLAN 间路由示例

注意： 本章重点介绍前两个选项。使用 SVI 进行第 3 层交换不在本课程的讨论范围之内。

2. 传统 VLAN 间路由

传统上，第一个 VLAN 间路由的解决方案依赖于有多个物理接口的路由器。各接口必须连接到一个独立网络，并配置不同的子网。

在这种传统的方法中，通过将不同的物理路由器接口连接至不同的物理交换机端口来执行 VLAN 间路由。连接至路由器的交换机端口处于接入模式中，且每个物理接口都分配给不同的 VLAN。这样，各路由器接口就能接收来自所连接的交换机接口的相关 VLAN 流量，而流量也能发送到与其他接口相连的其他 VLAN。

图 6-20 显示了传统 VLAN 间路由的示例。

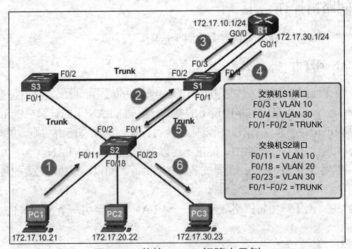

图 6-20 传统 VLAN 间路由示例

VLAN 10 中的 PC1 与 VLAN 30 中的 PC3 正通过路由器 R1 通信。

PC1 和 PC3 位于不同的 VLAN，且各自的 IPv4 地址也属于不同的子网。

对于每个 VLAN，路由器 R1 都配置有独立的接口。
1. PC1 将发往 PC3 的单播流量发送到 VLAN 10 中的交换机 S2。
2. S2 随后再从 TRUNK 接口将单播流量转发到交换机 S1。
3. 然后，交换机 S1 通过其接口 F0/3 将单播流量转发到路由器 R1 上的接口 G0/0。
4. 路由器通过连接到 VLAN 30 的接口 G0/1 发送该单播流量。路由器又将该单播流量转发到 VLAN 30 中的交换机 S1。
5. 交换机 S1 随后通过处于活动状态的 TRUNK 链路将该单播流量转发到交换机 S2。
6. 交换机 S2 随后可将该单播流量再转发到 VLAN 30 中的 PC3。

本示例中，路由器配置有两个独立的物理接口，与不同的 VLAN 交互并执行路由。

注意： 传统 VLAN 间路由的方法效率低下，在交换网络中通常不再使用。该课程仅供说明使用。

3. 单臂路由器 VLAN 间路由

虽然传统的 VLAN 间路由要求路由器和交换机上均具备多个物理接口，但是现在一种更普遍使用的 VLAN 间路由实施却不需要。相反，一些路由器软件允许将路由器接口配置为 TRUNK 链路，就是说路由器和交换机上只需要一个物理接口就可以在多个 VLAN 之间传送数据包。

"单臂路由器"是通过单个物理接口在网络中的多个 VLAN 之间路由流量的路由器配置。对路由器接口进行配置，使其以中继链路的方式运行，并将其与中继模式配置下的交换机端口相连。

通过接收中继接口上来自相邻交换机的 VLAN 标记流量，以及通过子接口在 VLAN 之间进行内部路由，路由器便可实现 VLAN 间路由。之后，路由器通过用于接收流量的同一物理接口，将路由流量和标记 VLAN 转发到目标 VLAN。

子接口是基于软件的虚拟接口，与单个物理接口相关联。路由器的软件中配置了子接口，并且每个子接口上都分别配置了 IP 地址和 VLAN 分配。根据各自的 VLAN 分配，每个子网络都配置了子接口以方便逻辑路由。基于目标 VLAN 进行路由决策后，数据帧会进行 VLAN 标记，并通过物理接口发送回去。

图 6-21 显示了单臂路由器 VLAN 间路由的示例。利用单个物理路由器接口，VLAN 10 中的 PC1 正经路由器 R1 与 VLAN 30 中的 PC3 通信。

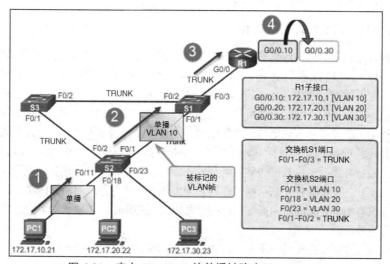

图 6-21　来自 VLAN 10 的单播被路由至 VLAN 30

1. PC1 将它的单播流量发送到交换机 S2。
2. 交换机 S2 将该单播流量标记为来源于 VLAN 10 后，将其从 TRUNK 链路转发到交换机 S1。
3. 交换机 S1 将标记流量从端口 F0/3 上的另一个中继接口转发到路由器 R1 上的接口。
4. 路由器 R1 接收 VLAN 10 上标记的单播流量，并通过为其所配置的子接口将该单播流量发送到 VLAN 30。

在图 6-22 中，R1 将流量发送到正确的 VLAN。

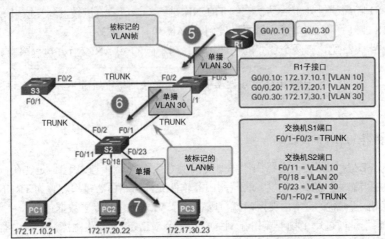

图 6-22　路由器使用 VLAN 30 标记单播帧

1. 单播流量从路由器接口发送到交换机 S1 时标记为 VLAN 30。
2. 交换机 S1 将被标记的单播流量从另一个中继链路转发到交换机 S2。
3. 交换机 S2 将单播帧的 VLAN 标记删除后，将该帧转发到端口 F0/23 上的 PC3。

注意：　VLAN 间路由的单臂路由器方法不能扩展超出 50 个 VLAN。

6.3.2　配置传统 VLAN 间路由

在本节中，您将配置传统 VLAN 间路由。

1. 配置传统 VLAN 间路由：准备工作

传统 VLAN 间路由要求路由器具有多个物理接口。路由器通过每个物理接口连接到唯一的 VLAN，从而实现路由。每个接口也都配置有一个子网的 IPv4 地址，该子网与所连接的特定 VLAN 相关联。由于各物理接口配置了 IPv4 地址，与各个 VLAN 相连的网络设备可通过连接到同一 VLAN 的物理接口与路由器通信。本配置中，网络设备可将路由器用作网关，以访问与其他 VLAN 相连接的设备。

路由的过程中，源设备必须确定目标设备相对本地子网而言是本地设备还是远程设备。要完成此任务，源设备会将源 IPv4 地址和目标 IPv4 地址与子网掩码进行比较。如果目标 IPv4 地址已确定在远程网络中，则源设备必须确定将数据包转发到何处才能到达目标设备。源设备将检查本地路由表，确定将数据发送到何处。设备会将其默认网关作为必须离开本地子网的所有流量的第 2 层目的地。默认网关是指设备在没有明确定义的路由通往目标网络时所使用的路由。本地子网上的路由器接口的 IPv4 地址可作为发送设备的默认网关。

当源设备已确定数据包必须经由所连 VLAN 上的本地路由器接口传输时，源设备将发出 ARP 请求以确定本地路由器接口的 MAC 地址。当路由器将 ARP 应答发回源设备时，源设备就可以使用 MAC

地址完成数据包成帧，然后将其作为单播流量发送到网络。

由于以太网帧含有路由器接口的目标 MAC 地址，因此交换机知道应该通过哪个端口将单播流量转发到 VLAN 上的路由器接口。帧到达路由器时，路由器删除源 MAC 地址和目标 MAC 地址信息以检查数据包的目标 IPv4 地址。路由器将目标地址与路由表中的条目相比较，以确定应将该数据从哪个位置转发到最终目的地。如果路由器确定目标网络为本地连接的网络（VLAN 间路由即属于这种情况），则路由器会通过与目标 VLAN 相连接的物理接口发送 ARP 请求。路由器收到目标设备返回的 MAC 地址后，便将其用于数据成帧。随后，路由器将单播流量发送到交换机，交换机再将流量从与目标设备相连的端口转发出去。

虽然 VLAN 间路由的工作原理的步骤很繁杂，但当不同 VLAN 上的两部设备通过路由器进行通信时，整个过程仅需数秒即可完成。

2. 配置传统 VLAN 间路由：交换机配置

配置交换机后才能开始配置传统 VLAN 间路由。

如图 6-23 所示，路由器 R1 与交换机端口 F0/4 和 F0/5 相连，这两个端口分别配置给了 VLAN 10 和 VLAN 30。

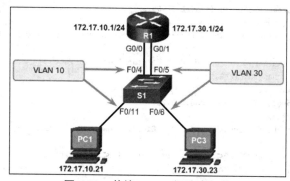

图 6-23　传统 VLAN 间路由拓扑

例 6-29 显示了交换机 S1 的传统 VLAN 间路由配置。

例 6-29　传统 VLAN 间路由：交换机配置

```
S1(config)# vlan 10 , 30
S1(config-vlan)# exit
S1(config)#
S1(config)# interface f0/11
S1(config-if)# switchport access vlan 10
S1(config-if)# interface f0/4
S1(config-if)# switchport access vlan 10
S1(config-if)# interface f0/6
S1(config-if)# switchport access vlan 30
S1(config-if)# interface f0/5
S1(config-if)# switchport access vlan 30
S1(config-if)# end
*Mar 20 01:22:56.751: %SYS-5-CONFIG_I: Configured from console by console
S1#
S1# copy running-config startup-config
Destination filename [startup-config]?
Building configuration...
[OK]
```

使用 **vlan** *vlan_id* 全局配置模式命令创建 VLAN。本示例中，VLAN 10 和 VLAN 30 创建在交换机 S1 上。

创建 VLAN 后，交换机端口会分配给相应的 VLAN。在交换机的接口配置模式下，对每个与路由器连接的接口执行 **switchport access vlan** *vlan_id* 命令。

在本示例中，已使用 **switchport access vlan 10** 命令，将接口 F0/4 和 F0/11 分配给 VLAN 10。重复相同步骤，将交换机 S1 上的接口 F0/5 和 F0/6 分配给 VLAN 30。

最后，为避免重新加载交换机后配置丢失，执行 **copy running-config startup-config** 命令，将运行配置备份到启动配置。

3. 配置传统 VLAN 间路由：路由器接口配置

此时，配置路由器以执行 VLAN 间路由。

路由器接口配置的操作类似于在交换机上配置 VLAN 接口。从全局配置模式切换到接口配置模式以配置特定接口。

如例 6-30 所示，在接口配置模式下使用 **ip address** *ip_address subnet_mask* 命令配置每个接口的 IPv4 地址。

例 6-30　传统 VLAN 间路由：路由器配置

```
R1(config)# interface g0/0
R1(config-if)# ip address 172.17.10.1 255.255.255.0
R1(config-if)# no shutdown
*Mar 20 01:42:12.951: %LINK-3-UPDOWN: Interface GigabitEthernet0/0, changed state
  to up
*Mar 20 01:42:13.951: %LINEPROTO-5-UPDOWN: Line protocol on Interface
  GigabitEthernet0/0, changed state to up
R1(config-if)# interface g0/1
R1(config-if)# ip address 172.17.30.1 255.255.255.0
R1(config-if)# no shutdown
*Mar 20 01:42:54.951: %LINK-3-UPDOWN: Interface GigabitEthernet0/1, changed state
  to up
*Mar 20 01:42:55.951: %LINEPROTO-5-UPDOWN: Line protocol on Interface
  GigabitEthernet0/1, changed state to up
R1(config-if)# end
R1# copy running-config startup-config
R1#
```

在本示例中，使用 **ip address 172.17.10.1 255.255.255.0** 命令将接口 G0/0 的 IPv4 地址配置为 172.17.10.1，子网掩码配置为 255.255.255.0。

默认情况下禁用路由器接口，使用前必须使用 **no shutdown** 命令启用。在发出 **no shutdown** 接口配置模式命令后，会显示一条通知，指示接口状态已更改为打开。这说明接口现在已启用。

对所有路由器接口重复此步骤。需分配给各路由器接口实现路由的唯一子网。在本示例中，另一个路由器接口 G0/1 配置了 IPv4 地址 172.17.30.1，其子网与接口 G0/0 的子网不同。

为物理接口分配 IPv4 地址后，该接口即处于启用状态，路由器可执行 VLAN 间路由。

使用 **show ip route** 命令检查路由表。

在例 6-31 中，路由表显示了两个路由。一条通往连接到本地接口 G0/0 的子网 172.17.10.0。另一条通往连接到本地接口 G0/1 的子网 172.17.30.0。

例 6-31　检验路由表已具有 VLAN 网络

```
R1# show ip route | begin Gateway
Gateway of last resort is not set

      172.17.0.0/16 is variably subnetted, 4 subnets, 2 masks
C        172.17.10.0/24 is directly connected, GigabitEthernet0/0
L        172.17.10.1/32 is directly connected, GigabitEthernet0/0
C        172.17.30.0/24 is directly connected, GigabitEthernet0/1
```

```
L       172.17.30.1/32 is directly connected, GigabitEthernet0/1
R1#
```

路由器通过路由表确定所接收流量的发送位置。例如，如果在接口 G0/0 上接收到发往子网 172.17.30.0 的数据包，路由器将判断出，它需要将该数据包从接口 G0/1 发送到子网 172.17.30.0 中的主机。

请注意 VLAN 的每个路由条目左侧的字母 C。该字母表示与接口相连的本地路由，相应的接口同时也显示在路由条目中。

6.3.3 配置 VLAN 间单臂路由

在本节中，您将配置单臂路由器 VLAN 间路由。

1. 配置单臂路由器：准备

使用物理接口的传统 VLAN 间路由具有明显的限制。路由器上连接不同 VLAN 的物理接口数量有限。当网络上 VLAN 数量增加时，如果每个 VLAN 上都有一个物理路由器接口，那么就会很快耗尽路由器上物理接口的容量。在更大的网络中，替代办法是使用 VLAN 中继和子接口。VLAN 中继允许单个物理路由器接口路由多个 VLAN 的流量。此技术被称为单臂路由器，它是使用路由器上的虚拟子接口来克服基于物理路由器接口的硬件局限。

子接口是基于软件的虚拟接口，可分配到各物理接口。使用自己的 IP 地址和前缀长度独立配置各个子接口。这使单个物理接口可以同时属于多个逻辑网络。

> **注意：** 在与 IPv4 地址关联时，术语前缀长度可用于指 IPv4 子网掩码，在与 IPv6 地址关联时指 IPv6 前缀长度。

使用单臂路由器模式配置 VLAN 间路由时，路由器的物理接口必须与相邻交换机的中继链路相连接。在路由器上，子接口是为网络上每个唯一 VLAN 而创建的。各个子接口都分配了特定于其子网/VLAN 的 IP 地址，而且，同时也是为了标记该 VLAN 的帧。这样，路由器可以在流量通过中继链路返回交换机时区分各个子接口的流量。

从功能上说，单臂路由器模式与传统 VLAN 间路由模式是相同的，但这一模式使用单个物理接口的子接口执行路由，而不是使用物理接口。

使用 TRUNK 链路和子接口能减少所使用的路由器和交换机端口的数量。这样，不仅节约了成本，还降低了配置的复杂性。因此，相对于每个 VLAN 配置一个物理接口的配置设计，配置路由器子接口更适合有许多 VLAN 的网络。

2. 配置单臂路由器：交换机配置

使用单臂路由器启用 VLAN 间路由前，首先启用连接至路由器的交换机端口上的中继。

在图 6-24 中，路由器 R1 通过 TRUNK 端口 F0/5 连接到交换机 S1 上。

在例 6-32 中，VLAN 10 和 30 已添加到交换机 S1。

例 6-32 单臂路由器 VLAN 间路由：交换机配置

```
S1(config)# vlan 10
S1(config-vlan)# vlan 30
S1(config-vlan)# interface f0/5
S1(config-if)# switchport mode trunk
S1(config-if)# end
S1#
```

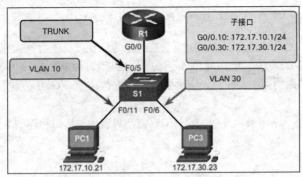

图 6-24 单臂路由器 VLAN 间路由拓扑

由于交换机端口 F0/5 配置为 TRUNK 端口，因此该端口不需要分配给任何 VLAN。要将交换机端口 F0/5 配置为中继端口，请在接口配置模式下为端口 F0/5 执行 **switchport mode trunk** 命令。

现在可配置路由器来执行 VLAN 间路由。

3. 配置单臂路由器：路由器子接口配置

相比传统 VLAN 间路由，使用单臂路由器配置时，路由器的配置是不同的。单臂路由器模式使用一个物理接口，该物理接口使用子接口为每个 VLAN 进行逻辑配置。

使用 **interface** *interface_id.subinterface_id* 全局配置模式命令创建各个子接口。子接口的语法为物理接口，加上一个点，再加上子接口编号。子接口编号可以是任何编号，但通常配置子接口编号以反映 VLAN 编号，例如接口 G0/0.10 和 G0/0.20。

下一步，子接口必须使用 **encapsulation dot1q** *vlan_id* **[native]** 命令配置为特定 VLAN 的 802.1Q TRUNK。仅为本征 VLAN 使用 **native** 选项。

接下来，使用 **ip address** *ip_address subnet_mask* 子接口配置模式命令为子接口分配 IPv4 地址。

为网络上配置的 VLAN 之间进行路由所需的所有路由器子接口，重复以上过程。要实现路由，各路由器子接口需分配唯一子网上的 IP 地址。此 IP 地址成为 VLAN 中所有主机的默认网关。

最后，必须启用物理接口。启用物理接口后，子接口将在配置后自动启用。在思科 IOS 软件的子接口配置模式级别，无需使用 **no shutdown** 命令启用子接口。

> **注意：** 如果物理接口被禁用，所有子接口都会被禁用。

可以使用 **shutdown** 命令管理性关闭各个子接口。此外,在子接口配置模式下,可使用 **no shutdown** 命令独立启用各个子接口。

在例 6-33 中，在 R1 的接口 G0/0 上配置了两个子接口。一个子接口用于 VLAN 10 而另一个子接口用于 VLAN 30。

例 6-33 单臂路由器 VLAN 间路由：路由器配置

```
R1(config)# interface g0/0.10
R1(config-subif)# encapsulation dot1q 10
R1(config-subif)# ip address 172.17.10.1 255.255.255.0
R1(config-subif)# interface g0/0.30
R1(config-subif)# encapsulation dot1q 30
R1(config-subif)# ip address 172.17.30.1 255.255.255.0
R1(config-subif)# exit
R1(config)# interface g0/0
R1(config-if)# no shutdown
*Mar 20 00:20:59.299: %LINK-3-UPDOWN: Interface GigabitEthernet0/0, changed state
 to down
```

```
*Mar 20 00:21:02.919: %LINK-3-UPDOWN: Interface GigabitEthernet0/0, changed state
  to up
*Mar 20 00:21:03.919: %LINEPROTO-5-UPDOWN: Line protocol on Interface
  GigabitEthernet0/0, changed state to up
R1#
```

注意： 在本示例中，排除了 **native** 关键字选项以使本征 VLAN 保留为默认的 VLAN 1。

4. 配置单臂路由器：验证子接口

在默认情况下，配置思科路由器是为了在本地子接口之间路由流量。因此，并不需要专门启用路由。

在例 6-34 中，命令 **show vlan** 用于显示有关思科 IOS VLAN 子接口的信息。输出结果显示了两个 VLAN 子接口：GigabitEthernet0/0.10 和 GigabitEthernet0/0.30。

例 6-34　检验 R1 上的 VLAN

```
R1# show vlans
<output omitted>
Virtual LAN ID: 10 (IEEE 802.1Q Encapsulation)

   vLAN Trunk Interface: GigabitEthernet0/0.10

   Protocols Configured:  Address:            Received:          Transmitted:
           IP             172.17.10.1             11                 18
<output omitted>
Virtual LAN ID: 30 (IEEE 802.1Q Encapsulation)

   vLAN Trunk Interface: GigabitEthernet0/0.30

   Protocols Configured:  Address:            Received:          Transmitted:
           IP             172.17.30.1             11                  8
<output omitted>

R1#
```

使用 **show ip route** 命令检查路由表，如例 6-35 所示。

例 6-35　检验 R1 的路由表

```
R1# show ip route | begin Gateway
Gateway of last resort is not set

       172.17.0.0/16 is variably subnetted, 4 subnets, 2 masks
C         172.17.10.0/24 is directly connected, GigabitEthernet0/0.10
L         172.17.10.1/32 is directly connected, GigabitEthernet0/0.10
C         172.17.30.0/24 is directly connected, GigabitEthernet0/0.30
L         172.17.30.1/32 is directly connected, GigabitEthernet0/0.30
```

在本示例中，路由表中定义的路由表示它们与特定的子接口相关联，而不与独立的物理接口相关联。路由表中显示了两个路由。一个路由通往连接到本地子接口 G0/0.10 的子网 172.17.10.0。另一个路由通往连接到本地子接口 G0/0.30 的子网 172.17.30.0。

路由器通过路由表确定所接收流量的发送位置。例如，在子接口 G0/0.10 上收到发往子网 172.17.30.0 的数据包后，路由器将判断出它需要将该数据包从子接口 G0/0.30 发送至子网 172.17.30.0 中的主机。

5. 配置单臂路由器：验证路由

在配置路由器和交换机来执行 VLAN 间路由后，下一步是验证主机之间的连接。可使用 **ping** 命令测试对远程 VLAN 上的设备的访问。

ping 测试

ping 命令将 ICMP 回应请求发送到目标地址。主机收到 ICMP 回应请求后，将通过 ICMP 应答确认已收到该请求。**ping** 命令通过发出回应请求和收到回应答复的时间差来计算运行时间。再根据该时间确定连接延时。如果成功接收到回应，证明发送设备和接收设备间存在路径。

tracert 测试

tracert 实用程序用于确定两台设备间的路由路径的有效性。在 UNIX 系统中，该实用程序由 **traceroute** 指定。tracert 也通过 ICMP 确定所取路径，但它采用的 ICMP 回应请求在指定帧上规定了特定生存时间值。

生存时间值用于确定 ICMP 回应可以经过的路由器跳数。第一个发送的 ICMP 回应请求包含一个生存时间值设置，使其在到达目标设备路径中的第一台路由器时到期。

如果 ICMP 响应请求在第一条路由上超时，路由器将向源设备发回 ICMP 信息。设备记录路由器的响应后，继续发送生存时间值更长的 ICMP 回应请求。这样，ICMP 回应请求就能够通过第一台路由器，到达最终目的地路径中的第二台设备。递归重复该过程，直到 ICMP 响应请求一直沿着路径发送至最终目标设备。在发出 **tracert** 实用程序运行完毕后，将显示 ICMP 回应请求到达目标时所经过的入口路由器接口列表。

在例 6-36 中，**ping** 和 **tracert** 从 PC1 发往 PC3 的目的地址。

例 6-36   检验不同 VLAN 中 PC 之间的连接

```
PC> ping 172.17.30.23

Pinging 172.17.30.23 with 32 bytes of data:

Reply from 172.17.30.23: bytes=32 time=17ms TTL=255
Reply from 172.17.30.23: bytes=32 time=15ms TTL=255
Reply from 172.17.30.23: bytes=32 time=18ms TTL=255
Reply from 172.17.30.23: bytes=32 time=19ms TTL=255

Ping statistics for 172.17.30.23:
    Packets: Sent = 4, Received = 4, Lost = 0 (0% loss),
Approximate round trip times in milli-seconds:
    Minimum = 15ms, Maximum = 19ms, Average = 17ms
PC> tracert 172.17.10.30

Tracing route to 172.17.30.23 over a maximum of 30 hops:

  1    9 ms      7 ms      9 ms     172.17.10.1
  2   16 ms     15 ms     16 ms     172.17.30.23

Trace complete.
```

在本示例中，**ping** 实用程序可向 PC3 的 IP 地址发送 ICMP 回应请求。除此之外，**tracert** 实用程序确认到 PC3 的路径会经过路由器 R1 的子接口 IP 地址 172.17.10.1。

6.4 总结

本章介绍了 VLAN。VLAN 基于逻辑连接，而不是物理连接。VLAN 机制允许网络管理员创建可跨单个或多台交换机的逻辑广播域，而无需考虑物理接近度。此功能可用于减小广播域的大小，或用于对组或用户进行逻辑分组，不必位于相同物理位置。

VLAN 分为几类：
- 默认 VLAN；
- 管理 VLAN；
- 本征 VLAN；
- 用户/数据 VLAN；
- 语音 VLAN。

switchport access vlan 命令用于在交换机上创建 VLAN。在创建 VLAN 后，下一步是为 VLAN 分配端口。**show vlan brief** 命令显示所有交换机端口的 VLAN 分配和成员关系。每个 VLAN 必须对应唯一的 IP 子网。

使用 **show vlan** 命令检查端口是否属于期望的 VLAN。如果为端口分配了错误的 VLAN，请使用 **switchport access vlan** 命令纠正 VLAN 成员关系。使用 **show mac address-table** 命令检查交换机的特定端口上获取的地址，以及为该端口分配的 VLAN。

交换机上的端口既是接入端口，又是 TRUNK 端口。接入端口传输来自分配给该端口的特定 VLAN 的流量。TRUNK 端口默认为所有 VLAN 的成员；因此，它传输所有 VLAN 的流量。

VLAN TRUNK 传递与多个 VLAN 关联的流量，非常有利于交换机间的通信。与不同 VLAN 关联的以太网帧在经过公共的 TRUNK 链路时，IEEE 802.1Q 帧标记功能可以区分这些帧。要启用中继链路，请使用 **switchport mode trunk** 命令从端口中删除该 VLAN。使用 **show interfaces trunk** 命令检查是否已在交换机之间建立中继。

TRUNK 协商由思科专有的动态中继协议（DTP）管理，它仅在网络设备之间点对点地进行操作。DTP 在 Catalyst 2960 和 Catalyst 3560 系列交换机上自动启用。

要将交换机恢复为带 1 个默认 VLAN 的出厂默认状态，请使用命令 **delete flash:vlan.dat** 和 **erase startup-config**。

本章还检查如何使用思科 IOS CLI 对 VLAN 和中继进行配置、验证和故障排除工作。

VLAN 间路由是在不同 VLAN 之间，通过一台专用路由器或多层交换机进行路由通信的过程。VLAN 间路由可实现被 VLAN 边界隔离设备之间的通信。

传统 VLAN 间路由取决于每个所配置的 VLAN 上的可用物理路由器端口。依赖外部路由器（包含中继到第 2 层交换机的子接口）的单臂路由器拓扑已经取代了上述状况。如果选择使用单臂路由器，则每个逻辑子接口上都必须配置正确的 IP 编址和 VLAN 信息，而且必须配置 TRUNK 封装来匹配交换机的中继接口。

检查你的理解

请完成以下所有复习题，以检查您对本章要点和概念的理解情况。答案列在本书附录 "'检查你的理解'问题答案"中。

1. 下列哪三项陈述准确描述了 VLAN 类型？（选择三项）
   A. 未经配置的交换机初始启动后，所有端口都属于默认 VLAN
   B. 已分配本征 VLAN 的 802.1Q 中继端口同时支持标记流量和无标记流量
   C. 语音 VLAN 用于支持网络中的用户电话和电子邮件流量
   D. VLAN 1 总是用作管理 VLAN
2. 使用哪种类型的 VLAN 指定通过中继端口时的未标记流量？

A. 数据   B. 默认
C. 本征   D. 管理
E. VLAN 1

3. 使用 VLAN 的两大主要好处是什么？（选择两项）
   A. TRUNK 链路数量减少   B. 成本降低
   C. IT 员工效率提高   D. 无需进行配置
   E. 降低安全

4. 下列哪条命令可显示封装类型、语音 VLAN ID 和 Fa0/1 接口的接入模式 VLAN？
   A. **show interfaces Fa0/1 switchport**
   B. **show interfaces trunk**
   C. **show mac address-table interface Fa0/1**
   D. **show vlan brief**

5. 网络管理员必须怎样做才能快速以太网端口 fa0/1 从 VLAN 2 中删除并将其分配给 VLAN 3？
   A. 在接口配置模式下输入 **no shutdown** 使其恢复默认配置，然后为 VLAN 3 配置该端口
   B. 在全局配置模式下输入 **no vlan2** 和 **vlan3** 命令
   C. 在接口配置模式下输入 **switchport access vlan3** 命令
   D. 在接口配置模式下输入 **switchport trunk native vlan3** 命令

6. 添加了一台思科 Catalyst 交换机，以支持将多个 VLAN 用作企业网络的一部分。网络技术人员发现，若要融合新的网络设计，必须清除交换机上的所有 VLAN 信息。技术人员应该如何完成此任务？
   A. 删除已经分配给管理 VLAN 的 IP 地址，然后重新启动交换机
   B. 删除启动配置和交换机闪存中的 vlan.dat 文件，然后重新启动交换机
   C. 删除运行配置，然后重新启动交换机
   D. 删除启动配置，然后重新启动交换机

7. 哪两大特性符合扩展范围 VLAN？（选择两项）
   A. CDP 可用于学习和存储这些 VLAN
   B. 通常用于小型网络中
   C. 默认保存于运行配置文件中
   D. VLAN ID 介于 1006～4094 之间
   E. 从闪存初始化 VLAN

8. 如果交换机端口所属的 VLAN 被删除，交换机端口将会发生什么情况？
   A. 端口被分配给 VLAN 1（默认 VLAN）
   B. 端口被禁用
   C. 端口处于 TRUNK 模式
   D. 端口停止与相连设备通信

9. 思科交换机当前允许标记为 VLAN 10 和 20 的流量经过中继端口 Fa0/5。在 Fa0/5 上发出 **switchport trunk allowed vlan 30** 命令有什么作用？
   A. 允许在 Fa0/5 上实施本征 VLAN 30
   B. 允许在 Fa0/5 上只实施 VLAN 30
   C. 允许在 Fa0/5 上实施 VLAN 1 至 30
   D. 允许在 Fa0/5 上实施 VLAN 10、20 和 30

10. 如果将允许使用中继链路的 VLAN 范围设置为默认值，表示允许哪些 VLAN？
    A. 允许所有 VLAN 使用中继链路

B. 只允许 VLAN 1 使用中继链路
C. 只允许本征 VLAN 使用中继链路
D. 交换机将通过 VTP 来协商允许使用中继链路的 VLAN

11. 管理员已经确定来自与 VLAN 相对应的交换机的流量没有通过 TRUNK 链路到达另一台交换机。问题可能是什么？
    A. TRUNK 上允许的 VLAN
    B. 在其中一条 TRUNK 链路上的动态期望模式
    C. 本征 VLAN 不匹配
    D. TRUNK 模式不匹配

12. 在配置特定交换机端口时，思科推荐采用哪两种模式？（选择两项）
    A. 接入
    B. FastEthernet
    C. Gigabit Ethernet
    D. IEEE 802.1Q
    E. ISL
    F. TRUNK

第 7 章

访问控制列表（ACL）

学习目标

通过完成本章的学习，您将能够回答下列问题：
- ACL 如何过滤流量？
- ACL 如何使用通配符掩码？
- 如何创建 ACL？
- 如何放置 ACL？
- 如何配置标准 IPv4 ACL 来过滤流量以满足网络需求？
- 如何使用序列号编辑现有的标准 IPv4 ACL？
- 如何配置标准 ACL 保护 vty 访问？
- 当应用了 ACL 之后，路由器如何处理数据包？
- 如何使用 CLI 命令解决常见的标准 IPv4 ACL 错误？

掌握访问控制列表（ACL）是网络管理员最重要的技能之一。ACL 为网络提供安全性。

网络设计师使用防火墙来防止网络被未授权用户使用。防火墙是强制执行网络安全策略的硬件或软件解决方案。您可以想象大楼内一间房间的门锁。该锁仅允许拥有钥匙或门卡的授权用户进入那道门。类似地，防火墙过滤未经授权或可能存在危险的数据包，防止其进入网络。

在思科路由器上，您可以配置简单的防火墙，使用 ACL 提供基本的流量过滤功能。管理员使用 ACL 在其网络中阻止流量或仅允许指定流量。

本章说明，作为安全解决方案的一部分，如何在思科路由器上配置标准 IPv4 ACL 并对其进行故障排除。其中包含 ACL 的使用技巧、注意事项、建议和一般指导原则。此外，本章还包括一系列课程、练习和实验操作，可帮助您掌握 ACL。

7.1 ACL 工作原理

ACL 与其他路由器功能一起用于各种任务。错误配置的 ACL 可能会导致网络中的连接问题。出于这些原因，您必须了解 ACL 的工作原理，并仔细考虑如何实施 ACL。

在这一部分，您将了解 ACL 在中小型企业网络中的用途和操作。

7.1.1 ACL 的用途

在本节中，您将了解 ACL 如何过滤流量。

1. 什么是 ACL

ACL 是一系列 IOS 命令，根据数据包报头中找到的信息来控制路由器应该转发还是应该丢弃数据包。ACL 是思科 IOS 软件中最常用的功能之一。

在配置后，ACL 将执行以下任务。

- 限制网络流量以提高网络性能。例如，如果公司政策不允许在网络中传输视频流量，那么就应该配置和应用 ACL 以阻止视频流量。这可以显著降低网络负载并提高网络性能。
- 提供流量控制。ACL 可以限制路由更新的传输，从而确保更新都来自一个已知的来源。
- 提供基本的网络访问安全性。ACL 可以允许一台主机访问部分网络，同时阻止其他主机访问同一区域。例如，"人力资源"网络仅限授权用户进行访问。
- 根据流量类型过滤流量。例如，ACL 可以允许邮件流量，但阻止所有 Telnet 流量。
- 屏蔽主机以允许或拒绝对网络服务的访问。ACL 可以允许或拒绝用户访问特定文件类型，例如 FTP 或 HTTP。

默认情况下，路由器并未配置 ACL；因此，路由器不会默认过滤流量。进入路由器的流量仅根据路由表内的信息进行路由。但是，当 ACL 应用于接口时，路由器会在网络数据包通过接口时执行另一项评估所有网络数据包的任务，以确定是否可以转发数据包。

除了允许或拒绝流量外，ACL 还可用于选择需要以其他方式进行分析、转发或处理的流量类型。例如，ACL 可用于对流量进行分类，以实现按优先级处理流量的功能。此功能与音乐会或体育赛事中的 VIP 通行证类似。VIP 通行证使选定的客人享有未向普通入场券持有人提供的特权，例如优先进入或能够进入专用区。

图 7-1 显示一个应用了 ACL 的示例拓扑。

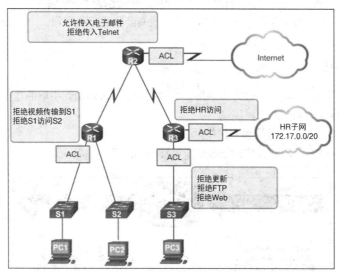

图 7-1　ACL 实施示例

2. 数据包过滤

ACL 是一系列被称为访问控制条目（ACE）的 permit 或 deny 语句组成的顺序列表。ACE 通常也称为 ACL 语句。当网络流量经过配置了 ACL 的接口时，路由器会将数据包中的信息与每个 ACE 按顺序进行比较，以确定数据包是否匹配其中的一个 ACE。此过程称为数据包过滤。

数据包过滤通过分析传入和传出的数据包，然后根据特定条件转发或丢弃分析后的数据包，从而控制对网络的访问。如图 7-2 所示，数据包过滤可以发生在第 3 层或第 4 层。标准 ACL 仅在第 3 层执行过滤。扩展 ACL 在第 3 层和第 4 层执行过滤。

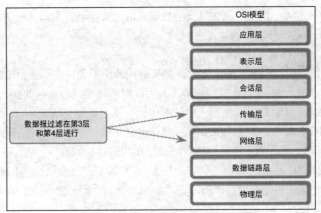

图 7-2 数据包过滤

注意： 扩展 ACL 不在本课程的讨论范围之内。

源 IPv4 地址是在标准 IPv4 ACL 的每个 ACE 中设置的过滤条件。配置了标准 IPv4 ACL 的路由器从数据包报头中提取源 IPv4 地址。路由器从 ACL 顶部开始，按顺序将地址与每个 ACE 进行比较。当找到一个匹配项时，路由器执行指令，允许或拒绝数据包。在匹配之后，不会继续分析 ACL 中剩余的 ACE（如有）。如果源 IPv4 地址不匹配 ACL 中的任何 ACE，则数据包会被丢弃。

ACL 的最后一条语句都是隐式拒绝语句。每个 ACL 的末尾都会自动插入此语句，尽管实际上 ACL 中并无此语句。隐式拒绝语句会阻止所有流量。由于具有此隐式拒绝语句，一条 permit 语句也没有的 ACL 将会阻止所有流量。

3. ACL 工作原理

ACL 定义了一组规则，用于对进入入站接口的数据包、通过路由器中继的数据包，以及从路由器出站接口输出的数据包施加额外的控制。

ACL 对路由器自身产生的数据包不起作用。

如图 7-3 所示，ACL 可配置为应用于入站流量和出站流量。

图 7-3 入站和出站 ACL

- **入站 ACL**：传入数据包经过处理之后才会被路由到出站接口。因为如果数据包被丢弃，就节省了执行路由查找的开销，所以入站 ACL 非常高效。如果 ACL 允许该数据包，则会处理该数据包以进行路由。当与入站接口连接的网络是需要检测的数据包的唯一来源时，最适合使用入站 ACL 来过滤数据包。
- **出站 ACL**：传入数据包路由到出站接口后，由出站 ACL 进行处理。在来自多个入站接口的数据包通过同一出站接口之前，对数据包应用相同过滤器时，最适合使用出站 ACL。

7.1.2 ACL 中的通配符掩码

在本节中，您将了解 ACL 如何使用通配符掩码。

1. 介绍 ACL 通配符掩码

IPv4 ACE 包括通配符掩码。通配符掩码是由 32 个二进制数字组成的字符串，路由器使用它来确定检查地址的哪些位以确定匹配项。

和子网掩码一样，通配符掩码中的数字 1 和 0 用于标识如何处理相应的 IPv4 地址位。但是，在通配符掩码中，这些位的用途不同，所遵循的规则也不同。

子网掩码使用二进制 1 和 0 标识 IPv4 地址的网络、子网和主机部分。通配符掩码使用二进制 1 和 0 过滤单个 IPv4 地址或一组 IPv4 地址，以便允许或拒绝对资源的访问。

通配符掩码和子网掩码之间的差异在于它们匹配二进制 1 和 0 的方式。通配符掩码使用以下规则匹配二进制 1 和 0。

- **通配符掩码位 0**：匹配地址中对应位的值。
- **通配符掩码位 1**：忽略地址中对应位的值。

图 7-4 显示不同通配符掩码过滤 IPv4 地址的方式。在本示例中，请记住，二进制 0 表示必须匹配的位，而二进制 1 表示可以忽略的位。

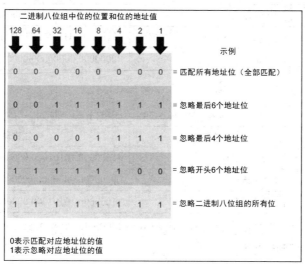

图 7-4 通配符掩码

通配符掩码通常也称为反码。原因在于，子网掩码采用二进制 1 表示匹配，二进制 0 表示不匹配；而在通配符掩码中则正好相反。

表格 7-1 显示了将 0.0.255.255 通配符掩码应用到 32 位 IPv4 地址中的结果。请记住二进制 0 表示应匹配的值。

表 7-1　　　　　　　　　　　　通配符掩码示例

	十进制地址	二进制地址
要处理的 IP 地址	192.168.10.0	11000000.10101000.00001010.00000000
通配符掩码	0.0.255.255	00000000.00000000.11111111.11111111
生成的 IP 地址	192.168.0.0	11000000.10101000.00000000.00000000

> 注意： 不同于 IPv4 ACL，IPv6 ACL 不使用通配符掩码，而使用前缀长度表示应匹配 IPv6 源地址或目标地址的多少位。IPv6 ACL 不在本课程的讨论范围之内。

2. 通配符掩码示例

使用通配符掩码的两种方法是匹配 IPv4 子网和匹配网络范围。

使用通配符掩码匹配 IPv4 子网

通配符掩码的计算需要进行一些练习。表 7-2 至表 7-4 提供了使用 0.0.0.0 通配符掩码的示例。

表 7-2　　　　　　　　匹配主机和子网——示例 1

示例 1	十进制	二进制
IP 地址	192.168.1.1	11000000.10101000.00000001.00000001
通配符掩码	0.0.0.0	00000000.00000000.00000000.00000000
结果	192.168.1.1	11000000.10101000.00000001.00000001

在此示例中，通配符掩码规定 IPv4 192.168.1.1 中的每一位都必须精确匹配。

表 7-3　　　　　　　　匹配主机和子网——示例 2

示例 2	十进制	二进制
IP 地址	192.168.1.1	11000000.10101000.00000001.00000001
通配符掩码	255.255.255.255	11111111.11111111.11111111.11111111
结果	0.0.0.0	00000000.00000000.00000000.00000000

在此示例中，通配符掩码规定任意地址都可匹配。

表 7-4　　　　　　　　匹配主机和子网——示例 3

示例 3	十进制地址	二进制地址
IP 地址	192.168.1.1	11000000.10101000.00000001.00000001
通配符掩码	0.0.0.255	00000000.00000000.00000000.11111111
结果	192.168.1.0	11000000.10101000.00000001.00000000

在此示例中，通配符掩码规定，其与 192.168.1.0/24 网络中的任意主机匹配。

使用通配符掩码匹配网络范围

表 7-5 和表 7-6 中的两个示例更加复杂。

表 7-5　　　　　　　　匹配网络范围——示例 1

示例 1	十进制	二进制
IP 地址	192.168.16.0	11000000.10101000.00010000.00000000
通配符掩码	0.0.15.255	00000000.00000000.00001111.11111111
结果范围	192.168.16.0 ~ 192.168.31.255	11000000.10101000.00010000.00000000 ~ 11000000.10101000.00011111.11111111

在此示例中，前两组二进制八位组和第三组二进制八位数的前四位必须精确匹配。第三组二进制八位组的后四位和最后一组二进制八位组可以是任何有效的数字。结果是掩码会检查 192.168.16.0 ~ 192.168.31.0 之间的网络范围。

表 7-6　　　　　　　　　　匹配网络范围——示例 2

示 例 2	十 进 制	二 进 制
IP 地址	192.168.1.0	11000000.10101000.00000001.00000000
通配符掩码	0.0.254.255	00000000.00000000.11111110.11111111
结果	192.168.1.0	11000000.10101000.00000001.00000000
	192.168.0.0 主网中的所有奇数子网	

此示例显示的通配符掩码匹配前两组二进制八位组和第三组二进制八位组中的最低位。最后一组二进制八位组和第三组二进制八位组中的前七位可以是任何有效的数字。结果是该掩码会允许或拒绝所有来自 192.168.0.0 主网的奇数子网的所有主机。

3. 计算通配符掩码

计算通配符掩码颇具挑战性。但是，有一个简单的快捷方法可以使用。它只是简单地从 255.255.255.255 减去子网掩码。

请参考图 7-5 中的三个例子。

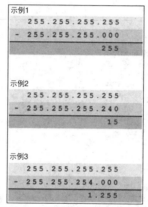

图 7-5　通配符掩码计算方法

通配符掩码计算：示例 1

在第一个示例中，假设您希望允许 192.168.3.0 网络中的所有用户进行访问。因为其子网掩码是 255.255.255.0，所以您可以从 255.255.255.255 中减去子网掩码 255.255.255.0。得到的通配符掩码为 0.0.0.255。

通配符掩码计算：示例 2

在第二个示例中，假设您希望允许子网 192.168.3.32/28 中的 14 位用户访问网络。IPv4 子网的子网掩码是 255.255.255.240；因此从 255.255.255.255 中减去子网掩码 255.255.255.240。得到的通配符掩码为 0.0.0.15。

通配符掩码计算：示例 3

在第三个示例中，假设您希望只匹配网络 192.168.10.0 和 192.168.11.0。同样，您可以从 255.255.255.255 中减去对应的子网掩码（本例中为 255.255.254.0）。结果是 0.0.1.255。

您可以使用如下所示的两条语句得到相同结果：

```
R1(config)# access-list 10 permit 192.168.10.0
R1(config)# access-list 10 permit 192.168.11.0
R1(config)#
```

按以下方式配置通配符掩码更为有效：

```
R1(config)# access-list 10 permit 192.168.10.0 0.0.1.255
R1(config)#
```

假设您需要匹配 192.168.16.0/24 ~ 192.168.31.0/24 范围内的网络。这些网络可以汇总至 192.168.16.0/20。在这种情况下，0.0.15.255 是配置如下所示有效 ACL 语句的正确通配符掩码：

```
R1(config)# access-list 10 permit 192.168.16.0 0.0.15.255
```

4. 通配符掩码关键字

使用二进制通配符掩码位的十进制表示有时可能显得比较冗长。此时可使用关键字 **host** 和 **any** 来标识最常用的通配符掩码，从而简化此任务。这些关键字避免了在标识特定主机或完整网络时输入通配符掩码的麻烦。这些关键字还可提供有关条件的来源和目标的可视化提示，使 ACL 更加易于理解。

host 关键字可替代 0.0.0.0 掩码。此掩码表明，所有 IPv4 地址位均必须匹配，才能过滤出一个主机地址。

any 选项可替代 IPv4 地址和 255.255.255.255 掩码。该掩码表示忽略整个 IPv4 地址，这意味着接受任何地址。

图 7-6 说明 **host** 和 **any** 关键字的工作原理。

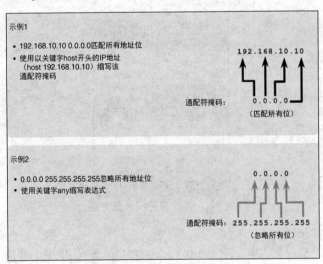

图 7-6　通配符掩码的缩写

示例 1：匹配单个 **IPv4** 地址的通配符掩码过程

在示例 1 中，我们可以不输入 **192.168.10.10 0.0.0.0**，而是使用 **host 192.168.10.10**。

示例 2：匹配所有 **IPv4** 地址的通配符掩码过程

在示例 2 中，我们可以不输入 **0.0.0.0 255.255.255.255**，而是使用关键字 **any**。

5. 通配符掩码关键字示例

考虑 ACL 需要能允许 IP 地址为 192.168.10.10 的主机。
ACL 可以如下输入：

```
R1(config)# access-list 1 permit 192.168.10.10 0.0.0.0
```

但是，通过使用 **host** 关键字可以实现相同的操作，如下所示：

```
R1(config)# access-list 1 permit host 192.168.10.10
```

所得到的 ACL 实现了相同的结果，并且更容易阅读和理解 ACE 所完成的任务。

IPv4 地址为 0.0.0.0 和通配符掩码 255.255.255.255 的 ACE 将匹配所有网络。ACL 可以如下输入：

R1(config)# access-list 1 permit 0.0.0.0 255.255.255.255

但是，通过使用 **any** 关键字可以实现相同的操作，如下所示：

R1(config)# access-list 1 permit any

注意： 本章后续部分将介绍配置标准 IPv4 ACL 的语法。

7.1.3 ACL 的创建原则

在本节中，您将学习如何创建 ACL。

1. 创建 ACL 的一般指导原则

ACL 的编写可能会相当复杂。对于每个接口，可能需要使用多条策略来管理允许进入或退出此接口的流量类型。图 7-7 中的路由器为 IPv4 和 IPv6 配置了两个接口。

图 7-7 路由器上的 ACL 流量过滤

如果两种协议在两个接口上和在两个方向上都需要 ACL，则我们需要 8 个不同的 ACL。每个接口将使用 4 个 ACL；两个是 IPv4 ACL，另外两个是 IPv6 ACL。对于每种协议，一个 ACL 用于入站流量，另一个用于出站流量。

注意： 不必在两个方向上都配置 ACL。应用于接口的 ACL 数量及其方向将取决于所实施的要求。

下面是一些使用 ACL 的指导原则。
- 在位于内部网络和外部网络（例如互联网）交界处的防火墙路由器上使用 ACL。
- 在位于网络两个部分交界处的路由器上使用 ACL，以控制进出内部网络特定部分的流量。
- 在边界路由器（即位于网络边界的路由器）上配置 ACL。这样可以在内外部网络之间，或网络中受控度较低的区域与敏感区域之间起到基本的缓冲作用。
- 为边界路由器接口上配置的每种网络协议配置 ACL。

您可以为每种协议（per protocol）、每个方向（per direction）、每个接口（per interface）配置一个 ACL。
- **每种协议一个 ACL**：要控制接口上的流量，必须为接口上启用的每种协议定义相应的 ACL。
- **每个方向一个 ACL**：一个 ACL 一次只能控制接口上一个方向的流量。要控制入站流量和出站流量，必须分别定义两个 ACL。
- **每个接口一个 ACL**：一个 ACL 只能控制一个接口（例如 GigabitEthernet 0/0）上的流量。

2. ACL 最佳做法

使用 ACL 时务必小心谨慎、关注细节。一旦犯错可能导致代价极高的后果，例如停机、耗时的故障排查以及糟糕的网络服务。在配置 ACL 之前，必须进行基本规划。表 7-7 列出了 ACL 的最佳实践指南及其优点。

表 7-7　　　　　　　　　　　　　　ACL 最佳做法

指　　南	优　　点
根据组织的安全策略设定 ACL	这样可以确保遵循组织的安全要求
记下您打算用 ACL 来达到什么目的	这有助于避免不小心造成访问问题
使用文本编辑器创建、编辑和保存 ACL	这有助于创建可重复使用的 ACL 库
在生产网络中部署 ACL 之前，先在开发网络中进行测试	这有助于避免造成代价高昂的错误

7.1.4　ACL 的放置原则

在本节中，您将学习如何放置 ACL。

1. ACL 的放置位置

正确放置 ACL 可以使网络更加高效地运行。可以放置 ACL 以减少不必要的流量。例如，会被远程目标拒绝的流量不应该消耗通往该目标的路由上的网络资源进行转发。

每个 ACL 都应该放置在最能发挥作用的位置，如图 7-8 所示。

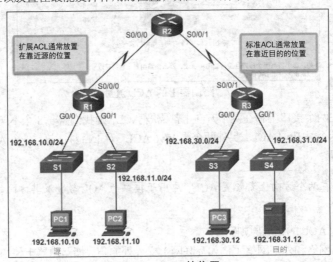

图 7-8　ACL 的位置

基本规则如下。

- **扩展 ACL**：将扩展 ACL 放置在尽可能靠近需要过滤的流量源的位置上。这样，不需要的流量会在靠近源网络的位置遭到拒绝，而无需通过网络基础架构。
- **标准 ACL**：因为标准 ACL 不会指定目的地址，所以其位置应该尽可能靠近目的地。在流量源附近放置标准 ACL 可以有效阻止流量通过应用了 ACL 的接口到达任何其他网络。

ACL 的位置以及使用的 ACL 类型还可能取决于下述因素。

- **网络管理员的控制范围**：ACL 的位置取决于网络管理员是否能够同时控制源网络和目的网络。
- **相关网络的带宽**：在源上过滤不需要的流量，可以在流量消耗通往目的地的路径上的带宽之前阻止流量传输。这对于带宽较低的网络尤为重要。
- **配置的难易程度**：如果网络管理员希望拒绝来自几个网络的流量，一种选择就是在靠近目的地的路由器上使用单个标准 ACL。缺点是来自这些网络的流量将产生不必要的带宽使用。扩展 ACL 可以在每台发出流量的路由器上使用。这将通过在源上过滤流量而节省带宽，但需要在多台路由器上创建扩展 ACL。

注意： 虽然扩展 ACL 不属于 ICND1/CCENT 考试的范围，但是您应该了解放置标准 ACL 和扩展 ACL 的一般规则。对于 CCNA 认证考试，一般规则是将扩展 ACL 放在尽可能靠近源的位置上，而标准 ACL 放在尽可能靠近目标的位置上。

2. 标准 ACL 放置

要了解放置标准 ACL 的位置，请参考图 7-9 中的拓扑。

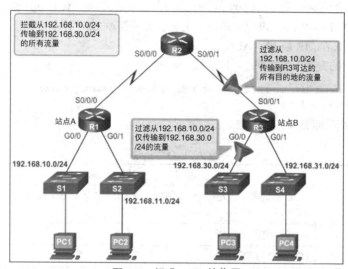

图 7-9 标准 ACL 的位置

在这个例子中，管理员想要防止 192.168.10.0/24 网络中产生的流量到达 192.168.30.0/24 网络。这将使用标准 ACL 完成。

根据将标准 ACL 置于靠近目标位置的基本放置原则，该图显示了 R3 上两个可能应用标准 ACL 的接口。

- **R3 S0/0/1 接口**：应用标准 ACL 以阻止来自 192.168.10.0/24 的流量进入 S0/0/1 接口，从而阻止该流量到达 192.168.30.0/24。但是，该 ACL 也将阻止所有流量到达 192.168.31.0/24 网络。由于 ACL 的意图是只过滤指向 192.168.30.0/24 的流量，因此不应将标准 ACL 应用到此接口。
- **R3 G0/0 接口**：将标准 ACL 应用于通过 G0/0 接口的流量，可以过滤从 192.168.10.0/24 发送到 192.168.30.0/24 的数据包。这不会影响通过 R3 可到达的其他网络。来自 192.168.10.0/24 的数据包仍可到达 192.168.31.0/24。

因此，在本示例中，标准 ACL 应该应用于 R3 上的 G0/0 接口。

7.2 标准 IPv4 ACL

标准 ACL 用于各种功能，配置错误的 ACL 可能会对网络产生负面影响。因此，了解如何正确创建和应用 ACL 非常重要。

在这一部分，您将学习如何配置标准 IPv4 ACL 以过滤小型到中型业务网络中的流量。

7.2.1 配置标准 IPv4 ACL

在本节中,您将配置标准的 IPv4 ACL 来过滤流量以满足网络需求。

1. 编号标准 IPv4 ACL 语法

要在思科路由器上使用编号标准 ACL,您必须先创建标准 ACL,然后在接口上激活 ACL。

access-list 全局配置命令使用 1 到 99 范围内的一个数字定义标准 ACL。思科 IOS 软件 12.0.1 版扩展了这些编号,允许将 1300 到 1999 之间的数字用于定义标准 ACL。这最多可能产生 798 个标准 ACL。这些附加编号的 ACL 称为扩展 IPv4 ACL。

标准 ACL 命令的完整语法如下:

```
Router(config)# access-list access-list-number { deny | permit | remark } source
 [ source-wildcard ] [ log ]
```

表 7-8 详细介绍了标准 ACL 的语法。

表 7-8　　　　　　　　　　　标准 ACL 命令语法

参　数	说　明
access-list-number	ACL 的编号。这是一个十进制数,取值范围为 1~99 或 1300~1999(适用于标准 ACL)
deny	匹配条件时拒绝访问
permit	匹配条件时允许访问
remark	在 ACL 中添加关于条目的备注,以增强其可读性
source	发送数据包的网络号或主机号。指定 source 的方法有两种: ■ 使用以点分十进制格式分成 4 部分的 32 位数字 ■ 使用关键字 **any** 作为 0.0.0.0 255.255.255.255 的 source 和 source-wildcard 的缩写
source-wildcard	(可选)应用于源的 32 位通配符掩码。将要忽略的位设置为 1
log	(可选)将匹配条目的数据包生成的信息性日志消息发送到控制台(记录到控制台的消息级别由 logging console 命令控制) 消息内容包括 ACL 号、数据包被允许还是被拒绝、源地址和数据包的数量。此消息将在出现与条件匹配的第一个数据包时生成,随后每 5 分钟生成一次,其中包含在过去的 5 分钟内被允许或拒绝的数据包的数量

ACE 可用于允许或拒绝单个主机或一组主机地址。要在编号 ACL 10 中创建一条 host 语句以允许 IPv4 地址为 192.168.10.10 的特定主机,您应该输入:

```
R1(config)# access-list 10 permit host 192.168.10.10
```

要在允许 192.168.10.0/24 网络中所有 IPv4 地址的编号 ACL 10 中创建一条允许一组 IPv4 地址的语句,您应该输入:

```
R1(config)# access-list 10 permit 192.168.10.0 0.0.0.255
```

要删除 ACL,请在全局配置模式下,使用 **no access-list** *access-list number* 全局配置命令。

在例 7-1 中,创建了一个编号为 10 的标准 ACL,以允许 192.168.10.0/24 网络上的所有主机。请注意,**show access-lists** 命令如何用于验证已配置的 ACL 的内容。

7.2 标准 IPv4 ACL

例 7-1 添加 ACL

```
R1(config)# access-list 10 permit 192.168.10.0 0.0.0.255
R1(config)# exit
R1#
R1# show access-lists
Standard IP access list 10
    10 permit 192.168.10.0, wildcard bits 0.0.0.255
R1#
```

在例 7-2 中，ACL 10 从配置中删除。

例 7-2 删除 ACL

```
R1(config)# no access-list 10
R1(config)# exit
R1#
R1# show access-lists
R1#
```

通常，当管理员创建 ACL 时，已经知道并理解每条 ACE 的用途。但是，为了确保管理员和其他人能够回想起语句的用途，还应当包含注释。

remark 关键字用于记录信息，使访问列表更易于理解。每条注释限制在 100 个字符以内。例 7-3 中的 ACL 演示了如何配置 **remark** 命令。请注意，**show running-config** 输出中的 remark ACE 如何帮助解释下一个 ACE 的用途。

例 7-3 为 ACL 添加注释

```
R1(config)# access-list 10 remark Permit hosts from 192.168.10.0 LAN
R1(config)# access-list 10 permit 192.168.10.0 0.0.0.255
R1(config)# exit
R1#
R1# show running-config | include access-list 10
access-list 10 remark Permit hosts from the 192.168.10.0 LAN
access-list 10 permit 192.168.10.0 0.0.0.255
R1#
```

2. 将标准 IPv4 ACL 应用于接口

配置标准 IPv4 ACL 之后，可以在接口配置模式下使用 **ip access-group** 命令将其关联到接口：

```
Router(config-if)# ip access-group { access-list-number | access-list-name } { in | out }
```

从接口上删除 ACL，首先在接口上输入 **no ip access-group** 命令，然后输入全局命令 **no access-list**。请参考如图 7-10 所示的拓扑结构。

例 7-4 演示了如何配置 ACL 以允许来自单个网络的流量。

例 7-4 允许特定子网的配置

```
R1(config)# access-list 1 permit 192.168.10.0 0.0.0.255
R1(config)#
R1(config)# interface s0/0/0
R1(config-if)# ip access-group 1 out
R1(config-if)#
```

此 ACL 仅允许来自源网络 192.168.10.0 的流量从接口 S0/0/0 转发。来自 192.168.10.0 之外网络的流量会被阻止。

第一条语句将 ACL 标识为访问列表 1。它将允许匹配选定参数的流量。在本例中，IPv4 地址和通配符掩码确定的源网络为 192.168.10.0 0.0.0.255。请回想一下有一条隐式的 **deny all** 语句，等同于向 ACL 末尾添加 **access-list 1 deny 0.0.0.0 255.255.255.255** 或 **access-list deny any**。

ip access-group 1 out 接口配置命令将 ACL 1 关联到 Serial 0/0/0 接口上，将其作为出站过滤器。

因此，ACL 1 仅允许来自 192.168.10.0/24 网络的主机通过路由器 R1。它拒绝任何其他网络，包括 192.168.11.0 网络。

3. 编号标准 IPv4 ACL 示例

例 7-5 显示了一个允许特定子网（除该子网上的一个特定主机之外）的 ACL。

例 7-5　拒绝特定主机并允许特定子网配置

```
R1(config)# no access-list 1
R1(config)#
R1(config)# access-list 1 deny host 192.168.10.10
R1(config)# access-list 1 permit 192.168.10.0 0.0.0.255
R1(config)#
R1(config)# interface s0/0/0
R1(config-if)# ip access-group 1 out
R1(config-if)#
```

第一个命令将删除之前的 ACL 1 版本。下一条 ACL 语句将拒绝位于 192.168.10.10 的主机 PC1，但允许 192.168.10.0/24 网络中的其他各台主机。同样，隐式拒绝语句匹配所有其他网络。

该 ACL 将再次应用到接口 S0/0/0 的出站方向。

图 7-11 显示的是在入站 G0/0 接口上进行流量过滤的拓扑。

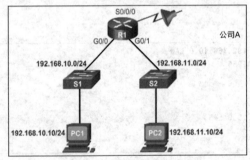 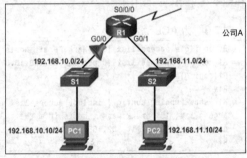

图 7-10　允许特定子网拓扑　　　　　图 7-11　拒绝特定主机的拓扑

例 7-6 显示的是一个拒绝特定主机的 ACL 示例。该 ACL 用于取代上一示例的 ACL。此示例仍会阻止来自主机 PC1 的流量，但允许所有其他流量。

例 7-6　拒绝特定主机配置

```
R1(config)# no access-list 1
R1(config)#
R1(config)# access-list 1 deny host 192.168.10.10
R1(config)# access-list 1 permit any
R1(config)#
R1(config)# interface g0/0
R1(config-if)# ip access-group 1 in
R1(config-if)#
```

前两条命令与上一个示例相同。第一条命令删除之前的 ACL 1 版本，下一条 ACL 语句拒绝位于 192.168.10.10 网络中的主机 PC1。

第三行是一条新的语句，允许所有其他主机。这意味着将允许来自 192.168.10.0/24 网络的所有主机，但上一语句中拒绝的 PC1 除外。

此 ACL 将应用于接口 G0/0 的入站方向。因为该过滤只会影响 G0/0 上的 192.168.10.0/24 LAN，所以将 ACL 应用于入站接口更加有效。可将 ACL 应用于 S0/0/0 的出站方向，但是这样，R1 就必须检查来自所有网络（包括 192.168.11.0/24）的数据包。

4. 命名的标准 IPv4 ACL 语法

命名 ACL 让人更容易理解其功能。当使用名称而不是编号来标识 ACL 时，配置模式和命令语法略有不同。

配置命名 ACL 的命令语法和步骤如下：

步骤 1 使用 **ip access-list [standard | extended]** *name* 全局配置命令创建命名的标准或扩展 ACL。ACL 名称可由字母数字组成，区分大小写，并且必须是唯一的。由字母数字组成的名称字符串必须唯一，而且不能以数字开头。

注意： 编号 ACL 使用全局配置命令 **access-list**，而命名 IPv4 ACL 使用 **ip access-list** 命令。

具体来说，这是创建标准 ACL 的语法：

```
Router(config)# ip access-list standard name
Router(config-std-nacl)#
```

请注意，在输入此命令后，路由器进入标准（std）命名的 ACL（nacl）配置模式。

步骤 2 在命名 ACL 配置模式下，使用 **permit** 或 **deny** 语句指定一个或多个条件，以确定数据包应该转发还是丢弃。您可以使用 **remark** 向 ACL 添加注释。语法如下：

```
Router(config-std-nacl)# { permit | deny | remark } { source [ source-wildcard ]}
  [ log ]
```

步骤 3 使用 **ip access-group** *name* 命令将 ACL 应用于接口。请指定应当在数据包进入接口（**in**）时还是在数据包离开接口（**out**）时将 ACL 应用于数据包。

```
Router(config-if)# ip access-group name [in | out]
```

图 7-12 显示了在接口 G0/0 出口方向上设置流量过滤的拓扑。

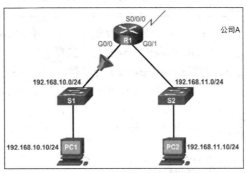

图 7-12 命名 ACL 拓扑

在例 7-7 中，在路由器 R1 上配置了一个称为 NO_ACCESS 的标准命名的 ACL，该 ACL 拒绝主机 192.168.11.10 访问 192.168.10.0 网络，然后在接口 G0/0 的出口方向上应用 ACL。

例 7-7 命名 ACL 的配置

```
R1(config)# ip access-list standard NO_ACCESS
R1(config-std-nacl)# deny host 192.168.11.10
R1(config-std-nacl)# permit any
R1(config-std-nacl)# exit
R1(config)#
R1(config)# interface g0/0
R1(config-if)# ip access-group NO_ACCESS out
R1(config-if)#
```

建议使用大写 ACL 名称，但不是必须需要。但查看运行配置输出时大写字母会比较醒目。而且它使您不太可能无意间创建两个不同的 ACL，而两个 ACL 名称相同，大小写不同。

7.2.2 修改 IPv4 ACL

在本节中，您将学习如何使用序列号来编辑现有的标准 IPv4 ACL。

1. 方法 1：使用文本编辑器

当一个人熟悉了 ACL 的创建和编辑后，使用文本编辑器（例如 Microsoft 记事本）构建 ACL 可能会比较容易。您可以在编辑器中创建或编辑 ACL，然后将其粘贴到路由器接口中。对于现有的 ACL，您可以使用 **show running-config** 命令显示 ACL，将其复制粘贴到文本编辑器中，进行必要的更改并将其重新粘贴到路由器接口中。

要演示如何使用文本编辑器，请参考例 7-8 中的 ACL 1 的配置。

例 7-8　ACL 1 的配置

```
R1(config)# access-list 1 deny host 192.168.10.99
R1(config)# access-list 1 permit 192.168.0.0 0.0.255.255
R1(config)#
```

ACL 拒绝主机 192.168.10.99，但允许该子网中的所有其他主机。问题是主机 IPv4 地址 192.168.10.99 应该是 192.168.10.10。输入新的 ACE，允许 192.168.10.10 主机不能解决问题，因为 ACE 将是 ACL 中的第三个条目（在所有主机被允许之后）。解决方案是用新的 ACE 替换不正确的 ACE。

以下是编辑和更正 ACL 1 的步骤：

步骤 1　使用 **show running-config** 命令显示 ACL，如例 7-9 所示。

例 7-9　配置和检验初始 ACL

```
R1# show running-config | include access-list 1
access-list 1 deny host 192.168.10.99
access-list 1 permit 192.168.0.0 0.0.255.255
```

步骤 2　选中 ACL，将其复制并粘贴到 Microsoft 记事本中。在 Microsoft 记事本中更正了主机的 IP 地址之后，接下来，选中所有的 ACL 并将其复制。

步骤 3　在全局配置模式下，使用 **no access-list 1** 命令删除访问列表。否则，新的语句将附加到现有的 ACL 之后。然后，粘贴并验证修改后的 ACL，如例 7-10 所示。

例 7-10　修改并检验 ACL

```
R1(config)# no access-list 1
R1(config)#
R1(config)# access-list 1 deny host 192.168.10.10
R1(config)# access-list 1 permit 192.168.0.0 0.0.255.255
R1(config)# exit
R1#
R1# show running-config | include access-list 1
access-list 1 deny host 192.168.10.10
access-list 1 permit 192.168.0.0 0.0.255.255
```

步骤 4　使用 **show running-config** 命令验证更改。

应该注意的是，当使用 **no access-list** 命令时，不同 IOS 软件版本的运行方式不同。如果将已删除的 ACL 仍应用于接口，那么某些 IOS 版本的运行与没有 ACL 保护网络时一样，而另外一些版本会拒绝所有流量。因此，比较好的做法是在修改访问列表之前将有关访问列表从接口删除。如果新列表中出现错误，则将其禁用并对问题进行故障排除。

2. 方法 2：使用序号

修改 ACL 的另一种方法是使用 IOS 序列号。例如，使用与方法 1 相同的例 7-9，ACL 1 中的主机 ACE 错误地将主机的 IP 地址标识为 192.168.10.99。

应当将该主机配置为 192.168.10.10。按照以下步骤，使用序号编辑 ACL。

步骤 1 使用 **show access-lists 1** 命令显示当前 ACL。如例 7-11 所示

例 7-11　检验初始 ACL

```
R1# show access-lists 1
Standard IP access list 1
    10 deny    192.168.10.99
    20 permit  192.168.0.0, wildcard bits 0.0.255.255
R1#
```

该命令产生类似于 **show running-config** 命令的输出，此外，还包括每个 ACE 的序列号。序号在每条语句的开头显示。在输入访问列表语句时，系统会自动分配序号。注意配置有误的语句，其序号为 10。

注意： 此命令的输出将在本节的后续部分详细讨论。

步骤 2 使用序号编辑 ACL。使用 **ip access-list** 命令可以编辑编号和命名 ACL。输入 **ip access-list standard** 命令并将 ACL 的编号 1 用作其名称。

使用与现有语句相同的序号并不能覆盖语句。必须先删除当前的错误语句，然后才能添加新语句，如例 7-12 所示。

例 7-12　使用序列号修改 ACL

```
R1(config)# ip access-list standard 1
R1(config-std-nacl)# no 10
R1(config-std-nacl)# 10 deny host 192.168.10.10
R1(config-std-nacl)# end
R1#
```

步骤 3 使用 **show access-lists** 命令验证更改。

例 7-13 演示了此步骤。

例 7-13　检验 ACL 语句

```
R1# show access-lists
Standard IP access list 1
    10 deny 192.168.10.10
    20 permit 192.168.0.0, wildcard bits 0.0.255.255
R1#
```

如前所述，思科 IOS 对标准访问列表实施一种内部逻辑。标准 ACE 的输入顺序可能不是路由器对其进行存储、显示和处理的顺序。

3. 编辑标准命名的 ACL

在例 7-12 中，序列号用于编辑标准编号 IPv4 ACL。通过引入语句序号，可以很容易地插入或删除单条语句。此方法也可用于编辑标准命名 ACL。

例 7-14 显示命名为 NO_ACCESS 的 ACL 中的 ACE

例 7-14　检验命名的 ACL

```
R1# show access-lists
Standard IP access list NO_ACCESS
    10 deny 192.168.11.10
    20 permit 192.168.11.0, wildcard bits 0.0.0.255
R1#
```

ACE 10 专门拒绝主机 192.168.11.10。但是，现在必须添加一个主机。在例 7-15 中，插入并验证序列号为 15 的新 ACE。

例 7-15 插入并检验新的 ACE

```
R1(config)# ip access-list standard NO_ACCESS
R1(config-std-nacl)# 15 deny host 192.168.11.11
R1(config-std-nacl)# end
R1#
R1# show access-lists
Standard IP access list NO_ACCESS
    10 deny    192.168.11.10
    15 deny    192.168.11.11
    20 permit 192.168.11.0, wildcard bits 0.0.0.255
R1#
```

最后的 **show** 命令输出确认新添加的工作站现在也被拒绝访问。

注意: 在命名访问列表配置模式下,使用 **no** *sequence-number* 命令可以快速删除单条语句。

4. 验证 ACL

如例 7-16 所示,**show ip interface** 命令用于验证接口上配置的 ACL(如果有)。

例 7-16 检验标准 ACL 接口

```
R1# show ip interface s0/0/0
Serial0/0/0 is up, line protocol is up
  Internet address is 10.1.1.1/30
  <output omitted>
  Outgoing access list is 1
  Inbound access list is not set
<output omitted>

R1# show ip interface g0/0
GigabitEthernet0/1 is up, line protocol is up
  Internet address is 192.168.10.1/24
  <output omitted>
  Outgoing access list is NO_ACCESS
  Inbound access list is not set
  <output omitted>
```

此命令的输出包括访问列表的编号或名称以及应用 ACL 的方向。输出显示,路由器 R1 上的访问列表 1 应用于其 S0/0/0 出站接口,而访问列表 NO_ACCESS 应用于其 g0/0 接口,也是在出站方向上。

例 7-17 显示了在路由器 R1 上发出 **show access-lists** 命令后得到的结果。

例 7-17 检验标准 ACL 语句

```
R1# show access-lists
Standard IP access list 1
    10 deny    192.168.10.10
    20 permit 192.168.0.0, wildcard bits 0.0.255.255
Standard IP access list NO_ACCESS
    15 deny    192.168.11.11
    10 deny    192.168.11.10
    20 permit 192.168.11.0, wildcard bits 0.0.0.255
R1#
```

要查看单个访问列表,请使用 **show access-lists** 命令,然后使用访问列表的编号或名称。注意,序号 15 在序号 10 前面显示。这是由于路由器的内部进程而产生的结果,本部分稍后将进行讨论。

5. ACL 统计信息

将 ACL 应用于接口之后,就要进行一些测试,**show access-lists** 命令将用于显示每条匹配语句的统计信息,如例 7-18 所示。

例 7-18　检验 ACL 统计信息

```
R1# show access-lists
Standard IP access list 1
    10 deny    192.168.10.10 (4 match(es))
    20 permit  192.168.0.0, wildcard bits 0.0.255.255
Standard IP access list NO_ACCESS
    15 deny    192.168.11.11
    10 deny    192.168.11.10 (4 match(es))
    20 permit  192.168.11.0, wildcard bits 0.0.0.255
R1#
```

注意某些语句已经匹配。当生成应与 ACL 语句匹配的流量时，**show access-lists** 命令输出中显示的匹配项应该会增加。例如，在本示例中，如果从 PC1 对 PC3 或 PC4 发出 ping 操作，则输出将会显示 ACL 1 的 **deny** 语句匹配有所增加，如例 7-19 所示。

例 7-19　匹配后的 ACL 统计信息

```
R1# show access-lists
Standard IP access list 1
    10 deny    192.168.10.10 (8 match(es))
    20 permit  192.168.0.0, wildcard bits 0.0.255.255
Standard IP access list NO_ACCESS
    15 deny    192.168.11.11
    10 deny    192.168.11.10 (4 match(es))
    20 permit  192.168.11.0, wildcard bits 0.0.0.255
R1#
```

明确配置的 **permit** 和 **deny** 语句都将跟踪匹配项的统计信息。

应该指出的是，隐含的 **deny any** 语句并非如此。隐含的 **deny any** 语句不显示匹配的数据包，除非它明确地配置为 ACL 中的最后一个语句。

在测试 ACL 时重置匹配的计数器有时很有用。可以使用特权 EXEC 命令 **clear access-list counters** 清除计数器。可单独使用此命令，或将其与特定 ACL 的编号或名称一起使用。

在例 7-20 中，ACL 1 的计数器被复位。

例 7-20　清除 ACL 统计信息

```
R1# show access-lists
Standard IP access list 1
    10 deny    192.168.10.10 (8 match(es))
    20 permit  192.168.0.0, wildcard bits 0.0.255.255
Standard IP access list NO_ACCESS
    15 deny    192.168.11.11
    10 deny    192.168.11.10 (4 match(es))
    20 permit  192.168.11.0, wildcard bits 0.0.0.255
R1#
R1# clear access-list counters 1
R1#
R1# show access-lists
Standard IP access list 1
    10 deny    192.168.10.10
    20 permit  192.168.0.0, wildcard bits 0.0.255.255
Standard IP access list NO_ACCESS
    15 deny    192.168.11.11
    10 deny    192.168.11.10 (4 match(es))
    20 permit  192.168.11.0, wildcard bits 0.0.0.255
```

7.2.3　使用标准 IPv4 ACL 保护 VTY 端口

在本节中，您将配置标准 ACL 以保护 vty 访问。

1. access-class 命令

您可以通过限制 VTY 访问来改善管理线路的安全性。通过限制 VTY 访问，您可以定义哪些 IP 地址能够通过远程访问路由器 EXEC 进程。可以将该技术与 SSH 一同使用，以进一步提高管理访问的安全性。

您可以使用 ACL 指定允许哪些 IP 地址远程访问您的路由器。但是，请使用 **access-class** 线路 vty 配置命令（而不是 **ip access-group** 接口命令）将 ACL 应用于 VTY 线路。线路配置模式中配置的 **access-class** 命令可限制特定 VTY（接入思科设备）与访问列表中地址之间的传入和传出连接。

以下是 **access-class** 命令的命令语法：

```
Router(config-line)# access-class access-list-number { in | out }
```

参数 **in** 限制访问列表中的地址和思科设备之间的传入连接，而参数 **out** 则限制特定思科设备与访问列表中地址之间的传出连接。

请参考图 7-13 中的拓扑。

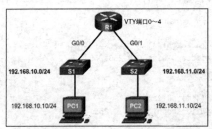

图 7-13 使用 ACL 限制 VTY 访问

在例 7-21 中，只允许网络 192.168.10.0/24 中的主机，通过 SSH 访问 VTY 线路，任何其他网络的主机都被拒绝 SSH 访问。

例 7-21 ACL VTY 配置

```
R1(config)# access-list 21 permit 192.168.10.0 0.0.0.255
R1(config)# access-list 21 deny any
R1(config)#
R1(config)# line vty 0 4
R1(config-line)# login local
R1(config-line)# transport input ssh
R1(config-line)# access-class 21 in
R1(config-line)# exit
R1(config)#
```

当配置 VTY 上的访问列表时，应该考虑以下几点。

- 命名访问列表和编号访问列表都可以应用于 VTY。
- 应该在所有 VTY 上设置相同的限制，因为用户可以尝试连接到任意 VTY。

注意： 访问列表适用于通过路由器传输的数据包。它们并非设计用于阻止路由器内部产生的数据包。默认情况下，出站 ACL 不会阻止从路由器发起的远程访问连接。

2. 验证 VTY 端口是否安全

在配置了 ACL 以限制对 VTY 线路的访问后，验证其是否如预期一样工作非常重要。例 7-22 显示 PC1 使用 SSH 成功访问 R1。

例 7-22 检验允许的 PC

```
PC1> ssh 192.168.10.1

Login as: admin
```

```
 Password: *****
R1>
```

例 7-23 显示 PC2 尝试使用 SSH 访问 R1 失败。

例 7-23　检验拒绝的 PC
```
PC2> ssh 192.168.11.1
ssh connect to host 192.168.11.1 port 22: Connection refused

PC2>
```

例 7-22 和例 7-23 显示了预期的行为，因为已配置的访问列表允许从 192.168.10.0/24 网络进行 VTY 访问，但拒绝所有其他设备。

例 7-24 的输出显示在 PC1 和 PC2 进行过 SSH 尝试后，发出 **show access-lists** 命令得到的结果。

例 7-24　检验 VTY ACL 的 ACL 统计信息
```
R1# show access-lists
Standard IP access list 21
    10 permit 192.168.10.0, wildcard bits 0.0.0.255 (2 matches)
    20 deny   any (1 match)
R1#
```

输出中 permit 语句的匹配项是因 PC1 的 SSH 连接成功而产生的。deny 语句的匹配项是因 PC2（192.168.11.0/24 网络中的一个设备）尝试创建 SSH 连接失败而产生的。

7.3　排除 ACL 故障

正确实施 ACL 需要注意细节，因为即使是细微的错误也会造成灾难性的后果。您必须培养强大的故障排除技能。故障排除是通过实践和经验获得的一项备受青睐的技能。

在这一部分，您将对 IPv4 ACL 问题进行故障排除。

7.3.1　使用 ACL 处理数据包

在本节中，您将了解当应用了 ACL 时，路由器如何处理数据包。

1. 隐式 deny any

如果 ACL 中仅包含一个 deny 条目，则其效果与拒绝所有流量相同。在 ACL 中必须至少配置一条 permit ACE，否则将阻止所有流量。

请参考图 7-14 中的拓扑。

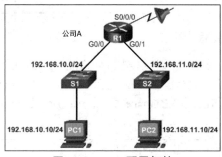

图 7-14　ACL 配置拓扑

在例 7-25 中，ACL 1 使用隐式 **deny any**，而 ACL 2 明确地使用 **deny any** 语句配置。

例 7-25　比较隐式和显式拒绝 ACL

```
R1(config)# access-list 1 permit ip 192.168.10.0 0.0.0.255
R1(config)#
R1(config)# access-list 2 permit ip 192.168.10.0 0.0.0.255
R1(config)# access-list 2 deny any
R1(config)#
```

在 R1 S0/0/0 接口的出站方向上应用 ACL 1 或 ACL 2 将产生相同的效果。允许 192.168.10.0 网络访问通过 S0/0/0 可到达的网络，同时拒绝 192.168.11.0 访问这些网络。在 ACL 1 中，如果数据包不匹配 permit 语句，则将其丢弃。

2. ACL 中 ACE 的顺序

在接受和处理标准 ACE 时，思科 IOS 将应用内部逻辑。如前所述，ACE 是按照顺序处理的；因此，ACE 的输入顺序非常重要。

在例 7-26 中，ACL 3 包含两个 ACE。第一个 ACE 使用通配符掩码来拒绝某一范围内的地址，此范围包括 192.168.10.0/24 网络中的所有主机。第二个 ACE 为检查属于 192.168.10.0/24 网络的特定主机 192.168.10.10 的主机语句。

例 7-26　host 语句与 range 语句冲突

```
R1(config)# access-list 3 deny 192.168.10.0 0.0.0.255
R1(config)# access-list 3 permit host 192.168.10.10
% Access rule can't be configured at higher sequence num as it is part of the
  existing rule at sequence num 10
R1(config)#
```

请注意，标准访问列表的 IOS 内部逻辑如何拒绝第二个语句，并返回错误消息，因为它是上一语句的子集。

在例 7-27 中，ACL 4 的配置使用相同的两条语句，但顺序相反。这是一个有效的语句顺序，因为第一条语句针对的是特定主机，而不是一组主机。

例 7-27　host 语句在 range 语句之前输入

```
R1(config)# access-list 4 permit host 192.168.10.10
R1(config)# access-list 4 deny 192.168.10.0 0.0.0.255
R1(config)#
```

在例 7-28 中，ACL 5 显示可在指向一组主机的语句后面配置 host 语句。该主机必须在上一语句所涉及的范围之外。192.168.11.10 主机地址不属于 192.168.10.0/24 网络，因此这是一个有效语句。

例 7-28　host 语句在 range 语句之后输入且没有冲突

```
R1(config)# access-list 5 deny 192.168.10.0 0.0.0.255
R1(config)# access-list 5 permit host 192.168.11.10
R1(config)#
```

3. 思科 IOS 对标准 ACL 重新排序

标准 ACE 的输入顺序可能不是路由器对其进行存储、显示和处理的顺序。

例 7-29 显示了标准访问列表的配置。首先配置拒绝三个网络的 range 语句，然后配置五个 host 语句。由于主机 IPv4 地址不属于前面输入的 range 语句，因此所有的 host 语句都是有效语句。

例 7-29　配置标准的 ACL

```
R1(config)# access-list 1 deny 192.168.10.0 0.0.0.255
R1(config)# access-list 1 deny 192.168.20.0 0.0.0.255
```

```
R1(config)# access-list 1 deny 192.168.30.0 0.0.0.255
R1(config)# access-list 1 permit 10.0.0.1
R1(config)# access-list 1 permit 10.0.0.2
R1(config)# access-list 1 permit 10.0.0.3
R1(config)# access-list 1 permit 10.0.0.4
R1(config)# access-list 1 permit 10.0.0.5
R1(config)# end
R1#
```

在例 7-30 中，**show running-config** 命令用于验证 ACL 配置。

例 7-30　检验 R1 的 ACL

```
R1# show running-config | include access-list 1
access-list 1 permit 10.0.0.2
access-list 1 permit 10.0.0.3
access-list 1 permit 10.0.0.1
access-list 1 permit 10.0.0.4
access-list 1 permit 10.0.0.5
access-list 1 deny   192.168.10.0 0.0.0.255
access-list 1 deny   192.168.20.0 0.0.0.255
access-list 1 deny   192.168.30.0 0.0.0.255
R1#
```

请注意，语句列出的顺序与其输入顺序不同。我们将使用 **show access-lists** 命令来了解这背后的原理。在例 7-31 中，**show access-lists** 命令可将 ACE 与其序号一起显示。

例 7-31　重新加载后，思科的 IOS 改变了序列号

```
R1# show access-lists 1
Standard IP access list 1
    50 permit 10.0.0.2
    60 permit 10.0.0.3
    40 permit 10.0.0.1
    70 permit 10.0.0.4
    80 permit 10.0.0.5
    10 deny   192.168.10.0, wildcard bits 0.0.0.255
    20 deny   192.168.20.0, wildcard bits 0.0.0.255
    30 deny   192.168.30.0, wildcard bits 0.0.0.255
R1#
```

我们可能希望输出中语句的顺序反映语句的输入顺序。但是，**show access-lists** 的输出显示情况并非如此。

标准 ACE 列出的顺序是 IOS 用来处理该列表的顺序。注意，语句分为两个部分，先列出 host 语句，然后是 range 语句。序号表示语句的输入顺序，而不是语句的处理顺序。

host 语句首先列出，但不一定是以这些语句的输入顺序列出。IOS 使用特殊的哈希函数按顺序添加 host 语句。最终顺序可以优化主机 ACL 条目的搜索。range 语句在 host 语句后面显示。这些语句按其输入的顺序列出。

注意：　哈希函数只能应用于 IPv4 标准访问列表中的 host 语句。有关哈希函数的详细信息不属于本课程的范围。

回想一下，可以使用序号编辑标准 ACL 和编号 ACL。当插入新的 ACL 语句时，序号只会影响列表中 range 语句的位置。始终能够使用哈希函数恢复 host 语句的顺序。

要正确地重新对序列号排序，必须保存路由器配置，并重新启动设备。

在例 7-32 中，在保存运行配置后，重新加载路由器 R1。**show access-lists** 命令的输出按数字顺序显示序列号。

例 7-32 思科 IOS 在重新加载后更改序列号

```
R1# show access-lists 1
Standard IP access list 1
    10 permit 10.0.0.2
    20 permit 10.0.0.3
    30 permit 10.0.0.1
    40 permit 10.0.0.4
    50 permit 10.0.0.5
    60 deny   192.168.10.0, wildcard bits 0.0.0.255
    70 deny   192.168.20.0, wildcard bits 0.0.0.255
    80 deny   192.168.30.0, wildcard bits 0.0.0.255
R1#
```

4. 路由过程和 ACL

图 7-15 中显示了路由和 ACL 过程的逻辑。

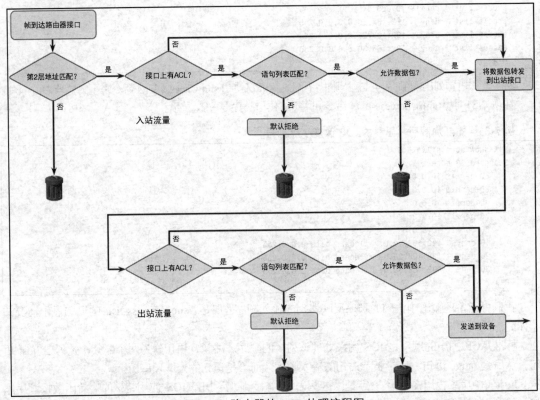

图 7-15 路由器的 ACL 处理流程图

当数据包到达路由器接口时，无论是否使用 ACL，路由器的处理过程都是相同的。当帧进入接口时，路由器查看其第 2 层目标地址是否与其第 2 层接口地址匹配，或该帧是否是广播帧。

如果可以接受该帧地址，那么路由器将解封帧信息，并检查入站接口上的 ACL。如果存在 ACL，则按照列表中的语句测试该数据包。

如果数据包与某条语句匹配，则根据结果允许或拒绝该数据包。如果数据包被接受，将检查路由表条目来确定目标接口。如果目标存在路由表条目，数据包将被转发到送出接口，否则数据包将被丢弃。

接下来，路由器检查送出接口是否具有 ACL。如果存在 ACL，则按照列表中的语句测试该数据包。如果数据包与某条语句匹配，则根据结果允许或拒绝该数据包。

如果没有 ACL 或数据包被允许，则将数据包封装在新的第 2 层协议中，并从相应接口转发到下一台设备。

7.3.2 常见 IPv4 标准 ACL 错误

在本节中，您将学习如何使用 CLI 命令对常见的标准 IPv4 ACL 错误进行故障排除。

1. 对标准 IPv4 ACL 进行故障排除：示例 1

图 7-16 中的拓扑将用于本节中的故障排除示例。

使用前面介绍过的 **show** 命令可以发现大部分更为常见的 ACL 错误。最常见错误包括 ACE 的输入顺序错误和没有指定足够的 ACL 规则。其他常见错误包括使用错误的方向、错误的接口或错误的源地址应用 ACL。

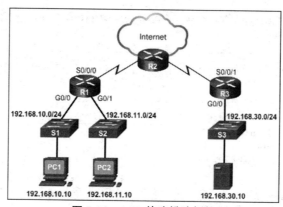

图 7-16　ACL 故障排除拓扑

安全策略：PC2 应该不能访问文件服务器。

虽然 PC2 无法访问文件服务器，但是 PC1 也无法访问文件服务器。当在例 7-33 中，查看 **show access-list** 命令的输出时，仅 PC2 被显式拒绝。

例 7-33　查找示例 1 的问题

```
R3# show access-list
Standard IP access list 10
    10 deny    192.168.11.10
R3#
```

但是，没有 **permit** 语句允许其他访问。

解决方案：当前已隐式拒绝所有从 G0/0 接口到 192.168.30.0/24 LAN 的访问。如例 7-34 所示，向 ACL 10 添加一条语句以允许所有其他流量。

例 7-34　解决示例 1 的问题

```
R3(config)# access-list 10 permit any
R3(config)# end
R3#
```

PC1 现在应该能够访问文件服务器。在例 7-35 中，**show access-list** 命令的输出验证了从 PC1 到文件服务器的 ping 操作匹配 **permit any** 语句。

例 7-35　检验示例 1

```
R3# show access-list
Standard IP access list 10
```

```
          10 deny   192.168.11.10
          20 permit any (4 match(es))
R3#
```

PC1 现在应该能够访问文件服务器。**show access-list** 命令的输出验证了从 PC1 到文件服务器的 ping 操作匹配 **permit any** 语句。

2. 对标准 IPv4 ACL 进行故障排除：示例 2

安全策略：192.168.11.0/24 网络应该不能访问 192.168.10.0/24 网络。

PC2 无法访问 PC1。而且 PC2 也无法通过 R2 访问互联网。在例 7-36 中，查看 **show access-list** 命令的输出时，您可以看到 PC2 匹配 **deny** 语句。

例 7-36　查找示例 2 的问题

```
R1# show access-list
Standard IP access list 20
    10 deny    192.168.11.0, wildcard bits 0.0.0.255 (8 match(es))
    20 permit any
R1#
```

ACL 20 似乎配置正确。您怀疑它肯定应用得不正确，并且查看了 R1 的接口配置。在例 7-37 中，显示 **show run** 命令的输出。

例 7-37　检验接口配置

```
R1# show run | section interface
interface GigabitEthernet0/0
 ip address 192.168.10.1 255.255.255.0
 duplex auto
 speed auto
interface GigabitEthernet0/1
 ip address 192.168.11.1 255.255.255.0
 ip access-group 20 in
 duplex auto
 speed auto

<output omitted>
```

输出显示 ACL 20 已被应用于错误的接口和错误的方向。所有来自 192.168.11.0/24 的流量均拒绝通过 G0/1 接口进行入站访问。

解决方案：要更正此错误，请从 G0/1 接口删除 ACL 20 并将其应用于 G0/0 接口出站方向，如例 7-38 所示。

例 7-38　解决示例 2 的问题

```
R1(config)# interface g0/1
R1(config-if)# no ip access-group 20 in
R1(config-if)# exit
R1(config)#
R1(config)# interface g0/0
R1(config-if)# ip access-group 20 out
```

PC2 无法访问 PC1，但是现在可以访问互联网。

3. 对标准 IPv4 ACL 进行故障排除：示例 3

安全策略：仅允许 PC1 通过 SSH 远程访问 R1。

PC1 无法使用 SSH 连接远程访问 R1。

在例 7-39 中，查看 VTY 线路的运行配置部分可以发现 ACL 命名 PC1-SSH 已正确应用于入站连接。VTY 线路正确配置为仅允许 SSH 连接。

例 7-39　查找示例 3 的问题

```
R1# show run | section line vty
line vty 0 4
 access-class PC1-SSH in
 login
 transport input ssh
R1#
```

在例 7-40 中，显示 **show access-list** 命令的输出。

例 7-40　查找并解决示例 3 的问题

```
R1# show access-list
Standard IP access list PC1-SSH
    10 permit 192.168.10.1
    20 deny any (5 match(es))
R1#
```

您注意到 IPv4 地址是 R1 的 G0/0 接口，而不是 PC1 的 IPv4 地址。另请注意，管理员在 ACL 中配置了显式 **deny any** 语句。因为在这种情况下，您将看到满足远程访问 R1 失败尝试的匹配项，所以这会很有用。

解决方案：例 7-41 显示纠正此错误的过程。

例 7-41　解决示例 3 的问题

```
R1(config)# ip access-list standard PC1-SSH
R1(config-std-nacl)# no 10
R1(config-std-nacl)# 10 permit host 192.168.10.10
R1(config-std-nacl)# end
R1#
R1# clear access-list counters
R1#
R1# show access-list
Standard IP access list PC1-SSH
    10 permit 192.168.10.10 (2 match(es))
    20 deny any
R1#
```

由于需要纠正的语句是第一条语句，所以我们可以使用序号 10 通过输入 **no 10** 删除该语句。然后，我们为 PC1 配置正确的 IPv4 地址。**clear access-list counters** 命令将输出重置为仅显示新匹配项。尝试从 PC2 远程访问 R1 会取得成功，如 **show access-list** 命令的输出中所示。

7.4　总结

默认情况下路由器不会过滤流量。进入路由器的流量仅根据路由表内的信息进行路由。

数据包过滤通过分析传入和传出的数据包并根据条件传递或丢弃数据包，从而控制网络访问，例如源 IP 地址、目标 IP 地址和数据包内传输的协议。数据包过滤路由器使用特定规则确定是允许还是拒绝流量。路由器还可以在第 4 层（传输层）过滤数据包。

ACL 是一系列 permit 或 deny 语句组成的顺序列表。ACL 的最后一条语句通常是拦截所有流量的隐式 deny 语句。为了防止 ACL 末尾的隐式 **deny any** 语句拦截所有流量，可以添加 **permit ip any any** 语句。

当网络流量经过配置了 ACL 的接口时，路由器会将数据包中的信息与每个条目按顺序进行比较，以确定数据包是否匹配其中一条语句。如果找到匹配项，就将数据包进行相应的处理。

ACL 要么配置用于入站流量，要么用于出站流量。

标准 ACL 可以用于允许或拒绝仅来自源 IPv4 地址的流量。不涉及数据包的目的地址和相应的端口。放置标准 ACL 的基本规则是使其接近目标。

扩展 ACL 根据多种属性过滤数据包：协议类型、源或目的 IPv4 地址以及源或目的端口。放置扩展 ACL 的基本规则是将其置于尽量靠近源地址的位置。

access-list 全局配置命令使用 1～99 范围内的一个数字定义标准 ACL。**ip access-list standard** *name* 用于创建标准命名 ACL。

配置 ACL 之后，可以在接口配置模式下使用 **ip access-group** 命令将其关联到接口。请记住以下规则：每种协议一个 ACL，每个方向一个 ACL，每个接口一个 ACL。

要从接口上删除 ACL，首先在接口上输入 **no ip access-group** 命令，然后输入全局命令 **no access-list** 删除整个 ACL。

show running-config 和 **show access-lists** 命令用于检验 ACL 配置。**show ip interface** 命令用于检验接口上应用的 ACL 及其应用方向。

线路配置模式中配置的 **access-class** 命令可限制特定 VTY 与访问列表中地址之间的传入和传出连接。

检查你的理解

请完成以下所有复习题，以检查您对本章主题和概念的理解情况。答案列在附录"'检查你的理解'问题答案"中。

1. 下列关于 ACL 处理数据包的说法中哪三项正确？（选择三项）
    A. 数据包根据与其相匹配的 ACE 的指示，可能被拒绝，也可能被转发
    B. 默认情况下会转发不符合任何 ACE 条件的数据包
    C. 被一个 ACE 拒绝的数据包可能被后续 ACE 允许
    D. 隐式 **deny any** 会拒绝与所有 ACE 都不匹配的任何数据包
    E. 将每个数据包与 ACL 中每条 ACE 的条件相比较，然后才决定是否转发
    F. 检查每条语句，直到检测到匹配的语句或到达 ACE 列表结尾为止
2. 访问控制列表的两大用途是什么？（选择两项）
    A. ACL 可以帮助路由器确定到目的地的最佳路径
    B. ACL 可以控制主机能够访问网络中的哪些区域
    C. ACL 可以根据路由器上的始发 MAC 地址来允许或拒绝流量
    D. ACL 提供基本的网络访问安全性
    E. 标准 ACL 可限制对特定应用程序和端口的访问
3. 在哪一配置中，出站 ACL 位置优于入站 ACL 位置？
    A. 路由器具有一个以上 ACL 时
    B. 出站 ACL 筛选接口且连接至该接口的网络为在 ACL 内筛选的源网络时
    C. 出站 ACL 接近流量源时
    D. 将 ACL 应用至出站接口以在数据包退出接口前筛选来自多入站接口的数据包时
4. 网络管理员需要配置标准 ACL，使得只有 IP 地址为 192.168.15.23 的管理员工作站能够访问主要路由器的虚拟终端。哪两个配置命令可以完成该任务？（选择两项）
    A. Router1(config)# **access-list 10 permit 192.168.15.23 0.0.0.0**

B. Router1(config)# **access-list 10 permit 192.168.15.23 0.0.0.255**
C. Router1(config)# **access-list 10 permit 192.168.15.23 255.255.255.0**
D. Router1(config)# **access-list 10 permit 192.168.15.23 255.255.255.255**
E. Router1(config)# **access-list 10 permit host 192.168.15.23**

5. 匹配以下所有网络的单个访问列表语句是什么？192.168.16.0、192.168.17.0、192.168.18.0 和 192.168.19.0。
   A. **access-list 10 permit 192.168.0.0 0.0.15.255**
   B. **access-list 10 permit 192.168.16.0 0.0.0.255**
   C. **access-list 10 permit 192.168.16.0 0.0.3.255**
   D. **access-list 10 permit 192.168.16:0 0.0.15.255**

6. 如果路由器有两个接口，并且路由 IPv4 和 IPv6 的流量，那么可以在其中创建并应用多少个 ACL？
   A. 4
   B. 6
   C. 8
   D. 12
   E. 16

7. 通常认为下列哪三项是放置 ACL 的最佳做法？（选择三项）
   A. 在不需要的流量通过低带宽链路之前，将其过滤掉
   B. 对于每个放置在接口的入站 ACL，应该有一个与之匹配的出站 ACL
   C. 将扩展 ACL 放置在靠近流量的目的 IP 地址的位置
   D. 将扩展 ACL 放置在靠近流量的源 IP 地址的位置
   E. 将标准 ACL 放置在靠近流量的源 IP 地址的位置
   F. 将标准 ACL 放置在靠近流量的目的 IP 地址的位置

8. 管理员已在 R1 上配置一个访问列表，允许从主机 172.16.1.100 进行 SSH 管理访问。下列哪条命令可以正确地应用 ACL？
   A. R1(config-line)# **access-class 1 in**
   B. R1(config-line)# **access-class 1 out**
   C. R1(config-if)# **ip access-group 1 in**
   D. R1(config-if)# **ip access-group 1 out**

9. 下列哪项描述了入站 ACL 和出站 ACL 运作时存在的差异？
   A. 在网络接口处，可以配置多个入站 ACL，但只可以配置一个出站 ACL
   B. 入站 ACL 要在路由数据包之前进行处理，而出站 ACL 在路由数据包完成之后处理
   C. 入站 ACL 既可以在路由器中使用又可以在交换机中使用，但出站 ACL 只能在路由器中使用
   D. 与出站 ALC 相比，入站 ACL 可用于过滤具有多个标准的数据包

第 8 章

DHCP

学习目标

通过完成本章的学习，您将能够回答下列问题：
- DHCPv4 在中小型企业网络中如何运行？
- 如何将路由器配置为 DHCPv4 服务器？
- 如何将路由器配置为 DHCPv4 客户端？
- 如何对交换网络中 IPv4 的 DHCP 配置问题进行故障排除？
- 您能解释 DHCPv6 的工作原理吗？
- 如何为中小型企业配置无状态 DHCPv6？
- 如何为中小型企业配置有状态 DHCPv6？
- 如何对交换网络中 IPv6 的 DHCP 配置问题进行故障排除？

每一台连网设备均需要唯一的 IP 地址。网络管理员将静态 IP 地址分配给路由器、服务器、打印机和其他不可能更改位置（物理位置或逻辑位置）的网络设备。这些设备通常为网络上的用户和设备提供服务；因此，分配给它们的地址应保持不变。此外，静态地址使管理员能够远程管理这些设备。当网络管理员能很容易地确定设备的 IP 地址时，会更容易访问该设备。

不过，组织中的计算机和用户经常更改其物理位置和逻辑位置。对管理员而言，每次员工移动时，分配新的 IP 地址既麻烦又费时。此外，对于在远程位置工作的移动员工而言，手动设置正确的网络参数颇具挑战性。即使是桌面客户端，手动分配 IP 地址和其他编址信息都会带来管理负担，尤其是在网络扩张的时候。

将 DHCP 服务器引入本地网络简化了桌面和移动设备的 IP 地址分配。采用集中式 DHCP 服务器使组织能够从单个服务器管理所有动态 IP 地址分配。此操作使 IP 地址管理更有效，并确保整个组织（包括分支机构）的一致性。

IPv4（DHCPv4）和 IPv6（DHCPv6）均可使用 DHCP。本章研究 DHCPv4 和 DHCPv6 的功能、配置和故障排除。

8.1 DHCPv4

网络中的所有主机都需要 IP 配置。虽然为一些设备静态分配其 IP 配置，但大多数设备将使用 DHCP 获取有效的 IP 配置。因此，DHCP 是必须进行管理和认真实施的重要功能。

在这一部分，您将学习如何在中小型企业网络中跨多个 LAN 实现 DHCPv4 的运行。

8.1.1 DHCPv4 操作

在本节中，您将学习 DHCPv4 如何在中小型企业网络中运行。

1. 介绍 DHCPv4

DHCPv4 动态分配 IPv4 地址和其他网络配置信息。如图 8-1 所示，客户端从 DHCP 服务器请求 IP 配置。服务器回复并和 DHCP 客户端协商 IP 配置。

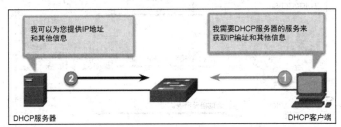

图 8-1　DHCP 概述

由于网络节点大多都是由桌面客户端构成，因此对于网络管理员来说，DHCPv4 是一个非常有用和省时的工具。DHCP 具有可扩展性，且相对容易管理。

大多数组织都部署了专用的 DHCPv4 服务器。思科 IOS 软件支持可选的全功能 DHCPv4 服务器。但对于小的分支办公室或 SOHO 族，不妨配置一台思科路由器来提供 DHCPv4 服务，这样可以节省成本，因为不需要专用服务器。

DHCPv4 服务器动态地从地址池中分配或出租 IPv4 地址，使用期限为服务器选择的一段有限时间，或者直到客户端不再需要该地址为止。

客户端的租用期限由管理员确定。管理员在配置 DHCPv4 服务器时，可为其设定不同的租期届满时间。租用时间在任何地方通常都是 24 小时到一周或更长时间。租期届满后，客户端必须申请另一地址，但通常是把同一地址重新分配给客户端。

2. DHCPv4 操作

DHCPv4 在客户端/服务器模式下工作。当客户端与 DHCPv4 服务器通信时，服务器会将 IPv4 地址分配或出租给该客户端。然后客户端使用租用的 IP 地址连接到网络，直到租期届满。客户端必须定期联系 DHCP 服务器以续展租期。这种租用机制确保移动或关闭的客户端不保留它们不再需要的地址。租期届满后，DHCP 服务器会将地址返回地址池，如有必要，可将其再次分配。

租赁发起

图 8-2 描述了 DHCPv4 的租约操作过程。

当客户端启动时（或要连接网络），它开始进行四步过程以获取租约。客户端使用包含自己 MAC 地址的广播 DHCPDISCOVER 消息开始该过程以查找可用 DHCPv4 服务器。

DHCP 发现（DHCPDISCOVER）

DHCPDISCOVER 消息在网络上查找 DHCPv4 服务器。由于客户端启动时没有有效的 IPv4 信息，因此，它将使用第 2 层和第 3 层广播地址与服务器通信。

DHCP 提供（DHCPOFFER）

当 DHCPv4 服务器收到 DHCPDISCOVER 消息时，会保留一个可用 IPv4 地址以租赁给客户端。服务器还会创建一个地址解析协议（ARP）条目，该条目包含请求客户端的 MAC 地址和客户端的租用 IPv4 地址。DHCPv4 服务器将绑定 DHCPOFFER 消息发送到请求客户端。以服务器的第 2 层 MAC

地址为源地址，以客户端的第 2 层 MAC 地址为目标地址，将 DHCPOFFER 消息作为单播发送。

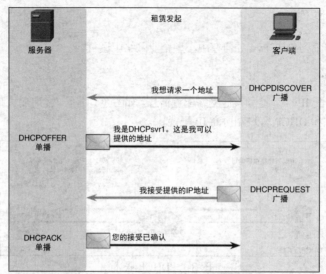

图 8-2　DHCPv4 操作——发起租用

DHCP 请求（DHCPREQUEST）

当客户端从服务器收到 DHCPOFFER 时，会发回一条 DHCPREQUEST 消息。此消息用于发起租用和租约更新。用于发起租用时，将 DHCPREQUEST 用作已提供参数所选定服务器的绑定接受通知，并隐式拒绝任何其他可能已为客户端提供了绑定服务的服务器。

许多企业网络使用多台 DHCPv4 服务器。DHCPREQUEST 消息以广播的形式发送，将已接受提供的情况告知此 DHCPv4 服务器和任何其他 DHCPv4 服务器。

DHCP 确认（DHCPACK）

收到 DHCPREQUEST 消息后，服务器使用 ICMP ping 验证该地址的租用信息以确保该地址尚未使用，为客户端租用创建新的 ARP 条目，并以单播 DHCPACK 消息作为回复。除消息类型字段不同外，DHCPACK 消息与 DHCPOFFER 消息别无二致。客户端收到 DHCPACK 消息后，记录下配置信息，并为所分配的地址执行 APR 查找。如果没有对 ARP 的应答，客户端就会知道 IPv4 地址是有效的，并开始像使用自己的地址一样使用该地址。

租赁续约

图 8-3 说明了 DHCPv4 租约更新过程。

DHCP 请求（DHCPREQUEST）

在租期届满前，客户端将 DHCPREQUEST 消息直接发送到最初提供 IPv4 地址的 DHCPv4 服务器。如果在指定的时间内没有收到 DHCPACK，客户端会广播另一个 DHCPREQUEST，这样，另外一个 DHCPv4 服务器便可续展租期。

DHCP 确认（DHCPACK）

收到 DHCPREQUEST 消息后，服务器通过返回一个 DHCPACK 来验证租用信息。

3. DHCPv4 消息格式

DHCPv4 消息格式用于所有 DHCPv4 事务。DHCPv4 消息封装在 UDP 传输协议中。从客户端发出的 DHCPv4 消息使用用户数据报协议（UDP）源端口 68 和目标端口 67。从服务器发往客户端的 DHCPv4 消息使用 UDP 源端口 67 和目标端口 68。

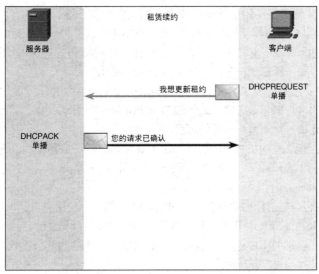

图 8-3 DHCPv4 操作——租约更新

图 8-4 中显示了 DHCPv4 消息的格式。

8	16	24	32
操作代码（1）	硬件类型（1）	硬件地址长度（1）	跳数（1）
事务标识符			
秒数：2字节		标记：2字节	
客户端IP地址（CIADDR）：4字节			
您的IP地址（YIADDR）：4字节			
服务器IP地址（SIADDR）：4字节			
网关IP地址（GIADDR）：4字节			
客户端硬件地址（CHADDR）：16字节			
服务器名称（SNAME）：64字节			
启动文件名：128字节			
DHCP选项：变量			

图 8-4 DHCPv4 消息格式

DHCPv4 字段如下。

- **操作（OP）代码**：指定通用消息类型。1 表示请求消息，2 表示回复消息。
- **硬件类型**：确定网络中使用的硬件类型。例如，1 表示以太网，15 表示帧中继，20 表示串行线路。这与 ARP 消息中使用的代码相同。
- **硬件地址长度**：指定地址的长度。
- **跳数**：控制消息的转发。客户端传输请求前将其设置为 0。
- **事务标识符**：客户端使用事务标识符将请求和从 DHCPv4 服务器接收的应答进行匹配。
- **秒数**：确定从客户端开始尝试获取或更新租用以来经过的秒数。当有多个客户端请求未得到处理时，DHCPv4 服务器会使用秒数来排定应答的优先顺序。
- **标记**：发送请求时，不知道自己 IPv4 地址的客户端会使用标记。只使用 16 位中的一位，即广播标记。此字段中的 1 值告诉接收请求的 DHCPv4 服务器或中继代理应将应答作为广播发送。
- **客户端 IP 地址**：当客户端的地址有效且可用时，客户端在租约更新期间（而不是在获取地址的过程中）使用客户端 IP 地址。当且仅当客户端在绑定状态下有一个有效的 IPv4 地址时，该客户端才会将其 IPv4 地址放在此字段中，否则，它会将该字段设置为 0。

- **您的 IP 地址**：服务器使用该地址将 IPv4 地址分配给客户端。
- **服务器 IP 地址**：服务器使用该地址确定在 bootstrap 过程的下一步骤中客户端应当使用的服务器地址，它既可能是也可能不是发送该应答的服务器。发送服务器始终会把自己的 IPv4 地址放在称作"服务器标识符"的 DHCPv4 选项字段中。
- **网关 IP 地址**：涉及 DHCPv4 中继代理时会路由 DHCPv4 消息。网关地址可以帮助位于不同子网或网络的客户端与服务器之间传输 DHCPv4 请求和回复。
- **客户端硬件地址**：指定客户端的物理层。
- **服务器名称**：由发送 DHCPOFFER 或 DHCPACK 消息的服务器使用。服务器可能选择性地将其名称放在此字段中。这可以是简单的文字别名或域名系统（DNS）域名，例如 dhcpserver.netacad.net。
- **启动文件名**：客户端选择性地在 DHCPDISCOVER 消息中使用它来请求特定类型的启动文件。服务器在 DHCPOFFER 中使用它来完整指定启动文件目录和文件名。
- **DHCP 选项**：容纳 DHCP 选项，包括基本 DHCP 运行所需的几个参数。此字段的长度不定。客户端与服务器均可以使用此字段。

4. DHCPv4 发现和提供消息

如果客户端配置为动态接收其 IPv4 设置并要连接网络，它会从 DHCPv4 服务器请求编址值。当客户端启动或侦听到活动网络连接时，会在其本地网络上传输 DHCPDISCOVER 消息。由于客户端无法知道它属于哪一个子网，因此 DHCPDISCOVER 消息是一个 IPv4 广播（目标 IPv4 地址为 255.255.255.255）。客户端还没有配置 IPv4 地址，因此使用源 IPv4 地址 0.0.0.0。

如图 8-5 所示，客户端 IPv4 地址（CIADDR），默认网关地址（GIADDR）和子网掩码均有标记，这表示使用了地址 0.0.0.0。

> **注意：** 将未知消息发送为 0.0.0.0。

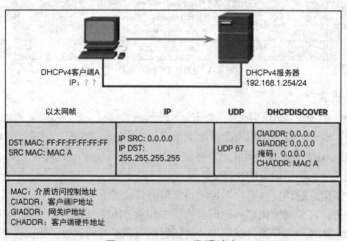

图 8-5　DHCPv4 发现消息

DHCP 客户端会发送带有 DHCPDISCOVER 数据包的 IP 广播。在本例中，DHCP 服务器在同一网段，它将处理此请求。服务器注意到 GIADDR 字段为空白，因此得知客户端位于同一网段上。服务器还会记录到请求数据包中的客户端的硬件地址。

当 DHCPv4 服务器收到 DHCPDISCOVER 消息时，它以 DHCPOFFER 消息回应。此消息包含客户端的初始配置信息，这些信息包括服务器提供的 IPv4 地址、子网掩码、租期以及 DHCPv4 服务器提供的 IPv4 地址。

可以配置 DHCPOFFER 消息以包括其他信息，例如租用更新时间和 DNS 地址。

如图 8-6 所示，DHCP 服务器通过给 CIADDR 和子网掩码分配值来响应 DHCPDISCOVER。使用客户端硬件地址（CHADDR）构建帧，并将帧发送给请求客户端。

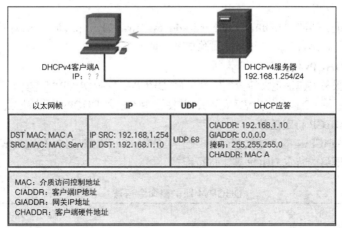

图 8-6 DHCPv4 提供消息

DHCP 服务器从该网段的可用地址池中选取一个 IP 地址，以及与网段有关的参数和其他全局参数。DHCP 服务器将它们放入 DHCP 数据包的相应字段中。随后，DHCP 服务器会使用 A 的硬件地址（在 CHADDR 中）构造一个适当的帧发送回客户端。

客户端与服务器发送确认消息后，过程完毕。

8.1.2 配置基本 DHCPv4 服务器

在本节中，您将学习如何将路由器配置为 DHCPv4 服务器。

1. 配置基本 DHCPv4 服务器

可以将运行思科 IOS 软件的思科路由器配置为 DHCPv4 服务器。思科 IOS DHCPv4 服务器从路由器内的指定地址池分配 IPv4 地址给 DHCPv4 客户端，并管理这些 IP 地址。图 8-7 显示的拓扑结构用于说明此功能。

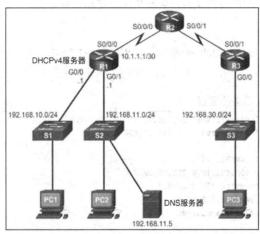

图 8-7 DHCPv4 配置拓扑

步骤 1 排除 IPv4 地址

除非配置为排除特定地址，否则路由器将充当 DHCPv4 服务器分配 DHCPv4 地址池中的所有 IPv4 地址。通常，将池中的某些 IPv4 地址分配给需要静态地址分配的网络设备。因此，这些 IPv4 地址不应分配给其他设备。排除地址应包括分配给路由器、服务器、打印机和其他已经或者将手动配置的设备的地址。

要排除特定地址，请使用 **ip dhcp excluded-address** *low-address* [*high-address*]全局配置命令。可以通过指定范围内的低位地址和高位地址来排除单个地址或多个地址。

步骤 2 配置 DHCPv4 池

配置 DHCPv4 服务器包括定义待分配的地址池。DHCP 参数在 DHCP 配置模式下配置。**ip dhcp pool** *pool-name* 命令创建了一个包含指定名称的池，并使路由器进入 DHCPv4 配置模式。

步骤 3 配置 DHCP 特定任务

表 8-1 列举了 DHCPv4 的一些配置命令。通常配置 **network** 和 **default-router** 命令。还有其他命令是可选的，根据网络的特定 DHCP 要求进行配置。

表 8-1   DHCPv4 服务器命令语法

命 令	描 述
network *network-number* [**mask** | */prefix-length*]	定义地址池
default-router *address* [*address2...address8*]	定义默认路由器或网关
dns-server *address* [*address2...address8*]	（可选）定义 DNS 服务器
domain-name *domain*	（可选）定义域名
lease { *days* [*hours*] [*minutes*] | **infinite** }	（可选）定义 DHCP 租期
netbios-name-server *address* [*address2...address8*]	（可选）定义 NetBIOS WINS 服务器的传统命令

必须配置地址池和默认网关路由器。使用 **network** 语句定义可用地址范围。

使用 **default-router** 命令定义默认网关路由器。通常，网关是最接近客户端设备的路由器的 LAN 接口。虽然只需要一个网关，但是如果有多个网关，您最多可以列出八个地址。

其他 DHCPv4 池命令为可选命令。例如，使用 **dns-server** 命令配置 DHCPv4 客户端可用的 DNS 服务器 IPv4 地址。**domain-name** *domain* 命令用于定义域名。使用 **lease** 命令可以更改 DHCPv4 租期。默认租用值为一天。

> **注意：** 其他 DHCP 命令选项可用，但超出了本章的范围。

DHCPv4 示例

在路由器 R1 上配置了基本 DHCPv4 参数的配置示例见例 8-1。使用图 8-7 中的拓扑示例，将 R1 配置为 192.168.10.0/24 LAN 和 192.168.11.0/24 LAN 的 DHCPv4 服务器。

例 8-1   R1 的 DHCPv4 服务器配置

```
R1(config)# ip dhcp excluded-address 192.168.10.1 192.168.10.9
R1(config)# ip dhcp excluded-address 192.168.10.254
R1(config)#
R1(config)# ip dhcp pool LAN-POOL-1
R1(dhcp-config)# network 192.168.10.0 255.255.255.0
R1(dhcp-config)# default-router 192.168.10.1
R1(dhcp-config)# dns-server 192.168.11.5
R1(dhcp-config)# domain-name example.com
R1(dhcp-config)# exit
R1(config)#
```

```
R1(config)# ip dhcp excluded-address 192.168.11.1 192.168.10.9
R1(config)# ip dhcp excluded-address 192.168.11.254
R1(config)#
R1(config)# ip dhcp pool LAN-POOL-2
R1(dhcp-config)# network 192.168.11.0 255.255.255.0
R1(dhcp-config)# default-router 192.168.11.1
R1(dhcp-config)# dns-server 192.168.11.5
R1(dhcp-config)# domain-name example.com
R1(dhcp-config)# end
R1#
```

禁用 DHCPv4

DHCPv4 服务默认启用。要禁用此服务，请使用 **no service dhcp** 全局配置模式命令。使用 **service dhcp** 全局配置模式命令可重新启用 DHCPv4 服务过程。如果没有配置参数，启用服务将不会有效果。

2. 验证 DHCPv4

请参考图 8-7，配置 R1 以提供 DHCPv4 服务。如例 8-2 所示，**show running-config | section dhcp** 命令输出显示了配置在 R1 上的 DHCPv4 命令。注意 **| section dhcp** 命令过滤很有用，可以只显示与 DHCPv4 配置相关联的命令。

例 8-2　检验 DHCPv4 配置

```
R1# show running-config | section dhcp
ip dhcp excluded-address 192.168.10.1 192.168.10.9
ip dhcp excluded-address 192.168.10.254
ip dhcp excluded-address 192.168.11.1 192.168.11.9
ip dhcp excluded-address 192.168.11.254
ip dhcp pool LAN-POOL-1
 network 192.168.10.0 255.255.255.0
 default-router 192.168.10.1
 dns-server 192.168.11.5
 domain-name example.com
ip dhcp pool LAN-POOL-2
 network 192.168.11.0 255.255.255.0
 default-router 192.168.11.1
 dns-server 192.168.11.5
 domain-name example.com
R1#
```

如例 8-3 所示，使用 **show ip dhcp binding** 和 **show ip dhcp server statistics** 命令可检验 DHCPv4 的运行。

例 8-3　租赁之前，检验 DHCPv4 统计信息

```
R1# show ip dhcp binding
Bindings from all pools not associated with VRF:
IP address          Client-ID/          Lease expiration          Type
                    Hardware address/
                    User name
R1#
R1# show ip dhcp server statistics
Memory usage        26053
Address pools       2
Database agents     0
Automatic bindings  0
Manual bindings     0
Expired bindings    0
Malformed messages  0
Secure arp entries  0
```

```
Message            Received
BOOTREQUEST        0
DHCPDISCOVER       0
DHCPREQUEST        0
DHCPDECLINE        0
DHCPRELEASE        0
DHCPINFORM         0

Message            Sent
BOOTREPLY          0
DHCPOFFER          0
DHCPACK            0
DHCPNAK            0
R1#
```

show ip dhcp binding 命令显示 DHCPv4 服务已提供的全部 IPv4 地址与 MAC 地址绑定的列表。

show ip dhcp server statistics 命令检验路由器正在接收或发送消息。此命令显示关于已发送和接收的 DHCPv4 消息数量的计数信息。

如这些命令的输出显示，目前没有绑定，而且统计数据表明没有发出或收到的消息。此时还没有设备从路由器 R1 上请求 DHCPv4 服务。

假设现在 PC1 和 PC2 开机并完成启动过程后，发出从 DHCP 服务器请求 IP 配置信息的命令。

例 8-4 显示了为 PC1 和 PC2 提供 IP 配置信息后，DHCP 的验证命令。

例 8-4 租赁之后，检验 DHCPv4 统计信息

```
R1# show ip dhcp binding
Bindings from all pools not associated with VRF:
IP address        Client-ID/          Lease expiration         Type
                  Hardware address/
                  User name
192.168.10.10     0002.4A2D.5D02      July 29, 2016 2:55 AM    Automatic
192.168.11.10     000A.416C.49B3      July 29, 2016 2:57 AM    Automatic
R1#
R1# show ip dhcp server statistics
Memory usage          27307
Address pools         2
Database agents       0
Automatic bindings    2
Manual bindings       0
Expired bindings      0
Malformed messages    0
Secure arp entries    0

Message            Received
BOOTREQUEST        0
DHCPDISCOVER       8
DHCPREQUEST        3
DHCPDECLINE        0
DHCPRELEASE        0
DHCPINFORM         0

Message            Sent
BOOTREPLY          0
DHCPOFFER          3
DHCPACK            3
DHCPNAK            0
R1#
```

请注意，绑定信息现在显示 192.168.10.10 和 192.168.11.10 的 IPv4 地址已绑定到 MAC 地址。统计信息也显示了 DHCPDISCOVER、DHCPREQUEST、DHCPOFFER 和 DHCPACK 活动。

在例 8-5 中，在 PC1 上发出 **ipconfig/all** 命令时显示 TCP/IP 参数。

例 8-5 检验 DHCPv4 客户端

```
C:\> ipconfig /all

Windows IP Configuration

    Host Name . . . . . . . . . . . . : ciscolab
    Primary Dns Suffix . . . . . . . :
    Node Type . . . . . . . . . . . . : Unknown
    IP Routing Enabled. . . . . . . . : No
    WINS Proxy Enabled. . . . . . . . : No

Ethernet Adapter Local Area Connection:

    Connection-specific DNS Suffix . : example.com
    Description . . . . . . . . . . . : Realtek PCIe GBE Family Controller
    Physical Address. . . . . . . . . : 00-E0-18-5B-DD-35
    DHCP Enabled. . . . . . . . . . . : Yes
    Autoconfiguration Enabled . . . . : Yes
    Link-local IPv6 Address . . . . . : fe80::1074:d6c8:f89d:43ad%14(Preferred)
    IPv4 Address. . . . . . . . . . . : 192.168.10.10(Preferred)
    Subnet Mask . . . . . . . . . . . : 255.255.255.0
    Lease Obtained. . . . . . . . . . : Friday, July 22, 2016 2:55:34 PM
    Lease Expires . . . . . . . . . . : Friday, July 29, 2016 2:55:35 AM
    Default Gateway . . . . . . . . . : 192.168.10.1
    DHCP Server . . . . . . . . . . . : 192.168.10.1
    DHCPv6 IAID . . . . . . . . . . . : 155494466
    DHCPv6 Client DUID. . . . . . . . : 00-01-00-01-1E-21-A5-84-44-A8-42-FC-0D-6F
    DNS Servers . . . . . . . . . . . : 192.168.11.5
    NetBIOS over Tcpip. . . . . . . . : Enabled

C:\>
```

由于 PC1 连接到网段 192.168.10.0/24，因此，它会自动从该池接收 DNS 后缀、IPv4 地址、子网掩码、默认网关和 DNS 服务器地址。不需要 DHCP 特定的路由器接口配置。如果 PC 连接到包含可用 DHCPv4 池的网段，该 PC 就能从相应的池中自动获取 IPv4 地址。

3. DHCPv4 中继

在复杂的分层网络中，企业服务器通常位于服务器群中。这些服务器可为网络提供 DHCP、DNS、TFTP 和 FTP 服务。网络客户端通常不像这些服务器一样处在同一子网上。为了定位服务器并接收服务，客户端通常使用广播消息。

在图 8-8 中，PC1 正在尝试使用广播消息从 DHCP 服务器获取 IPv4 地址。在本场景中，路由器 R1 未配置为 DHCPv4 服务器，且不转发广播。由于 DHCPv4 服务器位于不同的网络上，因此 PC1 不能使用 DHCP 接收 IP 地址。

在例 8-6 中，PC1 正在尝试更新其 IPv4 地址。为此，它发出 **ipconfig/release** 命令。请注意，IPv4 地址得到释放，且地址显示为 0.0.0.0。然后，发出 **ipconfig/renew** 命令。此命令使 PC1 广播 DHCPDISCOVER 消息。

例 8-6 在 PC1 上释放和更新 IPv4 配置

```
C:\> ipconfig /release

Windows IP Configuration

Ethernet Adapter Local Area Connection:
```

```
   Connection-specific DNS Suffix . :
   Link-local IPv6 Address . . . . . : fe80::1074:d6c8:f89d:43ad%14
   Default Gateway . . . . . . . . . :

C:\> ipconfig /renew

Windows IP Configuration

An error occurred while renewing interface Local Area Connection:
unable to contact your DHCP server. Request has timed out.

C:\>
```

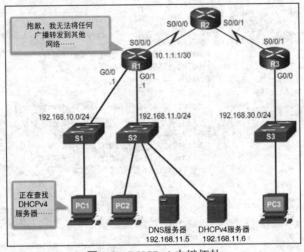

图 8-8　DHCPv4 中继拓扑

注意错误信息显示 PC1 无法定位 DHCPv4 服务器。由于路由器不转发广播，因此请求未成功。

对此问题的一个解决方案是，管理员在所有子网上均添加 DHCPv4 服务器。但是，在数台计算机上运行这些服务会带来成本上和管理上的额外开销。

更好和简单的解决方案是配置思科 IOS Helper address。此解决方案使路由器能够将 DHCPv4 广播转发至 DHCPv4 服务器。当路由器转发地址分配/参数请求时，它充当 DHCPv4 中继代理的角色。在示例拓扑结构中，PC1 会广播一条请求以定位 DHCPv4 服务器。如果将 R1 配置为 DHCPv4 中继代理，它会将请求转发至位于子网 192.168.11.0 的 DHCPv4 服务器。

接受 DHCP 请求广播的接口必须配置有 **ip helper-address** 命令。

在例 8-7 中，路由器 R1 上的接口 G0/0 配置有 **ip helper-address** 接口配置模式命令。将 DHCPv4 服务器的地址配置为唯一参数。**show ip interface** 命令用于检验此配置。

例 8-7　DHCPv4 中继配置

```
R1(config)# interface g0/0
R1(config-if)# ip helper-address 192.168.11.6
R1(config-if)# end
R1#
R1# show ip interface g0/0
GigabitEthernet0/0 is up, line protocol is up
  Internet address is 192.168.10.1/24
  Broadcast address is 255.255.255.255
  Address determined by setup command
  MTU is 1500 bytes
  Helper address is 192.168.11.6
<output omitted>
```

当 R1 配置为 DHCPv4 中继代理时，它会接收 DHCPv4 服务的广播请求，然后将这些请求作为单播转发至 IPv4 地址 192.168.11.6。

如例 8-8 所示，PC1 现在能够从 DHCPv4 服务器获取 IPv4 地址。

例 8-8　更新 PC 编址

```
C:\> ipconfig /release

Windows IP Configuration

Ethernet Adapter Local Area Connection:

   Connection-specific DNS Suffix . :
   Link-local IPv6 Address . . . . . : fe80::1074:d6c8:f89d:43ad%14
   Default Gateway . . . . . . . . . :

C:\> ipconfig /renew

Windows IP Configuration

Ethernet Adapter Local Area Connection:

   Connection-specific DNS Suffix . :
   Link-local IPv6 Address . . . . . : fe80::1074:d6c8:f89d:43ad%14
   IPv4 Address. . . . . . . . . . . : 192.168.10.11
   Subnet Mask . . . . . . . . . . . : 255.255.255.0
   Default Gateway . . . . . . . . . : 192.168.10.1

C:\>
```

DHCPv4 不是唯一一种可通过配置路由器来中继的服务。**ip helper-address** 命令默认转发下列 8 种 UDP 服务：

- 端口 37：时间。
- 端口 49：TACACS。
- 端口 53：DNS。
- 端口 67：DHCP/BOOTP 客户端。
- 端口 68：DHCP/BOOTP 服务器。
- 端口 69：TFTP。
- 端口 137：NetBIOS 名称服务。
- 端口 138：NetBIOS 数据报服务。

8.1.3　配置 DHCPv4 客户端

在本节中，您将学习如何将路由器配置为 DHCPv4 客户端。

1. 将路由器配置为 DHCPv4 客户端

有时，必须将小型办公室/家庭办公室（SOHO）中的思科路由器和分支站点以与客户端计算机类似的方式配置为 DHCPv4 客户端。所用方法取决于 Internet 服务提供商（ISP）。但是，最简单的配置是使用以太网接口来连接电缆或 DSL 调制解调器。要将以太网接口配置为 DHCP 客户端，请使用 **ip address dhcp** 接口配置模式命令。

在图 8-9 中，假设已将 ISP 配置为可为选定客户提供 209.165.201.0/27 网络范围内的 IP 地址。

在例 8-9 中，R1 被配置为 DHCP 客户端。

图 8-9 将路由器配置为 DHCP 客户端的拓扑

例 8-9 DHCP 客户端路由器的配置

```
SOHO(config)# interface g0/1
SOHO(config-if)# ip address dhcp
SOHO(config-if)# no shutdown
SOHO(config-if)#
*Jan 31 17:31:11.507: %DHCP-6-ADDRESS_ASSIGN: Interface GigabitEthernet0/1 assigned
  DHCP address 209.165.201.12, mask 255.255.255.224, hostname SOHO
SOHO(config-if)# end
SOHO#
SOHO# show ip interface g0/1
GigabitEthernet0/1 is up, line protocol is up
  Internet address is 209.165.201.12/27
  Broadcast address is 255.255.255.255
  Address determined by DHCP
<output omitted>
```

在 G0/1 接口配置了 **ip address dhcp** 命令后，**show ip interface g0/1** 命令确认该接口处于活动状态，且地址由 DHCPv4 服务器分配。

2. 将无线路由器配置为 DHCPv4 客户端

通常，在家庭或小型办公室中使用的无线路由器使用 DSL 或电缆调制解调器连接到 ISP。在大多情况下，无线路由器设置为自动从 ISP 接收 IPv4 编址信息。

例如，图 8-10 中显示了在 Packet Tracer 软件中，无线路由器的 WAN 设置页面。

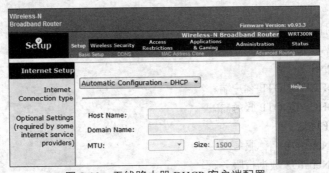

图 8-10 无线路由器 DHCP 客户端配置

请注意，Internet 连接类型设置为 Automatic Configuration-DHCP。这意味着，当路由器连接到 DSL 或电缆调制解调器时，路由器是一个 DHCPv4 客户端，并从 ISP 请求 IPv4 地址。

8.1.4 对 DHCPv4 进行故障排除

在本节中，您将学习如何对交换网络中 IPv4 的 DHCP 配置进行故障排除。

1. 故障排除任务

DHCPv4 问题可能有多种起因，例如操作系统、网卡驱动程序或 DHCP 中继代理的软件缺陷等，但是最常见的原因是配置问题。

由于潜在的问题涉及领域众多，需要采用系统化的故障排除方法。故障排除任务如下。

1. 解决地址冲突。
2. 验证物理连接。
3. 使用静态 IPv4 地址进行测试。
4. 验证交换机端口配置。
5. 从同一子网或 VLAN 上进行测试。

故障排除任务 1：解决 IPv4 地址冲突

客户端虽然仍与网络连接，但它的 IPv4 地址租期可能已届满。如果客户端不续租，DHCPv4 服务器可以把该 IPv4 地址重新分配给另一客户端。当客户端重新启动时，它便需要一个 IPv4 地址。如果 DHCPv4 服务器没有快速做出响应，客户端将使用最近用过的 IPv4 地址。这样便会发生两台客户端使用同一 IPv4 地址的情况，造成冲突。

show ip dhcp conflict 命令显示 DHCPv4 服务器记录的所有地址冲突，如例 8-10 所示。

例 8-10 查看 DHCPv4 冲突

```
R1# show ip dhcp conflict
IP address     Detection Method  Detection time
192.168.10.32  Ping              Feb 16 2013 12:28 PM
192.168.10.64  Gratuitous ARP    Feb 23 2013 08:12 AM
```

此输出显示与 DHCP 服务器发生冲突的 IP 地址。它显示检测 DHCP 服务器提供的冲突 IP 地址的方法和时间。

如果检测到地址冲突，冲突地址将从池中删除，在管理员解决此冲突问题之前不予分配。

故障排除任务 2：验证物理连接

首先，使用 **show interface** *interface* 命令确认充当客户端默认网关的路由器接口正常运行。如果接口状态不是开启，则该端口不传输流量，包括 DHCP 客户端请求。

故障排除任务 3：使用静态 IP 地址测试连接

排除任何 DHCPv4 故障时，请在一台客户端工作站上配置静态 IPv4 地址信息来检验网络连接。如果工作站不能利用静态配置的 IPv4 地址访问网络资源，则问题的根源不是 DHCPv4。此时，需要排除网络连接故障。

故障排除任务 4：验证交换机端口配置

如果 DHCPv4 客户端在启动时无法从 DHCPv4 服务器获得 IPv4 地址，请手动强制客户端发送 DHCPv4 请求，以尝试从 DHCPv4 服务器获得 IPv4 地址。

> **注意：** 如果客户端与 DHCPv4 服务器之间有一台交换机，但是客户端却无法获得 DHCP 配置，那么交换机端口配置问题可能是导致故障的原因。

故障排除任务 5：在相同子网或 VLAN 上测试 DHCPv4 操作

辨别当客户端与 DHCPv4 服务器处于同一子网或 VLAN 时 DHCPv4 能否正常工作十分必要。当客户端位于同一子网或 VLAN 时，如果 DHCPv4 正常工作，那么问题可能出在 DHCP 中继代理上。如果在 DHCPv4 服务器所处的子网或 VLAN 上测试 DHCPv4 后，问题仍然存在，则真正的问题可能是在 DHCPv4 服务器。

2. 验证路由器 DHCPv4 配置

当 DHCPv4 服务器处在与客户端不同的 LAN 上时，必须配置朝向客户端的路由器接口以通过配置 **ip helper-address** 中继 DHCPv4 请求。如果 **ip helper-address** 配置不正确，客户端 DHCPv4 请求将不能被转发给 DHCPv4 服务器。

请执行下面的步骤验证路由器配置。

步骤 1 检验 **ip helper-address** 命令配置在正确的接口上。它必须位于包含 DHCPv4 客户端工作站的 LAN 的入站接口上，并且必须指向正确的 DHCPv4 服务器。在例 8-11 中，**show running-config** 命令的输出检验 DHCPv4 中继 IPv4 地址正在引用 DHCPv4 服务器地址 192.168.11.6，并且路由器上的 DHCP 服务未被禁用。

例 8-11 检验 DHCPv4 服务

```
R1# show running-config interface GigabitEthernet0/0
interface GigabitEthernet0/0
 ip address 192.168.10.1 255.255.255.0
 ip helper-address 192.168.11.6
 duplex auto
 speed auto
R1#
R1# show running-config | include no service dhcp
R1#
```

show ip interface 命令还可用于检验接口上的 DHCPv4 中继。

步骤 2 检验还没有配置全局配置命令 **no service dhcp**。此命令会禁用路由器上的所有 DHCP 服务器和中继功能。命令 **service dhcp** 没有出现在运行配置中，因为它是默认配置。

例 8-12 验证 DHCP 服务是否已被禁用。

例 8-12 检验 DHCPv4 服务

```
R1# show running-config | include no service dhcp
R1#
```

在输出中，验证已启用 DHCPv4 服务，因为没有 **show running-config | include no service dhcp** 命令的匹配项。如果服务已被禁用，输出会显示 **no service dhcp** 命令。

3. 调试 DHCPv4

在配置为 DHCPv4 服务器的路由器上，如果路由器不接收来自客户端的请求，则 DHCPv4 过程将失败。作为故障排除任务，请验证路由器是否正在接收来自客户端的 DHCPv4 请求。

验证路由器与客户端之间 DHCP 消息交换的好方法包括配置扩展 ACL 进行调试输出，然后启用与 ACL 匹配的所有 IP 报文的调试。

在例 8-13 中，配置了扩展 ACL，然后启用与 ACL 匹配的 IP 报文的调试。

例 8-13 调试 DHCP 消息

```
R1(config)# access-list 100 permit udp any any eq 67
R1(config)# access-list 100 permit udp any any eq 68
R1(config)# end
R1#
R1# debug ip packet 100
IP packet debugging is on for access list 100
*IP: s=0.0.0.0 (GigabitEthernet0/1), d=255.255.255.255, len 333, rcvd 2
*IP: s=0.0.0.0 (GigabitEthernet0/1), d=255.255.255.255, len 333, stop process pak
   for forus packet
*IP: s=192.168.11.1 (local), d=255.255.255.255 (GigabitEthernet0/1), len 328,
   sending broad/multicast

<output omitted>
```

扩展 ACL 只允许包含 UDP 目的端口 67 或 68 的数据包。这些是发送 DHCPv4 消息时，DHCPv4 客户端和服务器通常使用的端口。将扩展 ACL 和 **debug ip packet** 命令一同使用以仅显示 DHCPv4 消息。

注意： 扩展 ACL 的配置超出了本课程的讨论范围。

输出显示路由器正在接收来自客户端的 DHCP 请求。源 IP 地址为 0.0.0.0，因为客户端还不具有 IP 地址。因为来自客户端的 DHCP 发现消息是作为广播发送的，所以目的地为 255.255.255.255。该输出仅显示数据包摘要信息，而不是 DHCPv4 消息本身。然而，路由器的确收到了广播数据包，其源 IP 地址、目的 IP 地址、源 UDP 端口和目的 UDP 端口对于 DHCPv4 来说是正确的。完整的 **debug** 输出显示了 DHCPv4 服务器和客户端之间 DHCPv4 通信中的所有数据包。

用来排除 DHCPv4 运行故障的另一个有用命令是 **debug ip dhcp server events** 命令，如例 8-14 所示。

例 8-14 调试 DHCP 消息

```
R1# debug ip dhcp server events
DHCPD: returned 192.168.10.11 to address pool LAN-POOL-1
DHCPD: assigned IP address 192.168.10.12 to client 0100.0103.85e9.87.
DHCPD: checking for expired leases.
DHCPD: the lease for address 192.168.10.10 has expired.
DHCPD: returned 192.168.10.10 to address pool LAN-POOL-1
```

此命令报告服务器事件，例如地址分配和数据库更新。

8.2 DHCPv6

在 IPv6 中，主机可以通过三种方式获取其 IPv6 配置信息。默认情况下，主机会从启用 IPv6 的路由器自动生成 IPv6 配置。这是在不使用 DHCPv6 服务器的情况下完成的。另外两种方法需要 DHCPv6 服务器。第二种方法是让主机从启用 IPv6 的路由器获取其基本的 IPv6 配置，并从无状态 DHCPv6 服务器获取其他的配置信息。第三个选项是让主机从有状态的 DHCPv6 服务器获取其全部 IPv6 配置。

在这一部分，您将学习如何在中小型企业网络中实现 DHCPv6 跨多个 LAN 运行。

8.2.1 SLAAC 和 DHCPv6

在本节中，您将了解 DHCPv6 的工作原理。

1. 无状态地址自动配置（SLAAC）

与 IPv4 类似，可以手动或动态配置 IPv6 全局单播地址。如表 8-2 所示，有三种动态分配 IPv6 全局单播地址的方法。

表 8-2   动态 IPv6 主机配置方法

选 项	动 态 方 法	描 述
1	SLAAC	默认启用的方法 主机使用无状态地址自动配置（SLAAC）从启用 IPv6 的路由器自动获取其 IP 配置 主机生成自己唯一的 IPv6 地址 不需要 DHCPv6 服务器

选项	动态方法	描述
2	SLAAC 和无状态 DHCPv6	主机使用 SLAAC 获取一些 IP 配置信息,并从无状态 DHCPv6 服务器获取其他信息 主机生成自己唯一的 IPv6 地址
3	有状态 DHCPv6	主机只从路由器获取默认网关 主机从有状态的 DHCPv6 服务器获取所有剩余的 IPv6 配置 主机提供全局单播 IPv6 地址

SLAAC 简介

如图 8-11 所示,SLAAC 是一种设备可以在没有 DHCPv6 服务器服务的情况下获取 IPv6 全局单播地址的方法。

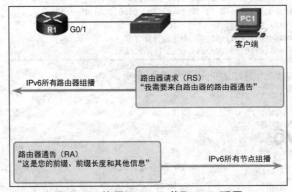

图 8-11 使用 SLAAC 获取 IPv6 配置

SLAAC 的核心是 ICMPv6。ICMPv6 与 ICMPv4 类似,但它包括其他功能,也是一种更稳定的协议。SLAAC 使用下列 ICMPv6 消息提供寻址信息。

- **路由器请求(RS)消息**:当配置客户端以使用 SLAAC 自动获取其寻址信息时,该客户端会将 RS 消息发送至路由器。将 RS 信息发送至 IPv6 所有路由器组播地址 FF02::2。
- **路由器通告(RA)消息**:路由器发送 RA 消息来提供所配置客户端的寻址信息,以自动获取其 IPv6 地址。RA 消息包括本地网段的前缀和前缀长度。客户端使用此信息创建自己的 IPv6 全局单播地址。路由器定期发送 RA 消息或响应 RS 消息。默认情况下,思科路由器每隔 200 秒发送一次 RA 消息。始终将 RA 消息发送到 IPv6 全节点组播地址 FF02::1。

如名称所示,SLAAC 是无状态的。无状态服务意味着没有维护网络地址信息的服务器。与 DHCP 不同,没有 SLAAC 服务器知道哪些 IPv6 地址正在使用中,哪些地址是可用的。

2. SLAAC 工作原理

路由器必须启用 IPv6 路由,然后才能发送 RA 消息。要启用 IPv6 路由,请使用 **ipv6 unicast-routing** 全局配置命令。

图 8-12 说明了 SLAAC 的工作原理。

1. 配置 PC1 以自动获取 IPv6 编址。自启动开始,PC1 未收到一条 RA 消息,因此,它发送 RS 消息至所有路由器组播地址(FF02::2)来通知本地 IPv6 路由器它需要 RA。
2. R1 接收 RS 消息并以 RA 消息作为回应。RA 消息中包括网络的前缀和前缀长度。以路由器的本地链路地址为 IPv6 源地址将 RA 消息发送至 IPv6 全节点组播地址 FF02::1。

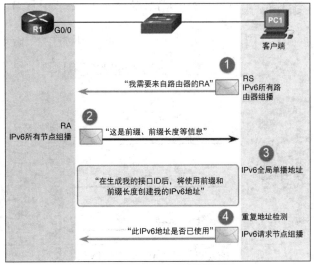

图 8-12　SLAAC 工作原理

3. PC1 收到包含本地网络前缀和前缀长度的 RA 消息。PC1 会使用此信息创建自己的 IPv6 全局单播地址。PC1 现在有一个 64 位网络前缀，但是还需要一个 64 位接口 ID（IID）来创建全局单播地址。

   PC1 可以使用两种方式创建自己的唯一 IID。

   - **EUI-64**：PC1 将使用 EUI-64 进程通过其 48 位 MAC 地址创建一个 IID。
   - **随机生成**：该 64 位 IID 可以是客户端操作系统随机生成的数值。

   PC1 可以将 64 位前缀与 64 位 IID 相结合创建一个 128 位 IPv6 全局单播地址。PC1 会将路由器的本地链路地址用作其 IPv6 默认网关地址。

4. 由于 SLAAC 是无状态的过程，PC1 必须先验证此新创建的 IPv6 地址是唯一的，然后才能使用。PC1 使用一个特殊构造的多播地址发送 ICMPv6 邻居请求（NS）消息，此地址称为请求节点组播地址，它复制 PC1 的 IPv6 地址的最后 24 位。如果没有其他设备回应邻居通告（NA）消息，则实际上确保该地址是唯一的，可被 PC1 使用。如果 PC1 接收到邻居通告，那么该地址就不是唯一的，而且操作系统必须确定可用的新接口 ID。

此过程是 ICMPv6 邻居发现的一部分，称为重复地址检测（DAD）。由 RFC 4443 指定的 DAD 使用 ICMPv6 实现。

3. SLAAC 和 DHCPv6

是否要配置客户端以使用 SLAAC、DHCPv6 或两者的组合来自动获取其 IPv6 地址信息取决于 RA 消息中的设置。

这两个标记是管理地址配置标记（M 标记）和其他配置标记（O 标记）。

如图 8-13 所示，如果使用 M 标记和 O 标记的不同组合，RA 消息会包含 IPv6 设备的三个编址选项之一。

- SLAAC（仅路由器通告）。
- 无状态 DHCPv6（路由器通告和 DHCPv6）。
- 有状态 DHCPv6（仅 DHCPv6）。

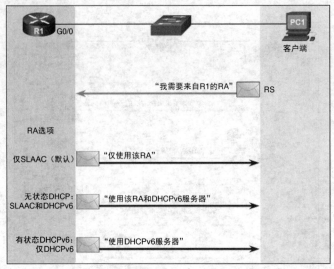

图 8-13　SLAAC 和 DHCPv6

无论使用哪个选项，RFC 4861 建议所有 IPv6 设备执行重复地址检测（DAD）。

> **注意：** 虽然 RA 消息指定了客户端在动态获取 IPv6 地址时应使用的过程，但是客户端操作系统也可能选择忽略 RA 消息，并且只使用 DHCPv6 服务器的服务。

4. SLAAC 选项

SLAAC 是思科路由器上的默认选项。如图 8-14 所示，M 标记和 O 标记在 RA 中均设置为 0。

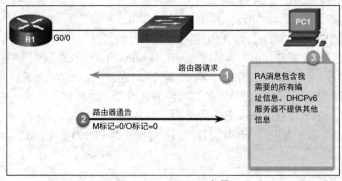

图 8-14　SLAAC 选项

此选项指示客户端仅使用 RA 消息中的信息。包括前缀、前缀长度、DNS 服务器、MTU 和默认网关信息。DHCPv6 服务器没有更多可用信息。使用 EUI-64 或随机生成的值并组合来自 RA 的前缀和接口 ID 创建 IPv6 全局单播地址。

将 RA 消息配置在路由器的一个独立接口上。要重新启用一个可能已经设置到另一个选项的 SLAAC 接口，需要将 M 标记和 O 标记重置为其初始值 0。使用 **no ipv6 nd managed-config-flag** 和 **no ipv6 nd other-config-flag** 接口配置模式命令完成以上操作。

5. 无状态 DHCPv6 选项

虽然在所提供的功能上，DHCPv6 和 DHCPv4 是类似的，但这两个协议是相互独立的。RFC 3315 中对 DHCPv6 进行了定义。DHCPv6 RFC 包含所有互联网草案的最多修订本，这表明多年来使用该规范已完成了很多工作。

无状态 DHCPv6 选项如图 8-15 所示。

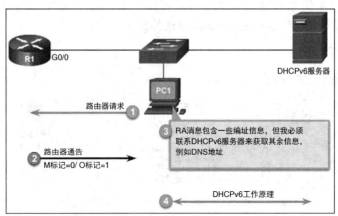

图 8-15　无状态 DHCPv6 选项

无状态 DHCPv6 选项通知客户端使用 RA 消息中的信息来编址，但是从无状态 DHCPv6 服务器提供额外配置参数。

客户端使用 RA 消息中的前缀和前缀长度，以及 EUI-64 或随机生成的 IID 创建其 IPv6 全局单播地址。

客户端随后会与无状态 DHCPv6 服务器通信以获取 RA 消息中未提供的其他信息。例如，这可能是 DNS 服务器 IPv6 地址列表。此过程称为无状态 DHCPv6，因为服务器不维护任何客户端状态信息（例如，可用的和已分配的 IPv6 地址列表）。无状态 DHCPv6 服务器只提供客户端的配置参数，不提供 IPv6 地址的配置参数。

对于无状态 DHCPv6，将 O 标记设置为 1，而 M 标记保留默认设置 0。O 标记的 1 值用于通知客户端无状态 DHCPv6 服务器提供其他配置信息。

要修改路由器接口上发送的 RA 消息以表示无状态 DHCPv6，请使用 **ipv6 nd other-config-flag** 接口配置命令。

6. 有状态 DHCPv6 选项

有状态 DHCPv6 选项如图 8-16 所示，与 DHCPv4 最相似。

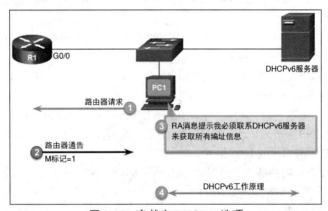

图 8-16　有状态 DHCPv6 选项

在有状态的 DHCPv6 中，RA 消息通知客户端不使用 RA 消息中的信息。所有编址信息和配置信息必须从有状态 DHCPv6 服务器获取。这称为有状态 DHCPv6，因为 DHCPv6 服务器维护 IPv6 状态信息。这与分配 IPv4 地址的 DHCPv4 服务器类似。

M 标记表示是否要使用有状态 DHCPv6。不包含 O 标记。要显示有状态的 DHCPv6 并将 M 标记从 0 更改为 1，请使用 **ipv6 nd managed-config-flag** 接口配置命令。

7. DHCPv6 操作

DHCPv6 的工作原理总结如图 8-17 所示。

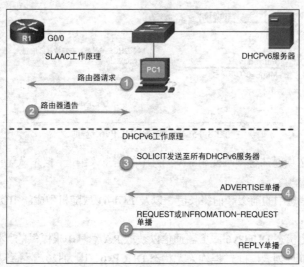

图 8-17　DHCPv6 工作原理

无状态或有状态 DHCPv6，或两者的组合均以来自路由器的 ICMPv6 RA 消息开头。RA 消息可能是定期消息，也可能是使用 RS 消息的设备请求的消息。

如果 RA 消息中指示了无状态或有状态 DHCPv6，那么该设备将开始 DHCPv6 客户端/服务器通信。

当 RA 指示无状态 DHCPv6 或有状态 DHCPv6 时，将调用 DHCPv6 操作。通过 UDP 发送 DHCPv6 消息。从服务器到客户端的 DHCPv6 消息使用 UDP 目标端口 546。客户端使用 UDP 目标端口 547 将 DHCPv6 消息发送到服务器。

该客户端（现在是 DHCPv6 客户端）需要找到 DHCPv6 服务器。客户端将 DHCPv6 SOLICIT 消息发送到保留的 IPv6 组播 all-DHCPv6-servers 地址 FF02::1:2。此组播地址有本地链路范围，这意味着路由器不会将消息转发到其他网络。

一个或多个 DHCPv6 服务器以 DHCPv6 ADVERTISE 单播消息作为回应。ADVERTISE 消息通知 DHCPv6 客户端该服务器可用于 DHCPv6 服务。

客户端根据是否正在使用有状态或无状态 DHCPv6 使用 DHCPv6 REQUEST 消息或 INFORMATION-REQUEST 单播消息回应服务器。

- **无状态 DHCPv6 客户端**：客户端将 DHCPv6 INFORMATION-REQUEST 消息发送到只请求配置参数（如 DNS 服务器地址）的 DHCPv6 服务器。客户端使用来自 RA 消息的前缀和自动生成的接口 ID 生成自己的 IPv6 地址。
- **有状态 DHCPv6 客户端**：客户端将 DHCPv6 REQUEST 消息发送到服务器以获取服务器的 IPv6 地址和所有其他配置参数。

服务器将 DHCPv6 REPLY 单播消息发送到包含 DHCPv6 REQUEST 消息或 DHCPv6 INFORMATION-REQUEST 消息所请求信息的客户端。

8.2.2 无状态 DHCPv6

在本节中,您将了解如何为中小型企业配置无状态 DHCPv6。

1. 将路由器配置为无状态 DHCPv6 服务器

将路由器配置为 DHCPv6 服务器需要 4 个步骤。

步骤 1 **启用 IPv6 路由**。启用 IPv6 路由要求使用 **ipv6 unicast-routing** 命令。使路由器成为无状态 DHCPv6 服务器,该命令并不是必需的,但发送 ICMPv6 RA 消息时要求使用该命令。

步骤 2 **配置 DHCPv6 地址池**。**ipv6 dhcp pool** *pool-name* 命令创建地址池并输入 DHCPv6 配置模式中的路由器(由 Router(config-dhcpv6)#提示符确定)。

步骤 3 **配置地址池参数**。在 SLAAC 过程中,客户端接收创建 IPv6 全局单播地址所需要的信息。客户端也使用来自 RA 消息的源 IPv6 地址(即路由器的本地链路地址)接收默认网关信息。但是,可以配置无状态 DHCPv6 服务器来提供其他可能本不包括在 RA 消息中的信息。

要包括 DNS 服务器地址,请使用 **dns-server** *dns-server-address* DHCPv6 配置模式命令。
要包括域名,请使用 **domain-name** *domain-name* DHCPv6 配置模式命令。

步骤 4 **配置 DHCPv6 接口**。**ipv6 dhcp server** *pool-name* 接口配置模式命令将 DHCPv6 池绑定在该接口上。路由器通过地址池中包含的信息响应此接口上的无状态 DHCPv6 请求。

需要使用 **ipv6 nd other-config-flag** 接口配置命令将 O 标记从 0 更改为 1。此接口发送的 RA 消息表示无状态 DHCPv6 服务器提供其他信息。

请参考如图 8-18 所示的拓扑。

图 8-18 无状态 DHCPv6 服务器拓扑

R1 需要配置为无状态 DHCPv6 服务器。将 R3 配置为 DHCPv6 客户端以帮助验证无状态 DHCPv6 的运行。

在例 8-15 中,R1 配置为无状态 DHCPv6 服务器。

例 8-15 R1 上的无状态 DHCPv6 服务器配置

```
R1(config)# ipv6 unicast-routing
R1(config)#
R1(config)# ipv6 dhcp pool IPV6-STATELESS
R1(config-dhcpv6)# dns-server 2001:db8:cafe:aaaa::5
R1(config-dhcpv6)# domain-name example.com
R1(config-dhcpv6)# exit
R1(config)#
R1(config)# interface g0/1
R1(config-if)# ipv6 address 2001:db8:cafe:1::1/64
R1(config-if)# ipv6 dhcp server IPV6-STATELESS
R1(config-if)# ipv6 nd other-config-flag
R1(config-if)#
```

2. 将路由器配置为无状态 DHCPv6 客户端

在例 8-16 中,思科路由器用作无状态 DHCPv6 客户端。这不是典型场景,仅供说明使用。无状

DHCPv6 客户端通常是一种设备，例如计算机、平板电脑、移动设备或网络摄像机。

例 8-16　R3 上的无状态 DHCPv6 客户端配置

```
R3(config)# interface g0/1
R3(config-if)# ipv6 enable
R3(config-if)# ipv6 address autoconfig
R3(config-if)#
```

客户端路由器需要接口上的 IPv6 本地链路地址来发送和接收 IPv6 消息，例如 RS 消息和 DHCPv6 消息。在该接口上启用 IPv6 时会自动创建路由器的本地链路地址。当该接口上配置了全局单播地址或使用 **ipv6 enable** 命令时会发生上述情况。在路由器收到链路本地地址之后，它可以参与 IPv6 邻居发现。

在本示例中，因为路由器还没有全局单播地址，所以使用了 **ipv6 enable** 命令。

ipv6 address autoconfig 命令使用 SLAAC 启用 IPv6 编址的自动配置。按假设，服务器路由器配置为无状态 DHCPv6，它将发送一条 RA 消息，通知客户端路由器使用无状态 DHCPv6 获取 DNS 信息。

3. 验证无状态 DHCPv6

在例 8-17 中，**show ipv6 dhcp pool** 命令验证 DHCPv6 地址池的名称及其参数。

例 8-17　无状态 DHCPv6 服务器验证

```
R1# show ipv6 dhcp pool
DHCPv6 pool: IPV6-STATELESS
  DNS server: 2001:DB8:CAFE:AAAA::5
  Domain name: example.com
  Active clients: 0
R1#
```

请注意，处于活动状态的客户端数量为 0。这是因为没有正处于服务器维护下的状态。

show running-config 命令还可用于检验以前配置的所有命令。

在例 8-18 中，**show ipv6 interface** 命令的输出显示路由器 R3 上的接口已"启用无状态地址自动配置"并拥有 IPv6 全局单播地址。使用 SLAAC 创建 IPv6 全局单播地址，其中包括 RA 消息中包含的前缀。使用 EUI-64 生成 IID。不使用 DHCPv6 分配 IPv6 地址。

例 8-18　无状态 DHCPv6 客户端验证

```
R3# show ipv6 interface g0/1
GigabitEthernet0/1 is up, line protocol is up
  IPv6 is enabled, link-local address is FE80::32F7:DFF:FE25:2DE1
  No Virtual link-local address(es):
  Stateless address autoconfig enabled
  Global unicast address(es):
    2001:DB8:CAFE:1:32F7:DFF:FE25:2DE1, subnet is 2001:DB8:CAFE:1::/64 [EUI/CAL/
      PRE]
      valid lifetime 2591935 preferred lifetime 604735
  Joined group address(es):
    FF02::1
    FF02::1:FF25:2DE1
  MTU is 1500 bytes
  ICMP error messages limited to one every 100 milliseconds
  ICMP redirects are enabled
  ICMP unreachables are sent
  ND DAD is enabled, number of DAD attempts: 1
  ND reachable time is 30000 milliseconds (using 30000)
  ND NS retransmit interval is 1000 milliseconds
  Default router is FE80::D68C:B5FF:FECE:A0C1 on GigabitEthernet0/1
R3#
```

默认路由器信息也来自 RA 消息。这是数据包的源 IPv6 地址，该数据包包含 RA 消息和路由器的本地链路地址。

在例 8-19 中，**debug ipv6 dhcp detail** 命令的输出显示在客户端和服务器之间交换了 DHCPv6 消息。

例 8-19 使用 Debug 查看无状态 DHCPv6 进程

```
R3# debug ipv6 dhcp detail
   IPv6 DHCP debugging is on (detailed)
R3#
*Feb  3 02:39:10.454: IPv6 DHCP: Sending INFORMATION-REQUEST to FF02::1:2 on
   GigabitEthernet0/1
*Feb  3 02:39:10.454: IPv6 DHCP: detailed packet contents
*Feb  3 02:39:10.454:   src FE80::32F7:DFF:FE25:2DE1
*Feb  3 02:39:10.454:   dst FF02::1:2 (GigabitEthernet0/1)
*Feb  3 02:39:10.454:   type INFORMATION-REQUEST(11), xid 12541745
<output omitted>
*Feb  3 02:39:10.454: IPv6 DHCP: Adding server FE80::D68C:B5FF:FECE:A0C1
*Feb  3 02:39:10.454: IPv6 DHCP: Processing options
*Feb  3 02:39:10.454: IPv6 DHCP: Configuring DNS server 2001:DB8:CAFE:AAAA::5
*Feb  3 02:39:10.454: IPv6 DHCP: Configuring domain name example.com
*Feb  3 02:39:10.454: IPv6 DHCP: DHCPv6 changes state from INFORMATION-REQUEST to
   IDLE (REPLY_RECEIVED) on GigabitEthernet0/1
```

在本示例中，客户端上已输入此命令。显示 INFORMATION-REQUEST 消息是因为该消息是从无状态 DHCPv6 客户端发出的。请注意，客户端（路由器 R3）正在将 DHCPv6 消息从其本地链路地址发送到 All_DHCPv6_Relay_Agents_and_Servers address 地址 FF02::1:2。

debug 输出显示了客户端和服务器之间发送的所有 DHCPv6 消息，包括 DNS 服务器和配置在该服务器上的域名选项。

8.2.3 有状态 DHCPv6 服务器

在本节中，您将了解如何为中小型企业配置有状态 DHCPv6。

1. 将路由器配置为有状态 DHCPv6 服务器

有状态 DHCPv6 服务器的配置操作与无状态服务器是类似的。最大的差异是有状态服务器还包括与 DHCPv4 服务器类似的 IPv6 编址信息。

- 步骤 1 　启用 IPv6 路由。要求使用 **ipv6 unicast-routing** 命令启用 IPv6 路由。使路由器成为有状态 DHCPv6 服务器，该命令并不是必需的，但发送 ICMPv6 RA 消息时要求使用该命令。
- 步骤 2 　配置 DHCPv6 地址池。**ipv6 dhcp pool** *pool-name* 命令创建一个地址池，然后进入路由器的 DHCPv6 配置模式，该模式是以 Router(config-dhcpv6)#提示符来标识的。
- 步骤 3 　配置地址池参数。所有寻址和其他配置参数必须由 DHCPv6 服务器使用有状态 DHCPv6 进行分配。
  使用 **address prefix** *prefix/length* [**lifetime** {*valid-lifetime* | **infinite**} {*preferred-lifetime* | **infinite**}] DHCPv6 配置模式命令用来指示服务器要分配的地址池。**lifetime** 选项指示有效和首选的租用时间（单位为秒）。与无状态 DHCPv6 一样，客户端使用包含 RA 消息的数据包的源 IPv6 地址。
  有状态 DHCPv6 服务器提供的其他信息通常包括 DNS 服务器地址和域名。要包括 DNS 服务器地址，请使用 **dns-server** *dns-server-address* DHCPv6 配置模式命令。要包括域名，请使用 **domain-name** *domain-name* DHCPv6 配置模式命令。

步骤 4 接口命令。**ipv6 dhcp server** *pool-name* 接口命令将 DHCPv6 池绑定在该接口上。路由器通过地址池中包含的信息响应此接口上的无状态 DHCPv6 请求。需要使用接口命令 **ipv6 nd managed-config-flag** 将 M 标记从 0 更改为 1。此操作通知设备不要使用 SLAAC，而要从有状态 DHCPv6 服务器获取 IPv6 寻址和所有配置参数

请参考图 8-19 所示的拓扑。

图 8-19 有状态 DHCPv6 服务器拓扑

例 8-20 显示了配置在 R1 上的路由器的一个有状态 DHCPv6 服务器命令示例。请注意，由于路由器会自动将其本地链路地址作为默认网关发送出去，因此默认网关并不是指定的。将路由器 R3 配置为客户端帮助验证有状态 DHCPv6 的运行。

例 8-20　R1 上的有状态 DHCPv6 服务器配置

```
R1(config)# ipv6 unicast-routing
R1(config)#
R1(config)# ipv6 dhcp pool IPV6-STATEFUL
R1(config-dhcpv6)# address prefix 2001:DB8:CAFE:1::/64 lifetime infinite infinite
R1(config-dhcpv6)# dns-server 2001:db8:cafe:aaaa::5
R1(config-dhcpv6)# domain-name example.com
R1(config-dhcpv6)# exit
R1(config)#
R1(config)# interface g0/1
R1(config-if)# ipv6 address 2001:db8:cafe:1::1/64
R1(config-if)# ipv6 dhcp server IPV6-STATEFUL
R1(config-if)# ipv6 nd managed-config-flag
R1(config-if)#
```

2. 将路由器配置为有状态 DHCPv6 客户端

如例 8-21 所示，使用 **ipv6 enable** 接口配置模式命令允许路由器接收本地链路地址以发送 RS 消息并参与 DHCPv6。

例 8-21　R3 上的有状态 DHCPv6 客户端配置

```
R3(config)# interface g0/1
R3(config-if)# ipv6 enable
R3(config-if)# ipv6 address dhcp
R3(config-if)#
```

ipv6 address dhcp 接口配置模式命令使路由器等同于该接口上的 DHCPv6 客户端。

3. 验证有状态 DHCPv6

在例 8-22 中，**show ipv6 dhcp pool** 命令验证 DHCPv6 地址池的名称及其参数。活动客户端的数量为 1，表明客户端 R3 从该服务器接收 IPv6 全局单播地址。

例 8-22　R1 上的有状态 DHCPv6 服务器验证

```
R1# show ipv6 dhcp pool
DHCPv6 pool: IPV6-STATEFUL
  Address allocation prefix: 2001:DB8:CAFE:1::/64 valid 4294967295 preferred
    4294967295 (1 in use, 0 conflicts)
  DNS server: 2001:DB8:CAFE:AAAA::5
  Domain name: example.com
  Active clients: 1
R1#
```

```
R1# show ipv6 dhcp binding
Client: FE80::32F7:DFF:FE25:2DE1
  DUID: 0003000130F70D252DE0
  Username : unassigned
  IA NA: IA ID 0x00040001, T1 43200, T2 69120
    Address: 2001:DB8:CAFE:1:5844:47B2:2603:C171
            preferred lifetime INFINITY, , valid lifetime INFINITY,
R1#
```

例 8-22 中的 **show ipv6 dhcp binding** 命令显示客户端的本地链路地址与服务器分配的地址之间的自动绑定。FE80::32F7:DFF:FE25:2DE1 是客户端的本地链路地址。在本示例中，这是 R3 的 G0/1 接口。将该地址绑定到由 R1（DHCPv6 服务器）分配的 IPv6 全局单播地址 2001:DB8:CAFE:1:5844:47B2:2603:C171。此信息由有状态 DHCPv6 服务器维护，而不是无状态 DHCPv6 服务器。

例 8-23 显示的 **show ipv6 interface** 命令输出检验 DHCPv6 客户端 R3 上由 DHCPv6 服务器分配的 IPv6 全局单播地址。默认路由器信息并不来自 DHCPv6 服务器，而是通过使用 RA 消息的源 IPv6 地址确定的。虽然客户端不使用 RA 消息中包含的信息，但是它可以使用其默认网关信息的源 IPv6 地址。

例 8-23　R3 上的有状态 DHCPv6 客户端配置

```
R3# show ipv6 interface g0/1
GigabitEthernet0/1 is up, line protocol is up
  IPv6 is enabled, link-local address is FE80::32F7:DFF:FE25:2DE1
  No Virtual link-local address(es):
  Global unicast address(es):
    2001:DB8:CAFE:1:5844:47B2:2603:C171, subnet is 2001:DB8:CAFE:1:5844:47B2:
      2603:C171/128
  Joined group address(es):
    FF02::1
    FF02::1:FF03:C171
    FF02::1:FF25:2DE1
  MTU is 1500 bytes
  ICMP error messages limited to one every 100 milliseconds
  ICMP redirects are enabled
  ICMP unreachables are sent
  ND DAD is enabled, number of DAD attempts: 1
  ND reachable time is 30000 milliseconds (using 30000)
  ND NS retransmit interval is 1000 milliseconds
  Default router is FE80::D68C:B5FF:FECE:A0C1 on GigabitEthernet0/1
R3#
```

4. 将路由器配置为 DHCPv6 中继代理

如果 DHCPv6 服务器和客户端位于不同的网络上，那么可以将 IPv6 路由器配置为 DHCPv6 中继代理。配置 DHCPv6 中继代理的操作类似于将 IPv4 路由器配置为 DHCPv4 中继的操作。

> **注意：** 虽然 DHCPv6 中继代理的配置与 DHCPv4 类似，但是 IPv6 路由器或中继代理转发 DHCPv6 消息时与 DHCPv4 中继略有不同。此消息和过程已超出本课程的范围。

图 8-20 显示了一个示例拓扑结构，在该拓扑结构中，有一个 DHCPv6 服务器位于 2001:DB8:CAFE:1::/64 网络中。网络管理员希望将此 DHCPv6 服务器用作一个中央有状态 DHCPv6 服务器，以将 IPv6 地址分配给所有客户端。因此，其他网络的客户端（例如 2001:DB8:CAFE:A::/64 网络上的 PC1）必须与 DHCPv6 服务器通信。

将客户端的 DHCPv6 消息发送到 IPv6 组播地址 FF02::1:2。即 All_DHCPv6_Relay_Agents_and_Servers 地址。此地址属于本地链路范围，这意味着路由器不转发这些消息。必须将路由器配置为 DHCPv6 中继代理使 DHCPv6 客户端和服务器实现通信。

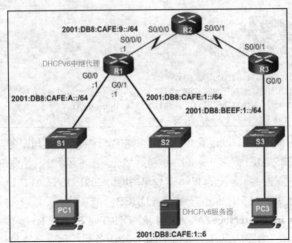

图 8-20　DHCPv6 中继代理拓扑

如例 8-24 所示，使用 **ipv6 dhcp relay destination** 命令配置 DHCPv6 中继代理。以 DHCPv6 服务器的地址作为目的地将此命令配置在朝向 DHCPv6 客户端的接口上。

例 8-24　DHCPv6 中继代理配置和验证

```
R1(config)# interface g0/0
R1(config-if)# ipv6 dhcp relay destination 2001:db8:cafe:1::6
R1(config-if)# end
R1#
R1# show ipv6 dhcp interface g0/0
GigabitEthernet0/0 is in relay mode
  Relay destinations:
    2001:DB8:CAFE:1::6
R1#
```

show ipv6 dhcp interface 命令检验 G0/0 接口通过将 2001:DB8:CAFE:1::6 配置为 DHCPv6 服务器而处于中继模式。

8.2.4　对 DHCPv6 进行故障排除

在本节中，您将学习如何在交换网络中对 IPv6 的 DHCP 配置进行故障排除。

1. 故障排除任务

DHCPv6 故障排除类似于 DHCPv4 故障排除。

故障排除任务 1：解决冲突

与 IPv4 地址类似，在仍需要连接到网络的客户端上，IPv6 地址租期可能已届满。**show ipv6 dhcp conflict** 命令显示有状态 DHCPv6 服务器记录的所有地址冲突。如果检测到 IPv6 地址冲突，客户端通常会删除该地址，并使用 SLAAC 或有状态 DHCPv6 生成一个新地址。

故障排除任务 2：验证分配方法

可以使用 **show ipv6 interface** *interface* 命令检验 RA 消息中所指示的地址分配方法，正如 M 标记和 O 标记的设置所指示的方法。此信息显示在输出的最后几行中。如果客户端没有从有状态 DHCPv6 服务器收到其 IPv6 地址，那么可能是由于 RA 消息中的 M 标记和 O 标记不正确。

故障排除任务 3：使用静态 IPv6 地址进行测试

无论是 DHCPv4 还是 DHCPv6，在排除任何 DHCP 问题故障时，都可以通过在客户端工作站配置静态 IP 地址来检验网络连接。对于 IPv6，如果工作站不能使用静态配置的 IPv6 地址访问网络资源，那么问题的根源就不是 SLAAC 或 DHCPv6。此时，需要排除网络连接故障。

故障排除任务 4：检验交换机端口配置

如果 DHCPv6 客户端无法从 DHCPv6 服务器获取信息，请检验交换机端口是否启用并正常运行。

> **注意：** 如果客户端与 DHCPv6 服务器之间有交换机，但是客户端却无法获得 DHCP 配置，那么交换机端口配置问题可能是导致故障的原因。这些原因可能包括来自中继、信道或 STP 的问题。PortFast 配置和边缘端口配置解决在思科交换机的初始安装中发生的最常见 DHCPv6 客户端问题。

故障排除任务 5：测试同一子网或 VLAN 上的 DHCPv6 运行

如果无状态或有状态 DHCPv6 服务器正常运行，但不是在客户端上，而是处于不同的 IPv6 网络或 VLAN 中，那么问题可能与 DHCPv6 中继代理有关。朝向路由器接口的客户端必须配置有 **ipv6 dhcp relay destination** 命令。

2. 验证路由器 DHCPv6 配置

无状态和有状态 DHCPv6 服务的路由器配置有很多相似之处，但也包括明显的差异。

无状态 DHCPv6

例 8-25 显示了无状态 DHCPv6 服务器的配置命令。

例 8-25　无状态 DHCPv6 服务器的配置

```
R1(config)# ipv6 unicast-routing
R1(config)#
R1(config)# ipv6 dhcp pool IPV6-STATELESS
R1(config-dhcpv6)# dns-server 2001:db8:cafe:aaaa::5
R1(config-dhcpv6)# domain-name example.com
R1(config-dhcpv6)# exit
R1(config)#
R1(config)# interface g0/1
R1(config-if)# ipv6 address 2001:db8:cafe:1::1/64
R1(config-if)# ipv6 dhcp server IPV6-STATELESS
R1(config-if)# ipv6 nd other-config-flag
R1(config-if)#
```

对于无状态 DHCPv6 服务，使用 **ipv6 nd other-config-flag** 接口配置模式命令。这会通知设备使用 SLAAC 获取寻址信息，使用无状态 DHCPv6 服务器获取其他配置参数。

有状态 DHCPv6

例 8-26 显示了有状态 DHCPv6 服务器的配置命令。

例 8-26　有状态 DHCPv6 服务器的配置

```
R1(config)# ipv6 unicast-routing
R1(config)#
R1(config)# ipv6 dhcp pool IPV6-STATEFUL
R1(config-dhcpv6)# address prefix 2001:DB8:CAFE:1::/64 lifetime infinite infinite
R1(config-dhcpv6)# dns-server 2001:db8:cafe:aaaa::5
R1(config-dhcpv6)# domain-name example.com
R1(config-dhcpv6)# exit
R1(config)#
R1(config)# interface g0/1
R1(config-if)# ipv6 address 2001:db8:cafe:1::1/64
R1(config-if)# ipv6 dhcp server IPV6-STATEFUL
R1(config-if)# ipv6 nd managed-config-flag
R1(config-if)#
```

配置为有状态 DHCPv6 服务的路由器使用 **address prefix** 命令提供寻址信息。对于有状态 DHCPv6 服务，使用 **ipv6 nd managed-config-flag** 接口配置模式命令。在本示例中，客户端忽略了 RA 消息中的寻址信息，并与 DHCPv6 服务器通信以获取寻址信息和其他信息。

show ipv6 interface 命令可用于查看分配方法的当前配置。输出的最后一行表明客户端如何获取地址和其他参数。

例 8-27 显示当接口配置为 SLAAC 时的输出。

例 8-27　检验 SLAAC 方法

```
R1# show ipv6 interface g0/1
GigabitEthernet0/1 is up, line protocol is up
  IPv6 is enabled, link-local address is FE80::D68C:B5FF:FECE:A0C1
  <output omitted>
  Hosts use stateless autoconfig for addresses.
R1#
```

例 8-28 显示接口配置为无状态 DHCP 时的输出。

例 8-28　检验无状态 DHCPv6 分配方法

```
R1# show ipv6 interface g0/1
GigabitEthernet0/1 is up, line protocol is up
  IPv6 is enabled, link-local address is FE80::D68C:B5FF:FECE:A0C1
  <output omitted>
  Hosts use DHCP to obtain other configuration.
R1#
```

例 8-29 显示接口配置为有状态 DHCP 时的输出。

例 8-29　检验有状态 DHCPv6 分配方法

```
R1# show ipv6 interface g0/1
GigabitEthernet0/1 is up, line protocol is up
  IPv6 is enabled, link-local address is FE80::D68C:B5FF:FECE:A0C1
  <output omitted>
  Hosts use DHCP to obtain routable addresses.
R1#
```

3. 调试 DHCPv6

当路由器配置为无状态或有状态 DHCPv6 服务器时，**debug ipv6 dhcp detail** 命令可用于检验 DHCPv6 消息的接收和传输。如例 8-30 所示，有状态 DHCPv6 路由器已从客户端收到 SOLICIT 消息。路由器正在使用其 IPV6-STATEFUL 池中的编址信息查找绑定信息。

例 8-30　调试 DHCPv6

```
R1# debug ipv6 dhcp detail
    IPv6 DHCP debugging is on (detailed)
R1#
*Feb  3 21:27:41.123: IPv6 DHCP: Received SOLICIT from FE80::32F7:DFF:FE25:2DE1 on
  GigabitEthernet0/1
*Feb  3 21:27:41.123: IPv6 DHCP: detailed packet contents
*Feb  3 21:27:41.123:   src FE80::32F7:DFF:FE25:2DE1 (GigabitEthernet0/1)
*Feb  3 21:27:41.127:   dst FF02::1:2
*Feb  3 21:27:41.127:   type SOLICIT(1), xid 13190645
*Feb  3 21:27:41.127:   option ELAPSED-TIME(8), len 2
*Feb  3 21:27:41.127:     elapsed-time 0
*Feb  3 21:27:41.127:   option CLIENTID(1), len 10
*Feb  3 21:27:41.127:     000
*Feb  3 21:27:41.127: IPv6 DHCP: Using interface pool IPV6-STATEFUL
```

```
*Feb  3 21:27:41.127: IPv6 DHCP: Creating binding for FE80::32F7:DFF:FE25:2DE1 in
  pool IPV6-STATEFUL
<output omitted>
```

8.3 总结

网络中的所有节点均需要一个唯一的 IP 地址与其他设备通信。在大型网络上静态分配 IP 编址信息会导致管理性负担，不过这可以通过分别使用 DHCPv4 和 DHCPv6 来动态分配 IPv4 和 IPv6 编址信息来消除。

- DHCPv4 动态地从地址池中分配或租出 IPv4 地址，使用期限为服务器上配置的一段有限时间，或者直到客户端不再需要该地址为止。

DHCPv4 涉及到在 DHCPv4 服务器和 DHCPv4 客户端之间交换多种不同的数据包，从而在预定义的时间段内租用有效的编址信息。

广播源自客户端（DHCPDISCOVER、DHCPREQUEST）的消息以使网络中所有 DHCPv4 服务器收到客户端对编址信息的请求并接收。源自 DHCPv4 服务器的消息（DHCPOFFER、DHCPACK）作为单播直接发送到客户端。

有三种方法可用于 IPv6 全局单播地址的动态配置。

- 无状态地址自动配置（SLAAC）。
- SLAAC 和 IPv6 的无状态 DHCP（无状态 DHCPv6）。
- 有状态 DHCPv6。

使用 SLAAC，客户端使用无状态自动配置和 IPv6 RA 消息提供的信息自动选择和配置唯一的 IPv6 地址。无状态 DHCPv6 选项通知客户端使用 RA 消息中的信息来编址，但是从 DHCPv6 服务器获取其他配置参数。

有状态 DHCPv6 与 DHCPv4 类似。在此情况下，RA 消息通知客户端不使用 RA 消息中的信息。所有编址信息和 DNS 配置信息都从有状态 DHCPv6 服务器获取。DHCPv6 服务器维护 IPv6 状态信息的方式类似于 DHCPv4 服务器分配 IPv4 地址。

如果 DHCP 服务器位于与 DHCP 客户端不同的网段上，则需要配置中继代理。中继代理将转发特定的广播或组播消息，其中包括 DHCP 消息，源自 LAN 网段上的主机，发往不同 LAN 网段上的特定服务器。

DHCPv4 和 DHCPv6 的故障排除涉及相同的任务：

- 解决地址冲突；
- 验证物理连通性；
- 使用静态 IP 地址测试连接；
- 验证交换机端口配置；
- 测试同一子网或 VLAN 上的运行。

检查你的理解

请完成以下所有复习题，以检查您对本章主题和概念的理解情况。答案列在附录"'检查你的理解'问题答案"中。

1. 为了接受 DHCP 服务器提供的 IPv4 地址，客户端应发送哪条 DHCPv4 消息？
   A. 广播 DHCPACK
   B. 广播 DHCPREQUEST
   C. 单播 DHCPACK
   D. 单播 DHCPREQUEST
2. 在 DHCPv4 过程中将 DHCPREQUEST 消息当作广播发送的原因是什么？
   A. 为了使其他子网上的主机能够接收信息
   B. 为了使路由器能够用新信息填充其路由表
   C. 为了通知子网中的其他 DHCP 服务器：IP 地址已租用
   D. 为了通知其他主机不要请求相同的 IP 地址
3. 将 DHCPOFFER 消息发送至进行地址请求的客户端时，DHCPv4 服务器的定向地址是什么？
   A. 广播 MAC 地址
   B. 客户端硬件地址
   C. 客户端 IP 地址
   D. 网关 IP 地址
4. DHCPv4 客户端租约即将到期时，客户端会向 DHCP 服务器发送什么消息？
   A. DHCPACK
   B. DHCPDISCOVER
   C. DHCPOFFER
   D. DHCPREQUEST
5. 将思科路由器配置为中继代理的优势是什么？
   A. 可代表客户端转发广播和多播消息
   B. 能够为多个 UDP 服务提供中继服务
   C. 减少 DHCP 服务器的回应时间
   D. 允许传送 DHCPDISCOVER 消息，而无需改变
6. 管理员在接口 G0/1 上发出 **ip address dhcp** 命令，此管理员正在尝试完成什么操作？
   A. 将路由器配置为 DHCPv4 服务器
   B. 将路由器配置为中继代理
   C. 配置路由器以从 DHCPv4 服务器获取 IP 参数
   D. 配置路由器以解决 IP 地址冲突
7. 在哪两种情况下通常会将路由器配置为 DHCPv4 客户端？（选择两项）
   A. 管理员需要该路由器充当中继代理
   B. 这是 ISP 要求
   C. 该路由器有一个固定 IP 地址
   D. 该路由器旨在用作 SOHO 网关
   E. 该路由器旨在向主机提供 IP 地址
8. 地址为 10.10.200.10/24 的企业 DHCP 服务器未向 10.10.100.0/24 LAN 上的主机分配 IPv4 地址。网络工程师解决此问题的最佳方法是什么？
   A. 在 10.10.100.0/24 LAN 网关路由器上的 DHCP 配置提示符处发出 **default-router 10.10.200.10** 命令
   B. 在 10.10.200.0/24 网关的路由器接口上发出 **ip helper-address 10.10.100.0** 命令
   C. 在 10.10.100.0/24 网关的路由器接口上输入 **ip helper-address 10.10.200.10** 命令
   D. 在 10.10.100.0/24 LAN 网关路由器上的 DHCP 配置提示符处发出 **network 10.10.200.0 255.255.255.0** 命令
9. 公司使用 SLAAC 方法配置员工工作站的 IPv6 地址。客户端将使用哪个地址作为其默认网关？
   A. 所有路由器组播地址
   B. 连接到网络的路由器接口的全局单播地址
   C. 连接到网络的路由器接口的本地链路地址
   D. 连接到网络的路由器接口的唯一本地地址

10. 网络管理员配置路由器以发送 M 标记为 0 和 O 标记为 1 的 RA 消息。当 PC 尝试配置其 IPv6 地址时，下列哪种说法正确描述了此配置的作用？
    A. 它应与一台 DHCPv6 服务器联系以获取所需的所有信息
    B. 它应联系 DHCPv6 服务器以获取前缀、前缀长度信息以及随机且唯一的接口 ID
    C. 它应使用 RA 消息中包含的信息并联系 DHCPv6 服务器以获取其他信息
    D. 它应使用 RA 消息中独有的信息

11. 公司实施无状态 DHCPv6 的方法，从而为员工工作站配置 IPv6 地址。在工作站接收到来自多个 DHCPv6 服务器用来指示其 DHCPv6 服务可用性的消息后，工作站会将下列哪条消息发送到服务器以获取配置信息？
    A. DHCPv6 ADVERTISE
    B. DHCPv6 INFORMATION-REQUEST
    C. DHCPv6 REQUEST
    D. DHCPv6 SOLICIT

12. 管理员想要通过使用路由器通告消息配置主机以自动为自己分配 IPv6 地址，同时从 DHCPv6 服务器获取 DNS 服务器地址。应该配置哪个地址分配方法？
    A. RA 和 EUI-64
    B. SLAAC
    C. 有状态 DHCPv6
    D. 无状态 DHCPv6

13. IPv6 客户端如何确保在使用 SLAAC 分配方法配置其 IPv6 地址后拥有唯一的地址？
    A. 向 SLAAC 服务器托管的 IPv6 地址数据库核实
    B. 通过特殊形式的 ICMPv6 消息接触 DHCPv6 服务器
    C. 发送 ARP 消息，其中 IPv6 地址作为目标 IPv6 地址
    D. 发送 ICMPv6 邻居请求消息，其中，IPv6 地址作为目标 IPv6 地址

14. EUI-64 进程中用于在已启用 IPv6 的接口上创建 IPv6 接口 ID 的是什么？
    A. 随机生成的 64 位十六进制地址
    B. 在接口上配置的 IPv4 地址
    C. 由 DHCPv6 提供的 IPv6 地址
    D. 已启用 IPv6 的接口的 MAC 地址

15. 网络管理员正在为公司实施 DHCPv6。管理员通过使用接口命令 **ipv6 nd managed-config-flag** 来配置路由器以发送 M 标记为 1 的 RA 消息。此配置会对客户端的运行产生什么影响？
    A. 客户端必须使用 DHCPv6 服务器提供的所有配置信息
    B. 客户端必须使用 RA 消息中包含的信息
    C. 客户端必须使用 DHCPv6 服务器提供的前缀和前缀长度，并生成随机接口 ID
    D. 客户端必须使用 RA 消息提供的前缀和前缀长度，并从 DHCPv6 服务器获取其他信息

第 9 章

IPv4 NAT

学习目标

通过完成本章的学习,您将能够回答下列问题:
- NAT 的用途和功能是什么?
- 不同类型的 NAT 如何运行?
- NAT 的优点和缺点是什么?
- 如何配置静态 NAT?
- 如何配置动态 NAT?
- 如何配置 PAT?
- 如何配置端口转发?
- NAT 如何用于 IPv6 网络?
- 如何排除 NAT 故障?

互联网上的所有公共 IPv4 地址必须到地区互联网注册管理机构(RIR)进行注册。组织可租用服务提供商的公共地址。公有 IP 地址的注册拥有者可将该地址分配给网络设备。

43 亿个地址是最大理论值,IPv4 地址空间很有限。当 Bob Kahn 和 Vint Cerf 在 1981 年首次开发 TCP/IP 协议簇(包括 IPv4)时,他们从未想象过互联网会如何变化。当时,个人计算机主要是为了满足爱好者的好奇心,而万维网还是在十多年以后才出现的。

随着个人计算机的激增和万维网的出现,很快 43 亿个 IPv4 地址就不够用了。长期解决方案是 IPv6,但是现在迫切需要更快的地址耗尽解决方案。就短期而言,IETF 实施了几种解决方案,包括网络地址转换(NAT)和 RFC 1918 私有 IPv4 地址。本章讨论 NAT 与私有地址空间一起如何用于节省并更有效地使用 IPv4 地址,从而让各种规模的网络访问互联网。

本章包括:
- NAT 特性、术语和一般操作;
- 不同类型的 NAT,包括静态 NAT、动态 NAT 和过载的 NAT;
- NAT 优势和缺点;
- 配置、验证和分析静态 NAT、动态 NAT 和 NAT 过载;
- 如何使用端口转发从互联网访问内部设备;
- 使用 **show** 和 **debug** 命令对 NAT 进行故障排除;
- 如何使用 NAT for IPv6 在 IPv6 地址和 IPv4 地址之间进行转换。

9.1 NAT 操作

几乎所有连接到 Internet 的网络都使用网络地址转换(NAT)服务。通常,组织为内部主机分配私有 IP 地址。当离开网络时,私有地址将转换为公有 IP 地址。公有 IP 地址的返回流量将重新转换为内部私有 IP 地址。

在这一部分，您将学习 NAT 如何在中小型企业网络中提供 IPv4 地址可扩展性。

9.1.1 NAT 的特性

在本节中，您将解释 NAT 的用途和功能。

1. IPv4 私有地址空间

公有 IPv4 地址不足以为每台设备分配一个唯一地址来进行互联网连接。通常使用 RFC 1918 中定义的私有 IPv4 地址来实施网络。表 9-1 显示了 RFC 1918 中所包含的无类域间路由（CIDR）前缀和地址范围。很可能为您用来观看本课程的计算机分配的就是一个私有地址。

表 9-1　　　　　　　　　　　　　私有 IPv4 地址

类　　别	CIDR 前缀	RFC 1918 内部地址范围
A	10.0.0.0/8	10.0.0.0 ~ 10.255.255.255
B	172.16.0.0/12	172.16.0.0 ~ 172.31.255.255
C	192.168.0.0/16	192.168.0.0 ~ 192.168.255.255

这些私有地址可在企业或站点内使用，允许设备进行本地通信。但是，由于这些地址没有标识任何一个公司或企业，因此私有 IPv4 地址不能通过互联网路由。为了使具有私有 IPv4 地址的设备能够访问本地网络之外的设备和资源，必须首先将私有地址转换为公有地址。

如图 9-1 所示，NAT 提供了私有地址到公有地址的转换。这使具有私有 IPv4 地址的设备能够访问其私有网络之外的资源，例如在互联网上找到的资源。

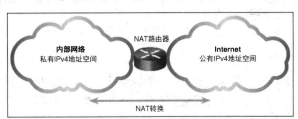

图 9-1　转换私有和公有地址

NAT 与私有 IPv4 地址相结合，变为一个用于节约公有 IPv4 地址的有效方法。单个公有 IPv4 地址可以由数百甚至数千台设备共享，而为每台设备配置一个唯一的私有 IPv4 地址。

如果没有 NAT，则 IPv4 地址空间耗尽问题可能早在 2000 年之前就会出现。但是，NAT 也有一些限制，这将在本章后续部分探讨。为了应对 IPv4 地址空间耗尽问题以及 NAT 的局限性，最终需要向 IPv6 过渡。

2. 何谓 NAT

NAT 有很多作用，但其主要作用是节省了公有 IPv4 地址。它通过允许网络在内部使用私有 IPv4 地址，而只在需要时提供到公有地址的转换，从而实现这一作用。NAT 还能在一定程度上增加网络的私密性和安全性，因为它对外部网络隐藏了内部 IPv4 地址。

可以为启用 NAT 的路由器配置一个或多个有效的公有 IPv4 地址。这些公有地址称为 NAT 地址池。当内部设备将流量发送到网络外部时，启用 NAT 的路由器会将设备的内部 IPv4 地址转换为 NAT 池中的一个公有地址。对外部设备而言，所有进出网络的流量好像都有一个取自所提供地址池中的公有 IPv4 地址。

NAT 路由器通常工作在末节网络边界。末节网络是一个与其相邻网络具有单个连接的网络，而且单进单出。

在图 9-2 中的示例中，R2 为边界路由器。对 Internet 服务提供商（ISP）来说，R2 构成末节网络。

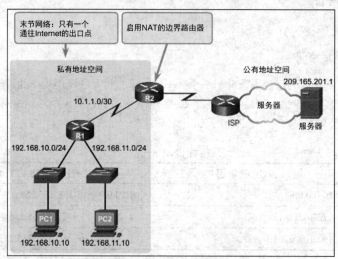

图 9-2　NAT 边界路由器拓扑

当末节网络内的设备想要与其网络外部的设备通信时，会将数据包转发到边界路由器。边界路由器会执行 NAT 过程，将设备的内部私有地址转换为公有的外部可路由地址。

> **注意：**　与 ISP 的连接可能使用私有地址或在客户之间共享的公有地址。出于学习本章的目的，这里显示一个公有地址。

3. NAT 术语

在 NAT 术语中，内部网络是指需要经过转换的网络地址集。外部网络指所有其他网络。

当使用 NAT 时，根据地址是在私有网络上还是在公有网络（互联网）上，以及流量是传入还是传出，不同的 IPv4 地址有不同的称谓。

NAT 包括 4 类地址：
- 内部本地地址；
- 内部全局地址；
- 外部本地地址；
- 外部全局地址。

在决定使用哪种地址时，重要的是要记住 NAT 术语始终是从具有转换后地址的设备的角度来应用的。

- **内部地址**：经过 NAT 转换的设备的地址。
- **外部地址**：目标设备的地址。

关于地址，NAT 还会使用本地或全局的概念。

- **本地地址**：本地地址是在网络内部出现的任何地址。
- **全局地址**：全局地址是在网络外部出现的任何地址。

在图 9-3 中，PC1 具有内部本地地址 192.168.10.10。从 PC1 的角度来讲，Web 服务器具有外部地址 209.165.201.1。当数据包从 PC1 发送到 Web 服务器的全局地址时，PC1 的内部本地地址将转换为

209.165.200.226（内部全局地址）。通常不会转换外部设备的地址，因为该地址一般是公有 IPv4 地址。

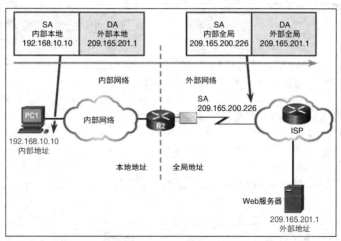

图 9-3　显示 NAT 地址类型的 NAT 拓扑

注意，PC1 具有不同的本地和全局地址，而 Web 服务器对于本地和全局地址都使用相同的公有 IPv4 地址。从 Web 服务器的角度来讲，源自 PC1 的流量好像来自 209.165.200.226（内部全局地址）。

NAT 路由器（图中的 R2）是内部和外部网络之间以及本地地址和全局地址之间的分界点。

将术语"内部和外部"与术语"本地和全局"组合起来表示特定地址。在图 9-4 中，已将路由器 R2 配置为提供 NAT。它具有可以为内部主机分配的公有地址池。

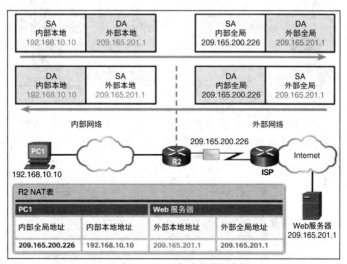

图 9-4　NAT 地址类型示例

- **内部本地地址**：从网络内部看到的源地址。图中，IPv4 地址 192.168.10.10 分配给了 PC1。这是 PC1 的内部本地地址。
- **内部全局地址**：从外部网络看到的源地址。图中，当流量从 PC1 发送到位于 209.165.201.1 的 Web 服务器时，R2 会将内部本地地址转换为内部全局地址。在本例中，R2 将 IPv4 源地址从 192.168.10.10 转变成 209.165.200.226。使用 NAT 术语就是，内部本地地址 192.168.10.10 将转换为内部全局地址 209.165.200.226。
- **外部全局地址**：从外部网络看到的目标地址。它是分配给互联网上的主机的全局可路由 IPv4 地址。例如，Web 服务器的可达 IPv4 地址为 209.165.201.1。大多数情况下，外部本地地址和外部全局地址是相同的。
- **外部本地地址**：从网络内部看到的目标地址。在本示例中，PC1 将流量发送到 IPv4 地址为 209.165.201.1 的 Web 服务器上。虽然不常见，但该地址也可能与目标设备的全局可路由地址不同。

图 9-4 显示了如何为从内部 PC 通过启用 NAT 的路由器发送到外部 Web 服务器的流量分配地址。还显示了如何对返回的流量进行初步的地址分配和转换。

注意： 外部本地地址的使用超出了本课程的范围。

4. NAT 如何工作

在图 9-5 中，具有私有地址 192.168.10.10 的 PC1 想要与具有公有地址 209.165.201.1 的外部 Web 服务器通信。

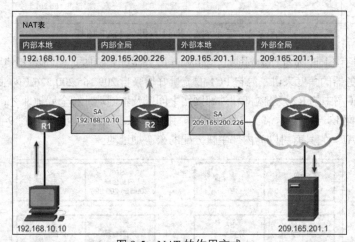

图 9-5 NAT 的作用方式

PC1 发送了一个目标地址为 Web 服务器的数据包。数据包由 R1 转发到 R2。

当数据包到达 R2（网络中启用 NAT 的路由器）时，R2 会读取数据包的源 IPv4 地址，以确定数据包是否符合规定的转换标准。

在本例中，源 IPv4 地址确实符合标准，将其从 192.168.10.10（内部本地地址）转换为 209.165.200.226（内部全局地址）。R2 将此本地与全局地址映射关系添加到 NAT 表中。

R2 将具有转换后的源地址的数据包发送到目的地。

Web 服务器以一个目标地址为 PC1 的内部全局地址（209.165.200.226）的数据包做出响应。

R2 将收到这个目标地址为 209.165.200.226 的数据包。R2 会检查 NAT 表，找出有关此映射的条目。R2 使用此信息，将内部全局地址（209.165.200.226）转换为内部本地地址（192.168.10.10），然后将数据包转发到 PC1。

9.1.2 NAT 的类型

在本节中，您将了解不同类型的 NAT 的操作。

1. 静态 NAT

NAT 转换有 3 种类型。

- **静态地址转换（静态 NAT）**：本地地址和全局地址之间的一对一地址映射。
- **动态地址转换（动态 NAT）**：本地地址和全局地址之间的多对多地址映射。转换在可用的基础上进行；例如，如果有 100 个内部本地地址和 10 个内部全局地址，则任何时候都只能转换 100 个内部本地地址中的 10 个地址。动态 NAT 的这种限制使得它在用于生产网络时没有端口地址转换那么实用。
- **端口地址转换（PAT）**：本地地址和全局地址之间的多对一地址映射。此方法也称为过载（NAT 过载）。例如，如果有 100 个内部本地地址以及 10 个内部全局地址，PAT 使用端口作为附加参数来提供乘数效应，从而支持重复使用 10 个内部全局地址中的任何一个地址，重复次数高达 65,536 次（这取决于通信流是基于 UDP、TCP 还是 ICMP）。

静态 NAT 使用本地地址和全局地址的一对一映射。这些映射由网络管理员进行配置，并保持不变。

在图 9-6 中，R2 上配置了 Svr1、PC2 和 PC3 的内部本地地址的静态映射。当这些设备向互联网发送流量时，它们的内部本地地址将转换为已配置的内部全局地址。对外部网络而言，这些设备具有公有 IPv4 地址。

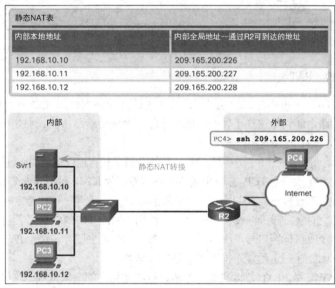

图 9-6 静态 NAT 场景

静态 NAT 对于必须具有可从互联网访问的一致地址的服务器或设备特别有用，如公司的 Web 服务器。而且对于必须支持授权人员离线访问而不支持互联网上的普通大众访问的设备也很有用。如图 9-6 所示，使用 PC4 的网络管理员指定 Svr1 的内部全局地址（209.165.200.226），从而使网络管理员可以使用 SSH 远程连接到 Svr1。R2 将此内部全局地址转换为内部本地地址，并将管理员的会话连接到 Svr1。

为了满足所有同时发生的用户会话需要，静态 NAT 要求有足够的公有地址可用。

2. 动态 NAT

动态 NAT 使用公有地址池，并以先到先得的原则分配这些地址。内部设备请求访问外部网络时，动态 NAT 分配该池中的可用公共 IPv4 地址。

在图 9-7 中，PC3 已经使用了动态 NAT 池中的第一个可用地址访问互联网。而其他地址仍可供使用。与静态 NAT 类似，为了满足所有同时发生的用户会话需要，动态 NAT 要求有足够的公有地址可用。

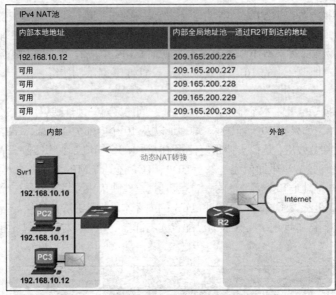

图 9-7 动态 NAT 场景

3. 端口地址转换（PAT）

端口地址转换（PAT）（也称为 NAT 过载），将多个私有 IPv4 地址映射到单个私有 IPv4 地址或几个地址。大多数家用路由器就是这样工作的。ISP 分配一个地址给路由器，但是多名家庭成员可以同时访问 Internet。这是 NAT 的最常用方式。

PAT 可以将多个地址映射到一个或少数几个地址，因为每个私有地址也会用端口号加以跟踪。当设备发起 TCP/IP 会话时，它生成一个 TCP 或 UDP 源端口值或专门为 ICMP 分配的查询 ID，用来唯一标识会话。当 NAT 路由器收到来自客户端的数据包时，将使用其源端口号来唯一确定特定的 NAT 转换。

PAT 利用互联网上的服务器确保设备对每个会话使用不同的 TCP 端口号。当服务器返回响应时，源端口号（在回程中变成目标端口号）决定路由器将数据包转发到哪个设备。PAT 过程还验证传入数据包是请求数据包，因此在一定程度上提高了会话的安全性。

图 9-8 演示了 PAT 流程。PAT 会将唯一的源端口号添加到内部全局地址上来区分不同的转换。

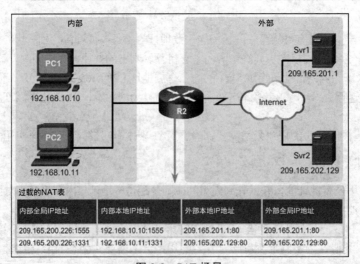

图 9-8 PAT 场景

当 R2 处理各数据包时，它使用端口号（图 9-8 中为 1331 和 1555）来识别发起数据包的设备。源地址（SA）为内部本地地址加上 TCP/IP 分配的端口号。目标地址（DA）为外部本地地址加上服务的端口号。在本示例中，HTTP 服务端口为 80。

对于源地址，R2 会将内部本地地址转换为内部全局地址，并添加端口号。目标地址未做更改，但此时称为外部全局 IPv4 地址。当 Web 服务器做出回复时，路径正好相反。

4. 下一可用端口

在上述示例中，启用 NAT 的路由器上客户端的端口号（1331 和 1555）没有改变。这种情形不太常见，因为这些端口号很有可能已被其他正在进行的会话所使用。

PAT 会尝试保留原始的源端口。但是，如果原始的源端口已被使用，则 PAT 会从相应端口组（0～511、512～1023 或 1024～65535）的开头开始，分配第一个可用端口号。如果没有其他可用端口，而地址池中的外部地址多于一个，则 PAT 会进入下一地址并尝试重新分配原始的源端口。这一过程会一直持续，直到不再有可用端口或外部 IPv4 地址。

在图 9-9 中，PAT 已经将下一个可用端口（1445）分配给第二个主机地址。主机选择了相同端口号 1444。这对于内部地址是可以接受的，因为主机具有唯一的私有 IPv4 地址。但是，在 NAT 路由器上，必须更改端口号；否则，来自两个不同主机的数据包将使用相同的源地址离开 R2。图 9-9 中的示例假设在 1024～65535 范围内的前 420 个端口已经在使用，因此，使用下一个可用的端口号 1445。

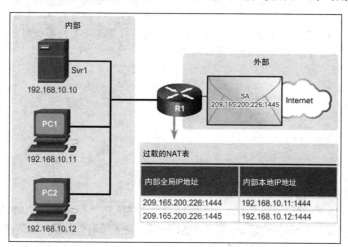

图 9-9　源端口重新分配

5. 比较 NAT 和 PAT

总结 NAT 和 PAT 之间的差异将有助于您理解这两者。

表 9-2 显示了 NAT 如何在一对一的基础上进行私有 IPv4 地址和公有 IPv4 地址之间的 IPv4 地址转换。

表 9-2　　　　　　　　　　　　　　　　　NAT 转换

NAT	
内部本地地址	内部全局地址池
192.168.10.10	209.165.200.226
192.168.10.11	209.165.200.227
192.168.10.12	209.165.200.228
192.168.10.13	209.165.200.229

但是，表 9-3 显示了 PAT 如何同时修改地址和端口号。

表 9-3　　　　　　　　　　　　　　PAT 转换

PAT	
内部本地地址	内部全局地址
192.168.10.10:1444	209.165.200.226:1444
192.168.10.11:1444	209.165.200.226:1445
192.168.10.12:1555	209.165.200.226:1555
192.168.10.13:1555	209.165.200.226:1556

通过参考公有网络的主机给出的传入源 IPv4 地址，NAT 将传入数据包转发至其内部目的地。利用 PAT，一般只需一个或极少的几个公有 IPv4 地址。通过参考 NAT 路由器中的一个表，将来自公有网络的传入数据包路由到其私有网络中的目的地。此表会跟踪公有与私有端口对。这称为连接跟踪。

如果 IPv4 数据包传送的是数据而不是 TCP 或 UDP 数据段会怎么样？这些数据包将不包含第 4 层端口号。PAT 可以转换 IPv4 承载的大多数常用协议，这些协议不会将 TCP 或 UDP 用作传输层协议。其中最常见的一种就是 ICMPv4。对于每种类型的协议，PAT 会以不同方式进行处理。例如，ICMPv4 查询消息、响应请求和响应应答会包含一个查询 ID。ICMPv4 使用查询 ID 来识别响应请求及其相应的响应应答。每发送一个响应请求，查询 ID 都会增加。PAT 将会使用查询 ID 而不是第 4 层端口号。

注意：　其他 ICMPv4 消息不使用查询 ID。对于这些消息以及其他不使用 TCP 或 UDP 端口号的协议，情况有所不同，不在本课程的讨论范围之内。

9.1.3　NAT 优势

在本节中，您将了解 NAT 的优点和缺点。

1. NAT 的优势

NAT 有许多优点，具体如下。

- NAT 允许对内联网实行私有编址，从而维护合法注册的公有编址方案。NAT 通过应用程序端口级别的多路复用节省了地址。利用 NAT 过载，对于所有外部通信，内部主机可以共享一个公有 IPv4 地址。在这种配置类型中，支持很多内部主机只需极少的外部地址。
- NAT 增强了与公有网络连接的灵活性。为了确保可靠的公有网络连接，可以实施多池、备用池和负载均衡池。
- NAT 为内部网络编址方案提供了一致性。在不使用私有 IPv4 地址和 NAT 的网络上，更改公有 IPv4 地址方案时需要对现有网络上的所有主机重新编址。主机重新编址的成本会非常高。NAT 允许维持现有的私有 IPv4 地址方案，同时能够很容易地更换为新的公有编址方案。这意味着，组织可以更换 ISP 而不需要更改任何内部客户端。
- NAT 隐藏用户 IPv4 地址。使用 RFC 1918 IPv4 地址时，NAT 具有隐藏用户和其他设备的 IPv4 地址的副作用。有些人认为这是一种安全功能，但是大多数专家都认为 NAT 并不提供安全性。有状态防火墙才会在网络边缘提供安全性。

2. NAT 的缺点

NAT 的缺点包括如下几个方面：

- 性能下降。

- 端对端功能降低。
- 端到端 IP 可追溯性会丧失。
- 隧道会变得更加复杂。
- 源 TCP 连接会中断。

NAT 确实有一些缺点。互联网上的主机看起来是直接与启用 NAT 设备通信，而不是与私有网络内部的实际主机通信，这一事实会造成几个问题。

使用 NAT 的一个缺点就是影响网络性能，尤其是对实时协议（如 VoIP）的影响。转换数据包报头内的每个 IPv4 地址需要时间，因此 NAT 会增加转发延迟。第一个数据包始终是经过较慢路径的交换过程。路由器必须查看每个数据包，以决定是否需要转换。路由器必须更改 IPv4 报头，甚至可能要更改 TCP 或 UDP 报头。每次进行转换时，都必须重新计算 IPv4 报头校验和以及 TCP 或 UDP 校验和。如果缓存条目存在，则其余数据包经过快速交换路径；否则也会被延迟。

使用 NAT 的另一个缺点是端到端编址的丢失。许多互联网协议和应用程序取决于从源到目的地的端到端编址。某些应用程序不能与 NAT 配合使用。例如，一些安全应用程序（例如数字签名）会因为源 IPv4 地址在到达目的地之前发生改变而失败。使用物理地址而非限定域名的应用无法到达经过 NAT 路由器转换的目标。有时，通过实施静态 NAT 映射可避免此问题。

端到端 IPv4 可追溯性也会丧失。由于经过多个 NAT 地址转换点，数据包地址已改变很多次，因此追溯数据包将更加困难，排除故障也更具挑战性。

使用 NAT 也会使隧道协议的使用变得复杂，例如 IPsec，因为 NAT 会修改报头中的值，导致完整性检查失败。NAT 将在本章后面予以讨论。

需要外部网络发起 TCP 连接的一些服务，或者无状态协议（诸如使用 UDP 的无状态协议），可能会中断。除非对 NAT 路由器进行配置来支持此类协议，否则传入的数据包将无法到达目的地。一些协议可以支持参与通信的双方中的一方采用 NAT 机制（例如被动模式 FTP），但是当两个系统均通过 NAT 与互联网分隔时，这些协议会失败。

9.2 配置 NAT

动态 NAT、静态 NAT 和 PAT 广泛应用于网络中。因此，了解如何正确配置不同类型的 NAT 非常重要。

在这一部分，您将学习如何在边界路由器上配置 NAT 服务，从而在中小型企业网络中提供 IPv4 地址可扩展性。

9.2.1 配置静态 NAT

在本节中，您将配置静态 NAT。

1. 配置静态 NAT

静态 NAT 是内部地址与外部地址之间的一对一映射。静态 NAT 允许外部设备使用静态分配的公有地址发起与内部设备的连接。例如，可以将图 9-10 中具有私有地址的 Web 服务器映射到特定的内部全局地址，以便从外部主机对其进行访问。

路由器 R2 上配置了静态 NAT，以允许外部网络（Internet）上的设备访问 Web 服务器。外部网络中的客户端使用公有 IPv4 地址访问 Web 服务器。静态 NAT 可以将公有 IPv4 地址转换为私有 IPv4 地址。

在配置静态 NAT 转换时，有两个基本步骤。

第 9 章 IPv4 NAT

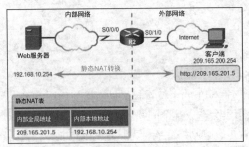

图 9-10 静态 NAT 拓扑

步骤 1 第一个任务是使用 **ip nat inside source static** *local-ip global-ip* 全局配置命令建立内部本地地址与内部全局地址之间的映射。

步骤 2 下一步，将参与转换的接口配置为内部或外部接口（相对于 NAT 而言）。使用 **ip nat inside** 接口配置命令配置内部接口，而使用 **ip nat outside** 接口配置命令配置外部接口。

例 9-1 显示了在图 9-10 中 R2 在创建与 Web 服务器的静态 NAT 映射时所需的命令。

例 9-1 静态 NAT 配置

```
R2(config)# ip nat inside source static 192.168.10.254 209.165.201.5
R2(config)#
R2(config)# interface Serial0/0/0
R2(config-if)# ip address 10.1.1.2 255.255.255.252
R2(config-if)# ip nat inside
R2(config-if)# exit
R2(config)#
R2(config)# interface Serial0/1/0
R2(config-if)# ip address 209.165.200.225 255.255.255.224
R2(config-if)# ip nat outside
R2(config-if)#
```

从已配置的内部本地 IPv4 地址（192.168.10.254）到达 R2 的内部接口（Serial 0/0/0）的数据包被转换为内部全局 IP 地址（209.165.201.5），然后将其转发到外部网络。

到达 R2 的外部接口（Serial 0/1/0）的数据包，其目标地址是已配置的内部全局 IPv4 地址（209.165.201.5），将该目标地址转换为内部本地地址（192.168.10.254），然后将数据包转发到内部网络。因此，Internet 客户端现在向公有 IPv4 地址 209.165.201.5 发送网页请求，R2 将此流量转换并转发到位于 192.168.10.254 的 Web 服务器。

2. 分析静态 NAT

使用上述配置，图 9-11 说明了客户端和 Web 服务器之间的静态 NAT 转换过程。

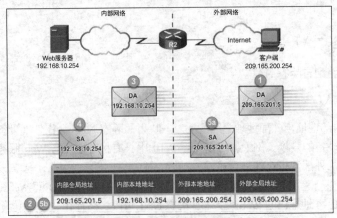

图 9-11 静态 NAT 过程

当外部网络（Internet）上的客户端需要到达内部（内联网）网络上的服务器时，通常使用静态转换。

1. 客户端想要打开与 Web 服务器的连接。客户端使用公有 IPv4 目标地址 209.165.201.5 将数据包发送到 Web 服务器。该地址是 Web 服务器的内部全局地址。
2. R2 在其 NAT 外部接口上收到来自客户端的第一个数据包，这使得 R2 开始检查 NAT 表。目标 IPv4 地址位于 NAT 表中，因此对其进行转换。
3. R2 使用内部本地地址 192.168.10.254 替换内部全局地址 209.165.201.5。R2 随后将数据包转发到 Web 服务器。
4. Web 服务器接收数据包，并使用内部本地地址 192.168.10.254 对客户端做出响应。
5a. R2 在其 NAT 内部接口上接收来自 Web 服务器的数据包，该 NAT 内部接口具有 Web 服务器内部本地地址（192.168.10.254）的源地址。
5b. R2 检查 NAT 表，以便进行内部本地地址的转换。该地址可在 NAT 表中找到。R2 将源地址转换为内部全局地址 209.165.201.5，并转发以客户端为目标的数据包。
6. 客户端接收数据包并继续会话。NAT 路由器对每个数据包执行步骤 2 到步骤 5b（图中未显示步骤 6）。

3. 验证静态 NAT

用于验证 NAT 操作的一个有用命令是 **show ip nat translations**，如例 9-2 所示。

例 9-2　静态 NAT 条目

```
R2# show ip nat translations
Pro Inside global      Inside local       Outside local      Outside global
--- 209.165.201.5      192.168.10.254     ---                ---
R2#
```

此命令可用于显示活动的 NAT 转换。与动态转换不同，静态转换始终在 NAT 表中进行。如果此命令是正在进行会话时发出的，则输出还会表示出外部设备的地址，如例 9-3 所示。

例 9-3　活动会话期间的静态 NAT 条目

```
R2# show ip nat translations
Pro Inside global      Inside local       Outside local      Outside global
--- 209.165.201.5      192.168.10.254     209.165.200.254    209.165.200.254
R2#
```

另一个有用命令是 **show ip nat statistics**，该命令显示有关总活动转换数、NAT 配置参数、地址池中地址数量和已分配地址数量的信息。为了验证 NAT 转换是否正常工作，最好在测试前使用 **clear ip nat statistics** 命令清除任何之前转换的统计信息。

在例 9-4 中，清除并验证了 R2 的 NAT 统计信息。

例 9-4　检验静态 NAT 统计信息

```
R2# clear ip nat statistics
R2#
R2# show ip nat statistics
Total active translations: 1 (1 static, 0 dynamic; 0 extended)
Peak translations: 0
Outside interfaces:
  Serial0/0/1
Inside interfaces:
  Serial0/0/0
Hits: 0  Misses: 0

<output omitted>
```

输出确认有一个静态 NAT 条目，并且当前没有点击。

在例 9-5 中，客户端已经与 Web 服务器建立了会话。**show ip nat statistics** 命令现在确认了正在使用该条目，因为现在在内部（Serial 0/0/0）接口上有 5 次点击。

例 9-5　检验静态 NAT 统计信息

```
R2# show ip nat statistics
Total active translations: 1 (1 static, 0 dynamic; 0 extended)
Peak translations: 2, occurred 00:00:14 ago
Outside interfaces:
  Serial0/1/0
Inside interfaces:
  Serial0/0/0
Hits: 5  Misses: 0

<output omitted>
```

9.2.2　配置动态 NAT

在本节中，您将配置动态 NAT。

1. 动态 NAT 操作

静态 NAT 提供内部本地地址与内部全局地址之间的永久映射，而动态 NAT 使内部本地地址与内部全局地址能够进行自动映射。这些内部全局地址通常是公有 IPv4 地址。动态 NAT 使用一个公有 IPv4 地址组或池来实现转换。

像静态 NAT 一样，动态 NAT 也要求对参与 NAT 的内部和外部接口进行配置。但是，静态 NAT 创建与单个地址的永久映射，而动态 NAT 使用一个地址池。

> **注意：**　到目前为止，公有和私有 IPv4 地址之间的转换是 NAT 的最常见用法。不过，NAT 转换可在任一一对地址之间进行。

图 9-12 所示的示例拓扑中，有一个内部网络使用的是来自 RFC 1918 私有地址空间的地址。与路由器 R1 连接的是两个 LAN：192.168.10.0/24 和 192.168.11.0/24。在路由器 R2（边界路由器）上配置动态 NAT，使用从 209.165.200.226 到 209.165.200.240 的公有 IPv4 地址池。

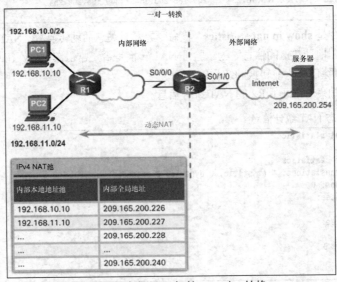

图 9-12　动态 NAT 拓扑：一对一转换

这个公有 IPv4 地址池（内部全局地址池）根据先到先得的原则，分配这些地址给内部网络中的任何设备。使用动态 NAT 时，单个内部地址将转换为单个外部地址。要进行此类转换，池中必须有足够地址以满足需要同时访问外部网络的所有内部设备。如果池中的所有地址已经用完，设备必须等待有可用地址时才能访问外部网络。

2. 配置动态 NAT

配置动态 NAT 转换时有五个步骤。

步骤 1　定义将会用于转换的地址池。为该池分配了一个名称来标识它。可用地址池是通过指明池中的起始 IPv4 地址和结束 IPv4 地址而定义的。该地址池通常是一组公有地址。

使用 **ip nat pool** *pool-name start-ip end-ip* { **netmask** *netmask* | **prefix-length** *prefix-length* } 命令。**netmaks** 或 **prefix-length** 关键字指示哪些地址位属于网络，哪些位属于该地址范围内的主机。

步骤 2　使用 **access-list** *access-list-number* **permit** *source* [*source-wildcard*]命令配置一个标准 ACL，用于仅标识（允许）那些将要进行转换的地址。范围太宽的 ACL 可能会导致意料之外的后果。请记住，每个 ACL 的末尾都有一条隐式的 **deny all** 语句。请注意，可以配置命名标准 ACL 而不是编号标准 ACL。

步骤 3　绑定 ACL 与地址池。使用 **ip nat inside source list** *access-list-number* **pool** *pool-name* 全局配置命令绑定 ACL 与地址池。路由器使用该配置来确定和管理那些可以使用 NAT 地址的设备。

步骤 4　使用 **ip nat inside** 接口配置命令确定哪些接口是内部接口。

步骤 5　使用 **ip nat outside** 接口配置命令确定哪些接口是外部接口。

例 9-6 配置了 R2，从而为图 9-12 中的主机提供动态 NAT 服务。

例 9-6　动态 NAT 配置

```
R2(config)# ip nat pool NAT-POOL1 209.165.200.226 209.165.200.240 netmask
  255.255.255.224
R2(config)#
R2(config)# access-list 1 permit 192.168.0.0 0.0.255.255
R2(config)#
R2(config)# ip nat inside source list 1 pool NAT-POOL1
R2(config)#
R2(config)# interface Serial0/0/0
R2(config-if)# ip nat inside
R2(config-if)# exit
R2(config)#
R2(config)# interface Serial0/1/0
R2(config-if)# ip nat outside
R2(config-if)#
```

当 192.168.0.0/16 网络上所有主机（包括 192.168.10.0 LAN 和 192.168.11.0 LAN）生成的流量进入 S0/0/0 而退出 S0/1/0 时，这一配置将允许对其进行转换。这些主机将转换为范围为 209.165.200.226～209.165.200.240 的地址池中的一个可用地址。

3. 分析动态 NAT

图 9-13 演示了两个客户端和 Web 服务器之间的动态 NAT 转换过程。具体来说，该图显示了从内部流向外部的流量。

1. 源 IPv4 地址为 192.168.10.10（PC1）和 192.168.11.10（PC2）的主机发送数据包，请求与位于公有 IPv4 地址（209.165.200.254）的服务器连接。
2. R2 收到来自主机 192.168.10.10 的第一个数据包。由于此数据包是在一个内部 NAT 接口上接收的，因此 R2 将检查 NAT 配置，以确定是否应该对其进行转换。ACL 允许该数据包，因此

R2 对数据包进行转换。R2 将检查其 NAT 表。因为此 IPv4 地址的转换条目不存在，所以 R2 确定必须动态转换源地址 192.168.10.10。R2 从动态地址池中选择一个可用全局地址，并创建一个转换条目 209.165.200.226。在 NAT 表中，最初的源 IPv4 地址（192.168.10.10）是内部本地地址，而转换后的地址是内部全局地址（209.165.200.226）。

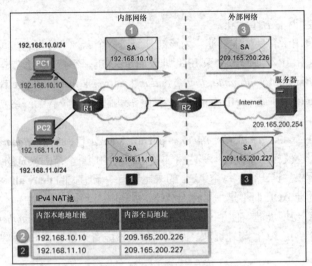

图 9-13　动态 NAT 过程：内部到外部

对于第二台主机 192.168.11.10，R2 将重复以上程序，从动态地址池中选择下一个可用全局地址，并创建第二个转换条目 209.165.200.227。

3. R2 使用转换后的内部全局地址 209.165.200.226 替换 PC1 的内部本地源地址 192.168.10.10。使用 PC2 转换后的地址（209.165.200.227），对来自 PC2 的数据包执行同一过程。

图 9-14 显示了从外部流向内部的流量。

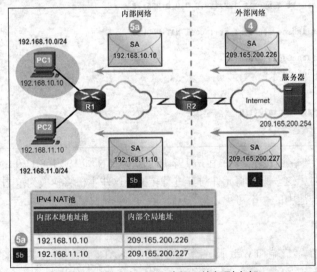

图 9-14　动态 NAT 过程：外部到内部

4. 服务器收到来自 PC1 的数据包，使用 IPv4 目标地址 209.165.200.226 做出响应。当服务器收到第二个数据包时，它将使用 IPv4 目标地址 209.165.200.227 对 PC2 做出响应。

5a. R2 收到目标 IPv4 地址为 209.165.200.226 的数据包时，它执行 NAT 表查找。使用来自表的映射，R2 将地址转换回内部本地地址（192.168.10.10）并将数据包转发到 PC1。

5b. R2 收到目标 IPv4 地址为 209.165.200.227 的数据包时，它执行 NAT 表查找。使用来自表的映射，R2 将地址转换回内部本地地址（192.168.11.10）并将数据包转发到 PC2。

6. 位于 192.168.10.10 的 PC1 和位于 192.168.11.10 的 PC2 接收数据包并继续会话。路由器对每个数据包执行步骤 2 至步骤 5（图中未显示步骤 6）。

4. 验证动态 NAT

例 9-7 所示 **show ip nat translations** 命令的输出显示了之前两个 NAT 分配的细节。该命令显示所有已配置的静态转换和所有由流量创建的动态转换。

例 9-7　检验动态 NAT 转换

```
R2# show ip nat translations
Pro Inside global      Inside local     Outside local     Outside global
--- 209.165.200.226    192.168.10.10    ---               ---
--- 209.165.200.227    192.168.11.10    ---               ---
R2#
R2# show ip nat translations verbose
Pro Inside global      Inside local     Outside local     Outside global
--- 209.165.200.226    192.168.10.10    ---               ---
    create 00:17:25, use 00:01:54 timeout:86400000, left 23:58:05, Map-Id(In): 1,
    flags:
none, use_count: 0, entry-id: 32, lc_entries: 0
--- 209.165.200.227 192.168.11.10 --- ---
    create 00:17:22, use 00:01:51 timeout:86400000, left 23:58:08, Map-Id(In): 1,
    flags:
none, use_count: 0, entry-id: 34, lc_entries: 0
R2#
```

增加 **verbose** 关键字可显示关于每个转换的附加信息，包括创建和使用条目的时间长短。

转换条目默认超时时间为 24 小时，除非使用 **ip nat translation timeout** *timeout-seconds* 全局配置命令重新配置超时时间。

在测试 NAT 配置时清除动态条目非常有用。要在超时之前清除动态条目，请使用 **clear ip nat translation** 特权 EXEC 模式命令。可以清除特定条目以避免活动会话中断。使用 **clear ip nat translation *** 特权 EXEC 命令清除表中的所有转换。

表 9-4 显示了可以用于控制清除哪些条目的变量和关键字选项。

表 9-4　　　　　　　　　　　　清除 NAT 转换的选项

命　　令	说　　明
clear ip nat translation *	清除 NAT 转换表中的所有动态地址转换条目
clear ip nat translation inside *global-ip local-ip* [**outside** *local-ip global-ip*]	清除包含内部转换或包含内部与外部转换的简单动态转换条目
clear ip nat translation *protocol* **inside** *global-ip global-port local-ip local-port* [**outside** *local-ip local-port global-ip global-port*]	清除扩展动态转换条目

注意： 该命令只会清除表中的动态转换，而不会删除转换表中的静态转换。

在例 9-8 中，**show ip nat statistics** 命令用于显示有关总活动转换数、NAT 配置参数、地址池中地址数量和已分配地址数量的信息。

例 9-8　检验动态 NAT 统计信息

```
R2# show ip nat statistics
Total active translations: 2 (0 static, 2 dynamic; 0 extended)
Peak translations: 6, occurred 00:27:07 ago
Outside interfaces:
  Serial0/0/1
Inside interfaces:
  Serial0/1/0
Hits: 24  Misses: 0
CEF Translated packets: 24, CEF Punted packets: 0
Expired translations: 4
Dynamic mappings:
-- Inside Source
[Id: 1] access-list 1 pool NAT-POOL1 refcount 2
 pool NAT-POOL1: netmask 255.255.255.224
        start 209.165.200.226 end 209.165.200.240
        type generic, total addresses 15, allocated 2 (13%), misses 0

Total doors: 0
Appl doors: 0
Normal doors: 0
Queued Packets: 0
R2#
```

输出显示当前有两个动态 NAT 转换正在发生。该转换使用 NAT-POOL1 中的地址，且当前仅分配了其中两个地址。输出还表明已经分配了 13% 的可用地址。在 15 个可用地址中，共有 6 个已使用过，其中有 2 个地址当前正在使用，4 个地址已经过期（因此，2/15=13.33%[或 13%]）。

排除 NAT 故障时，还有必要验证运行配置文件以检查 NAT、ACL、接口或池命令错误。仔细检查这些问题并纠正发现的所有错误。

9.2.3　配置 PAT

在本节中，您将配置 PAT。

1. 配置 PAT：地址池

PAT（也称为 NAT 过载）允许路由器为许多内部本地地址使用一个内部全局地址，从而节省了内部全局地址池中的地址。换句话说，一个公有 IPv4 地址可用于数百甚至数千个内部私有 IPv4 地址。当配置了此类转换后，路由器会保存来自更高层协议的足够信息（例如 TCP 或 UDP 端口号），以便将内部全局地址转换回正确的内部本地地址。当多个内部本地地址映射到一个内部全局地址时，每台内部主机的 TCP 或 UDP 端口号可用于区分不同的本地地址。

> **注意：**　理论上，可转换为一个外部地址的内部地址总数量可高达每个 IPv4 地址 65,536 个。不过，能被赋予单一 IPv4 地址的内部地址数量约为 4000 个。

配置 PAT 的方法有两种，具体采用哪一种则取决于 ISP 分配公有 IPv4 地址的方式。第一种分配方式是，ISP 为企业分配多个公有 IPv4 地址，而另一种是，它为企业分配单个 IPv4 地址，使其通过该地址连接到 ISP。

如果某个站点发出了多个公有 IPv4 地址，这些地址可能是 PAT 使用的地址池的一部分。这与动态 NAT 相似，不同之处在于没有足够的公有地址可用于内部到外部地址的一对一映射。因此这个小的地址池由更多设备之间共享。

配置动态 PAT 转换时有 5 个步骤。除步骤 3 之外，这 5 个步骤与配置动态 NAT 相同。

步骤 1 使用 **ip nat pool** *pool-name start-ip end-ip* { **netmask** *netmask* | **prefix-length** *prefix-length* } 命令定义将会用于转换的地址池。

步骤 2 使用 **access-list** *access-list-number* **permit** *source* [*source-wildcard*]命令配置标准 ACL，用于标识（允许）那些可以转换的地址。

步骤 3 绑定 ACL 与地址池。使用 **ip nat inside source list** *access-list-number* **pool** *pool-name* **overload** 全局配置命令绑定 ACL 与地址池。PAT 和 NAT 之间的主要区别在于此命令使用了 **overload** 关键字。

步骤 4 使用 **ip nat inside** 接口配置命令确定哪些接口是内部接口。

步骤 5 使用 **ip nat outside** 接口配置命令确定哪些接口是外部接口。

请参考图 9-15 中的拓扑。

例 9-9 中的配置在 R2 上配置动态 PAT。

例 9-9 PAT 配置

```
R2(config)# ip nat pool NAT-POOL2 209.165.200.226 209.165.200.240 netmask
  255.255.255.224
R2(config)#
R2(config)# access-list 1 permit 192.168.0.0 0.0.255.255
R2(config)#
R2(config)# ip nat inside source list 1 pool NAT-POOL2 overload
R2(config)#
R2(config)# interface Serial0/0/0
R2(config-if)# ip nat inside
R2(config-if)# exit
R2(config)#
R2(config)# interface Serial0/1/0
R2(config-if)# ip nat outside
R2(config-if)#
```

该配置为名为 NAT-POOL2 的 NAT 池建立了过载转换。NAT-POOL2 包含 209.165.200.226 到 209.165.200.240 范围内的地址。192.168.0.0/16 网络上的主机需要转换。S0/0/0 接口标识为内部接口，而 S0/1/0 接口标识为外部接口。

2. 配置 PAT：单个地址

图 9-16 显示了用于单个公有 IPv4 地址转换的 PAT 实施的拓扑。

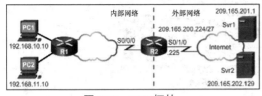

图 9-15 PAT 拓扑

图 9-16 使用单个地址的 PAT 拓扑

来自网络 192.168.0.0/16 的所有主机（匹配 ACL 1）通过路由器 R2 将流量发送到互联网，这些主机地址将会转换为 IPv4 地址 209.165.200.225（接口 S0/1/0 的 IPv4 地址）。由于使用了 **overload** 关键字，因此在 NAT 表中可通过端口号来识别通信流。

使用单一 IPv4 地址配置 PAT 有 4 个步骤。该配置与动态 PAT 类似，但不需要创建地址池，因为只有一个 IP 地址将会被使用。所有内部地址离开该外部接口时，均被转换为此 IPv4 地址。

步骤 1 使用 **ip nat pool** *pool-name start-ip end-ip* { **netmask** *netmask* | **prefix-length** *prefix-length* } 命令定义将会用于转换的地址池。

步骤 2 绑定 ACL 与接口。使用 **ip nat inside source list** *access-list-number* **interface** *type number* **overload** 全局配置命令绑定 ACL 与接口。同样，请注意需要使用 **overload** 关键字。

步骤 3 使用 **ip nat inside** 接口配置命令确定哪些接口是内部接口。

步骤 4 使用 **ip nat outside** 接口配置命令确定哪些接口是外部接口。

图 9-16 中使用单个地址的 PAT 的配置如例 9-10 所示。

例 9-10 使用单个地址的 PAT 配置

```
R2(config)# access-list 1 permit 192.168.0.0 0.0.255.255
R2(config)#
R2(config)# ip nat inside source list 1 interface serial 0/1/0 overload
R2(config)#
R2(config)# interface Serial0/0/0
R2(config-if)# ip nat inside
R2(config-if)# exit
R2(config)#
R2(config)# interface Serial0/1/0
R2(config-if)# ip nat outside
R2(config-if)#
```

3. 分析 PAT

不论使用地址池还是使用单个地址，NAT 过载过程相同。继续上述 PAT 示例，PC1 希望使用单个公有 IPv4 地址与 Web 服务器 Svr1 通信。同时，另一个客户端 PC2 希望与 Web 服务器 Svr2 建立类似会话。PC1 和 PC2 都配置了私有 IPv4 地址，而且为 PAT 启用 R2。

PC 到服务器的进程如图 9-17 所示。

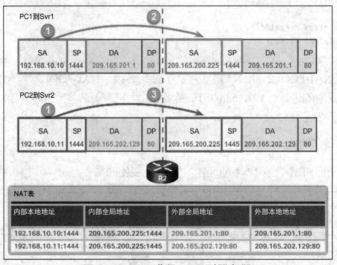

图 9-17 PAT 进程：PC 到服务器

1. PC1 和 PC2 分别向 Svr1 和 Svr2 发送数据包。PC1 具有源 IPv4 地址 192.168.10.10，而且使用 TCP 源端口 1444。PC2 具有源 IPv4 地址 192.168.10.11，而且恰巧为其分配了相同的源端口 1444。

2. 来自 PC1 的数据包先到达 R2。通过使用 PAT，R2 将源 IPv4 地址更改为 209.165.200.225（内部全局地址）。NAT 表中没有其他设备使用端口 1444，因此，PAT 保存了相同的端口号。随后将数据包转发到位于 209.165.201.1 的 Svr1。

3. 接着，来自 PC2 的数据包到达 R2。PAT 已配置为对所有转换使用一个内部全局 IPv4 地址 209.165.200.225。与 PC1 的转换过程类似，PAT 将 PC2 的源 IPv4 地址更改为内部全局地址 209.165.200.225。但是，PC2 具有与当前 PAT 条目（PC1 的转换）相同的源端口号。PAT 将增大源端口号，直到源端口号在其表中为唯一值。在本示例中，NAT 表中的源端口条目和来自 PC2 的数据包收到的端口号为 1445。

尽管 PC1 和 PC2 使用相同的转换后地址（内部全局地址 209.165.200.225）和相同的源端口号 1444；但修改后的 PC2 的端口号（1445）使 NAT 表中的每个条目都是唯一的。这在从服务器发送的数据包返回客户端时显得十分明显。

服务器到 PC 的进程如图 9-18 所示。

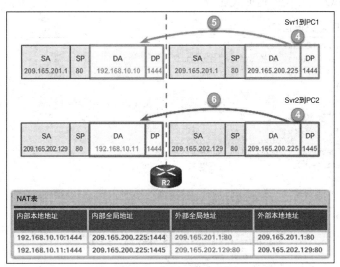

图 9-18　PAT 进程：服务器到 PC

1. 在典型的客户端-服务器互换中，Svr1 和 Svr2 分别对从 PC1 和 PC2 收到的请求做出响应。服务器将来自已接收数据包的源端口用作目标端口，而将源地址用作返回流量的目标地址。服务器看起来像是和位于 209.165.200.225 中的同一主机通信；但事实并非如此。
2. 当数据包到达时，R2 使用每个数据包的目标地址和目标端口在其 NAT 表中查找唯一条目。对于来自 Svr1 的数据包，目标 IPv4 地址 209.165.200.225 具有多个条目，但只有一个条目具有目标端口 1444。R2 使用其表中的条目，将数据包的目标 IPv4 地址更改为 192.168.10.10，而目标端口无需更改。随后将数据包转发到 PC1。
3. 当来自 Svr2 的数据包到达 R2 时，对其执行类似转换。找到了目标 IPv4 地址 209.165.200.225，仍具有多个条目。但是，使用目标端口 1445，R2 能够唯一一确定转换条目。目标 IPv4 地址已更改为 192.168.10.11。在这种情况下，目标端口也必须修改回 NAT 表中存储的它的原始值 1444。随后将数据包转发到 PC2。

4. **验证 PAT**

用于验证 PAT 的命令和用于验证静态和动态 NAT 的命令相同。

例如，如例 9-9 中的配置所示，假设已将 R2 配置支持动态 PAT。当内部主机离开路由器 R2 进入互联网时，将其转换为来自 PAT 池的带有唯一一源端口号的 IPv4 地址。

在例 9-11 中，两台内部主机正在与外部 Web 服务器进行通信。show ip nat translations 命令用于显示从两台内部主机到不同 Web 服务器的转换。

例 9-11　检验 PAT 转换

```
R2# show ip nat translations
Pro Inside global        Inside local         Outside local        Outside global
tcp 209.165.200.226:51839 192.168.10.10:51839  209.165.201.1:80     209.165.201.1:80
```

```
  tcp 209.165.200.226:42558    192.168.11.10:42558    209.165.202.129:80
      209.165.202.129:80
R2#
```

注意，为两台不同的内部主机分配了同一个 IPv4 地址 209.165.200.226（内部全局地址）。NAT 表中只有源端口号将这两个转换区分开来。

如例 9-12 所示，**show ip nat statistics** 命令用于验证活动转换的数量和类型、NAT 配置参数、地址池中的地址数量以及已分配的地址数量。

例 9-12　检验 PAT 统计信息

```
R2# show ip nat statistics
Total active translations: 2 (0 static, 2 dynamic; 2 extended)
Peak translations: 2, occurred 00:00:05 ago
Outside interfaces:
  Serial0/0/1
Inside interfaces:
  Serial0/1/0
Hits: 4 Misses: 0
CEF Translated packets: 4, CEF Punted packets: 0
Expired translations: 0
Dynamic mappings:
-- Inside Source
[Id: 3] access-list 1 pool NAT-POOL2 refcount 2
 pool NAT-POOL2: netmask 255.255.255.224
        start 209.165.200.226 end 209.165.200.240
        type generic, total addresses 15, allocated 1 (6%), misses 0

Total doors: 0
Appl doors: 0
Normal doors: 0
Queued Packets: 0
R2#
```

输出确认了当前有两个动态扩展 NAT 转换正在发生，并且这两个转换正在共享从 NAT-POOL2 地址池中分配的同一个地址。

9.2.4　配置端口转发

在本节中，您将配置端口转发。

1. 端口转发

端口转发是将发送到特定网络端口的流量从一个网络节点转发到另一个网络节点的行为。这种技术允许外部用户从外部网络通过启用 NAT 的路由器到达私有 IPv4 地址（LAN 内部）上的端口。

通常来说，为了让点对点文件共享程序以及 Web 服务和送出 FTP 等操作能够工作，需要转发或打开路由器端口，如图 9-19 所示。因为 NAT 隐藏了内部地址，所以点对点只能以从内到外的方式工作，NAT 在外部可以建立送出请求与传入回复之间的映射。

问题是，NAT 不允许从外部发起请求。通过手动干预可以解决这个问题。可以配置端口转发来标识可转发到内部主机的特定端口。

回忆一下，互联网软件应用程序与用户端口互动时，用户端口需打开或可供应用程序使用。不同的应用程序使用不同的端口。这样可以预测应用程序并可以使路由器确定网络服务。例如，HTTP 在公认端口 80 上运行。当有人输入地址 http://cisco.com 时，浏览器将显示 Cisco Systems,Inc.网站。注意，我们无需指定网页请求的 HTTP 端口号，因为应用程序假定端口号为 80。

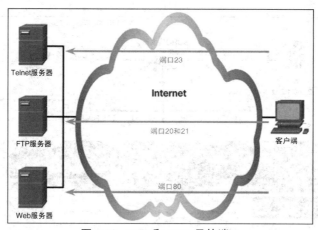

图 9-19　TCP 和 UDP 目的端口

如果需要不同端口号，可将其附加到 URL 上，以冒号（:）进行分隔。例如，如果 Web 服务器是在端口 8080 上侦听，则用户将键入 **http://www.example.com:8080**。

利用端口转发，互联网上的用户能够使用路由器的 WAN 端口地址和相匹配的外部端口号来访问内部服务器。通常为内部服务器配置 RFC 1918 私有 IPv4 地址。当一个请求通过互联网发送到 WAN 端口的 IPv4 地址时，路由器会将该请求转发到 LAN 上的相应服务器。为安全起见，宽带路由器默认不允许转发任何外部网络请求转发到内部主机。

图 9-20 显示一个小型企业主使用销售点（PoS）服务器来跟踪店里的销售和库存。

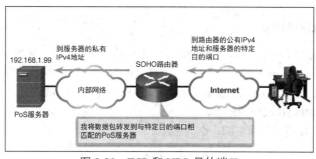

图 9-20　TCP 和 UDP 目的端口

可以在店内访问服务器，但由于它具有私有 IPv4 地址，因此无法从互联网公开访问。

启用本地路由器以进行端口转发，使店主可以从任何地点在互联网上访问销售点服务器。使用销售点服务器的目标端口号和私有 IPv4 地址配置路由器上的端口转发。为了访问服务器，客户端软件将使用路由器的公有 IPv4 地址和服务器的目标端口。

2. 无线路由器示例

图 9-21 显示了 Packet Tracer 无线路由器的单端口转发配置窗口。默认情况下，路由器上未启用端口转发。

可以通过指定转发请求时应当使用的内部本地地址来为应用程序启用端口转发。在图中，进入无线路由器的 HTTP 服务请求将转发到内部本地地址为 192.168.1.254 的 Web 服务器。如果无线路由器的外部 WAN IPv4 地址为 209.165.200.225，则外部用户可以输入 http://www.example.com，无线路由器会把该 HTTP 请求重定向到位于 IPv4 地址 192.168.1.254 的内部 Web 服务器，使用默认端口号 80。

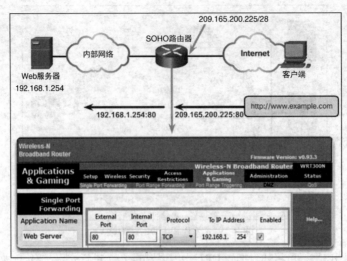

图 9-21　配置单一端口转发

可以指定除默认端口 80 之外的其他端口。但是，外部用户必须知道所使用的特定端口号。要指定其他端口，需要修改"单一端口转发"窗口中"外部端口"的值。

配置端口转发的方法取决于网络上宽带路由器的品牌和型号。不过，有一些步骤是通用的。如果 ISP 提供的说明或路由器附带的说明未提供足够的指导，网站 http://www.portforward.com 提供了多种宽带路由器的指南。您可以按照说明，根据需要添加或删除端口，以满足您想允许或拒绝的任何应用程序的需要。

3. 使用 IOS 配置端口转发

使用 IOS 命令实施端口转发与用于配置静态 NAT 的命令类似。端口转发实质上是与已指定 TCP 或 UDP 端口号的静态 NAT 转换。

要配置端口转发，请使用 **ip nat inside source** { **static** { **tcp** | **udp** *local-ip local-port global-ip global-port* } [**extendable**] }全局配置命令。

表 9-5 描述了用于配置端口转发的命令语法。

表 9-5　　　　　　　　　　　　　IOS 端口转发命令语法

参　　数	说　　明
tcp 或 **udp**	指示这是 TCP 还是 UDP 端口号
local-ip	这是分配给内部网络上的主机的 IPv4 地址，通常来自 RFC 1918 私有地址空间
local-port	设置本地 TCP/UDP 端口，范围为 1～65535。这是服务器侦听的端口
global-ip	这是内部主机的 IPv4 全局唯一 IP 地址。这是外部客户端到达内部服务器所用的 IP 地址
global-port	设置全局 TCP/UDP 端口，范围为 1～65535。这是外部客户端到达内部服务器所用的端口号
extendable	**extendable** 选项默认会自动应用。它允许用户配置多个模糊的静态转换，模糊转换是指使用相同本地地址或全局地址的转换。它允许路由器必要时在多个端口扩展转换

请参考图 9-22 中的拓扑。

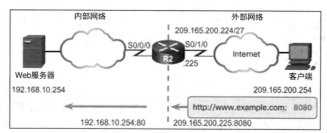

图 9-22 IOS 端口转发拓扑

例 9-13 显示了在路哟器 R2 上使用 IOS 命令配置端口转发。

例 9-13　IOS 端口转发配置

```
R2(config)# ip nat inside source static tcp 192.168.10.254 80 209.165.200.225 8080
R2(config)#
R2(config)# interface Serial0/0/0
R2(config-if)# ip nat inside
R2(config-if)# exit
R2(config)#
R2(config)# interface Serial0/1/0
R2(config-if)# ip nat outside
R2(config-if)#
```

在示例中，192.168.10.254 是在端口 80 上侦听的 Web 服务器的内部本地 IPv4 地址。用户将使用全局 IPv4 地址 209.165.200.225（全局唯一公有 IPv4 地址）访问此内部 Web 服务器。在本例中，这一地址为 R2 上 Serial 0/1/0 接口的地址。全局端口已配置为 8080。这是目标端口，与 209.165.200.225 的全局 IPv4 地址一起用于访问内部 Web 服务器。

在 NAT 配置中注意以下命令参数：

- *local-ip* = 192.168.10.254；
- *local-port* = 80；
- *global-ip* = 209.165.200.225；
- *global-port* = 8080。

如果没有使用公认端口号，则客户端必须在应用程序中指定端口号。

与 NAT 的其他类型类似，端口转发要求同时配置内部和外部 NAT 接口。

与静态 NAT 相似，**show ip nat translations** 命令可用于验证端口转发，如例 9-14 所示。

例 9-14　检验 IOS 端口转发

```
R2# show ip nat translations
Pro Inside global      Inside local       Outside local      Outside global
tcp 209.165.200.225:8080 192.168.10.254:80 209.165.200.254:46088
  209.165.200.254:46088
tcp 209.165.200.225:8080 192.168.10.254:80 ---                ---
R2#
```

在前面的输出中，R2 接收到目标地址为内部全局 IPv4 地址（209.165.200.225）并且 TCP 目标端口为 8080 的数据包。R2 执行 NAT 表查找以寻找匹配 IP 和端口号的条目。当它找到该条目时，它将数据包更改为目标 IP 192.168.10.254，目标端口 80。R2 随后将数据包转发到 Web 服务器。对于从 Web 服务器返回到客户端的数据包，此过程正好相反。

9.2.5 NAT 和 IPv6

在本节中,您将学习 NAT 如何用于 IPv6 网络。

1. 用于 IPv6 的 NAT?

自 20 世纪 90 年代早期开始,有关 IPv4 地址空间消耗的问题就已成为 IETF 首要关注的问题。RFC 1918 私有 IPv4 地址和 NAT 的结合有力地减缓了地址消耗的速度,如图 9-23 所示。

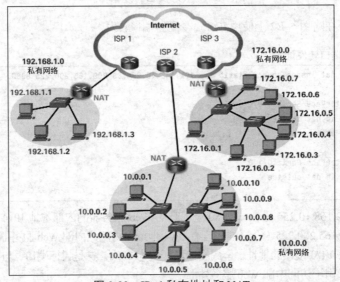

图 9-23 IPv4 私有地址和 NAT

然而,即使有了这些解决方案的帮助,仍然无法阻止 IPv4 地址的耗尽。在 2011 年 1 月,互联网数字分配机构(IANA)将它的最后一个 IPv4 地址分配给了一个地区性 Internet 注册机构(RIR)。应该特别提到的是,通过回收和优化现有地址块,RIR 可能仍然拥有一些可用的 IPv4 地址块。

用于 IPv4 的 NAT 的一个优点是它无意中对公有互联网隐藏了私有网络。NAT 的优势在于它通过拒绝公有互联网上的计算机访问内部主机,从而提供了一定级别的安全性。但是,不应将其视为适当网络安全设置(例如防火墙提供的安全设置)的替代物。

在 RFC 5902 中,互联网基础架构委员会(IAB)对于 IPv6 网络地址转换包含以下引述:

"通常认为 NAT 进程可以提供一定级别的保护,因为外部主机无法直接与 NAT 后面的主机发起通信。然而,不应将 NAT 进程与防火墙相混淆。如 RFC 4864 中的第 2.2 部分所述,转换行为本身并不提供安全性。有状态过滤功能可以提供相同级别的保护,而无需具备转换功能"。

具有 128 位地址的 IPv6 可以提供 340 涧(10 的 36 次方)个地址。因此,不会出现地址空间耗尽问题。IPv6 的开发使用于 IPv4 的 NAT 以及公有和私有 IPv4 地址之间的转换不再必要。不过,IPv6 确实会实施一种形式的 NAT,包括私有地址空间和 NAT。但是,其实施与在 IPv4 中的实施方式不同。

2. IPv6 唯一本地地址

IPv6 唯一本地地址(ULA)与 IPv4 中的 RFC 1918 私有地址相似,但是也有着重大差异。ULA 的目的是为本地站点内的通信提供 IPv6 地址空间。ULA 不是为了提供额外的 IPv6 地址空间,也不是为了提供一定级别的安全性。

图 9-24 显示了 IPv6 ULA 数据包的结构。

9.2 配置 NAT

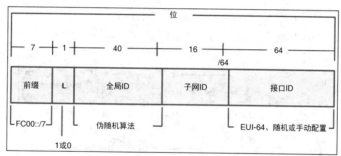

图 9-24 IPv6 唯一本地地址结构

由前缀、L（本地标志）、全局 ID 和子网 ID 组成的第一个 64 位结合在一起，形成 ULA 前缀。剩余的 64 位标识接口 ID，或者在 IPv4 术语为地址的主机部分。

ULA 地址拥有前缀 FC00::/7，这将产生第一个十六进制数的范围 FC00 到 FDFF。接下来的 1 位为本地标志（L），通常设置为 1，表示该前缀是本地分配的。之后的 40 位是全局 ID，然后是 16 位的子网 ID。回想一下，组织使用子网 IP 创建各种内部网络。

在 RFC 4193 中定义唯一本地地址。ULA 也称为本地 IPv6 地址（不要与 IPv6 本地链路地址相混淆），具有下面几个特性：

- 允许站点进行合并或私下互连，而不会产生任何地址冲突或要求使用这些前缀对接口进行重新编号。
- 独立于任何 ISP，而且可用于站点内通信，无需进行互联网连接。
- 不可通过互联网路由，但是如果无意中因路由或 DNS 而泄露出去，也不会与其他地址发生冲突。

ULA 并不像 RFC 1918 地址一样完全直接转发。与 IPv4 地址不同，IETF 的目的并不是使用 NAT 的一种形式来进行唯一本地地址和 IPv6 全局单播地址之间的转换。

IPv6 唯一本地地址的实施和潜在用途仍由互联网社区进行检查。例如，IETF 正在考虑允许在使用 FC00::/8 ULA 前缀时集中分配 40 位全局 ID、在使用 ULA 前缀 FD00::/8 时随机生成或手动分配 40 位全局 ID 的选项。地址的其余部分保持不变。我们仍为子网 ID 使用 16 位，为接口 ID 使用 64 位。

> **注意：** 最初的 IPv6 规范为本地站点地址分配地址空间，这在 RFC 3513 中进行了定义。后来 IETF 在 RFC 3879 中弃用了本地站点地址，因为"站点"这一术语不太明确。本地站点地址的前缀范围为 FEC0::/10，可能在某些较早的 IPv6 文档中仍能见到。

3. IPv6 NAT

用于 IPv6 的 NAT 与用于 IPv4 的 NAT 使用背景大不相同。用于 IPv6 的 NAT 不是用作一种私有 IPv6 地址到全局 IPv6 地址的转换形式。用于 IPv6 的 NAT 用于互连 IPv6 和 IPv4 网络。

理想情况下，只要有可能，IPv6 就应当在本地运行。这意味着 IPv6 设备将通过 IPv6 网络相互通信。但是，为了帮助实现从 IPv4 到 IPv6 的转移，IETF 已经开发了多项过渡技术以满足各种 IPv4 到 IPv6 的转移情景。这些技术如下所示。

- **双堆栈**：设备接口同时运行 IPv4 和 IPv6 协议，使其能够与任一网络进行通信。
- **隧道**：将 IPv6 数据包封装到 IPv4 数据包中的过程。这将使 IPv6 数据包能够通过仅支持 IPv4 的网络传输。
- **转换**：实施 NAT 从而将 IPv6 地址转换为 IPv4 地址。

用于 IPv6 的 NAT 不应当作为一种长期策略使用，但可作为一种临时机制来帮助进行 IPv4 到 IPv6 的迁移。

多年来，已经开发了多个用于 IPv6 的 NAT 的类型。早期的版本被称为网络地址转换-协议转换

(NAT-PT)。但是，IETF 已弃用 NAT-PT，开始倾向于 NAT64。

图 9-25 说明了 NAT64 如何在 IPv6 和 IPv4 网络之间进行转换。

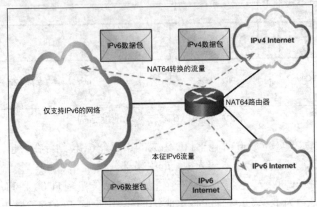

图 9-25　NAT64 场景

NAT64 不属于本课程的范围。

9.3　排除 NAT 故障

通过使用已记录的系统化方法，正确实施 NAT 应该是相当简单的。但是，错误的确发生了。您必须培养强大的故障排除技能。故障排除是通过实践和经验获得的一项备受青睐的技能。

在这一部分，您将学习如何对中小型企业网络中的 NAT 问题进行故障排除。

9.3.1　NAT 故障排除命令

在本节中，您将排除 NAT 故障。

1. show ip nat 命令

当 NAT 环境中发生 IPv4 连通性问题时，经常难以确定问题的原因。

请参考图 9-26 中的拓扑，在此示例中，为动态 PAT 启用了 R2，使用范围为 209.165.200.226 到 209.165.200.240 的地址池。

请执行下列步骤来验证 NAT 是否按预期正常工作。

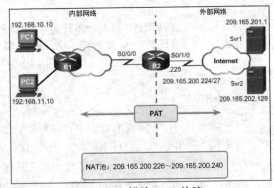

图 9-26　排除 NAT 故障

步骤 1　为帮助排除故障并观察 NAT 进程，请使用 clear ip nat statistics 和 clear ip nat translations 命令清除 NAT 统计信息和 NAT 转换。

步骤 2　使用 show ip nat translations 命令测试 NAT 然后验证转换表中存在正确的转换。

步骤 3　使用 show ip nat statistics 命令检查 NAT 统计信息。

步骤 4　使用 debug ip nat 命令观察 NAT 进程。

步骤 5　详细审查数据包传送情况，确认路由器具有移动数据包所需的正确路由信息。

例 9-15 在启用 NAT 的路由器 R2 上清除 NAT 统计信息和转换。

9.3 排除 NAT 故障

例 9-15 清除 NAT 统计信息以排除故障

```
R2# clear ip nat statistics
R2# clear ip nat translation *
R2#
```

下一步，检验 NAT，内部主机（192.168.10.10）通过 Telnet 连接到外部服务器（209.165.201.1）以生成一个 NAT 条目。

例 9-16 检验了 NAT 统计信息和 NAT 转换表以查看主机是否生成了一个 NAT 条目。

例 9-16 使用 NAT 统计信息以排除故障

```
R2# show ip nat statistics
Total active translations: 1 (0 static, 1 dynamic; 1 extended)
Peak translations: 1, occurred 00:00:09 ago
Outside interfaces:
  Serial0/0/1
Inside interfaces:
  Serial0/0/0
Hits: 31 Misses: 0
CEF Translated packets: 31, CEF Punted packets: 0
Expired translations: 0
Dynamic mappings:
-- Inside Source
[Id: 5] access-list 1 pool NAT-POOL2 refcount 1
 pool NAT-POOL2: netmask 255.255.255.224
        start 209.165.200.226 end 209.165.200.240
        type generic, total addresses 15, allocated 1 (6%), misses 0

<output omitted>

R2# show ip nat translations
Pro Inside global      Inside local        Outside local       Outside global
tcp 209.165.200.226:19005  192.168.10.10:19005  209.165.201.1:23   209.165.201.1:23
R2#
```

之前的输出验证了 NAT 正在运行。

如果输出出现了意外的结果，请使用 **show running-config | include nat** 命令检查 NAT 配置。如果 NAT 地址池、绑定和接口命令准确无误，请验证 NAT 命令中引用的 ACL 是否允许所有必需的网络。

例 9-17 验证了当前在 R2 上配置的 ACL。

例 9-17 检验 NAT ACL

```
R2# show access-lists
Standard IP access list 1
    10 permit 192.168.0.0, wildcard bits 0.0.255.255 (29 matches)
R2#
```

请注意，在此示例中，只有 192.168.0.0/16 地址具有转换资格。数据包从内部网络发往互联网，其源地址未得到 ACL 1 的明确允许，因此 R2 没有对该源地址进行转换。

2. debug ip nat 命令

在简单的网络环境中，使用 **show ip nat statistics** 命令监控 NAT 统计信息会很有用。**show ip nat statistics** 命令显示有关总活动转换数、NAT 配置参数、地址池中地址数量和已分配地址数量的信息。

但是，在有多个转换的更复杂的 NAT 环境中，该命令可能无法清楚地识别问题。可能需要在路由器上运行 **debug** 命令。

使用 **debug ip nat** 命令显示关于被路由器转换的每个数据包的信息，验证 NAT 功能的运作。

debug ip nat detailed 命令会产生关于要进行转换的每个数据包的说明。此命令还会提供关于某些错误或异常状况的信息，例如分配全局地址失败等。请注意，**debug ip nat detailed** 命令会比 **debug ip**

nat 命令产生更多开销,但它可以提供在排除 NAT 故障时可能需要的详细信息。

> **注意:** 无论使用哪个 **debug** 命令,请务必在完成后关闭调试。

例 9-18 显示了 **debug ip nat** 输出示例。

例 9-18 调试 NAT

```
R2# debug ip nat
IP NAT debugging is on
R2#

*Feb 15 20:01:311.670: NAT*: s=192.168.10.10->209.165.200.226, d=209.165.201.1
  [2817]
*Feb 15 20:01:311.682: NAT*: s=209.165.201.1, d=209.165.200.226->192.168.10.10
  [4180]
*Feb 15 20:01:311.698: NAT*: s=192.168.10.10->209.165.200.226, d=209.165.201.1
  [2818]
*Feb 15 20:01:311.702: NAT*: s=192.168.10.10->209.165.200.226, d=209.165.201.1
  [2819]
*Feb 15 20:01:311.710: NAT*: s=192.168.10.10->209.165.200.226, d=209.165.201.1
  [2820]
*Feb 15 20:01:311.710: NAT*: s=209.165.201.1, d=209.165.200.226->192.168.10.10
  [4181]
*Feb 15 20:01:311.722: NAT*: s=209.165.201.1, d=209.165.200.226->192.168.10.10
  [4182]
*Feb 15 20:01:311.726: NAT*: s=192.168.10.10->209.165.200.226, d=209.165.201.1
  [2821]
*Feb 15 20:01:311.730: NAT*: s=209.165.201.1, d=209.165.200.226->192.168.10.10
  [4183]
*Feb 15 20:01:311.734: NAT*: s=192.168.10.10->209.165.200.226, d=209.165.201.1
  [2822]
*Feb 15 20:01:311.734: NAT*: s=209.165.201.1, d=209.165.200.226->192.168.10.10
  [4184]
<Output omitted>
```

输出显示,内部主机(192.168.10.10)向外部主机(209.165.201.1)发起流量,而且源地址已转换为地址 209.165.200.226。

解读 **debug** 输出时,注意下列符号和值的含义。

- ***(星号):** NAT 旁边的星号表示转换发生在快速交换路径。会话中的第一个数据包始终经过过程交换,因而较慢。如果缓存条目存在,则其余数据包经过快速交换路径。
- **s=:** 该符号是指源 IPv4 地址。
- **a.b.c.d--->w.x.y.z:** 该值表示源地址 a.b.c.d 已转换为 w.x.y.z。
- **d=:** 该符号是指目标 IPv4 地址。
- **[xxxx]:** 中括号中的值表示 IPv4 标识号。此信息可能对调试有用,因为它与协议分析器的其他数据包跟踪相关联。

3. NAT 故障排除场景

在图 9-27 中,来自 192.168.0.0/16 LAN 的主机 PC1 和 PC2 无法对外部网络上的服务器 Svr1 和 Svr2 进行 ping 操作。

在开始对该问题进行故障排除时,请使用 **show ip nat translations** 命令查看目前 NAT 表中是否存在任何转换。

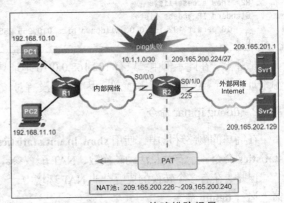

图 9-27 NAT 故障排除场景

例 9-19 验证了 NAT 转换。

例 9-19 使用 show 命令发现问题
```
R2# show ip nat translations
R2#
```

输出显示表中无任何转换。

show ip nat statistics 命令用于确定是否发生了任何转换。它还可以确定应当在哪些接口之间进行转换。在例 9-20 中，NAT 计数器显示 0，验证了未发生任何转换。

例 9-20 检验 NAT 统计信息
```
R2# show ip nat statistics
Total active translations: 0 (0 static, 0 dynamic; 0 extended)
Peak translations: 0
Outside interfaces:
  Serial0/0/0
Inside interfaces:
  Serial0/1/0
Hits: 0 Misses: 0
<Output omitted>
R2(config)#
```

通过将该输出与图 9-27 所示拓扑进行比较，会注意到路由器接口错误地定义为 NAT 内部接口或 NAT 外部接口。也可以使用 **show running-config** 命令验证出这一错误配置。

在应用正确配置之前，必须从接口上删除当前 NAT 接口配置。

例 9-21 删除了 NAT 接口配置并应用了正确的配置。

例 9-21 解决 NAT 接口问题
```
R2(config)# interface serial 0/0/0
R2(config-if)# no ip nat outside
R2(config-if)# ip nat inside
R2(config-if)# exit
R2(config)#
R2(config)# interface serial 0/0/1
R2(config-if)# no ip nat inside
R2(config-if)# ip nat outside
R2(config-if)#
```

假设从 PC1 到 Svr1 的 ping 测试仍然失败。同样，**show ip nat translations** 命令没有显示转换，且 **show ip nat statistics** 命令没有显示任何变化。

确定 NAT 命令参考中的 ACL 是否允许所有必需的网络。

例 9-22 验证了 NAT ACL。

例 9-22 显示已配置的 ACL
```
R2# show access-lists
Standard IP access list 1
    10 permit 192.168.0.0, wildcard bits 0.0.0.255
R2#
```

检查输出，输出指示用于定义需要转换的地址的 ACL 中使用了错误的通配符位掩码。通配符掩码（0.0.0.255）只允许 192.168.0.0/24 子网。要允许 192.168.0.0/16 子网，通配符掩码应为 0.0.255.255。

例 9-23 先删除了 ACL，然后使用正确的通配符掩码重新配置。

例 9-23 解决 ACL 问题
```
R2(config)# no access-list 1
R2(config)#
R2(config)# access-list 1 permit 192.168.0.0 0.0.255.255
R2(config)#
```

在更正了配置后，再次从 PC1 对 Svr1 执行 ping 操作，这次 ping 操作成功。接下来验证发生了 NAT 转换。

例 9-24 显示了 **show ip nat statistics** 和 **show ip nat translations** 命令的输出。

例 9-24 检验 NAT 操作

```
R2# show ip nat statistics
Total active translations: 1 (0 static, 1 dynamic; 1 extended)
Peak translations: 1, occurred 00:37:58 ago
Outside interfaces:
  Serial0/0/1
Inside interfaces:
  Serial0/1/0
Hits: 20 Misses: 0
CEF Translated packets: 20, CEF Punted packets: 0
Expired translations: 1
Dynamic mappings:
-- Inside Source
[Id: 5] access-list 1 pool NAT-POOL2 refcount 1
 pool NAT-POOL2: netmask 255.255.255.224
    start 209.165.200.226 end 209.165.200.240
    type generic, total addresses 15, allocated 1 (6%), misses 0
<Output omitted>

R2# show ip nat translations
Pro Inside global      Inside local       Outside local      Outside global
icmp 209.165.200.226:38   192.168.10.10:38   209.165.201.1:38   209.165.201.1:38
R2#
```

输出确认了 NAT 现在正在运行，并且已经创建了外部连接。

9.4 总结

本章概述如何使用 NAT 帮助缓解 IPv4 地址空间耗尽的问题。用于 IPv4 的 NAT 允许网络管理员使用 RFC 1918 私有地址空间，同时使用单个或数量有限的公有地址提供互联网连接。

NAT 可以节约公有地址空间，并节省相当大的添加、移动和更改等管理开销。可实施 NAT 和 PAT 来节约公共地址空间，而不会影响 ISP 连接。但是，NAT 的缺点在于它对设备性能、移动性和端到端连通性产生的负面影响，因此应将其视为针对地址耗尽问题采取的短期实施，而长期解决方案是使用 IPv6。

本章讨论用于 IPv4 的 NAT，包括：

- NAT 特性、术语和一般操作；
- 不同类型的 NAT，包括静态 NAT，动态 NAT 和 PAT；
- NAT 优势和缺点；
- 配置、验证和分析静态 PAT、动态 NAT 和 PAT；
- 如何使用端口转发从互联网访问内部设备；
- 为什么 NAT 可用但不是 IPv6 网络所必需的；
- 使用 **show** 和 **debug** 命令对 NAT 进行故障排除。

检查你的理解

请完成以下所有复习题，以检查您对本章要点和概念的理解情况。答案列在本书附录 "'检查你的理解'问题答案"中。

1. 通常，哪种网络设备将用于执行企业环境的 NAT？
   A. 交换机
   B. 服务器
   C. DHCP 服务器
   D. 路由器
   E. 主机设备

2. 在小型办公室中使用 NAT 时，本地局域网中的主机通常使用哪种类型的地址？
   A. 私有 IP 地址和公有 IP 地址
   B. 全局公有 IP 地址
   C. Internet 可路由地址
   D. 私有 IP 地址

3. 哪个版本的 NAT 允许私有网络中的多台主机同时使用单个内部全局地址连接到 Internet？
   A. 动态 NAT
   B. PAT
   C. 端口转发
   D. 静态 NAT

4. 哪种类型的 NAT 可将单个内部本地地址映射到单个内部全局地址？
   A. 动态
   B. 过载
   C. 端口地址转换
   D. 静态

5. NAT 有什么缺点？
   A. 重新分配主机地址的成本对公开寻址网络而言可能非常高
   B. 内部主机必须使用单个公有 IPv4 地址进行外部通信
   C. 没有端到端寻址
   D. 路由器不需要修改 IPv4 数据包的校验和

6. NAT 如何导致 IPSec 失败？
   A. 端到端 IPv4 可追溯性丢失
   B. 报头值被修改，这导致完整性检查问题
   C. 网络性能甚至比仅使用 NAT 下降得更多
   D. 不可能进行故障排除

7. 下列哪种说法准确描述了动态 NAT？
   A. 它始终将私有 IP 地址映射到公有 IP 地址
   B. 它可以向内部主机动态提供 IP 寻址
   C. 它可以将内部主机名称映射到 IP 地址
   D. 它可以将内部本地 IP 地址自动映射到内部全局 IP 地址

8. 网络管理员使用 **ip nat inside source list 4 pool NAT-POOL** 全局配置命令配置边界路由器。要使此特定命令正常运行，需要配置以下哪一项？
   A. 已启用的、处于活动状态并由 R1 路由的名为 NAT-POOL 的 VLAN
   B. 定义了开始和结束公有 IP 地址的名为 NAT-POOL 的 NAT 池
   C. 定义了受 NAT 影响的私有地址的名为 NAT-POOL 的访问列表
   D. 定义了开始和结束公有 IP 地址的编号为 4 的访问列表
   E. 在连接到受 NAT 影响的 LAN 的接口上启用的 **ip nat outside**

9. 无过载使用动态 NAT 时，如果有 7 个用户试图访问 Internet 上的一个公有服务器，但是 NAT 池中只有 6 个地址可用，会发生什么情况？
   A. 所有用户都可以访问服务器
   B. 所有用户都无法访问服务器
   C. 当第 7 个用户发出请求时，第一个用户断开
   D. 向服务器发出的第 7 个用户请求失败

10. 端口转发的作用是什么?
    A. 端口转发允许将内部本地 IP 地址转换为外部本地地址
    B. 端口转发允许用户到达 Internet 上不使用标准端口号的服务器
    C. 端口转发允许内部用户获得位于 LAN 外部的公有 IPv4 地址的服务
    D. 端口转发允许外部用户获得位于 LAN 内部的私有 IPv4 地址的服务
11. 唯一本地地址的特征是什么?
    A. 它们的实施取决于提供服务的 ISP
    B. 它们允许在不产生任何地址冲突的情况下组合站点
    C. 它们在 RFC 3927 中定义
    D. 它们旨在提高 IPv6 网络的安全性
12. 哪个前缀用于 IPv6 ULA?
    A. FC00::/7
    B. FF02::1:FF00:0/104
    C. 2001:DB8:1:2::/64
    D. 2001:7F8::/29
13. 在同时运行 IPv4 和 IPv6 的路由器上使用哪种技术?
    A. 动态 NAT
    B. 双堆栈
    C. 用于 IPv6 的 NAT
    D. 静态 NAT
14. 哪种配置适合将公有 IP 地址 209.165.200.225/30 分配给连接到 Internet 的路由器外部接口的小型企业?
    A. **access-list 1 permit 10.0.0.0 0.255.255.255**
       ip nat pool NAT-POOL 192.168.2.1 192.168.2.8 netmask 255.255.255.240
       ip nat inside source list 1 pool NAT-POOL
    B. **access-list 1 permit 10.0.0.0 0.255.255.255**
       ip nat pool NAT-POOL 192.168.2.1 192.168.2.8 netmask 255.255.255.240
       ip nat inside source list 1 pool NAT-POOL overload
    C. **access-list 1 permit 10.0.0.0 0.255.255.255**
       ip nat inside source list 1 interface serial 0/0/0 overload
    D. **access-list 1 permit 10.0.0.0 0.255.255.255**
       ip nat pool NAT-POOL 192.168.2.1 192.168.2.8 netmask 255.255.255.240
       ip nat inside source list 1 pool NAT-POOL overload
       ip nat inside source static 10.0.0.5 209.165.200.225
15. 配置 PAT 的两个必要步骤是什么?（选择两项）
    A. 创建标准访问列表以定义应该转换的应用
    B. 定义用于过载转换的全局地址池
    C. 定义 hello 和间隔计时器以匹配邻接邻居路由器
    D. 定义要使用的源端口范围
    E. 识别内部接口
16. 启用了 NAT 的路由器上所使用的公有 IPv4 地址组称为什么?
    A. 内部全局地址
    B. 内部本地地址
    C. 外部全局地址
    D. 外部本地地址

第 10 章

设备发现、管理和维护

学习目标

通过完成本章的学习，您将能够回答下列问题：
- 如何使用 CDP 映射网络拓扑？
- 如何使用 LLDP 映射网络拓扑？
- 如何在 NTP 客户端和 NTP 服务器之间实施 NTP？
- 系统日志如何运行？
- 如何配置系统日志服务器和客户端？
- 如何使用命令备份和恢复 IOS 配置文件？
- 如何解释思科实施的 IOS 映像命名约定？
- 如何更新 IOS 系统映像？
- 如何解释中小型企业网络中思科 IOS 软件的许可过程？
- 如何配置路由器以安装 IOS 软件映像许可？

在本章中，将为您介绍网络管理员可用于设备发现、设备管理和设备维护的工具。思科发现协议（CDP）和链路层发现协议（LLDP）都能够发现有关直连设备的信息。

网络时间协议（NTP）可有效用来同步所有联网设备的时间，这在尝试比较不同设备的日志文件时尤其重要。这些日志文件按系统日志协议生成。可捕获系统日志消息并发送到系统日志服务器以帮助完成设备管理任务。

设备维护包括确保思科 IOS 映像和配置文件备份在安全位置，以防止设备存储器被恶意或无意中损坏或清除。维护还包括保持 IOS 映像是最新的。本章的设备维护部分包括文件维护、映像管理以及软件许可主题。

10.1 设备发现

发现有哪些相连的邻居设备通常非常有用。设备发现能够识别所连接的设备类型以及有关这些设备的详细信息。设备发现还能够验证第 1 层和第 2 层是可操作的，这在对网络连接问题进行故障排除时很有帮助。

在这一部分，您将使用发现协议映射网络拓扑。

10.1.1 使用 CDP 发现设备

在本节中，您将学习如何使用 CDP 映射网络拓扑。

1. CDP 概述

思科发现协议（CDP）是一个思科专有第 2 层协议，用于收集有关共享同一数据链路的思科设备的信息。CDP 独立于介质和协议，在所有思科设备上运行，比如路由器、交换机和接入服务器等。

设备向连接的设备发送定期的 CDP 通告，如图 10-1 所示。

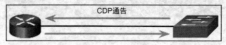

图 10-1　CDP 操作

这些通告共享有关设备类型、IOS 版本、设备名称以及接口数量和类型的信息。

由于大多数网络设备会连接其他设备，CDP 可以协助完成网络设计决策、故障排除和设备更改。CDP 还可用作网络发现工具，以确定有关相邻设备的信息。当文档丢失或缺少详细信息时，从 CDP 收集的这种信息可以帮助构建网络的逻辑拓扑。

2. 配置和验证 CDP

对于思科设备，CDP 默认启用。然而，利用 CDP，攻击者可以收集有关网络布局的重要信息，比如设备类型、IP 地址和 IOS 版本。因此，出于安全原因，理想做法是在网络设备上全局禁用 CDP，或在每个接口上禁用。

要为设备上的所有接口禁用 CDP，请输入 **no cdp run** 全局配置命令。

在例 10-1 中，使用 **no cdp run** 命令为所有接口全局禁用了 CDP。

例 10-1　全局禁用 CDP

```
R1(config)# no cdp run
R1(config)# exit
R1#
R1# show cdp

R1#
```

show cdp 命令可以验证 CDP 的状态并显示有关 CDP 的信息。

要为设备上所有受支持的接口全局启用 CDP，请在全局配置模式下输入 **cdp run**。

在例 10-2 中，使用 **cdp run** 命令全局启用了 CDP。

例 10-2　全局启用 CDP

```
R1(config)# cdp run
R1(config)# exit
R1#
R1# show cdp
Global CDP information:
        Sending CDP packets every 60 seconds
        Sending a holdtime value of 180 seconds
        Sending CDPv2 advertisements is enabled
R1#
```

CDP 也可以在所选择的接口上启用或禁用。例如，在连接到 ISP 的边缘路由器接口上应当禁用 CDP。要禁用特定接口上的 CDP，请使用 **no cdp enable** 接口配置命令。此命令仅在特定接口上影响 CDP。设备上仍然启用 CDP。如例 10-3 所示，要在特定接口上重新启用 CDP，请输入 **cdp enable** 接口配置命令。

例 10-3　CDP 配置命令

```
R1(config)# interface gigabitethernet 0/1
R1(config-if)# cdp enable
R1(config-if)#
```

要验证 CDP 的状态和显示邻居列表，请在特权 EXEC 模式下使用 **show cdp neighbors** 命令。此命令显示有关 CDP 邻居的重要信息。

例 10-4 显示了 **show cdp neighbors** 命令所生成的输出。

例 10-4　列出 CDP 邻居

```
R1# show cdp neighbors
Capability Codes: R - Router, T - Trans Bridge, B - Source Route Bridge
                  S - Switch, H - Host, I - IGMP, r - Repeater, P - Phone,
                  D - Remote, C - CVTA, M - Two-port Mac Relay

Device ID        Local Intrfce     Holdtme    Capability  Platform  Port ID

Total cdp entries displayed : 0
```

结果所示，目前 R1 没有任何邻居，因为它尚未物理连接到任何设备。

使用 **show cdp interface** 命令显示设备上启用 CDP 的接口。每个接口的状态也会显示。例 10-5 显示，在只有一个指向另一台设备的活动连接的路由器上，5 个接口启用了 CDP。

例 10-5　显示启用 CDP 的接口

```
R1# show cdp interface
Embedded-Service-Engine0/0 is administratively down, line protocol is down
  Encapsulation ARPA
  Sending CDP packets every 60 seconds
  Holdtime is 180 seconds
GigabitEthernet0/0 is administratively down, line protocol is down
  Encapsulation ARPA
  Sending CDP packets every 60 seconds
  Holdtime is 180 seconds
GigabitEthernet0/1 is up, line protocol is up
  Encapsulation ARPA
  Sending CDP packets every 60 seconds
  Holdtime is 180 seconds
Serial0/0/0 is administratively down, line protocol is down
  Encapsulation HDLC
  Sending CDP packets every 60 seconds
  Holdtime is 180 seconds
Serial0/0/1 is administratively down, line protocol is down
  Encapsulation HDLC
  Sending CDP packets every 60 seconds
  Holdtime is 180 seconds
```

3. 使用 CDP 发现设备

在网络上启用 CDP 时，**show cdp neighbors** 命令可用于确定网络布局。

例如，假设图 10-2 所示拓扑中缺少文档。没有任何有关网络其余部分的可用信息。

图 10-2　初始拓扑

例 10-6 中的 **show cdp neighbors** 命令提供有关每个 CDP 邻居设备的实用信息，包括下面这些。

- 设备标识符：邻居设备的主机名。
- 端口标识符：本地和远程端口的名称。
- 功能列表：设备是路由器（R）还是交换机（S）。请注意，I 代表 Internet 组管理协议（IGMP），此协议超出本课程的范围。
- 平台：设备的硬件平台。

第 10 章 设备发现、管理和维护

例 10-6 发现 S1

```
R1# show cdp neighbors
Capability Codes: R - Router, T - Trans Bridge, B - Source Route Bridge
                  S - Switch, H - Host, I - IGMP, r - Repeater, P - Phone,
                  D - Remote, C - CVTA, M - Two-port Mac Relay

Device ID      Local Intrfce    Holdtme    Capability  Platform   Port ID
S1             Gig 0/1          122              S I  WS-C2960-   Fas 0/5
```

输出显示，R1 上的 G0/1 接口连接到名为 S1 的 Catalyst 2960 交换机上的 Fa0/5 接口。

如果需要更多信息，**show cdp neighbors detail** 命令还可以提供邻居的 IOS 版本和 IPv4 地址等信息，如例 10-7 所示。

例 10-7 发现有关 S1 的详细信息

```
R1# show cdp neighbors detail
-------------------------
Device ID: S1
Entry address(es):
  IP address: 192.168.1.2
Platform: cisco WS-C2960-24TT-L, Capabilities: Switch IGMP
Interface: GigabitEthernet0/1, Port ID (outgoing port): FastEthernet0/5
Holdtime : 136 sec

Version :
Cisco IOS Software, C2960 Software (C2960-LANBASEK9-M), Version 15.0(2)SE7, RELEASE
  SOFTWARE (fc1)
Technical Support: http://www.cisco.com/techsupport
Copyright (c) 1986-2014 by Cisco Systems, Inc.
Compiled Tue 30-Aug-16 14:49 by prod_rel_team

advertisement version: 2
Protocol Hello: OUI=0x00000C, Protocol ID=0x0112; payload len=27, value=00000000FF
  FFFFFF010221FF000000000000002291210380FF0000
VTP Management Domain: ''
Native VLAN: 1
Duplex: full
Management address(es):
  IP address: 192.168.1.2


Total cdp entries displayed : 1
```

图 10-3 显示了现在添加了 S1 后的拓扑。

网络管理员可通过 SSH 远程访问 S1 或通过控制台端口物理访问 S1，从而可以确定连接到 S1 的其他设备。

S1 上 **show cd neighbors** 的输出如例 10-8 所示。

例 10-8 发现连接到 S1 的设备

```
S1# show cdp neighbors

Capability Codes: R - Router, T - Trans Bridge, B - Source Route Bridge
                  S - Switch, H - Host, I - IGMP, r - Repeater, P - Phone,
                  D - Remote, C - CVTA, M - Two-port Mac Relay

Device ID      Local Intrfce    Holdtme    Capability   Platform    Port ID
S2             Fas 0/4          ¬158             S I    WS-C2960-   Fas 0/4
R1             Fas 0/5          136            R B S I  CISCO1941   Gig 0/1
```

输出中显示另一台交换机 S2。图 10-4 显示了添加 S2 后的拓扑。

10.1 设备发现

图 10-3　添加了 S1 的拓扑

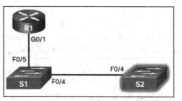

图 10-4　添加了 S2 的拓扑

如例 10-9 所示，网络管理员接下来会访问 S2 并显示其 CDP 邻居。

例 10-9　发现连接到 S2 的设备

```
S2#
Capability Codes: R - Router, T - Trans Bridge, B - Source Route Bridge
                  S - Switch, H - Host, I - IGMP, r - Repeater, P - Phone,
                  D - Remote, C - CVTA, M - Two-port Mac Relay

Device ID       Local Intrfce    Holdtme    Capability   Platform  Port ID
S1              Fas 0/4          173        S I          WS-C2960- Fas 0/4
```

唯一连接到 S2 的设备是 S1。因此，拓扑中不会发现更多设备。网络管理员可以立即更新文档，以反映已发现的设备。

10.1.2　使用 LLDP 发现设备

在本节中，您将学习如何使用 LLDP 映射网络拓扑。

1. LLDP 概述

如图 10-5 所示，思科设备还支持链路层发现协议（LLDP），该协议是一个类似于 CDP 的供应商中立邻居发现协议。LLDP 与网络设备（例如路由器、交换机和无线 LAN 接入点）结合使用。与 CDP 一样，LLDP 将其身份和功能通告给其他设备，并从物理连接的第 2 层设备获取信息。

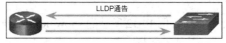

图 10-5　LLDP 概述

2. 配置和验证 LLDP

根据不同设备，LLDP 可能默认启用。要在思科网络设备上全局启用 LLDP，请输入 **lldp run** 全局配置命令。要禁用 LLDP，请在全局配置模式下输入 **no lldp run** 命令。

与 CDP 类似，可以在特定接口上配置 LLDP。但是，如例 10-10 所示，LLDP 必须单独配置以收发 LLDP 数据包。

例 10-10　配置并检验 LLDP

```
S1(config)# lldp run
S1(config)#
S1(config)# interface gigabitethernet 0/1
S1(config-if)# lldp transmit
S1(config-if)# lldp receive
S1(config-if)# end
S1#
S1# show lldp

Global LLDP Information:
```

```
        Status: ACTIVE
        LLDP advertisements are sent every 30 seconds
        LLDP hold time advertised is 120 seconds
        LLDP interface reinitialisation delay is 2 seconds
```

要验证设备是否启用了 LLDP，请在特权 EXEC 模式下输入 **show lldp** 命令。

3. 使用 LLDP 发现设备

LLDP 启用时，请使用 **show lldp neighbors** 命令发现设备邻居。例如，假设图 10-6 所示拓扑中缺少文档。

网络管理员只知道 S1 连接到两台设备。网络管理员使用 **show lldp neighbors** 命令发现 S1 的邻居有一台路由器和一台交换机，如例 10-11 所示。

例 10-11　发现 R1 和 S2

```
S1# show lldp neighbors
Capability codes:
    (R) Router, (B) Bridge, (T) Telephone, (C) DOCSIS Cable Device
    (W) WLAN Access Point, (P) Repeater, (S) Station, (O) Other

Device ID           Local Intf     Hold-time  Capability     Port ID
R1                  Fa0/5          99         R              Gi0/1
S2                  Fa0/4          120        B              Fa0/4

Total entries displayed: 2
```

注意： S2 功能下的字母 B 代表网桥。对于此输出，网桥这个词也可以指交换机。

如图 10-7 所示，在 **show lldp neighbors** 的结果中，可以构建交换机 S1 的拓扑。

图 10-6　初始拓扑

图 10-7　添加了 R1 和 S2 的拓扑

当需要有关邻居的更多详细信息时，例 10-12 所示的 **show lldp neighbors detail** 命令可用于提供邻居设备的 IOS 版本、IP 地址和设备功能等信息。

例 10-12　发现有关 R1 和 S2 的详细信息

```
S1# show lldp neighbors detail
------------------------------------------------
Chassis id: fc99.4775.c3e0
Port id: Gi0/1
Port Description: GigabitEthernet0/1
System Name: R1

System Description:
Cisco IOS Software, C1900 Software (C1900-UNIVERSALK9-M), Version 15.4(3)M2,
  RELEASE SOFTWARE (fc2)
Technical Support: http://www.cisco.com/techsupport
Copyright (c) 1986-2015 by Cisco Systems, Inc.
Compiled Tue 30-Aug-16 17:01 by prod_rel_team
Time remaining: 101 seconds
System Capabilities: B,R
Enabled Capabilities: R
Management Addresses:
    IP: 192.168.1.1
Auto Negotiation - not supported
```

```
 Physical media capabilities - not advertised
 Media Attachment Unit type - not advertised
 Vlan ID: - not advertised

 -----------------------------------------------
 Chassis id: 0cd9.96d2.3f80
 Port id: Fa0/4
 Port Description: FastEthernet0/4
 System Name: S2

 <output omitted>
```

10.2 设备管理

路由器和交换机定期生成信息化的控制台消息。但是，通过控制台接入每台设备读取信息化的消息难以管理。因此，网络设备通常使用系统日志服务器捕获中央设备上所有与控制台相关的消息。

设备也必须同步其时间。尽管可以在每台设备上手动设置时间，但不可能将它们全部同步至同一微秒。因此，通常在网络上启用网络时间协议（NTP）以确保所有设备的时间同步。

在这一部分，您将学习如何在中小型企业网络中配置 NTP 和系统日志。

10.2.1 NTP

在本节中，您将学习如何在 NTP 客户端和 NTP 服务器之间实施 NTP。

1. 设置系统时钟

路由器或交换机上的软件时钟在系统启动时开始运行，而且是系统时间的主要来源。网络中所有设备的时间的同步至关重要，因为网络的管理、保护、故障排除和规划的各个方面都需要精确的时间戳。如果设备之间的时间不同步，将无法确定事件的顺序和事件的原因。

通常，使用以下两种方法之一设置路由器或交换机的日期和时间设置：

- 手动配置日期和时间，如例 10-13 所示；
- 配置网络时间协议（NTP）。

例 10-13　clock 命令

```
R1# clock set 20:36:00 aug 30 2016
R1#
*Aug 30 20:36:00.000: %SYS-6-CLOCKUPDATE: System clock has been updated from
  21:32:31 UTC Tue Aug 30 2016 to 20:36:00 UTC Tue Aug 30 2016, configured from
  console by console.
```

随着网络规模的不断扩大，要确保所有基础设施设备以同步时间运行越来越困难。甚至在小型网络环境中，手动方法也并不理想。如果路由器重新启动，它将如何获取准确的日期和时间戳？

一个更好的解决方案是在网络中配置 NTP。此协议允许网络中的路由器将其时间设置与 NTP 服务器同步。从单一来源获取时间和日期信息的一组 NTP 客户端的时间设置具有更高的一致性。当网络中实施 NTP 时，可以设置为同步到专用主时钟，也可以同步到 Internet 上的公共可用 NTP 服务器。

NTP 使用 UDP 端口 123 并记录在 RFC 1305 中。

2. NTP 操作

NTP 网络使用时间源的分层系统。此分层系统中的每个级别称为一个层。层级定义为权威时间来源的跳数。使用 NTP 将同步的时间分布到网络中。图 10-8 显示了 NTP 网络示例。

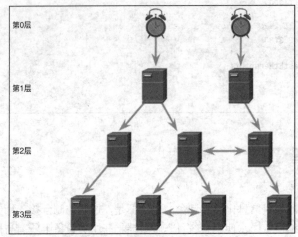

图 10-8 NTP 层级

NTP 服务器设置三个级别，显示三个层。第 1 层连接到第 0 层时钟。

第 0 层

NTP 网络从权威时间源获取时间。这些权威时间源，也称为第 0 层设备，是一些高精度计时设备，被认为是非常精确且极少或不发生延迟的设备。图中的时钟代表第 0 层设备。

第 1 层

第 1 层设备直接连接到权威时间源。它们充当主要网络时间标准。

第 2 层及更低层

第 2 层服务器通过网络连接连接到第 1 层设备。第 2 层设备（例如 NTP 客户端）使用来自第 1 层服务器的 NTP 数据包同步其时间。它们也可以充当第 3 层设备的服务器。

较小层数上的服务器，与较大层数上相比，距离权威时间源更近。层级数越大，层级越低。

最大跳数为 15。第 16 层（最低层级）表示设备不同步。同一层级上的时间服务器可以配置为同一层级上其他时间服务器的对等设备，以用于备份或验证时间。

3. 配置和验证 NTP

为帮助解释如何配置 NTP，请参考图 10-9 所示的拓扑。

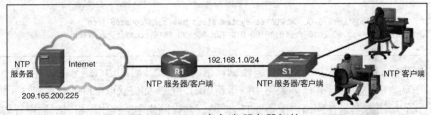

图 10-9 NTP 客户端/服务器拓扑

在此拓扑中，NTP 服务器的 IP 地址为 201.165.200.225。R1 将是 NTP 服务器的客户端；R1 还将充当 S1 的 NTP 宿主。S1 是 R1 的 NTP 客户端，并且将是连接到 S1 的主机的 NTP 服务器。

在网络中配置 NTP 之前，可以使用 **show clock [detail]** 命令验证软件时钟上的当前时间，如例 10-14 所示。**detail** 关键字还可以显示时间源。

10.2 设备管理

例 10-14　检验时间源

```
R1# show clock detail
20:55:10.207 UTC Tue Aug 30 2016

R1#
```

示例中已手动配置软件时钟。

要确定 R1 的 NTP 服务器，请使用 IP 地址为 209.165.200.225 的 **ntp server** *ip-address* 全局配置命令。要验证 NTP 时间源，请再次使用 **show clock detail** 命令。

在例 10-15 中，已在 R1 上配置了 NTP 服务器的 IP 地址，并且随后验证了时间源。

例 10-15　配置第 2 层 NTP 服务器

```
R1(config)# ntp server 209.165.200.225
R1(config)# end
R1#
R1# show clock detail
21:01:34.563 UTC Tue Aug 30 2016
Time source is NTP
```

show 命令的输出确认了 NTP 用于设置时间。

在例 10-16 中，使用 **show ip ntp associations** 和 **show ntp status** 命令验证 R1 与位于 209.165.200.225 处的 NTP 服务器保持同步。

例 10-16　检验 NTP 服务器配置

```
R1# show ntp associations

  Address          ref clock      st   when   poll  reach  delay  offset   disp
*~209.165.200.225  .GPS.           1    61     64   377    0.481  7.480    4.261
 * sys.peer, # selected, + candidate, - outlyer, x falseticker, ~ configured

R1#
R1# show ntp status
Clock is synchronized, stratum 2, reference is 209.165.200.225
nominal freq is 250.0000 Hz, actual freq is 249.9995 Hz, precision is 2**19
ntp uptime is 589900 (1/100 of seconds), resolution is 4016
reference time is DA088DD3.C4E659D3 (13:21:23.769 PST Tue Aug 30 2016)
clock offset is 7.0883 msec, root delay is 99.77 msec
root dispersion is 13.43 msec, peer dispersion is 2.48 msec
loopfilter state is 'CTRL' (Normal Controlled Loop), drift is 0.000001803 s/s
system poll interval is 64, last update was 169 sec ago.
```

请注意 R1 与位于 209.165.200.225 的一台与 GPS 时钟同步的第 1 层 NTP 服务器同步。**show ntp status** 命令显示 R1 现在是一个与位于 209.165.220.225 的 NTP 服务器同步的第 2 层设备。

在例 10-17 中，使用 NTP 将 S1 配置为与 R1 同步。

例 10-17　配置第 3 层 NTP 服务器

```
S1(config)# ntp server 192.168.1.1
S1(config)# end
S1#
S1# show ntp associations

  Address          ref clock         st   when  poll  reach  delay   offset   disp
*~192.168.1.1      209.165.200.225    2    12    64   377    1.066   13.616   3.840
 * sys.peer, # selected, + candidate, - outlyer, x falseticker, ~ configured

S1#
S1# show ntp status
```

```
Clock is synchronized, stratum 3, reference is 192.168.1.1
nominal freq is 119.2092 Hz, actual freq is 119.2088 Hz, precision is 2**17
reference time is DA08904B.3269C655 (13:31:55.196 PST Tue Aug 30 2016)
clock offset is 18.7764 msec, root delay is 102.42 msec
root dispersion is 38.03 msec, peer dispersion is 3.74 msec
loopfilter state is 'CTRL' (Normal Controlled Loop), drift is 0.000003925 s/s
system poll interval is 128, last update was 178 sec ago.
```

show ntp associations 命令的输出验证 S1 上的时钟通过 NTP 与 192.168.1.1 处的 R1 保持同步。R1 是第 2 层设备，并且是 S1 的 NTP 服务器。现在 S1 是一个可以为网络中的其他设备（例如终端设备）提供 NTP 服务的第 3 层设备。

10.2.2 系统日志操作

在本节中，您将了解系统日志的操作。

1. 系统日志简介

当网络上发生某些事件时，网络设备具有向管理员通知详细系统消息的可靠机制。这些消息可能并不重要，也可能事关重大。网络管理员可以采用多种方式来存储、解释和显示这些消息，并接收可能会对网络基础设施具有最大影响的消息警报。

访问系统消息的最常用方法是使用系统日志协议。

系统日志是一个用于描述标准的术语。同时它还用于描述针对该标准所开发的协议。系统日志协议是 20 世纪 80 年代为 UNIX 系统开发的，但最早是 2001 年由 IETF 记录在 RFC 3164 中。

系统日志协议允许网络设备将其系统消息通过网络发送到系统日志服务器。如图 10-10 所示，设备使用系统日志将设备生成的事件通知消息通过 IP 网络发送到系统日志服务器。系统日志服务器充当事件消息收集器。系统日志消息使用 UDP 端口 514 发送。

许多网络设备支持系统日志，包括：路由器、交换机、应用服务器、防火墙和其他网络设备。

Windows 和 UNIX 有许多不同的系统日志服务器软件包。其中许多都是免费软件。

系统日志的日志记录服务具有三个主要功能：
- 能够收集日志记录信息来用于监控和故障排除；
- 能够选择捕获的日志记录信息的类型；
- 能够指定捕获的系统日志消息的目的地。

2. 系统日志操作

在思科网络设备上，系统日志协议开始于向设备内部的本地日志记录进程发送系统消息和 **debug** 输出。日志记录进程如何管理这些消息和输出取决于设备配置。例如，系统日志消息可以通过网络发送到外部系统日志服务器。无需访问物理设备即可检索这些消息。外部服务器上存储的日志消息和输出可以用于各种报表以方便阅读。

系统日志消息还可以发送到内部缓冲区。发送到内部缓冲区的消息只能通过设备的命令行界面（CLI）进行查看。

最后，网络管理员可以指定仅特定类型的系统消息可以发送到各个目的地。例如，设备可以配置为将所有系统消息转发到外部系统日志服务器。但是，调试级别消息将转发到内部缓冲区，并且管理员只能从 CLI 访问。

如图 10-11 所示，系统日志消息的常用目的地如下：
- 日志记录缓冲区（路由器或交换机内部的 RAM）；

- 控制台线路；
- 终端线路；
- 系统日志服务器。

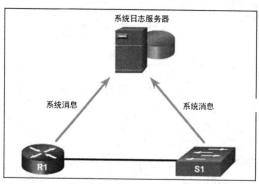

图 10-10　系统日志拓扑

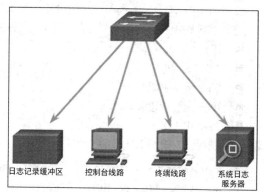

图 10-11　系统日志消息的目的地选项

要想远程监控系统消息，可以查看系统日志服务器上的日志，或者通过 Telnet、SSH 或控制台端口访问设备。

3. 系统日志消息格式

思科设备在发生网络事件时会生成系统日志消息。每个系统日志消息包含严重级别和相关设备。

数字级别越小，系统日志警报越发严重。我们可以设置消息的严重级别来控制每种消息的显示位置（例如显示在控制台或其他目的地）。表 10-1 显示了系统日志级别的完整列表。

表 10-1　系统日志严重级别

严 重 级 别	严 重 名 称	解　　释
第 0 级	紧急	系统不可用
第 1 级	警报	需要立即采取操作
第 2 级	严重	关键条件
第 3 级	错误	错误条件
第 4 级	警告	警告条件
第 5 级	通知	正常但是比较重要的情况
第 6 级	信息	信息性消息
第 7 级	调试	调试消息

每个系统日志级别都有自己的含义。

- **紧急级别 0～警告级别 4**：这些消息是与软件或硬件故障有关的错误消息。级别 0 至级别 4 的消息表示设备功能会受到影响。问题的严重性决定了所应用的实际系统日志级别。
- **通知级别 5**：该通知级别生成正常但重要的系统消息，例如接口的运行或关闭状态过渡、系统重新启动消息等。
- **信息级别 6**：信息级别生成不影响设备功能的系统消息。例如，在思科设备启动时，您可能看到以下信息消息：

  %LICENSE-6-EULA_ACCEPT_ALL: The Right to Use End User License Agreement is accepted.
- **调试级别 7**：调试级别生成各种 **debug** 命令生成的输出。

除了指定严重性外，系统日志消息还包含相关设备的信息。系统日志设备是用来识别和分类系统状态数据以生成错误和事件消息报告的服务标识符。可用的日志记录设备选项特定于具体网络设备。例如，运行思科 IOS 版本 15.0（2）的思科 2960 系列交换机和运行思科 IOS 版本 15.2（4）的思科 1941 系列交换机支持 24 个设备选项，这些设备归为 12 种设备类型。

思科 IOS 路由器报告的常见系统日志消息设备包括：

- IP；
- OSPF 协议；
- SYS 操作系统；
- IP 安全性（IPSec）；
- 接口 IP（IF）。

默认情况下，思科 IOS 软件上的系统日志消息格式如下：

```
seq no: timestamp: %facility-severity-MNEMONIC: description
```

表 10-2 解释了思科 IOS 软件系统日志消息中包含的字段。

表 10-2　系统日志消息格式

字　段	解　释
seq no	仅当配置了 **service sequence-numbers** 全局配置命令时，才会使用序号来标记日志消息
timestamp	消息或事件的日期和时间，仅在配置了 **service timestamps** 全局配置命令时显示
facility	消息所指的设备
severity	从 0～7 的单个数字编码，表示消息的严重级别
MNEMONIC	唯一地描述消息的文本字符串
description	包含已报告事件详细信息的文本字符串

例如，思科交换机的 EtherChannel 链路状态更改为 up 的输出示例如下：

```
00:00:46: %LINK-3-UPDOWN: Interface Port-channel1, changed state to up
```

其中，设备为 LINK，严重级别为 3，MNEMONIC 为 UPDOWN。

最常见的消息是 link up 和 link down 消息，以及设备退出配置模式时生成的消息。如果配置了 ACL 日志记录功能，设备会在数据包匹配参数条件时生成系统日志消息。

4．服务时间戳

默认情况下，日志消息没有时间戳。在例 10-18 中，R1 的 GigabitEthernet0/0 接口关闭。

例 10-18　生成没有时间戳的系统日志通知消息

```
R1(config)# interface g0/0
R1(config-if)# shutdown
%LINK-5-CHANGED: Interface GigabitEthernet0/0, changed state to administratively
  down
%LINEPROTO-5-UPDOWN: Line protocol on Interface GigabitEthernet0/0, changed state
  to down
R1(config-if)# exit
R1(config)#
```

请注意记录到控制台的消息没有说明何时更改了接口状态。默认情况下，消息不包括时间戳。但是，日志消息应具有时间戳以记录它们的生成时间。这在将消息转发到系统日志服务器时特别有帮助。

例 10-19 启用了系统日志消息时间戳，然后将接口 G0/0 关闭以生成系统日志通知消息。

例 10-19　将时间戳添加到系统日志消息

```
R1(config)# service timestamps log datetime
R1(config)#
R1(config)# interface g0/0
R1(config-if)# no shutdown
*Aug 1 11:52:42: %LINK-3-UPDOWN: Interface GigabitEthernet0/0, changed state to
  down
*Aug 1 11:52:45: %LINK-3-UPDOWN: Interface GigabitEthernet0/0, changed state to up
*Aug 1 11:52:46: %LINEPROTO-5-UPDOWN: Line protocol on Interface
  GigabitEthernet0/0, changed state to up
R1(config-if)#
```

如输出所示，配置了 **service timestamps log datetime** 全局配置命令强制记录的事件显示日期和时间。

注意：　当使用 **datetime** 关键字时，必须手动或通过 NTP 设置网络设备的时钟。

10.2.3　系统日志配置

在本节中，您将配置系统日志服务器和客户端。

1. 系统日志服务器

要查看系统日志消息，网络上的工作站必须安装系统日志服务器。系统日志服务器有许多免费软件和共享软件版本以及企业版可供购买。

系统日志服务器提供相对友好的界面来供用户查看系统日志输出。服务器解析输出并将消息置于预定义的列中以便于进行解释。如果发出系统日志消息的网络设备配置了时间戳，则系统日志服务器输出会显示每个消息的日期和时间，如图 10-12 中的示例所示。

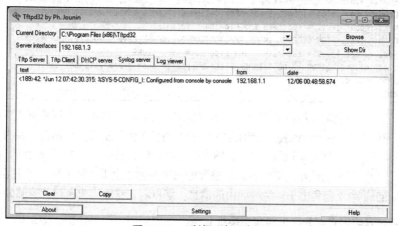

图 10-12　系统日志服务器

网络管理员可以轻松导航系统日志服务器上产生的大量数据。在系统日志服务器上查看系统日志消息的一个优势在于，能够对数据执行粒度搜索。此外，网络管理员可迅速从数据库中删除不重要的系统日志消息。

2. 默认日志记录

默认情况下，思科路由器和交换机会向控制台发送所有严重性级别（级别 0 至级别 7）的日志消息。在某些 IOS 版本中，默认情况下设备还会缓冲这些系统日志消息。要启用这两项设置，请分别使用 **logging console** 和 **logging buffered** 全局配置命令。

show logging 命令显示思科路由器的默认日志记录服务设置，如例 10-20 所示。第一行输出列出关于日志记录流程的信息，而最后一行列出日志消息。

例 10-20　默认日志记录服务设置

```
R1# show logging
Syslog logging: enabled (0 messages dropped, 2 messages rate-limited, 0 flushes, 0
  overruns, xml disabled, filtering disabled)

No Active Message Discriminator.

No Inactive Message Discriminator.

    Console logging: level debugging, 32 messages logged, xml disabled,
                     filtering disabled
    Monitor logging: level debugging, 0 messages logged, xml disabled,
                     filtering disabled
    Buffer logging: level debugging, 32 messages logged, xml disabled,
                    filtering disabled
    Exception Logging: size (4096 bytes)
    Count and timestamp logging messages: disabled
    Persistent logging: disabled

No active filter modules.

    Trap logging: level informational, 34 message lines logged
        Logging Source-Interface:       VRF Name:

Log Buffer (8192 bytes):

*Aug 2 00:00:02.527: %LICENSE-6-EULA_ACCEPT_ALL: The Right to Use End User License
  Agreement is accepted
*Aug 2 00:00:02.631: %IOS_LICENSE_IMAGE_APPLICATION-6-LICENSE_LEVEL: Module name =
  c1900 Next reboot level = ipbasek9 and License = ipbasek9
*Aug 2 00:00:02.851: %IOS_LICENSE_IMAGE_APPLICATION-6-LICENSE_LEVEL: Module name =
  c1900 Next reboot level = securityk9 and License = securityk9
*Aug 12 17:46:01.619: %IFMGR-7-NO_IFINDEX_FILE: Unable to open nvram:/ifIndex-table
  No such file or directory
<output omitted>
```

突出显示的第一行表明此路由器将日志记录到控制台并包括调试消息。这实际上意味着所有调试级别的消息以及级别更低的所有消息（例如通知级别的消息）都已记录到控制台。在大多数思科 IOS 路由器上，默认严重性级别为调试级别 7。从输出中还可发现，已记录了 32 条此类消息。

突出显示的第二行表明此路由器将日志记录到内部缓冲区。由于此路由器已启用了记录到内部缓冲区，**show logging** 命令也列出了该缓冲区中的消息。您可以查看输出末尾记录的部分系统消息。

3．用于系统日志客户端的路由器和交换机命令

通过以下三个步骤可配置路由器将系统消息发送到系统日志服务器，并在系统日志服务器中存储、过滤和分析这些消息。

步骤 1　在全局配置模式下，请使用 **logging** 命令配置系统日志服务器的目标主机名或 IPv4 地址。

步骤 2　使用 **logging trap** *level* 全局配置模式命令选择要发送给系统日志服务器所需的严重级别。例如，要限制级别为 4 和更低（0 到 4）的消息，请使用 **logging trap 4** 全局配置命令。这将发送级别 0 至级别 4 的严重消息。

步骤 3 或者，使用 **logging source-interface** *interface-type interface-number* 全局配置模式命令配置源接口。这可指定系统日志数据包包含特定接口的 IPv4 或 IPv6 地址，而不考虑数据包从哪个接口退出路由器。

在例 10-21 中，R1 被配置为向系统日志服务器（192.168.1.3）发送级别为 4 和更低的日志消息。源接口设置为接口 G0/0。创建一个环回接口，然后关闭，然后重新接通。控制台输出反映出了这些操作。

例 10-21 系统日志配置

```
R1(config)# logging 192.168.1.3
R1(config)# logging trap 4
R1(config)# logging source-interface GigabitEthernet 0/0
R1(config)# interface loopback 0
R1(config-if)#
*Jun 12 22:06:02.902: %LINK-3-UPDOWN: Interface Loopback0, changed state to up
*Jun 12 22:06:03.902: %LINEPROTO-5-UPDOWN: Line protocol on Interface Loopback0,
  changed state to up
*Jun 12 22:06:03.902: %SYS-6-LOGGINGHOST_STARTSTOP: Logging to host 192.168.1.3
  port 514 started - CLI initiated
R1(config-if)# shutdown
R1(config-if)#
*Jun 12 22:06:49.642: %LINK-5-CHANGED: Interface Loopback0, changed state to
  administratively down
*Jun 12 22:06:50.642: %LINEPROTO-5-UPDOWN: Line protocol on Interface Loopback0,
  changed state to down
R1(config-if)# no shutdown
R1(config-if)#
*Jun 12 22:09:18.210: %LINK-3-UPDOWN: Interface Loopback0, changed state to up
*Jun 12 22:09:19.210: %LINEPROTO-5-UPDOWN: Line protocol on Interface Loopback0,
  changed state to up
R1(config-if)#
```

图 10-13 显示了运行在 Windows 主机上的 Tftpd32 系统日志服务器应用程序设置了 IPv4 地址 192.168.1.3 的屏幕截图。

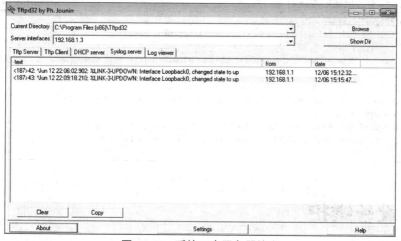

图 10-13 系统日志服务器输出

您可以看到，系统日志服务器上仅显示严重级别为 4 或更低（更严重）的消息。严重级别为 5 或更高（较不严重）的消息显示在路由器控制台输出中，但不会显示在系统日志服务器输出中，因为 **logging trap** 命令按严重级别限制发送到系统日志服务器的系统日志消息。

4. 验证系统日志

您可以使用 **show logging** 命令查看已记录的所有消息。当日志记录缓冲区较大时，可在 **show logging** 命令中结合使用管道（|）字符。管理员可以使用管道选项明确指定应显示的消息。例如，您可以使用管道（|）只筛选包括 changed state to up 的消息，如例 10-22 所示。

例 10-22　查看已记录的系统日志消息

```
R1# show logging | include changed state to up
*Jun 12 17:46:26.143: %LINK-3-UPDOWN: Interface GigabitEthernet0/1, changed state
  to up
*Jun 12 17:46:26.143: %LINK-3-UPDOWN: Interface Serial0/0/1, changed state to up
*Jun 12 17:46:27.263: %LINEPROTO-5-UPDOWN: Line protocol on Interface
  GigabitEthernet0/1, changed state to up
*Jun 12 17:46:27.263: %LINEPROTO-5-UPDOWN: Line protocol on Interface Serial0/0/1,
  changed state to up
*Jun 12 20:28:43.427: %LINK-3-UPDOWN: Interface GigabitEthernet0/0, changed state
  to up
*Jun 12 20:28:44.427: %LINEPROTO-5-UPDOWN: Line protocol on Interface
  GigabitEthernet0/0, changed state to up
*Jun 12 22:04:11.862: %LINEPROTO-5-UPDOWN: Line protocol on Interface Loopback0,
  changed state to up
*Jun 12 22:06:02.902: %LINK-3-UPDOWN: Interface Loopback0, changed state to up
*Jun 12 22:06:03.902: %LINEPROTO-5-UPDOWN: Line protocol on Interface Loopback0,
  changed state to up
*Jun 12 22:09:18.210: %LINK-3-UPDOWN: Interface Loopback0, changed state to up
*Jun 12 22:09:19.210: %LINEPROTO-5-UPDOWN: Line protocol on Interface Loopback0,
  changed state to up
*Jun 12 22:35:55.926: %LINK-3-UPDOWN: Interface Loopback0, changed state to up
*Jun 12 22:35:56.926: %LINEPROTO-5-UPDOWN: Line protocol on Interface Loopback0,
  changed state to up
```

要仅查看在 Jun 12 10:35PM 或之后记录到缓冲区的消息，您可以使用过滤器 **begin June 12 22:35**，如例 10-23 所示。

例 10-23　查看已记录的系统日志消息

```
R1# show logging | begin Jun 12 22:35
*Jun 12 22:35:46.206: %LINK-5-CHANGED: Interface Loopback0, changed state to
  administratively down
*Jun 12 22:35:47.206: %LINEPROTO-5-UPDOWN: Line protocol on Interface Loopback0,
  changed state to down
*Jun 12 22:35:55.926: %LINK-3-UPDOWN: Interface Loopback0, changed state to up
*Jun 12 22:35:56.926: %LINEPROTO-5-UPDOWN: Line protocol on Interface Loopback0,
  changed state to up
*Jun 12 22:49:52.122: %SYS-5-CONFIG_I: Configured from console by console
*Jun 12 23:15:48.418: %SYS-5-CONFIG_I: Configured from console by console
R1#
```

10.3　设备维护

路由器和交换机可能会发生故障。因此，备份 IOS 映像文件及各个设备配置文件的副本非常重要。此外，IOS 通常由思科更新，网络管理员必须了解 IOS 许可的工作原理以及如何使用较新的 IOS 映像正确升级其设备。

在这一部分，您将学习如何维护路由器和交换机的配置及 IOS 文件。

10.3.1 路由器和交换机文件维护

在本节中，您将使用命令备份和恢复 IOS 配置文件。

1. 路由器文件系统

思科 IOS 文件系统（IFS）允许管理员导航至不同的目录、列出目录中的文件和在闪存或磁盘中创建子目录。具体目录则取决于设备。

例 10-24 显示了 **show file systems** 命令的输出，此命令列出思科 1941 路由器上所有可用的文件系统。此命令可提供有价值的信息，例如可用内存和空闲内存的大小、文件系统的类型及其权限。权限包括只读（ro）、只写（wo）和读写（rw），在命令输出的 Flags（标志）列中显示。

例 10-24　路由器上的 show file systems 命令

```
R1# show file systems
File Systems:

       Size(b)        Free(b)      Type     Flags    Prefixes
             -              -      opaque   rw       archive:
             -              -      opaque   rw       system:
             -              -      opaque   rw       tmpsys:
             -              -      opaque   rw       null:
             -              -      network  rw       tftp:
*    256487424      183234560      disk     rw       flash0: flash:#
             -              -      disk     rw       flash1:
        262136         254779      nvram    rw       nvram:
             -              -      opaque   wo       syslog:
             -              -      opaque   rw       xmodem:
             -              -      opaque   rw       ymodem:
             -              -      network  rw       rcp:
             -              -      network  rw       http:
             -              -      network  rw       ftp:
             -              -      network  rw       scp:
             -              -      opaque   ro       tar:
             -              -      network  rw       https:
             -              -      opaque   ro       cns:
R1#
```

虽然列出了多个文件系统，但我们关心的是 tftp、闪存和 nvram 等文件系统。

注意，闪存文件系统前面还标有一个星号。这表示闪存是当前默认文件系统。可启动的 IOS 位于闪存中；因此闪存列表附加的井号（#）表示它是可启动磁盘。

闪存文件系统

例 10-25 显示了 **dir**（directory）命令的输出。因为闪存是默认文件系统，**dir** 命令可列出闪存的内容。闪存中有多个文件，但值得特别注意的是最后一列。这是 RAM 中运行的当前思科 IOS 文件映像的名称。

例 10-25　查看闪存内容

```
R1# dir
Directory of flash0:/

    1 -rw-        2903  Sep 7 2012 06:58:26 +00:00  cpconfig-19xx.cfg
    2 -rw-     3000320  Sep 7 2012 06:58:40 +00:00  cpexpress.tar
    3 -rw-        1038  Sep 7 2012 06:58:52 +00:00  home.shtml
    4 -rw-      122880  Sep 7 2012 06:59:02 +00:00  home.tar
    5 -rw-     1697952  Sep 7 2012 06:59:20 +00:00  securedesktop-ios-3.1.1.
```

```
                 45-k9.pkg
     6  -rw-         415956  Sep  7 2012 06:59:34 +00:00  sslclient-win-1.1.4.176.pkg
     7  -rw-       67998028  Sep 26 2012 17:32:14 +00:00  c1900-universalk9-mz.
SPA.152-4.M1.bin

256487424 bytes total (183234560 bytes free)
R1#
```

NVRAM 文件系统

要查看 NVRAM 的内容，必须使用 **cd**（change directory）命令更改当前的默认文件系统，如例 10-26 所示。

例 10-26　查看 NVRAM 内容

```
R1# cd nvram:
R1#
R1# pwd
nvram:/
R1#
R1# dir
Directory of nvram:/

  253  -rw-           1156                    <no date>  startup-config
  254  ----              5                    <no date>  private-config
  255  -rw-           1156                    <no date>  underlying-config
    1  -rw-           2945                    <no date>  cwmp_inventory
    4  ----             58                    <no date>  persistent-data
    5  -rw-             17                    <no date>  ecfm_ieee_mib
    6  -rw-            559                    <no date>  IOS-Self-Sig#1.cer

262136 bytes total (254779 bytes free)
R1#
```

pwd（present working directory）命令可用于确认我们是否正在查看 NVRAM 目录。最后，**dir** 命令可列出 NVRAM 的内容。在列出的多个配置文件中，最值得关注的是启动配置文件。

2. 交换机文件系统

通过思科 2960 交换机闪存文件系统，您可以复制配置文件并将软件映像存档（上传和下载）。

在 Catalyst 交换机上查看文件系统的命令与在思科路由器上的相同。例 10-27 显示了 Catalyst 2960 交换机上的文件系统。

例 10-27　交换机上的 show file system 命令

```
S1# show file systems
File Systems:

     Size(b)      Free(b)      Type     Flags   Prefixes
*   32514048     20887552      flash    rw      flash:
           -            -      opaque   rw      vb:
           -            -      opaque   ro      bs:
           -            -      opaque   rw      system:
           -            -      opaque   rw      tmpsys:
       65536        48897      nvram    rw      nvram:
           -            -      opaque   ro      xmodem:
           -            -      opaque   ro      ymodem:
           -            -      opaque   rw      null:
           -            -      opaque   ro      tar:
           -            -      network  rw      tftp:
           -            -      network  rw      rcp:
           -            -      network  rw      http:
```

```
                    -              -      network    rw     ftp:
                    -              -      network    rw     scp:
                    -              -      network    rw     https:
                    -              -      opaque     ro     cns:
S1#
```

3. 使用文本文件备份和恢复

如图 10-14 所示，可使用 Tera Term 将配置文件保存/存档到文本文件。一旦保存后，文本文件可以在必要时恢复配置。

图 10-14　在 Tera Term 中保存到文本文件

备份到文本文件

使用 Tera Term 保存配置的步骤如下。

步骤 1　在 File（文件）菜单中点击 **Log**（记录）。

步骤 2　选择保存文件的位置。Tera Term 将开始捕获文本。

步骤 3　一旦开始捕获后，马上在特权 EXEC 提示符后执行 **show running-config** 或 **show startup-config** 命令。在终端窗口中显示的文本将指向选定文件。

步骤 4　捕获完成后，在 "Tera Term: Log"（Tera Term：日志）窗口中选择 **Close**（关闭）。

步骤 5　查看文件验证其未损坏。

从文本文件恢复

可将配置从文件复制到设备。在将文本从文本文件复制并粘贴到终端窗口时，IOS 会将配置文本的每一行作为一个命令执行。这意味着需要对该文件进行编辑，以确保将加密的口令转换为明文，还应删除诸如 "--More--" 之类的非命令文本以及 IOS 消息。

此外，还必须在 CLI 中将设备设置为全局配置模式，以接收已粘贴到终端窗口的文本文件的命令。

使用 Tera Term 时的步骤如下。

步骤 1　在 File（文件）菜单中点击 **Send File** 发送文件。

步骤 2　找到要复制到设备的文件并点击 **Open**（打开）。

步骤 3　Tera Term 会将该文件粘贴到设备中。

文件中的文本将作为 CLI 中的命令应用，并成为设备上的运行配置。这是手动配置路由器的一种便利方法。

4. 使用 TFTP 备份和恢复

您可以使用诸如简单文件传输协议（TFTP）等服务远程备份和恢复文件。

使用 TFTP 备份配置

应将配置文件的副本存储为备份文件，以防出现问题。配置文件可存储在 TFTP 服务器或 USB 驱动器上。还应将配置文件记录到网络文档中。

按照以下步骤将运行配置备份到 TFTP 服务器。

步骤 1 输入 **copy running-config tftp** 命令。
步骤 2 输入要存储配置文件的主机的 IP 地址。
步骤 3 输入要为配置文件指定的名称。
步骤 4 按 Enter 确认每次选择。

例 10-28 将运行配置文件复制到位于 IP 地址 192.168.10.254 的 TFTP 服务器。

例 10-28　将运行配置备份到 TFTP

```
R1# copy running-config tftp
Address or name of remote host []? 192.168.10.254
Destination filename [r1-confg]? R1-Jan-2016
Write file R1-Jan-2016 to 192.168.10.254? [confirm]
Writing R1-Jan-2016 !!!!!! [OK]
```

使用 TFTP 恢复配置

要从 TFTP 服务器恢复运行配置或启动配置，请使用 **copy tftp running-config** 或 **copy tftp startup-config** 命令。

使用以下步骤从 TFTP 服务器恢复运行配置。

步骤 1 输入 **copy tftp running-config** 命令。
步骤 2 输入存储配置文件的 TFTP 服务器的 IP 地址。
步骤 3 输入为配置文件指定的名称。例如，在例 10-28 中，为文件指定了名称 R1-Jan-2016。
步骤 4 按 Enter 确认。

5. 使用思科路由器上的 USB 端口

通用串行总线（USB）存储功能使某些型号的思科路由器可以支持 USB 闪存驱动器，如图 10-15 所示。

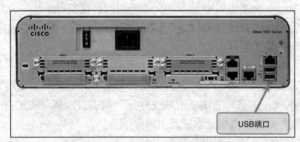

图 10-15　思科 1941 路由器 USB 端口

USB 闪存功能可以提供可选二级存储功能和附加的启动设备。将图像、配置和其他文件从思科 USB 闪存中复制或复制到思科 USB 闪存中，其可靠性与使用微型闪存卡存储和检索文件一样。此外，模块化的集成多业务路由器可以启动 USB 闪存中保存的所有思科 IOS 软件映像。理想情况下，USB 闪存可以容纳多个思科 IOS 副本和多个路由器配置。

使用 **dir** 命令可查看 USB 闪存驱动器的内容，如例 10-29 所示。

例 10-29　显示 USB 闪存驱动器的内容

```
R1# dir usbflash0:
Directory of usbflash0:/
```

```
    1 -rw-    30125020  Dec 22 2032 05:31:32 +00:00 c3825-entservicesk9-mz.123-14.T
63158272 bytes total (33033216 bytes free)
```

6. 使用 USB 备份和恢复

您可以使用 USB 闪存驱动器远程备份和恢复文件。

使用 USB 闪存驱动器备份配置

当备份到 USB 端口时,最好发出 **show file systems** 命令验证端口上是否有 USB 驱动器并确认名称,如例 10-30 所示。

例 10-30 验证 USB 驱动器可用

```
R1# show file systems
File Systems:

       Size(b)      Free(b)       Type   Flags    Prefixes
             -            -     opaque      rw    archive:
             -            -     opaque      rw    system:
             -            -     opaque      rw    tmpsys:
             -            -     opaque      rw    null:
             -            -    network      rw    tftp:
*    256487424    184819712       disk      rw    flash0: flash:#
             -            -       disk      rw    flash1:
        262136       249270      nvram      rw    nvram:
             -            -     opaque      wo    syslog:
             -            -     opaque      rw    xmodem:
             -            -     opaque      rw    ymodem:
             -            -    network      rw    rcp:
             -            -    network      rw    http:
             -            -    network      rw    ftp:
             -            -    network      rw    scp:
             -            -     opaque      ro    tar:
             -            -    network      rw    https:
             -            -     opaque      ro    cns:
    4050042880   3774152704   usbflash      rw    usbflash0:
R1#
```

接下来,使用 **copy run usbflash0:/** 命令将配置文件复制到 USB 闪存驱动器。请务必使用文件系统中所表示的闪存驱动器名称。可以选用斜线,但它表示 USB 闪存驱动器的根目录。

IOS 将提示输入文件名,如例 10-31 所示。

例 10-31 将运行配置备份到 USB 驱动器

```
R1# copy running-config usbflash0:
Destination filename [running-config]? R1-Config
5024 bytes copied in 0.736 secs (6826 bytes/sec)
```

如果文件名已存在,设备将生成一条警告消息,指出已存在同名文件,并提示用户覆盖该文件。使用 **dir** 命令可查看 USB 驱动器上的文件,使用 **more** 命令可查看文件内容,如例 10-32 所示。

例 10-32 查看 USB 驱动器上已保存的文件

```
R1# dir usbflash0:/
Directory of usbflash0:/
    1 drw-            0  Oct 15 2010 16:28:30 +00:00 Cisco
   16 -rw-         5024  Jan  7 2013 20:26:50 +00:00 R1-Config

4050042880 bytes total (3774144512 bytes free)

R1# more usbflash0:/R1-Config
!
```

```
! Last configuration change at 20:19:54 UTC Mon Jan 7 2013 by admin
version 15.2
service timestamps debug datetime msec
service timestamps log datetime msec
no service password-encryption
!
hostname R1
!
boot-start-marker
boot-end-marker
!
!
logging buffered 51200 warnings
!
no aaa new-model
!
no ipv6 cef
<output omitted>
```

使用 USB 闪存驱动器恢复配置

若要将文件复制回来，就必须使用文本编辑器编辑 USB R1-Config 文件。假设文件名为 **R1-Config**，则使用命令 **copy usbflash0:/R1-Config** *running-config* 来恢复运行配置。

7. 密码恢复

设备上的密码用于阻止未经授权的访问。对于加密密码，比如使能加密密码，密码在恢复后必须进行更换。根据不同的设备，密码恢复的详细程序有所不同；但所有密码恢复程序遵循相同的原则。

步骤 1 进入 ROMMON 模式。此模式将显示基本的启动加载程序命令行，使管理员能够访问存储在闪存中的文件、格式化闪存文件系统、重新安装操作系统软件或恢复丢失的密码。它还能够使管理员更改指示路由器如何启动的配置寄存器设置。

步骤 2 将配置寄存器更改为 0x2142。此设置将通知路由器在启动时忽略启动配置文件。

步骤 3 对原始启动配置文件做出必要的更改。

步骤 4 保存新配置。

需要物理访问设备。密码恢复无法远程完成。

密码恢复还需要在 PC 上使用终端仿真软件对设备进行控制台访问。借助控制台访问，在启动过程中或在设备断电时删除外部闪存的过程中，用户可以使用中断序列访问 ROMMON 模式。

> **注意：** PuTTY 的中断序列是 Ctrl+Break。其他终端仿真程序和操作系统的标准中断键序列列表可从以下网址找到：http://www.cisco.com/c/en/us/support/docs/routers/10000-series-routers/12818-61.html

ROMMON 软件支持某些基本命令，例如 **confreg**。**confreg 0x2142** 命令允许用户将配置寄存器设置为 0x2142。配置寄存器为 0x2142 时，设备将在启动期间忽略启动配置文件。启动配置文件是保存被遗忘密码的地方。

将配置寄存器设置为 0x2142 后，请在提示符下键入 **reset** 以重新启动设备。当设备重新启动并解压 IOS 时，请输入中断序列。

例 10-33 显示 ROMMON 模式下在启动过程中使用中断序列后 1941 路由器的终端输出。

例 10-33 1941 路由器上的 ROMMON 模式

```
Readonly ROMMON initialized

monitor: command "boot" aborted due to user interrupt
rommon 1 > confreg 0x2142
```

```
rommon 2 > reset

System Bootstrap, Version 15.0(1r)M9, RELEASE SOFTWARE (fc1)
Technical Support: http://www.cisco.com/techsupport
Copyright (c) 2010 by cisco Systems, Inc.
<output omitted>
```

在设备完成重新加载后，将启动配置文件复制到运行配置文件，如例 10-34 所示。

例 10-34　恢复启动配置

```
Router# copy startup-config running-config
Destination filename [running-config]?

1450 bytes copied in 0.156 secs (9295 bytes/sec)
R1#
```

注意：　不要输入 **copy running-config startup-config**。此命令会清除您的原始启动配置。

由于您处于特权 EXEC 模式，您现在可以配置所有必要的密码。配置了新密码后，使用 **config-register 0x2102** 全局配置模式命令将配置寄存器更改回 0x2102。如例 10-35 所示，将运行配置保存到启动配置中并重新加载设备。

例 10-35　更改密码并重新设置配置寄存器设置

```
R1(config)# enable secret cisco
R1(config)# config-register 0x2102
R1(config)# end
R1#
R1# copy running-config startup-config
Destination filename [startup-config]?
Building configuration...
 [OK]
R1# reload
```

注意：　密码 cisco 并不是一个强密码，此处仅作为示例使用。

现在设备将使用新配置的密码进行身份验证。请务必使用 **show** 命令验证所有配置仍部署适当。例如，验证密码恢复后相应接口没有关闭。

以下链接提供有关特定设备密码恢复程序的详细说明：

http://www.cisco.com/c/en/us/support/docs/ios-nx-os-software/ios-software-releases-121-mainline/6130-index.html

10.3.2　IOS 系统文件

在本节中，您将了解思科实施的 IOS 映像命名约定。

1. IOS 15 系统映像包装

思科集成多业务路由器第二代（ISR G2）1900、2900 和 3900 系列通过使用软件许可来支持按需服务。按需服务过程可以使客户通过简化软件的订购和管理实现运营成本节省。当订购新的 ISR G2 平台时，路由器会配备一个通用思科 IOS 软件映像而且有一个许可证可用于启用特定功能集软件包，如图 10-16 所示。

ISR G2 中支持两种类型的通用映像。

- **映像名称中带有"universalk9"标识的通用映像**：此通用映像可提供所有思科 IOS 功能，包括强大的负载加密功能，如 IPSec VPN、SSLVPN 和安全统一通信。

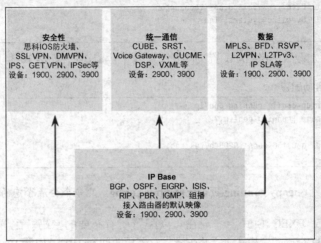

图 10-16　ISR G2 路由器的 IOS 封装模型

- **映像名称中带有"universalk9_npe"标识的通用映像**：由思科软件激活提供加密功能的强力实施以符合加密功能的出口要求。但是，有些国家/地区的进口要求规定平台不能支持任何强加密功能，如负载加密。为了符合这些国家/地区的进口要求，npe 通用映像不支持任何强负载加密。

使用 ISR G2 设备时，IOS 映像选择更加简单，因为所有功能都包含在通用映像中。通过许可激活功能。每个设备配备通用思科 IOS 软件映像。在通用映像中使用思科软件激活许可密钥启用技术包 IP Base、数据、UC（统一通信）和 SEC（安全）。每个许可密钥对于特定设备是唯一的，可通过提供路由器的产品 ID 和序列号和产品激活密钥（PAK）从思科获得。在购买软件时思科会提供 PAK。IP Base 是默认安装的。

2. IOS 映像文件名

当选择或升级思科 IOS 路由器时，选择合适的、具有正确功能集和版本的 IOS 映像很重要。思科 IOS 映像文件基于一种特殊的命名约定。思科 IOS 映像文件的名称包含多个部分，每部分都有特定的含义。在升级和选择思科 IOS 软件时，必须了解这一命名约定。

如例 10-36 所示，**show flash** 命令显示闪存中存储的文件，包括系统映像文件。

例 10-36　显示 IOS 映像

```
R1# show flash0:
-#- --length-- -----date/time------ path

<Output omitted>

8     68831808   Apr 2 2013 21:29:58 +00:00  c1900-universalk9-mz.SPA.152-4.M3.bin

182394880 bytes available (74092544 bytes used)

R1#
```

图 10-17 说明了 ISR G2 设备上 IOS 15 系统映像文件的不同部分。

具体而言，不同部分的标识如下。

- **映像名称（c1900）**：标识映像运行的平台。在本示例中，平台是思科 1900 路由器。

- **universalk9**：指定映像标识。ISR G2 的两个标识是 universalk9 和 universalk9_npe。Universalk9_npe 不包含强加密，适用于具有加密限制的国家/地区。通过许可控制功能，并可将功能分为四个技术包。它们是 IP Base、安全、统一通信和数据。

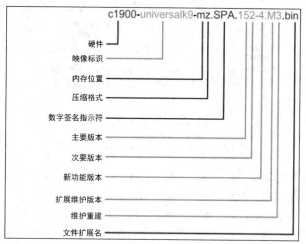

图 10-17　思科 IOS 15.2 映像示例

- **mz**：表示运行映像的位置以及文件是否经过压缩。在本示例中，"mz"表示文件从 RAM 运行并经过压缩。
- **SPA**：表示文件是由思科以数字形式签名的。
- **152-4.M3**：指定映像 15.2（4）M3 的文件名格式。这是 IOS 的版本，其包括主要发行版、次要发行版、维护发行版和维护重新构建编号。M 指示这是扩展维护发行版。
- **bin**：文件扩展名。该扩展名表示此文件是二进制可执行文件。

内存位置和压缩格式最常见的标识是 mz。第一个字母表示路由器上执行映像的位置。位置可以包括：

- **f**：闪存。
- **m**：RAM。
- **r**：ROM。
- **l**：可重定位。

压缩格式可以是表示 zip 的 z 或者是表示 mzip 的 x。压缩是思科用来压缩某些从 RAM 运行的映像的一种方法，可以有效减小映像的大小。它是自我解压的，因此当将映像加载到 RAM 中来执行时，第一个操作是解压。

注意：　思科 IOS 软件的命名约定、字段含义、映像内容和其他详细信息可能会发生变化。

在大多数思科路由器上（包括集成多业务路由器），IOS 作为压缩映像存储在紧凑式闪存中并在启动过程中加载到 DRAM 中。可用于思科 1900 和 2900 ISR 的思科 IOS 软件 15.0 版映像需要 256MB 闪存和 512MB RAM。3900 ISR 需要 256MB 闪存和 1GB RAM。有关完整细节，请参阅特定路由器的产品数据表。

10.3.3　IOS 映像管理

在本节中，您将学习如何升级 IOS 系统映像。

1. TFTP 服务器作为备份位置

如果网络不断扩大，可以将思科 IOS 软件映像和配置文件存储到中央 TFTP 服务器上，如图 10-18 所示。这有助于控制 IOS 映像的数量和这些 IOS 映像以及必须进行维护的配置文件的修改。

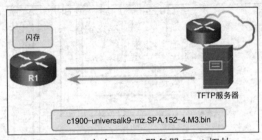

图 10-18　中央 TFTP 服务器 IPv4 拓扑

生产型网际网络通常跨越很广的区域，并包含多台路由器。对于任何网络，最好保存思科 IOS 软件映像的备份副本，以防路由器中的系统映像损坏或被意外清除。

分布广泛的路由器需要知道思科 IOS 软件映像的源位置或备份位置。如果使用网络 TFTP 服务器，则映像和配置可通过网络上传和下载。网络 TFTP 服务器可以是另一台路由器、工作站，也可以是主机系统。

2. 将 IOS 映像备份到 TFTP 服务器的步骤

要将网络运行的停机时间保持到最短，需要拥有备份思科 IOS 映像的程序。这使网络管理员能够在出现已损坏或已清除映像时将映像快速复制回路由器。

在图 10-18 中，网络管理员希望在位于 172.16.1.100 的 TFTP 服务器中创建路由器上当前映像文件的备份（c1900-universalk9-mz.SPA.152-4.M3.bin）。

要在 TFTP 服务器中创建思科 IOS 映像的备份，请执行以下三个步骤。

步骤 1　确保可以访问网络 TFTP 服务器。如例 10-37 所示，对 TFTP 服务器执行 ping 操作以测试连通性。

例 10-37　检验与服务器的连接

```
R1# ping 172.16.1.100
Type escape sequence to abort.
Sending 5, 100-byte ICMP Echos to 172.16.1.100, timeout is 2 seconds:
!!!!!
Success rate is 100 percent (5/5), round-trip min/avg/max = 56/56/56 ms
R1#
```

步骤 2　检查 TFTP 服务器的磁盘空间是否足以容纳思科 IOS 软件映像。在路由器上使用 show flash0:命令确定思科 IOS 映像文件的大小。在例 10-38 中，文件长度为 68831808 字节。

例 10-38　检验 IOS 的大小

```
R1# show flash0:
-# - --length-- -----date/time------ path
8    68831808  Apr 2 2013 21:29:58 +00:00 c1900-universalk9-mz.SPA.152-4.M3.bin
<Output omitted>
R1#
```

步骤 3　使用 copy *source-url destination-url* 命令将映像复制到 TFTP 服务器，如例 10-39 所示。

例 10-39　将映像复制到 TFTP 服务器

```
R1# copy flash0: tftp:
Source filename []? c1900-universalk9-mz.SPA.152-4.M3.bin
```

```
Address or name of remote host []? 172.16.1.100
Destination filename [c1900-universalk9-mz.SPA.152-4.M3.bin]?
Writing c1900-universalk9-mz.SPA.152-4.M3.bin...
!!!!!!!!!!!!!!!!!!
<output omitted>
68831808 bytes copied in 363.468 secs (269058 bytes/sec)
R1#
```

在使用指定的源和目标 URL 发出命令后，系统将提示用户输入源文件名、远程主机的 IP 地址和目标文件名。然后将开始传输。

3. 将 IOS 映像复制到设备的步骤

思科不断发布新的思科 IOS 软件版本来解决新的安全威胁、警告并提供新功能。

图 10-19 说明了从 TFTP 服务器复制思科 IOS 软件映像的过程。新的映像文件（c1900-universalk9-mz.SPA.152-4.M3.bin）将从位于 2001:DB8:CAFE:100::99 的 TFTP 服务器复制到路由器。

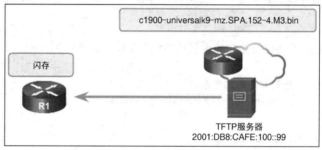

图 10-19 中央 TFTP 服务器 IPv6 拓扑

此示例使用 IPv6 进行传输，表明 TFTP 也可在 IPv6 网络中使用。按照这些步骤升级思科路由器上的软件。

步骤 1 选择符合平台、功能和软件等方面的要求的思科 IOS 映像文件。从 cisco.com 下载文件并将其传输到 TFTP 服务器。

步骤 2 验证与 TFTP 服务器之间的连接。从路由器对 TFTP 服务器执行 ping 操作。例 10-40 中的输出显示可以从路由器访问 TFTP 服务器。

例 10-40 检验与服务器的连接

```
R1# ping 2001:DB8:CAFE:100::99
Type escape sequence to abort.
Sending 5, 100-byte ICMP Echos to 2001:DB8:CAFE:100::99, timeout is 2 seconds:
!!!!!
Success rate is 100 percent (5/5), round-trip min/avg/max = 56/56/56 ms
R1#
```

步骤 3 确保待升级的路由器有足够的闪存空间。可以使用 **show flash0:** 命令验证可用闪存的大小。比较空闲闪存空间与新映像文件的大小。例 10-41 中的可用闪存空间为 182,394,880 字节。

例 10-41 检验闪存有空闲空间

```
R1# show flash0:
-#- --length-- -----date/time------ path
<Output omitted>

182394880 bytes available (74092544 bytes used)
R1#
```

步骤 4 使用例 10-42 中的 **copy** 命令将 IOS 映像文件从 TFTP 服务器复制到路由器。在使用指定的源和目标 URL 执行此命令后，系统将提示用户输入远程主机的 IP 地址、源文件名和目标文件名。文件将开始传输。

例 10-42　从 TFTP 服务器复制映像

```
R1# copy tftp: flash0:
Address or name of remote host []? 2001:DB8:CAFE:100::99
Source filename []? c1900-universalk9-mz.SPA.152-4.M3.bin
Destination filename []? c1900-universalk9-mz.SPA.152-4.M3.bin
Accessing tftp://2001:DB8:CAFE:100::99/c1900-universalk9-mz.SPA.152-4.M3.bin...
Loading c1900-universalk9-mz.SPA.152-4.M3.bin from 2001:DB8:CAFE:100::99 (via
  GigabitEthernet0/0): !!!!!!!!!!!!!!!!!!!!
<Output omitted>
[OK - 68831808 bytes]
68831808 bytes copied in 368.128 secs (265652 bytes/sec)
```

4. boot system 命令

将 IOS 映像保存到路由器的闪存中后，如果要升级已复制的 IOS 映像，请使用 **boot system** 命令配置路由器在启动过程中加载新映像，如例 10-43 所示。保存配置。重新加载路由器，以便使用新映像启动路由器。

> **注意：** 无法执行此步骤将导致路由器始终使用较旧的映像重新启动。

例 10-43　设置映像以启动和重新加载系统

```
R1(config)# boot system flash0://c1900-universalk9-mz.SPA.152-4.M3.bin
R1(config)# exit
R1#
R1# copy running-config startup-config
R1#
R1# reload
```

在路由器启动后，要验证新映像是否已加载，可使用例 10-44 所示的 **show version** 命令。

例 10-44　检验已加载了所配置的映像

```
R1# show version
Cisco IOS Software, C1900 Software (C1900-UNIVERSALK9-M), Version 15.2(4)M3,
 RELEASE SOFTWARE (fc2)
Technical Support: http://www.cisco.com/techsupport
Copyright (c) 1986-2013 by Cisco Systems, Inc.
Compiled Tue 26-Feb-13 02:11 by prod_rel_team

ROM: System Bootstrap, Version 15.0(1r)M15, RELEASE SOFTWARE (fc1)

R1 uptime is 1 hour, 2 minutes
System returned to ROM by power-on
System image file is "flash0:c1900-universalk9-mz.SPA.152-4.M3.bin"
R#
```

在启动过程中，引导程序代码将为指定要加载的思科 IOS 软件映像名称和位置的 **boot system** 命令解析 NVRAM 中的启动配置文件。可按顺序输入几条 **boot system** 命令以提供容错启动计划。

如果配置中没有 **boot system** 命令，路由器将默认加载并运行闪存中第一个有效的思科 IOS 映像。

10.3.4　软件许可

在本节中，您将了解中小型企业网络中思科 IOS 软件的许可过程。

1. 许可概述

从思科 IOS 软件版本 15.0 开始，思科修改了该流程，以便在 IOS 功能集中实现新技术。思科 IOS

软件 15.0 版融合了跨平台的功能集，以简化映像选择过程。它通过跨平台边界提供相似功能来完成这一操作。每个设备配备相同的通用映像。在通用映像中通过思科软件激活许可密钥来启用技术包。思科 IOS 软件激活功能允许用户启用经过许可的功能和注册许可证。思科 IOS 软件激活功能是各种流程和组件的集合，通过获取和验证思科软件许可证来激活思科 IOS 软件功能集。

图 10-16 显示了可用的技术包。技术包许可包括以下功能。

- **IP Base**：提供在 ISR 1900、2900 和 3900 上 IP Base IOS 映像中具备的功能+Flexible Netflow+存在于 IP Base 中的 IPv4 功能的 IPv6 对等功能。一些主要功能包括 AAA、BGP、OSPF、EIGRP、IS-IS、RIP、PBR、IGMP、组播、DHCP、HSRP、GLBP、NHRP、HTTP、HQF、QoS、ACL、NBAR、GRE、CDP、ARP、NTP、PPP、PPPoA、PPPoE、RADIUS、TACACS、SCTP、SMDS、SNMP、STP、VLAN、DTP、IGMP、监听、SPAN、WCCP、ISDN、ADSL over ISDN、NAT-Basic、X.25、RSVP、NTP 和 Flexible Netflow 等。
- **数据**：ISR 1900、2900 和 3900 上 SP 服务和企业服务 IOS 映像中具备的数据功能。例如，MPLS、BFD、RSVP、L2VPN、L2TPv3、第 2 层本地交换、移动 IP、组播身份验证、FHRP-GLBP、IP SLAs、PfR、DECnet、ALPS、RSRB、BIP、DLSw+、FRAS、令牌环、ISL、IPX、STUN、SNTP、SDLC 和 QLLC 等。
- **统一通信**（UC）：提供在 ISR 1900、2900 和 3900 上 IP 语音 IOS 映像中具备的 UC 功能。例如 TDM/PSTN 网关、视频网关[H320/324]、语音会议、编解码器代码转换、RSVP 代理（语音）、FAX T.37/38、CAC/QOS 和 Hoot-n-Holler 等。
- **安全**（SEC）：提供在 ISR 1900、2900 和 3900 上高级安全 IOS 映像中具备的安全功能。例如 IKE v1/IPsec/PKI、IPsec/GRE、Easy VPN w/ DVTI、DMVPN、Static VTI、防火墙、Network Foundation Protection 和 GETVPN 等。

注意：请参阅 cisco.com 了解有关所列功能的更多详细信息。

注意：IP Base 许可证是安装数据、安全和统一通信许可证的前提条件。对于可以支持思科 IOS 软件 15.0 版的早期路由器平台，通用映像不可用。需要下载包含所需功能的单独映像。

注意：您不需要记住每个技术包的所有功能。但是，您应该对各项功能之间的差别有一个大致的了解。

思科 ISR G2 平台（思科 1900、2900 和 3900 系列路由器）上支持技术包许可证。思科 IOS 通用映像在一个映像中包含所有技术包和功能。每个技术包是一组特定于技术的功能。在思科 1900、2900 和 3900 系列 ISR 平台上可以激活多个技术包许可证。

注意：使用 show license feature 命令查看路由器上所支持的技术包许可证和功能许可证。

2. 许可流程

新路由器在发货时将预装软件映像以及客户所指定软件包和功能相应的永久许可证。永久许可证是永不过期的许可证。

路由器还会随附指定路由器所支持的大多数软件包和功能的评估许可证，称为临时许可证。这使客户能够通过激活特定评估许可证来尝试新的软件包或功能。如果客户想永久激活路由器上的软件包或功能，则必须获取新的软件许可证。

图 10-20 显示了永久激活路由器上的新软件包或功能的三个步骤。

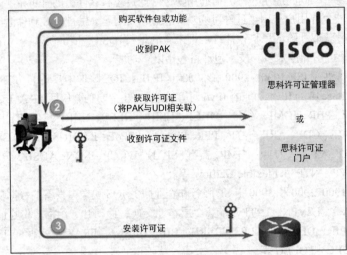

图 10-20　许可概述

3. 步骤 1：购买要安装的软件包或功能

第一步是购买所需软件包或功能。这可能是向 IP Base 添加软件包，如安全性。

需要软件激活的许可证需使用软件索取证书。申请证书提供许可证的产品激活密钥（PAK）以及有关思科最终用户许可协议（EULA）的重要信息。在大多数情况下，思科或思科渠道合作伙伴已经激活了在购买时订购的许可证，而不提供任何软件申请证书。

不管是哪种情况，客户在购买时都会收到 PAK。PAK 将作为收据并用于获取许可证。PAK 是由思科制造商创建的 11 位含有字母和数字的密钥。它定义了与 PAK 相关的功能集。在创建许可证后，PAK 才会与特定设备相关联。可以购买 PAK 以生成任何指定数量的许可证。如图 10-21 所示，每个软件包、IP Base、数据、UC 和 SEC 都需要使用不同的许可证。

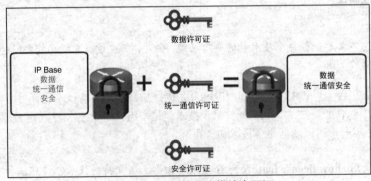

图 10-21　购买某一功能的许可证

4. 步骤 2：获取许可证

第二步是获取许可证，实际上是许可文件。使用以下选项之一来获取许可文件，也称为软件激活许可证。

- **思科 License Manager（CLM）**：这是一个免费的软件应用程序，可从以下网址下载：http://www.cisco.com/go/clm。思科 License Manager 是一个思科的独立应用程序，帮助网络管理员在其网络中快速部署多个思科软件许可证。思科 License Manager 可以发现网络设备，查看其许可证信息和从思科获取并部署许可证。该应用程序将提供可简化安装的 GUI，帮助实现许可证获取的自动化，并可从中心机构执行多个许可任务。CLM 是免费的，可从 CCO 下载。

- **思科许可证注册门户**：这是获取和注册单个软件许可证的基于 Web 的门户，可从以下网址访问：http://www.cisco.com/go/license。

这两个过程都需要使用 PAK 编号和唯一设备标识符（UDI）。

购买时会收到 PAK。

UDI 是产品 ID（PID）、序列号（SN）和硬件版本的组合。SN 是唯一标识设备的 11 位数字。PID 将标识设备的类型。只有 PID 和 SN 用于许可证的创建。此 UDI 可通过使用例 10-45 所示的 **show license udi** 命令来显示。

例 10-45 显示 UDI

```
R1# show license udi
Device#    PID              SN              UDI
---------------------------------------------------------------
*0         CISCO1941/K9     FTX1636848Z     CISCO1941/K9:FTX1636848Z

R1#
```

此信息也可在设备上的可拆除标签的托盘中找到。图 10-22 显示思科 1941 路由器上可拆除标签的示例。

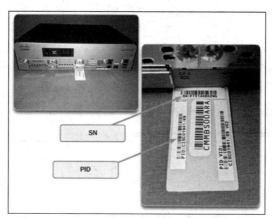

图 10-22 显示可拆除标签上的 UDI（PID/SN）

在输入相应信息后，客户将收到一份包含用于安装许可文件的许可信息的电子邮件。许可文件是带有 .lic 扩展名的 XML 文本文件。

5. **步骤 3：安装许可证**

在该购买了许可证后，客户将收到一个许可证文件。安装永久许可证需要两个步骤。

步骤 1 使用 **license install** *stored-location-url* 特权 EXEC 模式命令安装许可证文件。

步骤 2 使用特权 EXEC 命令 **reload** 重新加载路由器。如果评估许可证处于活动状态，则无需重新加载路由器。

例 10-46 显示了在路由器上安装安全软件包永久许可证的配置。

例 10-46 永久许可证安装

```
R1# license install flash0:seck9-C1900-SPE150_K9-FHH12250057.xml
Installing licenses from "seck9-c1900-SPE150_K9-FHH12250057.xml"
Installing...Feature:seck9...Successful:Supported
```

```
1/1 licenses were successfully installed
0/1 licenses were existing licenses
0/1 licenses were failed to install
R1#
*Jul 7 17:24:57.391: %LICENSE-6-INSTALL: Feature seck9 1.0 was installed in this
  device. UDI=1900-SPE150/K9:FHH12250057; StoreIndex=15:Primary License Storage
*Jul 7 17:24:57.615: %IOS_LICENSE_IMAGE_APPLICATION-6-LICENSE_LEVEL: Module
  name = c1900 Next reboot level = seck9 and License = seck9
R1# reload
```

注意: 1941 路由器不支持统一通信。

在路由器上安装了永久许可证之后,路由器就可以终身使用特定功能集,即使涉及不同 IOS 版本。例如,当 UC、SEC 或数据许可证安装到路由器上时,该许可证的后续功能仍将有效,即使路由器升级到新的 IOS 版本。永久许可证是您为设备购买功能集时最常见的许可证类型。

注意: 思科制造商会在订购的设备上针对购买的功能集预先安装永久许可证。客户不需要参与思科 IOS 软件激活过程,即可启用此新硬件的许可证。

10.3.5 许可证验证和管理

在本节中,您将配置路由器以安装 IOS 软件映像许可。

1. 许可证验证

在安装了新的许可证后,必须使用 **reload** 命令重新启动路由器。在重新加载路由器后,使用 **show version** 命令来验证许可证是否已安装。

如例 10-47 所示,R1 已永久安装了安全许可证。

例 10-47 永久许可证验证

```
R1# show version
<Output omitted>
License Info:
License UDI:
-------------------------------------------------
Device#    PID                    SN
-------------------------------------------------
*0         CISCO1941/K9           FTX1636848Z
Technology Package License Information for Module:'c1900'
-----------------------------------------------------------
Technology    Technology-package        Technology-package
              Current       Type        Next reboot
------------------------------------------------------------
ipbase        ipbasek9      Permanent   ipbasek9
security      seck9         Permanent   seck9
uc            None          None        None
data          None          None        None
R1#
```

例 10-48 中的 **show license** 命令用于显示有关思科 IOS 软件许可证的其他信息。

例 10-48 显示软件许可证信息

```
R1# show license
Index 1 Feature: ipbasek9
        Period left: Life time
```

```
            License Type: Permanent
            License State: Active, In Use
            License Count: Non-Counted
            License Priority: Medium
    Index 2 Feature: securityk9
            Period left: Life time
            License Type: Permanent
            License State: Active, In Use
            License Count: Non-Counted
            License Priority: Medium
    Index 3 Feature: datak9
            Period left: Not Activated
            Period Used: 0 minute 0 second
            License Type: EvalRightToUse
            License State: Not in Use, EULA not accepted
            License Count: Non-Counted
            License Priority: None
    <Output omitted>
    R1#
```

此命令显示的许可证信息有助于解决与思科 IOS 软件许可证相关的问题。此命令将显示系统中安装的所有许可证。在本示例中，IP Base 和安全许可证都已安装。此命令还会显示可供使用但未授权执行的功能，例如数据功能集。根据功能在许可证存储中的存储方式对输出进行分组。

以下是有关 **show license** 输出的简短说明。

- 功能：功能的名称。
- 许可证类型：许可证的类型；例如永久或评估。
- 许可证状态：许可证的状态；例如激活或使用中。
- 许可证计数：可用且正在使用的许可证的数量（如果计数的话）。如果表明非计数，则许可证不受限制。
- 许可证优先级：许可证的优先级；例如高或低。

2. 激活评估使用权许可证

评估许可证在 60 天后替换为评估使用权许可证（RTU）。评估许可证在 60 天的评估期内有效。在 60 天后，此许可证将自动过渡为 RTU 许可证。这些许可证可在荣誉系统上使用，并且需要客户接受 EULA。EULA 会自动应用于所有思科 IOS 软件许可证。

license accept end user agreement 全局配置模式命令用于为所有思科 IOS 软件包和功能配置 EULA 的一次性接受。在发出此命令并接受 EULA 后，EULA 会自动应用于所有思科 IOS 软件许可证，而且在许可证安装过程中，系统不再提示用户接受 EULA。

例 10-49 使用 **license accept end use agreement** 全局配置命令配置 EULA 的一次性接受。

例 10-49 接受 EULA

```
R1(config)# license accept end user agreement
R1(config)#
```

例 10-50 使用 **license boot module** *module-name* **technology-package** *package-name* 特权 EXEC 模式命令激活数据评估 RTU 许可证。

例 10-50 激活评估许可证

```
R1(config)# license boot module c1900 technology-package datak9
% use 'write' command to make license boot config take effect on next boot
R1(config)#
*Apr 25 23:15:01.874: %IOS_LICENSE_IMAGE_APPLICATION-6-LICENSE_LEVEL: Module name =
```

```
   c1900 Next reboot level = datak9 and License = datak9
 *Apr 25 23:15:02.502: %LICENSE-6-EULA_ACCEPTED: EULA for feature datak9 1.0 has
   been accepted. UDI=CISCO1941/K9:FTX1636848Z; StoreIndex=1:Built-In License
   Storage
R1(config)#
```

使用?代替参数来确定路由器上有哪些可用的模块名称和受支持的软件包。用于思科 ISR G2 平台的技术包名称如下所示。

- **ipbasek9**：IP Base 技术包。
- **securityk9**：安全技术包。
- **datak9**：数据技术包。
- **uck9**：统一通信包（在 1900 系列上不可用）。

> 注意： 激活软件包需要使用 **reload** 命令重新加载。

评估许可证是临时的，用于评估新硬件上的功能集。临时许可证具有特定的使用期限（例如 60 天）。

使用 **reload** 命令成功安装许可证后，重新加载路由器。例 10-51 中的 **show license** 命令用于验证许可证是否已安装。

例 10-51 评估许可证验证

```
R1# show license
Index 1 Feature: ipbasek9
        Period left: Life time
        License Type: Permanent
        License State: Active, In Use
        License Count: Non-Counted
        License Priority: Medium
Index 2 Feature: securityk9
        Period left: Life time
        License Type: Permanent
        License State: Active, In Use
        License Count: Non-Counted
        License Priority: Medium
Index 3 Feature: datak9
        Period left: 8 weeks 4 days
        Period Used: 0 minute 0 second
        License Type: EvalRightToUse
        License State: Active, Not in Use, EULA accepted
        License Count: Non-Counted
        License Priority: Low
<Output omitted>
R1#
```

3. 备份许可证

license save 命令用于复制设备中的所有许可证，并以指定存储位置所要求的格式存储它们。使用 **license install** 命令可恢复已保存的许可证。

在设备上备份许可证副本的命令是 **license save** *file-sys://lic-location* 特权 EXEC 模式命令。

例 10-52 将许可证备份到闪存中，且命名为 **all_licenses.lic**。

例 10-52 备份许可证

```
R1# license save flash0:all_licenses.lic
license lines saved ..... to flash0:all_licenses.lic

R1#
```

使用 **show flash0:** 特权 EXEC 命令验证许可证是否已保存，如例 10-53 所示。

例 10-53 检验已保存的许可证

```
R1# show flash0:
-#  - --length-- -----date/time------ path
<Output omitted>
8       68831808 Apr 2 2013 21:29:58 +00:00 c1900-universalk9-mz.SPA.152-4.M3.bin
9           1153 Apr 26 2013 02:24:30 +00:00 all_licenses.lic

182390784 bytes available (74096640 bytes used)

R1#
```

许可证的存储位置可以是指向文件系统的目录或 URL。使用**?**命令查看设备所支持的存储位置。

4. 卸载许可证

要清除思科 1900 系列、2900 系列和 3900 系列路由器上已激活的永久许可证，请执行以下步骤。

步骤 1　禁用技术包。

- 使用 **license boot module** *module-name* **technology-package** *package-name* **disable** 全局配置命令禁用已激活的许可证。
- 使用 **reload** 命令重新加载路由器。需要重新加载才能禁用软件包。

步骤 2　清除许可证。

- 使用 **license clear** *feature-name* 特权 EXEC 命令清除许可证存储中的技术包许可证。
- 使用 **no license boot module** *module-name* **technology-package** *package-name* **disable** 全局配置命令清除步骤 1 中配置的 **license boot module** 命令。

注意：　有些许可证不能清除，例如内置许可证。只能移除通过使用 **license install** 命令添加的许可证。不能删除评估许可证。

例 10-54 禁用了安全技术包许可证。

例 10-54　禁用已激活的永久许可证

```
R1(config)# license boot module c1900 technology-package seck9 disable
R1(config)# exit
R1# reload
```

在例 10-55 中，从许可证存储中清除技术包许可证。

例 10-55　清除已激活的永久许可证

```
R1# license clear seck9
R1#
R1# configure terminal
R1(config)# no license boot module c1900 technology-package seck9 disable
R1(config)# exit
R1# reload
```

10.4　总结

在本章中，您学习并练习了网络管理员用于设备发现、管理和维护的技能。

CDP（思科发现协议）是在数据链路层上用于发现网络的思科专有协议。它可与其他物理互联的思科设备分享设备名称和 IOS 版本等信息。LLDP（链路层发现协议）是在数据链路层上用于发现网络的厂商中立协议。网络设备会向邻居通告自身身份和功能等信息。

NTP 在一组分布式时间服务器和客户端之间同步当天时间。这让网络设备在特定事件发生时间上达成一致，如路由器和交换机之间断开连接的时间。可以捕捉系统日志消息并发送到系统日志服务器，以便网络管理员调查链路发生故障的时间。

设备维护包含备份、恢复和升级 IOS 映像和配置文件的任务。升级 IOS 映像还包括与软件许可相关的任务。

检查你的理解

请完成以下所有复习题，以检查您对本章要点和概念的理解情况。答案列在本书附录"'检查你的理解'问题答案"中。

1. CDP 和 LLDP 之间有何不同？
   A. CDP 可以从路由器、交换机和无线 AP 收集信息，而 LLDP 只能从路由器和交换机收集信息
   B. CDP 能够获取第 2 层和第 3 层信息，而 LLDP 只能获取第 2 层信息
   C. CDP 是专有协议，而 LLDP 是厂商中立协议
   D. CDP 在接口上使用两条命令启用，而 LLDP 只要求使用一条命令

2. 网络管理员想要将路由器配置为只有特定接口会发送和接收 CDP 信息。以下哪两个配置步骤可实现此目的？（选择两项）
   A. R1(config)# **no cdp enable**
   B. R1(config)# **no cdp run**
   C. R1(config-if)# **cdp enable**
   D. R1(config-if)# **cdp run**
   E. R1(config-if)# **cdp receive**
   F. R1(config-if)# **cdp transmit**

3. 有关邻居设备的什么信息可以通过 **show cdp neighbors detail** 命令收集到，但不能通过 **show cdp neighbors** 命令找到？
   A. 邻居的功能
   B. 邻居的主机名
   C. 邻居的 IP 地址
   D. 邻居所使用的平台

4. 以下哪一条配置命令在思科 Catalyst 交换机上全局启用 LLDP？
   A. **enable lldp**
   B. **feature lldp**
   C. **lldp enable**
   D. **lldp run**

5. 哪一个选项在接口上正确启用了 LLDP？
   A. R1(config-if)# **lldp enable**
   B. R1(config-if)# **lldp enable**
      R1(config-if)# **lldp receive**
   C. R1(config-if)# **lldp receive**
      R1(config-if)# **lldp transmit**
   D. R1(config-if)# **lldp enable**
      R1(config-if)# **lldp receive**
      R1(config-if)# **lldp transmit**

6. 最常见的系统日志消息是什么？
   A. 有关硬件或软件故障的错误消息
   B. link up 和 link down 消息
   C. 从 **debug** 输出生成的输出消息
   D. 当数据包符合访问控制列表中的一个参数条件时出现的消息

7. 当使用日志记录时，哪个严重级别表示设备不可用？
   A. 0级—紧急
   B. 1级—警报
   C. 2级—严重
   D. 3级—错误

8. 允许网络管理员接收网络服务提供的系统消息的协议或服务是什么？
   A. NTP
   B. NetFlow
   C. SNMP
   D. 系统日志

9. 仅可为管理员访问且仅可通过思科 CLI 进行访问的系统日志消息类型是什么？
   A. 警报
   B. 调试
   C. 紧急
   D. 错误

10. 当为所有严重级别发送系统日志消息时，使用哪一项作为思科路由器和交换机的默认目的地？
    A. RAM
    B. NVRAM
    C. 最近的系统日志服务器
    D. 控制台

11. 网络管理员已经执行了 **logging trap 4** 全局配置模式命令。此命令会产生什么结果？
    A. 系统日志客户端将向系统日志服务器发送任何严重级别为 4 或更低的事件消息
    B. 系统日志客户端只向系统日志服务器发送标识陷阱级别为 4 的事件消息
    C. 系统日志客户端将向系统日志服务器发送任何严重级别为 4 或更高的事件消息
    D. 在四个事件之后，系统日志客户端将向系统日志服务器发送事件消息

12. 在路由器 R1 上发出命令 **ntp server 10.1.1.1**。此命令有何作用？
    A. 确定 R1 要将系统日志消息发送到的 NTP 服务器
    B. 确定 R1 将用来存储备份配置的 NTP 服务器
    C. 使用 IP 地址 10.1.1.1 将 R1 确定为 NTP 服务器
    D. 将 R1 的时钟与 IP 地址为 10.1.1.1 的时间服务器同步

13. 下列关于企业网络中的 NTP 服务器的陈述中，哪两项是正确的？（选择两项）
    A. 所有 NTP 服务器都直接与第 1 层时间源同步
    B. 第 1 层 NTP 服务器直接连接到权威时间源
    C. NTP 服务器控制关键网络设备的平均无故障工作时间（MTBF）
    D. NTP 服务器确保日志记录和调试信息具有正确的时间戳
    E. 一个企业网络中只能有一台 NTP 服务器

14. 如果密码丢失，网络管理员怎样才能访问路由器？
    A. 通过 Telnet 远程访问路由器并使用 **show running-config** 命令
    B. 启动路由器进入 ROMMON 模式，并从 TFTP 服务器重新安装 IOS
    C. 从 ROMMON 模式，配置路由器在初始化时忽略启动配置
    D. 重新启动路由器，在 IOS 启动过程中使用中断键序列绕过密码

15. 一位管理员在 rommon 1>提示符下发出命令 **confreg 0x2141**。当此路由器重新启动时，将会产生什么影响？
    A. NVRAM 中的内容将被擦除
    B. NVRAM 中的内容将被忽略
    C. RAM 中的内容将被擦除
    D. RAM 中的内容将被忽略

16. 一位网络技术人员尝试在路由器上恢复密码。从 ROMMON 模式，必须输入哪条命令才能绕过启动配置文件？
    A. rommon> **config-register 0x2102**
    B. rommon> **confreg 0x2102**

C. rommon> **config-register 0x2142**
D. rommon> **confreg 0x2142**

17. 为了在路由器上重置丢失的密码，管理员必须有什么？
    A. 交叉电缆 B. TFTP 服务器
    C. 访问另一台路由器 D. 物理访问路由器

18. 在 IOS 映像名称 c1900-universalk9-mz.SPA.152-3.T.bin 中，主版本号是什么？
    A. 1900 B. 15
    C. 52 D. 2
    E. 3

19. 下列哪种说法正确描述了带有适用于思科 ISR G2 路由器的 "universalk9_npe" 标识的思科 IOS 映像？
    A. 该 IOS 版本按照某些国家/地区要求，删除了所有强密码功能
    B. 该 IOS 版本仅可用于美国
    C. 该 IOS 版本提供所有思科 IOS 软件功能集
    D. 该 IOS 版本仅提供 IP Base 功能集

20. 网络工程师正在升级 2900 系列 ISR 的思科 IOS 映像。该工程师可以使用什么命令来检验总闪存大小以及当前可用的闪存大小？
    A. **show boot memory** B. **show flash0:**
    C. **show interfaces** D. **show startup-config**
    E. **show version**

21. 网络管理员在试图通过 TFTP 服务器升级思科 IOS 映像前，必须检验哪两项？（选择两项）
    A. 使用 **ping** 命令检验路由器与 TFTP 服务器之间的连通性
    B. 使用 **show version** 命令检验映像的校验和是否有效
    C. 使用 **tftpdnld** 命令检验 TFTP 服务器是否正在运行
    D. 使用 **show hosts** 命令检验 TFTP 服务器的名称
    E. 使用 **show flash** 命令检验闪存是否具有足够空间容纳新的思科 IOS 映像

22. 从思科 IOS 软件 15.0 版开始，哪个许可证是安装其他技术包许可证的先决条件？
    A. DATA B. IP Base
    C. SEC D. UC

23. 一位网络技术人员正在对运行 IOS 15 的路由器进行故障排除。下面哪一条命令显示为安装在路由器上的许可证激活的功能？
    A. **show boot memory** B. **show flash0:**
    C. **show license** D. **show startup-config**
    E. **show version**

24. 思科 IOS 15.0 版软件包的评估许可证期限是多久？
    A. 10 天 B. 15 天
    C. 30 天 D. 60 天
    E. 120 天

25. 下列哪条命令可以一次性接受所有思科 IOS 软件包和功能的 EULA？
    A. **license accept end user agreement**
    B. **license boot module** *module-name*
    C. **license save**
    D. **show license**

附录 A

"检查你的理解"问题答案

第 1 章

1. B。可用性是网络在需要时可以使用的可能性。可扩展性指示网络如何轻易地容纳更多的用户和数据传输需求。可靠性指示构成网络的组件（如路由器、交换机、PC 和服务器等）的可靠性，并且通常用故障概率或平均故障间隔时间（MTBF）来衡量。易用性是软件特性，而不是网络特性。

2. A 和 C。交换机使用第 2 层地址控制数据流。路由器创建更多但规模更小的广播域，交换机管理 VLAN 数据库。

3. A 和 C。路由器首先安装直连路由。只有 RIP 使用跳数度量。度量取决于所使用的路由协议。这一点对 IPv4 和 IPv6 也同样适用。管理员可以更改管理距离。

4. A、E 和 F。主机可以使用其 IP 地址和子网掩码来确定目的主机位于相同网络还是远程网络。如果位于远程网络，主机需要使用配置的默认网关将数据包发送到远程目标。DNS 服务器将名称转换为 IP 地址，并且 DHCP 服务器用于将 IP 寻址信息自动分配给主机。两台服务器都不必配置为基本远程连接。

5. A。环回接口为内置于路由器的逻辑接口，且只要路由器运行正常，该接口就会自动处于活动状态。其并未分配到物理端口，因此从不会连接到其他任何设备。可以在一台路由器上启用多个环回接口。

6. B 和 C。**show ip interface brief** 命令显示每个接口的 IP 地址，以及第 1 层和第 2 层上的接口运行状态。要查看接口描述、速度和双工设置，请使用 **show running-config interface** 命令。使用 **show ip route** 命令可在路由表中显示下一跳地址，使用 **show interfaces** 命令可以显示接口的 MAC 地址。

7. B 和 F。当企业中的一台计算机向同一家企业的远程计算机发送数据时，源 IP 地址和目的 IP 地址通常保持不变。端口号通常也保持不变。MAC 地址随着数据包从一个路由器接口移动到出站路由器以太网接口而发生变化。ARP 表随着条目老化和删除也在不断变化。

8. B 和 E。对任何 IP 地址和子网掩码执行 AND 操作的结果是一个网络号。如果源网络号和目的网络号相同，则数据在本地网络上传输。如果目的网络号不同，数据包会被发送到默认网关（向目的网络发送数据包的路由器）。

9. D。路由器通过对目的 IP 地址和子网掩码执行 AND 操作确定目的网络之后，路由器会检查路由表，获取结果目的网络编号。找到匹配项后，数据包会被发送到与网络号关联的接口。如果找不到特定网络的路由表条目，则使用默认网关或最后选用网关（如果已配置或已知）。如果没有最后选用网关，数据包将被丢弃。在本例中，路由表中找不到 192.168.12.224 网络，因此路由器使用最后选用网关。最后选用网关即 IP 地址 209.165.200.226。路由器知道这是与 209.165.200.224 网络关联的 IP 地址。然后路由器开始将数据包从 Serial 0/0/0 接口或与 209.165.200.224 相关的接口中传出。

10. A 和 C。EIGRP 将带宽、延迟、负载和可靠性作为选择到达网络最佳路径的指标。

11. A。最可信的路由或者管理距离最短的路由是直接连接到路由器的路由。

12. A。Serial 0/0/0 指示 R1 上用于为 10.1.1.0/24 目标网络发送数据包的传出接口。

13. D 和 E。IPv6 地址 2001:DB8:ACAD:2::12 不在路由表中。FF00::/8 不是静态路由。发往网络

2001:DB8:ACAD:1::/64 的数据包将通过 G0/0 转发，而不是通过 G0/1 转发。发往网络 2001:DB8:ACAD:2::/64 的数据包将通过 G0/1 转发。R1 只知道直连网络和组播网络（FF00::/8）。它不知道到远程网络的路由。

14. A。直连网络如果满足以下三个条件，将被添加到路由表中：(1) 接口配置了有效的 IP 地址；(2) 已使用 **no shut down** 命令激活；(3) 接口接收到与其连接的另一台设备发出的载波信号。尽管一个错误的 IPv4 地址子网掩码可能导致通信失败，但它不会阻止该 IPv4 地址出现在路由表中。

15. D。命令 **ip route 0.0.0.0 0.0.0.0** *<next hop>* 为路由器的路由表添加默认路由。当路由器收到数据包，但没有到达特定目标的路由时，它会将该数据包转发到默认路由指定的下一跳。使用 **ip route** 命令创建的路由是静态路由，而不是动态路由。没有网络 0.0.0.0，因此，选项 C 不正确。

16. B 和 E。路由表中有两种常见类型的静态路由，即，特定网络的静态路由和默认静态路由。路由器可将路由器上配置的静态路由分发到其他邻近路由器。然而，分发的静态路由在邻近路由器上的路由表中会略有不同。

17. D。要在路由器上启用 IPv6，您必须使用 **ipv6 unicast-routing** 全局配置命令或使用 **ipv6 enable** 接口配置命令。在路由器上的 IPv4 路由关闭时，这等同于输入 **ip routing** 来启用该路由。请记住，默认情况下，在路由器上已启用 IPv4。默认情况下，未启用 IPv6。

第 2 章

1. A 和 E。静态路由需要充分了解整个网络才能正确实施。它非常容易出错，且不能针对大型网络扩展。静态路由使用更少的路由器资源，因为更新路由不需要计算。由于它不通过网络通告，静态路由也比较安全。

2. A。静态默认路由是所有不匹配网络的通用路由。

3. C。默认情况下，动态路由协议比静态路由具有更大的管理距离。配置静态路由的管理距离大于动态路由协议的管理距离，将会使用动态路由，而不使用静态路由。但是，如果动态获取的路由失败，静态路由将会备用。

4. D。将浮动静态路由用作备用路由，常常是从动态路由协议学习的路由。要成为浮动静态路由，配置的路由的管理距离必须超过主路由。例如，如果通过 OSPF 学习的主路由，充当 OSPF 路由备用路由的浮动静态路由管理距离必须超过 110。在此示例中，管理距离 120 置于静态路由结尾：**ip route 209.165.200.228 255.255.255.248 10.0.0.1 120**。

5. B。如果仅使用送出接口，则该路由是直连静态路由。如果使用下一跳 IP 地址，则该路由是递归静态路由。如果同时使用两个，则是完全指定静态路由。

6. C。该路由将以代码 S（静态）出现在路由表中。

7. B 和 E。可以使用完全指定的静态路由来避免路由器进行递归路由表查询。完全指定的静态路由包含下一跳路由器的 IP 地址和退出接口的 ID。

8. B。浮动静态路由是用于主路由的接口关闭时唯一显示在路由表中的备用路由。要测试浮动静态路由，该路由必须在路由表中。因此，关闭用作主路由的接口将允许浮动静态路由显示在路由表中。

9. A、C 和 D。**ping**、**show ip route** 和 **show ip interface brief** 命令提供的信息可以帮助排除静态路由故障。**show version** 命令不提供任何路由信息。**tracert** 命令在 Windows 命令提示符下使用，而且不属于 IOS 命令。**show arp** 命令显示 ARP 表中包含的已获知的 IP 地址到 MAC 地址的映射。

10. C。与静态路由相关的接口关闭时，路由器将移除此路由，因为该路由不再有效。

第 3 章

1. C 和 E。路由协议负责发现本地和远程网络，并负责维护和更新路由表。

2. D。默认情况下，动态路由协议跨网络转发消息，而不验证流量的接收者或发起者。随着网络增大，静态路由的配置复杂性也随之提高。静态路由更适合较小的网络。网络拓扑更改或链路禁用后，静态路由也需要人工干预。

3. A。BGP 是开发用来互连不同级别的 ISP 以及 ISP 与部分更大的专用客户端的协议。

4. A 和 E。无类路由更新包括子网掩码信息，并且支持 VLSM。

5. A。被动接口不发送路由更新或 hello 数据包；但是，它仍然被通告给与非被动接口相连的其他路由器。

6. B。工程师输入的命令将导致 192.168.10.0 网络接口上的 RIPv2 激活。若配置 RIPv1，则路由器将仅发送版本 1 更新，但会侦听版本 1 和版本 2 更新。若配置 RIPv2，则路由器将仅发送和侦听版本 2 更新。

7. B。路由表中的路由可以手动创建或动态获取。字母 D 表示路由是通过 EIGRP 路由协议动态获取的。

8. C 和 D。最终路由是包含下一跳 IP 地址（另一路径）和/或退出接口的路由表条目。这意味着直连路由和本地链路路由都是最终路由。默认路由是第 1 级最终路由，但是并非所有最终路由都是默认路由。设为子网的路由表条目是第 1 级父路由，但是不满足成为最终路由的两项要求中的任一要求。最终路由不必是分类网络条目。

9. B。IPv6 路由和 IPv4 路由的选择都是基于最长匹配前缀。在此示例中，选项 B 是最长匹配。

10. D。若在路由器上并未使用思科快速转发（CEF），则在使用下一跳 IP 地址的路由被选作为最佳数据转发路径时，必须执行递归查询。

11. A。运行 IOS 版本 15 的路由器同时拥有 IPv4 和 IPv6 的本地链路路由表条目。IPv6 路由和 IPv4 路由的选用都是以最长匹配前缀为基础的。IPv6 和 IPv4 的路由表都会使用直连接口、静态路由和动态获取的路由。

第 4 章

1. C。思科无边界架构的分布层的基本功能之一是执行不同 VLAN 之间的路由。充当主干网和汇聚园区块是核心层的功能。提供终端用户设备的接入是接入层的功能。

2. A 和 E。交换机的分层设计可以帮助网络管理员规划和部署网络扩展、在出现问题时执行错误隔离和当流量较多时提供复原能力。好的分层设计会使用冗余（如果可以承担的话），这样就不会因为一个交换机而导致所有网络关闭。

3. D。折叠的核心设计适合大栋大楼的小型企业。此类型的设计使用两个层（折叠的核心层和分布层整合成的一个层以及接入层）。更大的企业使用传统的三层交换机设计模式。

4. A 和 B。融合网络提供已组合语音、视频和数据的单个基础设施。模拟电话、用户数据和点对点视频流量都包含在融合网络的单个网络基础设施内。

5. D。并非始终需要维持三个单独的网络层，这样做也并非始终具有成本效益。所有的网络设计都需要接入层，但是两层的设计会将分布层和核心层折叠为一个层来满足用户很少的小位置的需求。

6. A。固定配置交换机能够满足法律事务所的所有需求。

7. A 和 D。固定配置交换机价格较低，但是它具有指定数量的端口且不能添加端口。它们提供的高速端口通常比较少。为了在包含固定配置交换机的网络上扩展交换，需要购买更多的交换机。这增加了需要使用的电源插座数量。模块化交换机只需要购买额外的线卡便可以扩展。

8. A。交换机通过检查在入站帧中找到的源 MAC 地址来构建 MAC 地址及相关端口号的 MAC 地址表。为了向前转发帧，交换机将检查目的 MAC 地址，在 MAC 地址中查找与该目的 MAC 地址相关的端口号，并将其发送到特定端口。如果目的 MAC 地址不在表中，则交换机会将该帧转发到除发出该帧的入站端口之外的所有端口。

9. B。思科 LAN 交换机使用 MAC 地址表来做出流量转发决策。决策基于入站端口以及帧的目标 MAC 地址。入口端口信息很重要，因其携带该端口所属的 VLAN。

10. D。交换机提供微分段，这样其他任何设备都不会竞争同一以太网带宽。

11. D。交换机收到源 MAC 地址不在 MAC 地址表中的帧时，交换机将该 MAC 地址添加到该表并将该地址映射到特定端口。交换机不会使用 MAC 地址表中的 IP 编址。

12. D 和 F。交换机具备创建直连的传输和接收网络设备之间的临时点对点连接的能力。两台设备在数据传输过程中使用全部带宽，全双工连接。分段增加了冲突域，从而减少了冲突。

13. B。使用带有微分段功能的 LAN 交换机时，每个端口代表一个分段，这些端口依次形成一个冲突域。如果每个端口都与一台终端用户设备相连，则不会有任何冲突域。然而，如果多台终端设备连接到一台集线器，该集线器连接到交换机的一个端口，则在该特定分段中将会发生一些冲突，但冲突不会超出该网段的范围。

14. 融合。

第 5 章

1. D。接口 VLAN 1 是默认管理 SVI。

2. A 和 B。交换机正常启动后没有启动配置文件或加载启动配置文件失败时会出现提示符。

3. A 和 E。在全双工操作中，NIC 不会更快地处理帧，数据流是双向的，并且没有冲突。

4. C。端口速度 LED 指示已选择端口速度模式。选择后，端口 LED 将显示不同含义的颜色。如果 LED 不亮，则端口运行速度为 10Mbit/s。如果 LED 为绿色，则端口运行速度为 100Mbit/s。如果 LED 为绿色闪烁，则端口运行速度为 1000Mbit/s。

5. B。在交换机找不到有效操作系统时，显示交换机启动加载程序环境。启动加载程序环境提供一些基本命令来允许网络管理员重新加载操作系统或者提供操作系统的备选位置。

6. C。**show interfaces** 命令有助于检测介质错误、查看是否正在发送和接收数据包以及确定是否发生任何残帧、超长帧、CRC、接口重置或其他错误。远程网络可接通性问题可能由配置错误的默认网关或其他路由问题，而不是交换机问题所导致。**show mac address-table** 命令显示直连设备的 MAC 地址。

7. B。SSH 为网络设备的远程管理链接提供安全性。为此，SSH 进行会话身份验证（用户名和密码）和数据传输加密。Telnet 以明文发送用户名和密码，其目标为通过数据捕获来获取用户名和密码。Telnet 和 SSH 均使用 TCP、支持身份验证，并连接至 CLI 中的主机。

8. B。当配置了端口安全的交换机端口出现违规时会将违规操作关闭，端口将置为 **err-disabled** 状态。可以通过关闭接口然后发出 **no shutdown** 命令重新启用接口。

9. B 和 C。

10. B。在端口安全性实施中，可以为三种违规模式之一配置一个接口：保护——端口安全违规导致接口丢弃具有未知源地址的数据包且不发送已发生安全违规的通知。限制——端口安全违规导致接口丢弃具有未知源地址的数据包且发送已发生安全违规的通知。关闭——端口安全违规导致接口立即变为错误禁用状态并关闭端口 LED。不发出已发生安全违规的通知。

第 6 章

1. A 和 B。语音 VLAN 不承载电子邮件流量，管理 VLAN 并不总是 VLAN 1。

2. C。本征 VLAN 即不接收 IEEE 802.1Q 帧头中 VLAN 标记的 VLAN。思科最佳实践建议尽可能将未使用的 VLAN（而不是数据 VLAN、VLAN 1 的默认 VLAN，或管理 VLAN）作为本征 VLAN。

3. B 和 C。使用 VLAN 的好处包括成本降低和 IT 人员效率提高，加上更高性能、广播风暴缓解以及更简单的项目和应用管理。最终用户通常并不知悉 VLAN，且 VLAN 确需配置。因为 VLAN

已分配到接入端口,因此它们不会减少中继链路的数量。VLAN 通过将流量分段提高了安全性。

4. A。**show interfaces switchport** 命令将显示给定端口的以下信息:交换机端口、管理模式、运行模式、管理中继的封装、运行中继的封装、中继协商、访问模式 VLAN、中继本征模式 VLAN、管理本征 VLAN 标记、语音 VLAN。

5. C。无需输入 **no shutdown** 命令或使用 **no vlan 2** 命令删除 VLAN 2。**switchport trunk** 命令不用于接入端口。

6. B。无需删除 IP 地址或擦除运行配置文件。应删除启动配置和 vlan.dat。

7. C 和 D。默认情况下,扩展范围 VLAN 存储于运行配置文件中,但必须在配置后保存。扩展 VLAN 使用从 1006 到 4094 的 VLAN ID。

8. D。受影响的端口必须重新配置为活动的 VLAN。

9. B。**switchport trunk allowed vlan 30** 命令允许标记为 VLAN 30 的流量经过中继端口。该中继端口上不允许任何该命令中未指定的 VLAN。

10. A。默认情况下允许所有 VLAN(包括本征 VLAN 和未标记的流量)经过中继链路。

11. A。管理员通过发出 **switchport trunk allowed vlan** 命令配置 TRUNK 上允许的 VLAN 列表。

12. A 和 F。一些思科交换机自动配置为自动协商中继。配置端口的最佳做法是手动将端口配置为接入模式或中继模式。

第 7 章

1. A、D 和 F。不匹配 ACE 的数据包将被隐式拒绝。数据包匹配 ACE 后,它将不再由 ACL 处理。

2. B 和 D。

3. D。在相同的 ACL 过滤规则将应用于来自多个入站接口的数据包时,应该利用出站 ACL,然后退出单个出站接口。出站 ACL 将应用于单个出站接口。

4. A 和 E。要允许或拒绝某个特定 IP 地址,可以使用通配符掩码 0.0.0.0(用在 IP 地址后面)或通配符掩码关键字 host(用在 IP 地址前面)。

5. C。ACL 语句 access-list 10 permit 192.168.16.0 0.0.3.255 将匹配全部的四个网络前缀。所有的四个前缀都具有相同的 22 个高位。这 22 个高位与网络前缀和通配符掩码(192.168.16.0 0.0.3.255)相匹配。

6. C。要计算可以配置多少个 ACL,请使用 "3P 原则" 规则:每种协议一个 ACL,每个方向一个 ACL,每个接口一个 ACL。在这种情况下,2 个接口×2 种协议×2 个方向产生 8 个可能的 ACL。

7. A、D 和 F。应将扩展 ACL 安置在尽可能接近源 IP 地址的位置,从而使得需要过滤的流量不通过网络并且不使用网络资源。由于标准 ACL 不指定目的地址,因此应将他们安置在离目的地址尽可能近的位置。在源附近设置标准 ACL 可以过滤所有流量并限制到其他主机的服务。在进入低带宽链路前过滤不需要的流量可以保留带宽并支持网络运行。将 ACL 安置在出站还是入站取决于需要满足的条件。

8. A。通过 SSH 管理访问路由器是通过 vty 线路进行的。因此,必须将 ACL 应用到入站方向的这些行。这是通过进入线路配置模式并发出 **access-class** 命令来完成的。

9. B。对于入站 ACL,传入数据包在路由之前进行处理。对于出站 ACL,数据包首先被路由到出站接口,然后进行处理。因此从路由器的角度来说,处理入站更加有效。对于这两种 ACL,结构、过滤方法和限制(一个接口只配置一个入站 ACL 和一个出站 ACL)都是相同的。

第 8 章

1. B。当 DHCP 客户端收到 DHCPOFFER 消息时,它将发送广播 DHCPREQUEST 消息来达到两个目的。首先,它指示提供服务的 DHCP 服务器,其愿意接受服务和绑定 IP 地址。其次,它通知任何其他响应 DHCP 服务器,它们的服务已被拒绝。

2. C。DHCPREQUEST 消息广播到其他 DHCP 服务器，以便通知 IP 地址已租用。
3. B。DHCPv4 客户端没有 IPv4 地址时，DHCPv4 服务器将 DHCPOFFER 消息发送回到提出请求的 DHCPv4 客户端的客户端硬件地址。
4. D。DHCP 客户端租赁即将到期时，客户端将 DHCPREQUEST 消息发送到最初提供 IPv4 地址的 DHCPv4 服务器。这允许客户端请求延长租赁。
5. B。默认情况下，**ip helper-address** 命令转发以下 8 个 UDP 服务。
   - 端口 37：时间。
   - 端口 49：TACACS。
   - 端口 53：DNS。
   - 端口 67：DHCP/BOOTP 客户端。
   - 端口 68：DHCP/BOOTP 服务器。
   - 端口 69：TFTP。
   - 端口 137：NetBIOS 名称服务。
   - 端口 138：NetBIOS 数据报服务。
6. C。**ip address dhcp** 命令可激活给定接口上的 DHCPv4 客户端。这样，路由器将从 DHCPv4 服务器获取 IP 参数。
7. B 和 D。ISP 经常需要将 SOHO 路由器配置为 DHCPv4 客户端，以便连接到提供商。
8. C。DHCP 服务器与主机位于不同的网络上，因此需要 DHCP 中继代理。这是通过在包含 DHCPv4 客户端的路由器接口上发出 **ip helper-address** 命令实现的，从而可以将 DHCP 消息发送至 DHCPv4 服务器 IP 地址。
9. C。当 PC 配置为使用 SLAAC 方法配置 IPv6 地址时，它将使用 RA 消息中包含的前缀和前缀信息，结合 64 位接口 ID（使用 EUI-64 流程获取或使用由客户端操作系统生成的随机编号），形成一个 IPv6 地址。它使用连接到 LAN 网段的路由器接口的本地链路地址作为其 IPv6 默认网关地址。
10. C。ICMPv6 RA 消息包含两个标志，指示工作站应使用 SLAAC、DHCPv6 服务器还是两者组合来配置其 IPv6 地址。这两个标志是 M 标志和 O 标志。当两个标志都为 0（默认值）时，客户端只能使用 RA 消息中的信息。当 M 标志是 0 而 O 标志是 1 时，客户端应使用 RA 消息中的信息并查找 DHCPv6 服务器上的其他配置参数（例如 DNS 服务器地址）。
11. B。在无状态 DHCPv6 配置中，客户端使用 RA 消息中的前缀和前缀长度结合自动生成的接口 ID 来配置自己的 IPv6 地址。然后它通过 INFORMATION-REQUEST 消息联系 DHCPv6 服务器来获取更多的配置信息。客户端使用 DHCPv6 SOLICIT 消息来定位 DHCPv6 服务器。DHCPv6 服务器使用 DHCPv6 ADVERTISE 指示对 DHCPv6 服务的可用性。在有状态 DHCPv6 配置中，客户端使用 DHCPv6 REQUEST 消息向 DHCPv6 服务器请求所有配置信息。
12. D。无状态 DHCPv6 允许客户端使用 ICMPv6 路由器通告（RA）消息为自己自动分配 IPv6 地址，然后允许这些客户端联系 DHCPv6 服务器，以获取域名和 DNS 服务器地址等附加信息。SLAAC 不允许客户端通过 DHCPv6 获取附加信息，并且有状态 DHCPv6 要求客户端直接从 DHCPv6 服务器接收其接口地址。RA 消息结合 EUI-64 接口标识符，用于自动创建接口 IPv6 地址，并且是 SLAAC 和无状态 DHCPv6 的一部分。
13. D。SLAAC 是一种无状态分配方法，并不使用 DHCP 服务器管理 IPv6 地址。主机生成 IPv6 地址后，必须对其唯一性进行验证。主机将发送 ICMPv6 邻居请求消息，其中，自身的 IPv6 地址作为目标 IPv6 地址。只要其他任何服务没有以邻居通告消息进行响应，该地址就是唯一的。
14. D。EUI-64 进程使用接口 MAC 地址构建接口 ID（IID）。因为 MAC 地址长度仅为 48 位，所以必须再将 16 位（FF:FE）添加到 MAC 地址以创建完全的 64 位接口 ID。
15. A。在有状态 DHCPv6 配置中，即将 M 标志设置为 1（通过接口命令 **ipv6 nd**

managed-config-flag），DHCPv6 服务器管理动态 IPv6 地址分配。客户端必须从 DHCPv6 服务器获取所有配置信息。

第 9 章

1. D。通常，企业环境中的路由器会执行从私有 IP 地址到公有 IP 地址的转换。在家庭环境中，此设备可能是具有路由功能的接入点、DSL 或有线路由器。

2. D。常规做法是配置从 10.0.0.0/8、172.16.0.0/12 和 192.168.0.0/16 范围的地址。

3. B。PAT 通过将会话映射到 TCP/UDP 端口号使私有网络中的许多主机能够共享一个共有地址。

4. D。内部本地地址到内部全局地址的一对一映射通过静态 NAT 来完成。

5. C。许多互联网协议和应用程序取决于从源到目的地的端到端寻址。由于修改了 IP 数据包报头的某些部分，路由器需要修改 IPv4 数据包的校验和。使用单个公有 IP 地址能够实现对合法注册的 IP 寻址方案的保护。如果寻址方案需要修改，则使用私有 IP 地址更加低廉。

6. B。IPsec 和其他隧道协议执行完整性检查。NAT 必须修改 IP 报头以将私有 IP 地址转换为公有地址。使用 NAT 的缺点包括造成端到端 IPv4 可追溯性丢失、故障排除过程复杂化以及使 VoIP 等无法容忍过多延迟的流量速度减慢。

7. D。动态 NAT 提供内部本地 IP 地址到内部全局 IP 地址的动态映射。NAT 只是一个地址到另一个地址的一对一映射，并不考虑地址是公有还是私有。DHCP 为主机自动分配 IP 地址。DNS 将主机名映射为 IP 地址。

8. B。为使 **ip nat inside source list 4 pool** NAT-POOL 命令正常运行，需要事先执行以下步骤：
   - 创建一个定义 NAT 影响的私有 IP 地址的访问列表。
   - 使用 **ip nat pool** 命令，建立开始和结束公有 IP 地址的 NAT 池。
   - 使用 **ip nat inside source list** 命令可关联访问列表与 NAT 池。
   - 使用 **ip nat inside** 和 **ip nat outside** 命令将 NAT 应用到内部和外部接口。

9. D。如果 NAT 地址池中的所有地址均已被占用，设备必须等待可用地址，然后才能访问外部网络。

10. D。端口转发允许一个用户或程序从外部获得私有网络内的服务。它不是一种允许通过非标准端口号使用服务的技术。NAT 或 PAT 将内部 IP 地址转换为外部本地地址。

11. B。本地链路地址在 RFC 3927 中定义。唯一本地地址不受任何 ISP 限制，但并不意味着提高 IPv6 网络的安全性。

12. A。唯一本地地址（ULA）与 IPv4 内的私有地址相似。这些地址无法通过互联网路由。

13. B。当路由器必须处理同时与 IPv4 和 IPv6 相关联的协议时将使用双堆栈。静态和动态 NAT 是 IPv4 中用于将私有地址转换为公有地址的技术。用于 IPv6 的 NAT 是一个通用术语，用于描述从 IPv4 到 IPv6 的转换。

14. C。通过 **ip nat inside source list 1 interface serial 0/0/0 overload** 命令可以将路由器配置为将 10.0.0.0/8 范围内的内部私有 IP 地址转换成一个公有 IP 地址 209.165.200.225/30。其他选项将不起作用，因为池中所定义的 IP 地址 192.0.2.0/28 在互联网上不可路由。

15. B 和 E。配置 PAT 所需的步骤：定义用于过载转换的全局地址池，使用关键字 interface 和 overload 配置源转换，确定 PAT 中涉及的接口。

16. A。从网络内部来看，内部本地地址即是源地址。从外部网络来看，外部全局地址即是目的地址。

第 10 章

1. C。CDP 仅在思科 IOS 设备上运行。LLDP 是开放标准，在 IEEE 802.1AB 中定义，可以支持非思科设备并且允许其他设备之间的互操作。

2. B 和 C。选项 A 以及 D 到 F 都不是有效的命令。

3. C。这两个命令都可以提供选项 A、B 和 D 所述的信息。但是，只有 **show cdp neighbors detail** 提供 IP 地址。

4. D。选项 A 到 C 都不是有效的命令。在接口上启动 LLDP 的选项是 **lldp transmit** 和 **lldp receive**。

5. C。在接口上启用 LLDP 的选项是 **lldp transmit** 和 **lldp receive**。

6. B。这些都是系统日志消息，但最常见的是 link up 和 link down 消息。

7. A。级数越低，警报越关键。紧急——0 级消息表示系统不可用。这可能是阻止系统的事件。警报——1 级消息表示需要采取措施，例如到 ISP 的连接故障。严重——2 级消息表示情况严重。典型例子是到 ISP 的备份连接故障。错误——3 级消息表示错误情况，例如接口关闭。

8. D。系统日志用于访问和存储系统消息。思科为了收集流经思科路由器和多层交换机的数据包的统计信息而开发了 NetFlow。SNMP 可以用于收集和存储关于设备的信息。NTP 用于允许网络设备同步时间设置。

9. B。系统日志消息可以发送到日志缓冲区、控制台线路、终端线路或者日志记录服务器。然而，调试级别的消息仅转发到内部缓冲区，且只能通过思科 CLI 访问。

10. D。思科路由器和交换机的系统日志消息可以发送到内存、控制台、TTY 线路或系统日志服务器。

11. A。根据日志陷阱级别，网络管理员可以按严重性限制发送到系统日志服务器的事件消息。

12. D。选项 A 用于系统日志，选项 B 用于 TFTP，选项 C 的解释不正确。

13. B 和 D。A 不正确。NTP 与 MTBF 无关，多个 NTP 服务器可以视为冗余。

14. C。根据日志陷阱级别，网络管理员可以按严重性限制发送到系统日志服务器的事件消息。

15. B。

16. D。选项 A 和 C 是全局配置命令，而选项 B 将其恢复为默认配置并查找配置文件。

17. D。要执行密码恢复，需要使用控制台连接到设备的物理访问。

18. B。映像名称的 152-3 部分表示主要版本是 15，次要版本是 2，而新功能版本是 3。

19. A。为了支持 Cisco ISR G2 平台，思科提供两种类型的通用映像。映像名称中带有 "universalk9_npe" 标识的映像不支持任何强加密功能（如负载加密）以便满足某些国家/地区的进口需求。"universalk9_npe" 映像包括所有其他 Cisco IOS 软件功能。

20. B。**show flash0:** 命令显示可用（空闲）闪存的大小以及已用闪存的大小。该命令还显示存储在闪存中的文件，包括它们的大小以及复制时间。

21. A 和 E。

22. B。Cisco IOS 软件 15.0 版包含四个技术包。它们分别是 IPBase、DATA（数据）、UC（统一通信）和 SEC（安全）。IPBase 许可证的安装是安装其他技术包的前提条件。

23. C。**show license** 命令显示安装在系统上的所有许可证，以及可用的所有已激活和未激活的功能。

24. D。评估许可证在 60 天内有效。60 天后评估许可证将自动更改为使用权许可证。

25. A。**license save** 命令用于在设备上备份一份许可证。**show license** 命令用于显示有关 Cisco IOS 软件许可证的其他信息。**license boot module** *module-name* 命令可用于激活评估使用权许可证。要配置最终用户许可协议（EULA）（涵盖所有 Cisco IOS 软件包及功能）的一次性接受，请使用 **license accept end user agreement** 命令。

欢迎来到异步社区！

异步社区的来历

异步社区（www.epubit.com.cn）是人民邮电出版社旗下 IT 专业图书旗舰社区，于 2015 年 8 月上线运营。

异步社区依托于人民邮电出版社 20 余年的 IT 专业优质出版资源和编辑策划团队，打造传统出版与电子出版和自出版结合、纸质书与电子书结合、传统印刷与 POD 按需印刷结合的出版平台，提供最新技术资讯，为作者和读者打造交流互动的平台。

社区里都有什么？

购买图书

我们出版的图书涵盖主流 IT 技术，在编程语言、Web 技术、数据科学等领域有众多经典畅销图书。社区现已上线图书 1000 余种，电子书 400 多种，部分新书实现纸书、电子书同步出版。我们还会定期发布新书书讯。

下载资源

社区内提供随书附赠的资源，如书中的案例或程序源代码。

另外，社区还提供了大量的免费电子书，只要注册成为社区用户就可以免费下载。

与作译者互动

很多图书的作译者已经入驻社区，您可以关注他们、咨询技术问题；可以阅读不断更新的技术文章，听作译者和编辑畅聊好书背后有趣的故事；还可以参与社区的作者访谈栏目，向您关注的作者提出采访题目。

灵活优惠的购书

您可以方便地下单购买纸质图书或电子图书，纸质图书直接从人民邮电出版社书库发货，电子书提供多种阅读格式。

对于重磅新书，社区提供预售和新书首发服务，用户可以第一时间买到心仪的新书。

用户帐户中的积分可以用于购书优惠。100 积分 =1 元，购买图书时，在 ○ 里填入可使用的积分数值，即可扣减相应金额。

特别优惠

购买本书的读者专享异步社区购书优惠券。

使用方法：注册成为社区用户，在下单购书时输入 S4XC5 使用优惠码，然后点击"使用优惠码"，即可在原折扣基础上享受全单9折优惠。（订单满39元即可使用，本优惠券只可使用一次）

纸电图书组合购买

社区独家提供纸质图书和电子书组合购买方式，价格优惠，一次购买，多种阅读选择。

社区里还可以做什么？

提交勘误

您可以在图书页面下方提交勘误，每条勘误被确认后可以获得100积分。热心勘误的读者还有机会参与书稿的审校和翻译工作。

写作

社区提供基于 Markdown 的写作环境，喜欢写作的您可以在此一试身手，在社区里分享您的技术心得和读书体会，更可以体验自出版的乐趣，轻松实现出版的梦想。
如果成为社区认证作译者，还可以享受异步社区提供的作者专享特色服务。

会议活动早知道

您可以掌握 IT 圈的技术会议资讯，更有机会免费获赠大会门票。

加入异步

扫描任意二维码都能找到我们：

| 异步社区 | 微信服务号 | 微信订阅号 | 官方微博 | QQ群：436746675 |

社区网址：www.epubit.com.cn

投稿 & 咨询：contact@epubit.com.cn